Richard von Krafft-Ebing

**Lehrbuch der Psychiatrie auf klinischer Grundlage**

Band 1. Die allgemeine Pathologie und Therapie des Irrseins

Richard von Krafft-Ebing

**Lehrbuch der Psychiatrie auf klinischer Grundlage**
*Band 1. Die allgemeine Pathologie und Therapie des Irrseins*

ISBN/EAN: 9783744674423

Hergestellt in Europa, USA, Kanada, Australien, Japan

Cover: Foto ©berggeist007 / pixelio.de

Weitere Bücher finden Sie auf **www.hansebooks.com**

DER

# PSYCHIATRIE

AUF KLINISCHER GRUNDLAGE

FÜR

## PRACTISCHE ÄRZTE UND STUDIRENDE

VON

### DR. R. v. KRAFFT-EBING
PROFESSOR IN GRAZ.

DREI BÄNDE.

STUTTGART.
VERLAG VON FERDINAND ENKE.
1879.

DER

# PSYCHIATRIE

AUF KLINISCHER GRUNDLAGE

FÜR

## PRACTISCHE ÄRZTE UND STUDIRENDE

VON

### Dr. R. v. KRAFFT-EBING,

K. K. A. Ö. PROFESSOR DER PSYCHIATRIE AN DER UNIVERSITÄT GRAZ, DIRECTOR DER
STEIERM. LANDESIRRENANSTALT, MITGLIED DER SOCIÉTÉ MÉDICO-PSYCHOLOGIQUE UND
DER SOC. DE MÉDECINE LÉGALE IN PARIS, DER SOC. DE MÉDECINE IN GENT, DER SOC. DE
MÉDECINE MENTALE DE BELGIQUE, DES DEUTSCHEN VEREINS DER IRRENÄRZTE etc.

———

## BAND I.

DIE ALLGEMEINE PATHOLOGIE UND THERAPIE DES IRRESEINS.

STUTTGART.

VERLAG VON FERDINAND ENKE.

1879.

SEINEN FREUNDEN

CARL PELMAN und HEINRICH SCHÜLE

ZUGEEIGNET.

# Inhaltsverzeichniss.

# Einleitung.

## Das Organ der psychischen Thätigkeit.

Die Psychiatrie beschäftigt sich mit der Erforschung der Bedingungen und Erscheinungen, unter welchen Abweichungen von der Norm der psychischen Verrichtungen sich kundgeben, sowie mit der Ermittlung der Wege, auf welchen eine Zurückführung der gestörten Funktionen zu ihrer Norm angestrebt werden kann.

Die nächste Frage ist nach dem Wesen der psychischen Funktionen gerichtet. In nicht weit hinter uns liegenden Zeiten erschien diese Frage als eine cardinale; heutzutage, vom Standpunkt einer Psychiatrie als Naturwissenschaft mit empirischer Forschungsmethode, erscheint sie eine nebensächliche, wenn sie auch ihre allgemeine Bedeutung im Culturleben und der Weltanschauung der Menschen nie verlieren wird. Unzählige Thatsachen unseres Bewusstseins und der Erfahrung beweisen die innige Beziehung und Wechselwirkung der rein vegetativen und der psychischen Sphäre.

Eine allgemein befriedigende Erklärung ihres Zusammenhangs vermag uns weder die materialistische noch die spiritualistische Auffassung des psychischen Lebens zu geben. Es bleibt ein ebenso grosses Räthsel, wie das Denken ohne materielles Substrat vor sich gehen soll, als zu begreifen, wie die Materie den Denkprocess vermittelt.

Gegenüber einer naturwissenschaftlichen Beobachtung und Forschung kann die „Seele" als Gesammtbegriff aller psychischen Vorgänge nur eine phänomenale Bedeutung besitzen. Die psychischen Vorgänge existiren für uns nur in enger und zeitlicher Verknüpfung mit denen des Körpers. Wir sind berechtigt, mit Aufgebung aller apriorischen Spekulation, sie als funktionelle Vorgänge, als Lebenserscheinungen in der zeitlichen Existenz individuellen Daseins aufzufassen.

Ueber das innere Wesen, den letzten Grund dieser Erscheinungen massen wir uns kein Urtheil an. Wir machen sie einfach zum Gegenstand unserer Beobachtung, erforschen die Gesetze, unter welchen sie sich entäussern, gerade wie auch der Physiker keinen Anstand nimmt, Erscheinungen und Gesetze des Galvanismus zu ergründen, obwohl er uns die Antwort auf die Frage nach dem inneren Wesen und Grund der Contaktwirkung zweier differenter, durch einen feuchten Leiter verbundener Metalle, schuldig bleiben oder in Form einer Hypothese geben muss. Es ist Sache der „Metaphysik", das Wesen einer immateriellen Seele, losgelöst von dem Organ, durch das sie sich äussert, zu ergründen, nach ihrer Existenz ausserhalb des Körpers zu grübeln — für uns, auf dem Gebiet naturwissenschaftlicher Forschung, existirt die Seele nur soweit als wir ihre Thätigkeit sinnlich erkennen können, somit nur solange als sie Lebenserscheinung menschlicher Existenz ist.

Ob die Seele die Existenz des Körpers überdauert, entzieht sich dem Bereich einer auf Beobachtung gegründeten Wissenschaft und gehört dem Gebiet der Spekulation und des Glaubens an.

Die naturwissenschaftliche Auffassung der Seele als einer funktionellen Erscheinung in der Zeitdauer individuellen Daseins führt naturgemäss zur Frage nach dem Sitz der „Seele" im Körper, nach dem Organ derselben.

Die Beantwortung dieser Frage liegt durchaus im Bereich naturwissenschaftlicher Forschung. Mit Sicherheit lässt sich die Antwort dahin geben, dass das Organ der psychischen Thätigkeiten, der Ort ihres Vonstattengehens nur das Gehirn sein kann.

Anhaltspunkte dafür bietet zunächst die individuelle Erfahrung und Selbstbeobachtung, insofern der Process des Denkens nicht gänzlich einer organischen Grundlage entbehrt, von allerdings höchst schwachen Empfindungen im Gehirn begleitet ist. Diese Gemeingefühle, die wir bald als Gefühl von leichtem bald von erschwertem Vonstattengehen unserer Denkoperationen inne werden und die uns eine annähernde Vorstellung von Ort und Art des Zustandekommens jener vermitteln, sind offenbar der Ausdruck von den psychischen Vorgang begleitenden materiellen Veränderungen.

Wird das Denken zu intensiv oder zu lange in Anspruch genommen, so kommt es zu deutlicheren Empfindungen, zu entschieden krankhaften Erscheinungen in den sensorischen und sensoriellen Funktionen in Form von Schlaflosigkeit, Hyperästhesie der Sinnesorgane, Kopfweh, Schwindel, gemüthlicher Verstimmung und Reizbarkeit, geistiger Unlust und Ermattung.

Diese Ermüdungsphänomene sind nichts Anderes als der Ausdruck einer gesteigerten Consumption von den Denkprocess vermittelnden materiellen Substraten bei ungenügendem Wiederersatz, denn sie schwinden, sobald das Missverhältniss zwischen Verbrauch und Ersatz lebendiger Kraft durch Ruhe, namentlich Schlaf ausgeglichen wird.

Die Vermehrung der Phosphate in Urin bei geistiger Thätigkeit oder Consumption von Nervensubstanz, ihre Verminderung während des Schlafs weisen bestimmt auf das innige Zusammengehen psychischer Vorgänge, als Funktionen des Gehirns, mit materiellen hin.

Auch das Gesammtbewusstsein der Individuen, wie es sich in der Sprache kundgibt, deutet auf ein Vonstattengehen der geistigen Processe im Gehirn. Auffallenderweise sind es jedoch nur die der Intelligenz zugeschriebenen Leistungen, welche das Volksbewusstsein im Kopfe vor sich gehen lässt, während gewisse psychische Vorgänge, die wir Gemüthsbewegungen nennen und die wir dem Gemüthe zuschreiben, in andere Theile des Körpers verlegt werden. Wir sprechen von einem weichen, harten Herz, das Herz schwoll uns vor Freude, die Nachricht gab uns einen Stich durch's Herz u. dgl. Aus dieser bildlichen poetischen Ausdrucksweise erkennen wir sofort den Grund für die Lokalisirung der Gemüthsvorgänge in einem extracephalen Organ. Der Grund liegt einfach darin, dass diese Gemüthsbewegungen von lebhaften Empfindungen in gewissen Organen (Herz) begleitet zu sein pflegen, dass eigenthümliche Gefühle von Druck oder abnormer Leichtigkeit in den Präcordien, je nach der Qualität der psychischen Bewegung, sich mit dieser verbinden.

Es handelt sich eben hier um excentrische Sensationen in der Bahn des Vagus und der sympathischen Nerven, deren Entstehungsort zweifellos, gleichwie die sie veranlassenden psychischen Bewegungen, das Gehirn ist und wobei der Laie einfach den Ort der Empfindung mit dem der Entstehung verwechselt.

Bedeutungsvoller als diese Thatsachen des Einzel- und des Gesammtbewusstseins sind die Ergebnisse der anatomischen Zergliederung und der Funktionsprüfung des Centralnervensystems.

Eine Durchforschung der Struktur desselben von der Cauda equina bis hinauf zu den Hemisphären des Grosshirns lehrt, dass jene immer reicher und verwickelter wird, und die physiologische Prüfung der einzelnen Abschnitte des Centralorgans erweist, dass die Complicirtheit der Struktur vollkommen parallel geht der höheren und mannichfaltigeren physiologischen Leistung. Wir wissen, dass das Rückenmark nur Leitungsprocessen und der Vermittlung der einfachen Reflexe dient — dafür genügt die Anordnung des Organs in leitende Fasern und centrale graue Substanz.

In der Medulla oblongata werden die Faserbündel verwickelter, die graue Substanz wird mächtiger und zudem da und dort verstreut. Dem entsprechend sind die Funktionen unendlich complicirter als die des Rückenmarks; es handelt sich nicht mehr bloss um Leitungs- und Reflexvorgänge, sondern um Centra von Sinnesnerven, wichtige automatische Centra der Respiration, Circulation, Gefässinnervation.

Im Grosshirn endlich gliedert sich die Struktur zu einer verwirrenden Mannichfaltigkeit. Die graue Substanz erscheint da und dort in auffallender Mächtigkeit, ja eine mächtige Lage grauer Substanz, für die wir uns vergebens nach einer morphologischen Analogie in anderen Provinzen des centralen Nervensystems umsehen, hüllt die ganze Oberfläche des Gehirns ein. Nach allem Bisherigen dürfen wir dieser complicirteren Struktur auch höhere und complicirtere Funktionen zuschreiben.

Wenden wir uns an die Physiologie um Auskunft bezüglich der Leistungen dieser Hirntheile, so erhalten wir zwar keine ganz befriedigende aber zur Beantwortung der gestellten Frage doch genügende Antwort.

Die Experimentalphysiologie hat eben nur Thiere zu Objekten und Bau wie Funktionen des Thierhirns sind so grundverschieden von denen des Menschen, dass ein Vergleich und Rückschluss kaum möglich ist, ganz abgesehen davon, dass das Thier uns über die Aenderungen seines Bewusstseins, wie sie etwa durch eine Vivisektion erzielt werden, keine Auskunft zu geben vermag.

Soviel geht indessen aus bezüglichen Versuchen (Flourens, Schiff etc.) hervor, dass der Sitz der bewussten Seelenvorgänge jedenfalls die Hemisphären und nicht die Ganglien der Basis sind.

Zu ganz gleichen Schlüssen kommen Psychophysik und empirische Psychologie, indem sie lehren, dass das gesammte psychische Leben sich aus sinnlichen Empfindungen und daraus hervorgehenden Sinnesvorstellungen aufbaut, die allmälig mit einander verschmelzen und zu von der ursprünglichen sinnlichen Quelle losgelösten allgemeinen Vorstellungen, Urtheilen, Begriffen erhoben werden.

Ohne Frage kann der Ort, wo sich diese elementaren sinnlichen Vorstellungen bilden, nur da sein, wo die Sinnesnerven in's Centralorgan eindringen, somit im Grosshirn.

Aus diesen Thatsachen, denen sich leicht aus dem Gebiete der Chirurgie und Medicin die Erfahrungen über die Wirkungen von Kopfverletzungen, Hirnerschütterungen, Apoplexieen und andern Insulten anreihen liessen, geht mit Sicherheit hervor, dass das Organ der psychischen Processe nur das Gehirn sein kann.

Mit dieser Annahme steht scheinbar im Widerspruch eine Ansicht Pflüger's, der dem Rückenmark nicht bloss Leitungs- und reflectorische, sondern auch sensorische Funktionen zuerkennen zu müssen glaubte. Diese Ansicht gründet sich auf die bekannten Experimente mit dem geköpften Frosch, der offenbar zweckmässig und deshalb scheinbar mit Absicht Reize von der Haut eines Beines abzuwischen versuchte, und als man ihm das betreffende Bein abschnitt, sich des ihm übriggebliebenen zu gleichem Zwecke bediente.

Die Richtigkeit dieser Experimente ist nicht zu bezweifeln, allein die Auslegung kann nicht getheilt werden. Die Zweckmässigkeit einer Bewegung beweist an und für sich nicht Absicht und Bewusstsein. Auch beim Menschen kommen zweckmässige Bewegungen vor, die absichts- und bewusstlos ausgeführt werden. Was wir am geköpften Frosch beobachten, ist nichts als Reflexbewegung, deren Zweckmässig- keit einfach darin begründet ist, dass intra vitam der Erregungsvorgang immer in derselben Bahn erfolgte, die zudem in der anatomischen An- ordnung der betreffenden Ganglienzellenterritorien prästabilirt war (Goltz).

Eine weitere Frage geht dahin, ob das ganze Gehirn oder nur einzelne Theile desselben im engeren Sinne der Sitz der psychi- schen Funktionen sind, denn dass im weiteren Sinne als Leitungs- apparate alle Theile des Nervensystems hier betheiligt sind, ist selbst- verständlich.

Ein Versuch, diese Frage an der Hand der vergleichenden Ana- tomie und vergleichender Hirnwägungen zu lösen, ergab zunächst, dass das absolute Hirngewicht durchaus nicht proportional ist der Höhe der psychischen Entwicklungsfähigkeit und Entwicklung.

Aber auch die Höhe des relativen Hirngewichtes gibt keinen Massstab ab für die psychische Leistung, denn vergleichende Wägungen ergaben, dass gewisse Vögel und kleine Affen ein relativ höheres Hirn- gewicht besitzen als der Mensch, während andrerseits der Elephant, der doch das klügste unter den Thieren ist, das kleinste relative Hirn- gewicht besitzt. So hat ferner R. Wagner nachgewiesen, dass ein Göttinger Idiot mehr relatives Hirngewicht besass als der berühmte Mathematiker Gauss.

In der Grösse und Schwere des Gehirns kann die psychische Potenz somit nicht begründet sein, sondern nur in der relativen Ent- wicklung der einzelnen Hirntheile zu einander.

Vergleichend-anatomischen Untersuchungen, die schon Johannes Müller anstellte, verdanken wir die Thatsache, dass wesentlich das relative Grössenverhältniss, in welchem Grosshirn-Hemisphären und Vierhügel zu einander stehen, hier entscheidend ist. Beim Frosch z. B. sind die Vierhügel die massigsten Theile des Grosshirns und weitaus überwiegend über die Hemisphären, von denen sie nicht er- reicht werden.

Bei der Schildkröte erreichen die mehr entwickelten Hemisphären bereits die Vierhügel, beim Huhn reichen die Hemisphären schon bis

an's Kleinhirn und bedecken diese theilweise. Beim Hund sind die
ziemlich kleinen Vierhügel schon vollständig von den Hemisphären
bedeckt.

So treffen wir, je weiter wir im Thierreich aufwärts schreiten,
eine fortgesetzte Abnahme der Vierhügel und Zunahme der Hemisphären.

Eine weitere Bestätigung dieses Gesetzes hat Meynert gefunden.

Bekanntlich bestehen die Grosshirnschenkel aus einer oberen
Parthie, der sog. Haube, und aus einer unteren, dem Fuss. Jene ist
eine Fortsetzung der Grosshirnschenkel zum Mesocephalon (Vierhügel,
Sehhügel); der Fuss breitet sich in den Hemisphären des Grosshirns
aus. Es lässt sich erwarten, dass bei der differenten relativen Entwicklung der betreffenden Hirntheile auch das Verhältniss von Haube
und Fuss proportional sein wird, dass bei einer Zunahme der Hemisphären eine Zunahme der Masse des Fusses, bei stark entwickelten
Vierhügeln eine solche der Haube zu gewärtigen ist. In der That
zeigen Querschnitte bei den verschieden hoch organisirten Hirnstufen
diese Differenzen zwischen Haube und Fuss auf das Schönste.

Es ist also offenbar die relative Entwicklung der Hemisphären,
welche zu höheren psychischen Leistungen befähigt, wie ja überhaupt
die Entwicklung eines Hirntheils in entsprechendem Verhältniss zur
physiologischen Bedeutung desselben für die betreffende Species steht.
Beweis dafür die grossen Lobi olfactorii bei gewissen durch Schärfe
des Geruchssinns ausgezeichneten Thieren gegenüber ihrer Kleinheit
beim Menschen, die bedeutende relative Entwicklung der Vierhügel bei
den durch Gesichtsschärfe ausgezeichneten Vögeln.

Fragen wir weiter, ob die ganze Hemisphäre oder nur Theile
derselben die Stätte der psychischen Vorgänge sind, so werden wir
sowohl von der Physiologie als der Pathologie auf die graue Rinden-
substanz des Grosshirns als Sitz des Bewusstseins und der Intelligenz
verwiesen. Die Physiologie belehrt uns, dass überall da wo im Centralnervensystem specifische Funktionen ausgelöst werden, diese an
graue d. h. histologisch sich durch Reichthum an Ganglienzellen aus-
zeichnende Massen geknüpft sind, während die weissen, aus Nerven-
fasern bestehenden, ausschliesslich Processen der Leitung dienen. Auch
der enorme Gehalt der Hirnrinde an Blutgefässen weist auf die physiologisch hohe Bedeutung dieses Gebildes hin. Zu ganz ähnlichen
Schlüssen berechtigen die Erfahrungen am Krankenbett.

Störungen der psychischen Processe fehlen im Allgemeinen bei
Verletzungen oder Erkrankungen der als Leitungsbahnen von der
Physiologie angesprochenen Hirnganglien und des Stabkranzes, während
überall da wo eine anatomische Veränderung die Hirnrinde in grösserer

Ausdehnung trifft, die psychischen Funktionen gestört werden. Damit stehen scheinbar gewisse chirurgische Erfahrungen im Widerspruch, wornach ausgebreitete Verletzungen, ja selbst Zerstörung einer ganzen Gehirnhälfte das psychische Leben unversehrt erscheinen liessen, höchstens grössere geistige Ermüdung eintrat.

Diese Beobachtungen sind nicht belangreich, wenn berücksichtigt wird, dass eine eingehende Untersuchung und Vergleichung der psychischen Leistungen vor- und nachher nicht stattfand und man sich gewöhnlich begnügte zu constatiren, dass das Individuum nicht wahn- oder blödsinnig war, ferner die Fähigkeit vikariirender Leistungen intakter Hirntheile, bei den massenhaften Associationsfasern wie sie dem Grosshirn zukommen, eine eminente ist. Schliesslich würden diese Fälle doch nur beweisen, was aus andren Gründen schon zu vermuthen ist, dass nämlich der Mensch mit nur einer Grosshirnhälfte geistig funktioniren kann.

Auch hier ist es wieder die vergleichende Anatomie, die einen weiteren wichtigen Einblick in das räthselhafte Organ, wie es die Grosshirnrinde darstellt, verstattet.

Untersucht und vergleicht man nämlich die Hirnoberfläche der verschiedenen Säugethiere und die des Menschen, so zeigen sich bedeutsame morphologische Unterschiede.

Neben einer fortschreitend massigeren Entwicklung der Hemisphären findet eine immer reichere Lappung und Furchung ihrer Oberfläche statt, je höher man in der Thierreihe aufwärts schreitet. Es lässt sich so eine fortlaufende Reihe von den einfachsten bis zu den vollkommensten Typen fortschreitender Hirnorganisationen aufstellen, eine Erkenntniss, die von Gratiolet gewonnen und erfolgreich verwerthet wurde.

Die niederste Stufe unter den Säugethieren, bei welchen überhaupt erst Windungen auftreten, nehmen die Insektenfresser, Nager, Fledermäuse etc. ein. Die ganze Furchung beschränkt sich bei ihnen auf die Bildung der Sylvischen Spalte. Bei Lepus, Castor etc. findet sich ausserdem ein longitudinaler, der Grosshirnspalte paralleler Sulcus.

Bei Fuchs, Hund, Wolf treten auf jeder Hemisphäre drei bogenförmig um die Sylvische Spalte herumgelegte Sulci auf, wodurch vier Windungen geschaffen werden.

Da auch die Furchung des menschlichen Fötus in dieser Form zuerst auftritt und diese Windungen die Grundlage der Windungssysteme aller folgenden Thierklassen bilden, hat man sie Urwindungen genannt. Vom Elephant an aufwärts zeigt das Gehirn einen höheren Typus, insofern eine grosse, von der Grosshirnspalte auf dem Scheitel entspringende und bis gegen die Fossa Sylvii sich erstreckende Furche auftritt, die also alle von dem Stirn- zum Schläfenhirn verlaufenden,

d. h. um die Fossa Sylvii herumgelegten Urwindungen quer durch-
schneidet. Es ist dies die Fissura Rolandi. Durch sie wird die Hirnrinde in zwei neue Windungszüge zerlegt, die vordere und die hintere
Centralwindung. Beim Hirn der höher stehenden Affen treten noch
zwei neue Spalten auf, die Fissura occipitalis, eine tiefe Furche, die von
der Fissura longitudinalis aus einschneidet, sich in einem nach hinten con-
vexen Bogen über die Hirnoberfläche nach aussen hinzieht und beinahe
die occipitale Spitze der Hemisphäre wegschneidet, endlich der Sulcus
hippocampi, eine weiter nach hinten näher der Hinterhauptsspitze ein-
schneidende Spalte.

Die Furchung der menschlichen Hirnoberfläche folgt demselben
Schema wie bei den Affen und höheren Raubthieren, nur finden sich
noch eine Reihe secundärer individuell verschiedener Ausfältelungen
dieser Primärfurchen und erreichen die Stirnlappen eine Entwicklung,
wie sie keiner der vorausgehenden Stufen zukommt.

Fragen wir uns nach der Bedeutung dieser immer reicher sich
findenden Furchen, so wird die Antwort nicht schwer. Diese Furchen
sind allenthalben mit grauer Rinde belegt, die Hirnoberfläche wird mit
der reicheren Entwicklung dieser Sulci eine räumlich ausgedehntere,
das Gehirn reicher an grauer Substanz.

Indem wir damit die Höhe der intellectuellen Entwicklung parallel
gehen sehen, ergibt sich von selbst der Schluss, dass die graue Rinden-
schichte das psychische Organ ist und vor ihrer Masse, die wieder
von dem Reichthum ihrer morphologischen Gliederung abhängt, die
individuelle Höhe der psychischen Leistungsfähigkeit bedingt wird. Es
ist zugleich beachtenswerth, dass das Gehirn, je höher man in der
Entwicklungsreihe der höheren Wirbelthiere aufsteigt, einen immer
grösseren Procentgehalt an Phosphor sowie an fettartigen Substanzen
von äusserst complicirter Zusammensetzung und leichter Spaltbarkeit
aufweist, woraus eine bedeutende Summe lebendiger Kraft sich
ergibt.

Die aus der Vergleichung der Säugethiergehirne mit dem des
Menschen sich ergebende Bedeutung der Furchen als Vergrösserung
der Hirnoberfläche erhellt aber auch aus der vergleichenden morphologischen Betrachtung der Menschengehirne verschiedener Racen.
So lehrt die Anthropologie, dass, je höher stehend die Race, um so
vollkommener und windungsreicher die Hirnoberfläche wird und dass
die niedrigst stehenden menschlichen Racen kaum mehr Windungszüge
besitzen als die anthropoiden Affen.

Es zeigt sich dies auch bei Individuen derselben Race, insofern
grössere geistige Begabung mit einem entsprechend grösseren Reichthum an secundären und tertiären Windungen, namentlich am Stirn-

hirn [1]) einhergeht. Nach neueren Forschungen ist es wahrscheinlich, dass ceteris paribus eine Asymmetrie homologer Windungen der Hemisphären eine höhere geistige Organisation bedingt. So lehrt auch die Entwicklungsgeschichte, dass die Differenzirung der Furchen und Windungen beim Neugebornen eine höchst unvollkommene ist und, gleichen Schritt haltend mit der successiven Entwicklung der Intelligenz, erst mit dem 21. Lebensjahr ihre volle Ausbildung erreicht hat [2]).

Wir lernen die Bedeutung der Hirnwindungen endlich bei gewissen Idiotengehirnen kennen, bei denen nur eine grosse Armuth an Hirnwindungen, ein Stehenbleiben der Entwicklung derselben auf fötaler Stufe als Substrat der geistigen Nullität aufgefunden wird.

Anhaltspunkte für das Verständniss der physiologischen Leistungen der Hirnrinde [3]) ergibt die anatomisch-histologische Forschung, insofern sie eine Unzahl von Ganglienzellen nachweist, die unter sich und gruppenweise durch massenhafte Associationsfasern in Verbindung zu stehen scheinen und zugleich Endaufnahmsorgane für die unzähligen aus tieferen Abschnitten des Centralorgans und den Provinzen des Körpers kommenden Leistungen darstellen.

Mit Rücksicht auf den Faserverlauf [4]) und neuere Forschungen über Rindenreizung (Fritsch, Hitzig u. A.) ist es wahrscheinlich, dass die motorischen Leitungsbahnen in der Rinde des Stirnhirns, die sensorischen in der des Hinterhauptslappens ihre Einstrahlung finden.

Auch die grösseren Ganglienzellen in jenem, gegenüber den kleineren in diesem sprechen, analog den Formunterschieden der Zellen der Vorder- und Hinterhörner des Rückenmarks, für diese Annahme (v. Betz, Centralblatt f. d. med. Wissenschaften 1874, p. 578). Alle wissenschaftlichen Erfahrungen drängen zur Anschauung, dass die höchsten geistigen Leistungen, wie sie durch die Begriffe Intelligenz und Wille sich ausdrücken lassen, Funktionen des Vorderhirns sind. Bedeutungsvoll in

---

[1]) Die hervorragende Bedeutung des Stirnhirns ergibt sich unter Anderem aus der proportionalen Zunahme seiner Masse, je höher stehend Race und Individuum; ferner aus Meynert's Hirnwägungen an Geisteskranken, wornach vorwiegend das Stirnhirn Gewichtsverluste erfährt.

[2]) Die schönen Untersuchungen von Flechsig lehren zudem, dass die Entwicklung der Ganglienzellen und die Ausbildung der Markscheiden erst nach der Geburt erfolgt.

[3]) Vgl. Kussmaul, Störungen der Sprache, cap. 21; Dittmar, Vorlesungen über Psychiatrie 1878. Vorl. 2. 3; Ferrier, Die Funktionen des Gehirns, übers. von Obersteiner 1879.

[4]) Meynert's Forschungen, wornach die motorischen Fasern der Capsul. interna sich nach vorn (Stirnhirn), die sensorischen sich nach hinten (Occipitalhirn) wenden. Bestätigend Gudden's Vivisektionen, die eine Atrophie der betreffenden Faserzüge ergeben.

dieser Hinsicht ist der Umstand, dass der Vermittler menschlicher Gedankenarbeit, die Sprache, ihre Lokalisation in specieller Ausbildung von Theilen des Vorderhirns (nach vorn von der Sylvischen Spalte) gefunden hat. Offenbar vermittelt indessen die einzelne Ganglienzelle oder Zellengruppe nur elementare Vorgänge (Empfindung, Bewegung etc.) und bedürfen complicirte psychische Leistungen eines Zusammenwirkens einer Unzahl von dem geistigen Leben dienenden Elementen. Es ist ebenso widersinnig, Verstand, Gemüth, Wille als besondere Geistesvermögen hinzustellen, wie nach Lokalisation derselben im Gehirn, etwa im Sinne der Phrenologen, zu suchen. Das psychische Leben ist ein untheilbares, einheitliches, und sein Fluss das Resultat des Zusammenwirkens unzähliger elementarer Gebilde des psychischen Organs.

So begreift sich auch die Thatsache, dass es diffuser, über einen grossen Theil der Hirnrinde sich erstreckender anatomischer Veränderungen bedarf, um Störung der psychischen Funktionen herbeizuführen.

Die intensiv und qualitativ hohe Leistungsfähigkeit der Hirnrinde wird einerseits ermöglicht durch ihren enormen Blutreichthum, andrerseits durch ihren Reichthum an fettartigen Substanzen (Cerebrin, Lecithin etc.) von hohem Kohlen- und Wasserstoffgehalt und sehr complicirter chemischer Zusammensetzung, vermöge deren ein hoher Verbrennungswerth und bedeutende Spaltbarkeit sich ergeben. Diese Stoffe werden offenbar in den Nervenelementen aus dem Blut gebildet und rasch umgesetzt, woraus eine bedeutende Summe von Arbeitswerth resp. lebendiger Kraft hervorgeht (vgl. Wundt, physiologische Psychologie, p. 34).

Aber trotz dieser anatomisch und chemisch günstigen Verhältnisse würde der enorme Verbrauch an Kraft durch psychische Thätigkeit zur Erschöpfung führen, wenn die Natur nicht den Ersatz durch Schlaf gesichert hätte.

---

Capitel 2.

# Das Irresein ist eine Hirnkrankheit.

Die vorausgehenden Erfahrungen einer Reihe von Hilfswissenschaften haben den Weg zur Lösung der Frage nach dem Wesen psychischer Krankheit geebnet.

Es ist eine logisch sich von selbst ergebende Folgerung, dass dasjenige Organ, welches unter normalen Verhältnissen das Zustandekommen der psychischen Processe vermittelt, der Sitz von Veränderungen sein muss, wenn diese Funktionen gestört sind.

Diese Annahme bleibt so lange Hypothese, bis sie nicht durch Erfahrungs-Thatsachen erwiesen wird. Solcher Thatsachen liefert aber die Psychiatrie zur Genüge. Sie werden gewonnen aus den Resultaten von Leichenöffnungen der im Irresein Gestorbenen, aus der Entstehungsgeschichte dieser Krankheitsprocesse und aus der Gesammtheit ihrer klinischen Erscheinungen.

Gehen wir die pathologische Anatomie um Aufschluss an, so darf nicht verschwiegen werden, dass wir in einer gewissen Zahl von Sektionen Irrer palpable Gehirnbefunde vermissen.

Diese negativen Befunde schmälern keineswegs den Werth der positiven, denn sie bilden entschieden die Minderzahl. Bedenkt man, wie unvollkommen noch die Zergliederung des Gehirns, wie kurz der Zeitraum ist, seitdem man angefangen hat, dasselbe, nach Griesinger's treffendem Ausdruck, anders als mit Messer und Gabel zu zerlegen, bedenkt man, wie unsicher noch die Forschung über das normale histologische Detail dieses räthselhaften Organs, speciell das Verhältniss der Neuroglia zur eigentlichen nervösen Substanz, wie unendlich fein und complicirt die Struktur seiner nervösen Formelemente ist, so müssen wir uns geradezu wundern, dass unsere anatomischen Befunde heutzutage schon so reichhaltig sind.

Man bedenke aber auch, dass die Ursache der klinischen Erscheinungen in Anomalieen der Gefässinnervation und dadurch bedingter Anämie, Hyperämie, Oedem, Aenderung der Druckverhältnisse bestehen kann, die der Tod verwischt, endlich in chemischen Veränderungen, wobei die normale Chemie erst unvollständig, die pathologische des Gehirns noch gar nicht erforscht ist.

Die Erfahrung lehrt, dass es fast ausschliesslich die primären Formen, die Anfangsstadien des Irreseins sind, in denen wir post mortem nichts Palpables finden und uns mit der Annahme von Anomalieen der Innervation, der Blutvertheilung, der chemischen Zusammensetzung begnügen müssen.

In den secundären und Endstadien des Irreseins finden sich dagegen in der Regel formative, theils in Residuen von Entzündungs- und Degenerationsprocessen an den Hirnhäuten und der Hirnrinde bestehende Veränderungen, die offenbar durch jene nutritiven Störungen eingeleitet wurden.

Die Psychiatrie befindet sich pathologisch-anatomisch vielfach noch auf der Stufe einer grossen Reihe anderweitiger Nervenkrankheiten, die vorläufig als funktionelle bezeichnet werden müssen, weil pathologisch-anatomische Befunde fehlen. In dem Mass als solche gewonnen wurden, hat sich das Gebiet des Funktionellen erheblich vermindert.

Statt einer Tabes kennen wir heutzutage eine graue Degeneration der Hinterstränge, statt einer essentiellen Kinderlähmung eine Myelitis der Vorderhörner, statt einer Bulbärparalyse eine Degeneration der grauen Kerne der Med. oblongata. So lässt sich die Hoffnung festhalten, dass auf dem ungleich schwierigeren Gebiet der Hirnrinde Fleiss und Geschick in Verbindung mit verbesserten Hilfsmitteln (Mikroskop, Chemie) die negativen Befunde mit der Zeit auf ein Minimum reduciren werden. Jedenfalls dürfen wir heutzutage schon den Satz aufstellen, dass es keine einzige diffuse Veränderung in der Rinde des Grosshirns gibt, bestehe sie nun in Hyperämie, Anämie, Oedem oder Entzündung, die nicht klinisch durch eine Störung der psychischen Funktionen sich kundgäbe (Griesinger).

Zu gleichen Schlüssen bezüglich einer materiellen Begründung des Irreseins gelangen wir an der Hand der Aetiologie. Die Entstehungsgesetze der Geisteskrankheiten sind wesentlich die gleichen wie die der übrigen Hirn- und Nervenkrankheiten, namentlich das biologische und nur auf organischer Basis denkbare Gesetz der Vererbung hat hier eine eminente Bedeutung.

Geisteskrankheit vererbt sich vielfach auf die Nachkommen, aber auch die mannichfachsten Hirn- und Nervenkrankheiten der Erzeuger können die Disposition zum Irresein bei der folgenden Generation hervorbringen.

Neben der exquisiten Neigung zur Vererbung wohnt diesen Krankheitszuständen die Eigenschaft inne, in transformirter Gestalt, in den verschiedensten Formen von Neurosen wiederzuerscheinen, so dass vom ätiologischen Standpunkt die verschiedenartigsten Hirn- und Nervenkrankheiten sich nur als Glieder ein und derselben pathologischen Familie betrachten lassen.

Nicht minder häufig sehen wir beim Individuum den successiven Uebergang einfacher Neurosen (Chorea, Hysterie, Epilepsie) in Irresein, oder wir finden bei mehreren Individuen derselben Familie, in welcher eine Disposition vorhanden ist, dass eine Gelegenheitsursache z. B. Schrecken (je nach zufälligen oder individuellen Momenten), bei dem einen Epilepsie, beim andern Irresein z. B. hervorbringt.

Studiren wir endlich die klinischen Erscheinungen im Irresein, so ergibt sich, dass das Krankheitsbild durchaus nicht auf psychische Funktionsstörungen sich beschränkt, sondern, entsprechend der Bedeutung des Gehirns für das Zustandekommen sensibler, sensorischer, sensorieller, motorischer, vasomotorischer Leistungen, auch Störungen in diesen Gebieten, ja sogar allgemeine Störungen des Schlafs, der Ernährung, Blutbildung, Eigenwärme etc. neben denen der psychischen Funktionen sich vorfinden.

Daraus ergibt sich aber der wichtige Gesichtspunkt, dass die Scheidung der Geisteskrankheiten von den übrigen Hirn- und Nervenkrankheiten nur eine künstliche, conventionelle, aus vorwiegend praktischen Rücksichten erfolgende ist.

Aber andrerseits finden sich auch in anderweitigen praktisch nicht zum Irresein gerechneten Hirnkrankheiten psychische Störungen, wenn auch nur als elementare, und nur ihr Vorwiegen über die andern Funktionsstörungen führt im concreten Fall dazu, dass wir von Geisteskrankheit sprechen und den Erkrankten allenfalls einer Irrenanstalt zuweisen.

Vom streng wissenschaftlichen Standpunkt können wir keine scharfe Grenze ziehen zwischen einem Fieber- oder Intoxications-Delir und einer Psychose und es ist ein ganz äusserlicher conventioneller Standpunkt, wenn wir als Geisteskrankheit nur solche Processe bezeichnen, die eine gewisse Selbstständigkeit und Dauer besitzen.

Aus all' diesen Thatsachen ergibt sich aber der praktisch wichtige Satz, dass die ganze Betrachtungs-, Beobachtungs- und Behandlungsweise der sogenannten Geisteskrankheiten ganz dieselbe sein muss wie die der übrigen Hirnkrankheiten und dass nur Der im Stand ist, sie zu verstehen und zu behandeln, der über alle diagnostischen Hilfsmittel verfügt und specielle Kenntnisse in der Physiologie und Pathologie des gesammten Nervensystems besitzt.

---

Capitel 3.

# Geschichtlicher Rückblick auf die Entwicklung der Psychiatrie als Wissenschaft[1].

Die geläuterte Anschauung, dass das Gehirn das Organ der psychischen Leistungen und Geisteskrankheit gleichbedeutend mit Hirnkrankheit ist, erscheint als das Resultat eines fortschreitenden Erkenntnissprocesses, der zu den grössten Errungenschaften des menschlichen Geistes gezählt werden darf.

---

[1] Friedreich, Literärgeschichte der psych. Krankheiten 1830; Lasègue. Ann. médico-psychol. 1845; Semelaigne, Journ. de médec. mentale 1863—65; Bucknill and Tuke, manual of psychol. medecine 1862; Falk, Allg. Zeitschr. f. Psych. 23.

Indem die Geschichte der Psychiatrie diesen grossartigen Auf-
klärungsprocess berichtet, lehrt sie die Schwierigkeiten kennen, die ihm
entgegenstanden und versöhnt uns dadurch mit dem relativ geringen
Mass positiven Wissens, über das dieser junge Zweig der medicinischen
Wissenschaft verfügt. Sie bringt zudem manche Streit- und Zeitfrage
der Gegenwart dem Verständniss näher und eröffnet Ausblicke in die
Ziele und Hoffnungen der Zukunft.

Die Geschichte der Irrenheilkunde ist jedoch zugleich eines der
interessantesten Blätter in der Kulturgeschichte der Menschheit. Von
den krassesten Irrthümern gibt sie Kunde, von Gefolterten, Besessenen,
Verzauberten, die doch nur Hirnkranke waren, von der Unmensch-
lichkeit vergangener Jahrhunderte, die Geisteskranke in Gefängnissen
schmachten liess, zusammengesperrt mit den gemeinsten Verbrechern,
mit Ketten belastet, preisgegeben dem Unverstand und der Rohheit
eines Kerkermeisters, der die Sprache des Leidens nicht verstand oder
kein Herz für dasselbe hatte und erbarmungslos über den Unglücklichen die Peitsche schwang.

Aber von einem zwar langen und schweren, jedoch siegreichen
Kampf weiss sie zugleich zu berichten, den Wissenschaft und Humanität mit Irrthum, Rohheit und Aberglauben führten.

Er galt nichts Geringerem als der Beseitigung Jahrhunderte alter
Vorurtheile, die in dem unglücklichen Geisteskranken nur den Ent-
menschten, Verthierten, geistig Todten, von Gott Verlassenen, von
bösen Mächten Besessenen, den Auswürfling und Verbrecher sahen.
Die Resultate dieses Kampfes sind die Begründung der Psychiatrie
als Wissenschaft und die Fürsorge für die unglücklichsten unserer
Mitmenschen in zweckentsprechenden Humanitätsanstalten. Die Geschichte der Psychiatrie bildet nur einen kurzen Zeitabschnitt in der
Geschichte der Geistesstörungen des Menschengeschlechtes.

Die Mannichfaltigkeit der Ursachen dieser Erkrankungszustände
berechtigt uns zur Annahme, dass schon in frühen Zeiten menschlicher Existenz Geistesstörungen vorgekommen sind, aber ein düsterer
Schleier deckt das Leben und Leiden Derer, welche in Zeiten wissenschaftlichen Wahns und Irrthums dem eigenen Wahn und Geistes-
irrthum erlagen.

Die Geschichte des Irreseins verliert sich im grauen Alterthum.
Was wir über das Vorkommen von Geistesstörungen in jenen fernen
Zeiten menschlicher Existenz wissen, beschränkt sich auf gelegentliche
Mittheilungen im alten Testament und in den Werken der Dichter.
So heisst es, dass von Saul der Geist des Herrn wich und ein böser
Geist ihn sehr unruhig machte und dass er in seinen Anfällen von Geistes-
verwirrung in Davids Harfenspiel Erleichterung fand. So berichtet

das Buch Daniel von Nebucadnezar, dem König von Babylon, dass er sich in ein Thier verwandelt wähnte, von den Menschen verstossen ward, Gras verzehrte gleich Ochsen und dass sein Leib unter dem Thau des Himmels lag und nass ward, bis sein Haar wuchs wie Adlerfedern und seine Nägel wurden wie Vogelklauen. Ein Beispiel, dass im Alterthum schon Wahnsinn simulirt wurde, bietet David, der aus Furcht vor dem Zorn des Königs Aschisch Irresein simulirte und damit seinen Zweck erreichte.

Nicht minder reich an Beispielen sind die Werke der Dichter. Auch der schlaue Odysseus stellt sich irrsinnig, um nicht den Feldzug gegen Troja mitmachen zu müssen, Ajax der Held der Iliade wird tobsüchtig, d. h. von den Furien gepeinigt und stürzt sich in sein Schwert; Beispiele von Melancholie bieten Oedipus und Orestes, die nach der poetischen Auffassung jener Zeit von den Eumeniden verfolgt werden, ein solches von Lycanthropie ist der Wahnsinn des Königs Lykaon von Arkadien. Dass auch schon epidemische Geistesverwirrung vorkam, lehrt die Erzählung von den Skythen, die sich in Weiber verwandelt glaubten, weibliche Kleider trugen und weibliche Geschäfte verrichteten.

Wir dürfen annehmen, dass zu einer Zeit, wo die Naturwissenschaften auf einer so tiefen Stufe der Entwicklung standen, die richtige Beurtheilung derartiger abnormer Geisteszustände grösstentheils fehlte und sie meist dem übernatürlichen Einfluss geheimnissvoller Mächte, der Götter oder schlimmer Dämonen zugeschrieben wurden. Die etwaige Behandlung solcher Krankheiten beschränkte sich demgemäss auf religiöse Ceremonien, Beschwörungen und Zaubermittel.

Die Kranken wurden entweder als Heilige verehrt, wie es im Orient noch heutzutage da und dort der Fall sein soll oder religiös beeinflusst wie im alten Aegypten, wo sich dem Saturn geweihte Tempel befanden, in die man die Melancholischen schickte.

In diesem Zustand blieb die Psychiatrie bis auf Hippokrates (460 v. Chr.). Mit ihm nimmt sie einen naturwissenschaftlichen Aufschwung, er entwindet sie den Händen der Priester, die in dem Asklepios geweihten Tempeln Kranke behandelten und orakelartige Consultationen gaben.

Die hippokratische Lehre von den Geisteskrankheiten lässt sich in folgenden Sätzen zusammenfassen und in unsere heutige wissenschaftliche Sprache so übertragen: das Gehirn ist der Sitz der Seelenthätigkeit und wie alle andern Organe natürlichen Krankheitsursachen ausgesetzt. Geisteskrankheiten entstehen durch Abnormitäten des Gehirns.

Bekanntlich ist Hippokrates der Vater der Humoralpathologie.

Krankhafte Veränderungen in den von ihm angenommenen vier Cardinal-
säften (Blut, Schleim, schwarze und gelbe Galle) sind die Haupt-
ursachen des Irreseins. Aber die Bedeutung der erblichen Anlage ist
dem genialen Blick des Hippokrates nicht entgangen, auch kennt er
acute und chronische Erkrankungen vegetativer Organe, sowie Unter-
drückung gewohnter Sekretionen als Ursachen psychischer Störung.
Offenbar trennt Hippokrates nicht den eigentlichen Wahnsinn von dem
Fieberdelir und fasst beide unter der gemeinsamen Bezeichnung „Phrenitis" zusammen. Wahnsinn tritt plötzlich ein und endet rasch oder er
hält lange an. Auch gibt es dem Wahnsinne nahe aber nicht eigentlich
geisteskrank zu nennende Individuen. Von Geisteskrankheiten kennt
er melancholische und Tobsuchtszustände, sowie solche von Geistesschwäche. Nervenleiden, namentlich Krämpfe, gesellen sich leicht zum
Irresein, dann ist die Prognose ungünstig. Im Uebrigen sind Geisteskrankheiten meist heilbar, selten tödtlich. Die Kur ist eine somatische
und zwar arzneiliche und diätetische. Doch dürfen nie die Tempera-
mente, auf deren Boden sich die Geistesstörung entwickelt, ausser
Acht gelassen werden. Meist ist das melancholische, d. h. schwarz-
gallige Temperament überwiegend, weshalb Hippokrates ableitende
Behandlung mittels Helleborus, der im Alterthum bei psychisch
Kranken überhaupt eine grosse Rolle spielt, Aderlass, Brechmittel,
rigorose Diät und Ruhe anwendet.

Aus diesen Andeutungen geht hervor, dass der geniale Arzt des
Alterthums unserer heutigen Anschauungsweise nicht allzufern stand.
Er war jedenfalls der Erste, welcher klar erkannte, dass in diesen
Zuständen das Gehirn das leidende Organ ist, dass jene nicht über-
natürliche Erscheinungen, sondern leibliche Störungen sind wie andere
Krankheiten auch. Die hippokratische Lehre wurde zum feststehenden
Lehrsatz für die Nachfolger, doch ist ein gewisser Fortschritt auf dem
betretenen Weg nicht zu verkennen. Aretäus (60 n. Chr.) gibt eine
gute Schilderung der Melancholie und Manie, erweitert die Diagnostik
und Prognostik. In der Aetiologie steht er ganz auf dem Boden seines
grossen Vorgängers.

Auch Galen (160 n. Chr.) hält am Satze fest, dass Geisteskrankheit mit Hirnkrankheit gleichbedeutend ist. Seine Lehre verräth insoferne einen Fortschritt, als er sie sowohl als primäres Hirnleiden wie
auch in deuteropathischer Entstehung durch Affektion anderer Organe,
namentlich der abdominalen auffasst. Auch eine genaue Scheidung
des Fieberdelirs (Phrenitis) von dem eigentlichen Irresein hat er
durchgeführt.

Eine hervorragende Erscheinung auf psychiatrischem Gebiet ist
Coelius Aurelianus, der Zeitgenosse Trajans und Hadrians. Er fasst

die verschiedenen chronischen Krankheitsformen im Grund nur als
Varietäten ein und derselben Krankheit auf; auch hat er sich von der
hippokratischen Theorie der Cardinalsäfte glücklich emancipirt. Er
erkennt nur somatische und psychische Krankheitsursachen an. Seine
Heilmethode ist schärfer und präciser als die aller Früheren. Die
Zwangsmittel verwirft er bei der Behandlung fast gänzlich. Entschieden
betont er den Satz, dass Geisteskrankheiten nichts anderes sind, als
Hirnkrankheiten mit vorwaltenden psychischen Symptomen, weshalb
sie zur Domaine des Arztes gehören, denn kein Philosoph habe bisher
eine Heilung herbeizuführen vermocht. Mit Coelius Aurelianus endigt
dieser frühe und vielversprechende Aufschwung der Psychiatrie durch
bedeutende griechische und römische Aerzte.

Der Untergang des altrömischen Reichs mit seiner Culturentwicklung, die Zeiten der Völkerwanderung waren einer Entwicklung
der Wissenschaften nicht günstig. Die Medicin verfällt und fristet ein
kümmerliches Dasein in Klöstern, bei den Arabisten und in zunft
mässigen Schulen, wie z. B. in Salerno. Begreiflicherweise macht
sich der Rückschlag am meisten auf ihrem dunkelsten Gebiet, dem der
Psychiatrie geltend.

An die Stelle empirischer wissenschaftlicher Forschung tritt
Gaukelei, Mysticismus und krasser Aberglaube. Die Therapie befindet
sich in den Händen scholastischer Philosophen und unwissender Mönche;
die neutestamentlichen Anschauungen, welche im Irren einen von bösen
Dämonen Besessenen erkennen, sind einer geläuterten Erkenntniss nicht
förderlich und so darf es uns nicht wundern, wenn, wie im Anfang
der Zeiten, die Therapie fast ausschliesslich in Exorcismen, Kastei-
ungen, Zauber- und Scharfrichtermitteln, ja selbst in Tortur und Todes-
strafe bestand.

Aber auch der Wahn jener finsteren Jahrhunderte spiegelte sich
im Delirium der unglücklichen Kranken wieder, die im Mittelalter
grösstentheils die Form der Dämonomanie oder Besessenheit darboten.

Die Behandlung der Irren fiel den Priestern zu, die in blindem
Fanatismus dem vermeintlichen Hexen- und Teufelsspuk, Scheiterhaufen
und Tortur entgegensezten oder mit kräftigem Exorcismus den bösen
Dämon auszutreiben versuchten.

Unzählig ist die Zahl der Hexenprocesse, unzählig die Zahl der
Unglücklichen, meist Melancholischen, die dabei ihren Tod fanden.
So sollen im Kurfürstenthum Trier binnen wenigen Jahren 6500 Men-
schen als Bezauberte und Behexte hingerichtet worden sein.

Die kaum weniger zu bedauernden Tobsüchtigen wurden in
finsteren Kerkern wie wilde Thiere gefesselt gehalten, bis sie in Schmutz
und Elend verkamen. Nur wenige Kranke, deren Wahn für die

Kirche nichts Anstössiges hatte, fanden da und dort in Klöstern und Stiftungshäusern eine Zuflucht.

So blieb sich das Schicksal der Irren Jahrhunderte lang gleich und wenn schon Karl d. Grosse verboten hatte Hexen zu verbrennen und der edle Wier 1515 sich an Kaiser und Reich wandte mit der Bitte, das Blut der vermeintlichen Hexen zu schonen, die ja nur Melancholische, Wahnsinnige oder Hysterische seien, so waren diese vereinzelten Stimmen nicht im Stande, die träge abergläubische Menge, deren Vorurtheile noch von der Kirche genährt wurden, zu bekehren. So kam es, dass die Hexenprocesse bis tief in's 18. Jahrhundert fortdauerten.

Mit dem Zeitpunkte der Reformation beginnt auch für die Medicin der Anbruch einer besseren Zeit. Aber es dauerte lange, bis sie aus dem Kampf mit Aberglauben, Mystik und Scholastik siegreich hervorging, sich aus den Banden der Kirche befreite und der blinde Autoritätsglaube an die Alten, durch die positiven Forschungen eines Vesal und die zersetzende Polemik eines Paracelsus gestürzt wurde.

Schon im 16. Jahrhundert regen sich auch auf psychiatrischem Gebiet Anfänge einer besseren Erkenntniss. Wier's aufklärende Bemühungen finden Unterstützung in Porta und Zachias. Anfänge einer neuen wissenschaftlichen Bearbeitung der Psychiatrie verrathen die Schriften eines Prosper Alpin, Merkurialis, Bellini, Fernelius. Felix Plater (1537—1614) versucht sogar eine Classification der Geisteskrankheiten.

Der Einfluss eines Baco und Harvey bezeichnen den Anfang eines Aufschwungs der Naturwissenschaften.

Auf dem Gebiet der Psychiatrie sind die Anfänge kindlich. Noch lange Zeit streitet man darüber, ob der Irre von bösen Geistern besessen und der Geistlichkeit zu überlassen sei, oder ein Kranker, der der Medicin anheimfalle.

Die aufgeklärteren unter den Aerzten sind noch im Zweifel darüber, ob das Wesen des Irreseins die Verderbniss der hippokratischen Cardinalsäfte sei. Heilversuche werden keine gemacht oder albern angestellt und zeigen nur auf wie tiefer Stufe die Wissenschaft sich befindet.

Wie man früher den Teufel austrieb, versuchen nun die Aerzte den Wahn auszutreiben, und verfallen, unbekannt mit seiner Entstehung und Bedeutung, auf die lächerlichsten Kniffe. Ein Kranker, der sich ohne Kopf glaubt, wird dadurch angeblich geheilt, dass man ihm eine Mütze von Blei aufsetzt. Einer hysterischen Frau, die eine Schlange im Magen zu haben wähnt, reicht man ein Brechmittel und praktizirt eine Eidechse in's Erbrochene. Einen Kranken, der sich für so kalt hält, dass er glaubt, nichts anderes als das Feuer könne ihm seine natürliche Wärme wieder verschaffen, lässt Zacutus Lusitanus (1571—1642) in einen Pelz nähen und diesen anzünden.

Ein trefflich jene Zeiten charakterisirendes Lebens- und Leidensbild hat Stenzel in seiner Geschichte des preussischen Staates mitgetheilt. Es betrifft Johann Wilhelm Herzog von Jülich, den Sohn Wilhelm's des Reichen und Maria's von Oesterreich, die beide das traurige Schicksal traf in Geistesstörung zu verfallen. Der Herzog war von Jugend auf schwachsinnig und nie recht fähig sein Land zu regieren. Bevor er völlig wahnsinnig wurde, quälte er sich mit der grundlosen Idee, man strebe ihm nach dem Leben, weshalb er viele Nächte im Harnisch schlaflos zubrachte.

Als er in einem Angstanfalle mehrere Hofleute verwundet hatte, musste er eingesperrt werden. Auf den Rath eines Priesters und einer Nonne nähte man das Evangelium St. Johannis in das Wamms des Herzogs und gab ihm geweihte Hostien mit den Speisen — doch Alles ohne Erfolg; ebenso fruchtlos waren die wohlbezahlten Exorcismen der Mönche. Von den Aerzten wurde ebenfalls Rath begehrt, aber diese wussten Nichts gegen das Uebel. So blieb sich der Herzog selbst überlassen und eingesperrt, bis ihn der Tod erlöste.

So stand es mit der Therapie vor wenigen Jahrhunderten; die Mehrzahl der Geisteskranken blieb sich selbst überlassen, schutz- und rechtlos der Verwahrlosung oder gar Verfolgung anheimgegeben.

Noch im Jahre 1573 erlaubte ein englischer Parlamentsbeschluss den Bauern, auf Diejenigen Jagd zu machen, die man Wehrwölfe nannte, weil sie in ihrem Wahn sich für wilde Thiere ausgaben und in den Wäldern umherirrten. Einem Kranken in Padua, der sich für einen Wehrwolf hielt, aber behauptete, der Pelz sei nach innen gewendet, schnitt man Arme und Beine ab, um sich davon zu überzeugen, so dass der Kranke verblutete.

An manchen Orten wurden die Irren Abrahams-Männer genannt; sie wurden allgemein gemieden, nur hie und da regte sich ein besseres Gefühl des Mitleids, aber gemischt mit abergläubischer Furcht und verschaffte ihnen kärgliche Nahrung und Unterkunft. Scharfrichter und Geistesbeschwörer versahen an einem grossen Theil der Kranken jener Zeit die Stelle der heutigen Irrenärzte.

Dass selbst Reichthum und vornehmer Stand hilflos gegenüber den Vorurtheilen und der Unkenntniss der damaligen Zeit waren, beweisen die Biographien bedeutender Personen, die uns die Geschichte bewahrt hat.

So erging es der unglücklichen Johanna von Castilien, der Stamm-

mutter des österreichischen Kaiserhauses, die nach dem Tode ihres Gemahls
Philipp des Schönen irrsinnig wurde und im Schmutz und Elend verkommen
wäre, wenn sich Cardinal Ximenes nicht um sie angenommen hätte;
kaum besseres Schicksal widerfuhr ihrem Urenkel Kaiser Rudolf II.
Bis zur Mitte des 18. Jahrhunderts war das Loos der Geisteskranken
ein sehr trauriges. War man auch allmälig zu geläuterten Ansichten
über das Wesen dieser dunklen Krankheitszustände gelangt, ahnten
selbst einsichtsvolle Aerzte, dass es hier sich nur um krankhafte Störungen der Hirn- und Nerventhätigkeit handle, so war doch eine wichtige Thatsache fast unbekannt, nämlich die, dass diese Krankheiten, wenn
rechtzeitig erkannt und richtig behandelt, heilbar sind wie viele andere.

So lange diese Wahrheit nicht erkannt war, betrachtete die Gesellschaft die Irren nur als verlorene Glieder, der Staat sie als eine
Last und Gefahr und fühlte sich vollkommen beruhigt, wenn er sie
im Vorurtheil ihrer Unheilbarkeit, hinter Schloss und Riegel als ge-
meingefährliche Menschen in den Händen eines Kerkermeisters wusste.

So war es in der Zeit der Narren- und Tollhäuser, von denen
uns Kaulbach ein drastisches Bild hinterlassen hat.

Aber die Zeiten sollten sich ändern. Immer lauter und eindring-
licher wurden die Stimmen der Aerzte und Menschenfreunde, die zunächst vom humanen Standpunkte aus darauf drangen, im Irren doch
noch den Menschen zu achten und im Hinblick auf einzelne Genesungen,
welche die Heilkraft der Natur selbst unter den ungünstigen Verhältnissen des Tollhauses zu Stande gebracht hatte, an die Möglichkeit
einer Heilung der Irren durch Verbesserung ihrer materiellen Lage
dachten und sie eindringlich von den indolenten Behörden forderten.

Das erste Land, in welchem eine Heilung der Irren im Grossen
angestrebt wurde, war England, in welchem um die Mitte des vorigen
Jahrhunderts eine Heilanstalt St. Lukes' in London, freilich in noch
sehr primitiver Weise gegründet wurde. Es geschah dies zu einer Zeit,
wo man auf dem Continent nur Zucht-, Toll- und Detentionshäuser
für die Unterbringung solcher Unglücklicher kannte.

Die Erfolge der Anstalt St. Lukes veranlassten die Quäkergemeinde
von York schon kurz darauf zur Errichtung eines eigenen Asyls für
ihre Glaubensgenossen, die „Retreat" bei York.

Um die gleiche Zeit gab Cullen 1777 den Anstoss zur wissenschaftlichen Förderung der Psychiatrie in England, Bemühungen, in
welchen ihm Aerzte wie Arnold, Pargeter, Haslam, Perfect folgten.

In Frankreich lieferte Lorry 1765 ein gutes descriptives Werk
über Irresein, namentlich aber war es Pinel, der, freilich anfangs ganz
an der Hand Locke'scher und Condillac'scher Philosophie, sich dem
Studium der psychischen Krankheiten zuwandte.

Sein unvergängliches Verdienst ist und bleibt es aber, dass er als Arzt im Bicêtre den Kranken die Ketten abnahm, sie menschlich zu behandeln lehrte und damit den Anstoss zu einer Reform der Irrenpflege gab, die sich auf alle Culturländer forterstreckte.

In Deutschland war es Langermann, der 1810 zum Leiter des Medicinalwesens in Preussen ernannt, sich grosse Verdienste um die Reform des Irrenwesens erwarb, aber auch in der wissenschaftlichen Förderung des Gebiets Rühmliches leistete. Unter den Italienern verdient Chiarugi Erwähnung, dessen Lehrbuch sich lange Zeit im Ansehen behauptete.

Aber erst das 19. Jahrhundert sollte einen mächtigen Aufschwung der Psychiatrie und ihre innige Verknüpfung mit der übrigen Medicin erblicken.

Während die Initiative zur Reform und Humanisirung der Irrenpflege ausschliesslich den Franzosen und Engländern zukommt, dürfen auf das Verdienst, den Aufschwung der Psychiatrie als Wissenschaft angebahnt zu haben, alle Culturvölker gleichen Anspruch machen. Eine hervorragende Erscheinung in Frankreich bildet Esquirol als Bearbeiter wichtiger Fragen, vorwiegend auf dem Weg der Statistik und als erster klinischer Lehrer in Frankreich. Nach ihm brachten Georget, Bayle, Calmeil, Foville, Leuret werthvolle anatomische und klinische Detailstudien; auch die ersten Kenntnisse über die Paralyse der Irren verdanken wir den französischen Collegen. Als ausgezeichnete Irrenärzte der Neuzeit sind Morel, Falret Vater und Sohn, sowie Brierre de Boismont, Legrand du Saulle u. A. zu nennen; auf administrativem Gebiet haben sich Ferrus und Parchappe verdient gemacht.

Hervorragende Leistungen bot die englische Psychiatrie durch Cox, Willis, Ellis, Prichard in älterer, durch Bucknill, Robertson, Maudsley in neuerer Zeit, während Conolly das Verdienst zukommt, die Abschaffung des mechanischen Zwangs in der Behandlung angebahnt zu haben.

In den Niederlanden machte die Irrenheilkunde Fortschritte unter Schröder van der Kolk, dem hervorragenden Anatomen, Physiologen und Neuropathologen; in Belgien unter Guislain; in Italien unter Biffi, Verga, Castiglioni, Lombroso, Livi; in Russland unter Balinsky; in Schweden unter Oehrström, Kijellberg, Sandberg. In Deutschland standen einer rascheren Entwicklung der Psychiatrie als Naturwissenschaft manchfache Hindernisse gegenüber, namentlich durch die einseitig metaphysische und psychologische Richtung, durch den Einfluss der Kant'schen Lehren und der Schelling'schen Naturphilosophie.

In dieser rein philosophisch-psychologischen Richtung finden wir Männer thätig wie Hofbauer, Reil, Blumröder, vor Allem aber Hein-

roth, Prof. der Psychiatrie in Leipzig. Es genügt, die Hauptlehren
dieses Mannes zu skizziren, um die ganze Schule zu kennzeichnen.

Heinroth fasste die Seele als eine freie, durch Reize erregbare
aber mit Selbstbestimmungsvermögen begabte Kraft auf. Der Leib
galt ihm nicht als etwas Selbstständiges, sondern als zum Organ gewordene Seele. Das Grundgesetz der Seele ist die Freiheit, die Quelle
ihrer Erhaltung die Vernunft. Seine Aetiologie ist eine ethisch-reli-
giöse. Alle Uebel des Menschen entspringen aus der Sünde, daher
auch die Seelenstörungen. Die Seele macht sich selbst krank. Leidenschaften und Sünde, d. h. der Abfall von Gott sind die Ursachen der
psychischen Krankheiten. Die Hauptsache in der Therapie derselben
bildet die psychische Behandlung, namentlich frommes Leben, gänzliche
Hingabe an Gott und an das Gute. Die einzige Prophylaxis gegen
Irresein ist ihm der christliche Glaube.

Merkwürdiger Weise fand Heinroth bei dieser mystisch frömmelnden Richtung Anhänger, zunächst in Beneke, der zwar dieser frömmelnden Auffassung nicht im ganzen Sinn huldigt, aber das Wesen
des Irresein rein im psychischen Gebiet sucht und findet und demgemäss
die Psychosen vom einseitig psychologischen Standpunkt aus behandelt.

Ein weiterer Vertreter dieser Richtung ist Ideler der, leider
mit allzu grosser Dialektik und Scharfsinn die Geistesstörungen vom
rein ethischen Standpunkt aus beurtheilt und für nichts anderes als
krankhaft gewucherte Leidenschaften ausgibt. Die berechtigte Opposition gegen diese Verirrungen konnte nicht ausbleiben. Die Haupt-
vertreter der gegen diese spiritualistische, ethische und psychologi-
sirende Richtung ankämpfenden naturwissenschaftlichen Schule waren
Nasse, der berühmte Bonner Kliniker, der durch seine 1818 gegründete
Zeitschrift für psychische Aerzte den Anstoss gab, ferner Vering, Friedreich, Amelung, die wenigstens noch an der Ansicht festhielten, dass
der Sitz der psychischen Krankheiten das Gehirn sei, namentlich aber
Jacobi, der in seinem Eifer, den somatischen Boden des Irreseins zu
finden, soweit über das Ziel hinausschoss, dass er den Sitz der psychischen Krankheiten in die extracephalen Organe verlegte, die Geistesstörung nur als Symptom anerkannte, das jede Krankheit der vegetativen Organe begleiten könne und so nur einen höchst untergeordneten
Werth der nach seiner Anschauung secundären Hirnaffection beilegte.

Trotz dieser Einseitigkeit hat er das Verdienst, einer Erfolg
bringenden naturwissenschaftlichen klinisch anatomischen Beobachtungs-
methode den Weg geebnet, die Aufmerksamkeit auf die das Irresein
begleitenden und pathogenetisch höchst wichtigen Erkrankungen und
Funktionsstörungen vegetativer Organe gerichtet und jeglicher moral-
philosophischen, spekulativen und metaphysischen Betrachtungsweise den

Weg gewiesen zu haben. Eine rege Thätigkeit entwickelte sich in den letzten Decennien auf dem bisher so unfruchtbaren oder gar nicht bebauten Feld der Wissenschaft. Die fortschreitende Humanität schuf günstige Orte zur Beobachtung Irrer im grossen Massstab in gut geleiteten Irrenanstalten und die Aerzte dieser Anstalten, vertraut mit allen Hilfsmitteln der Diagnostik und geschult in der empirischen Methode, die sich in den übrigen Naturwissenschaften so glänzend bewährt hatte, sah man allenthalben bestrebt die Erfahrungen, welche pathologische Anatomie, Physiologie und Pathologie des Nervensystems, Anthropologie und Psychophysik boten, für einen Neubau der Psychiatrie zu verwerthen. Verdienstvolle Forscher auf dem nunmehr rein medicinischen somatischen Weg sind Flemming, Jessen, Zeller, welch letzterer zuerst den Satz zur Geltung brachte, dass die verschiedenen Formen des Irreseins nur Stadien ein- und desselben Krankheitsprocesses seien, namentlich sein bedeutender Schüler Griesinger, dessen nahezu epochemachendes Lehrbuch 1845 zum erstenmale erschien und in geistvoller Weise alle bisherigen Resultate der naturwissenschaftlichen exacten Forschungsweise zu einem Lehrgebäude zusammenfügte.

So hat sich die Psychiatrie nach schwerem Kampf ihre richtige Stellung im Verband der Naturwissenschaften errungen und sich von den letzten ihr anklebenden philosophischen und metaphysischen Schlacken gereinigt.

Noch unendlich viel muss aber geschehen, um die Psychiatrie, die zur Zeit höchstens auf den Namen einer descriptiven Wissenschaft Anspruch machen kann, auf die Höhe einer erklärenden zu erheben. Sind auch gerade hier dem menschlichen Erkennen scheinbar unlösbare Probleme geboten, so bürgen die in der kurzen Zeitspanne naturwissenschaftlicher Forschungsweise bereits gewonnenen Resultate und das voraussetzungslose Ringen bedeutender Forscher aller Culturländer auf den verschiedensten Gebieten für eine gedeihliche Fortentwicklung der Psychiatrie, deren nächstes und erreichares Ziel ihr Aufgehen, wenigstens für die wissenschaftliche Anschauungsweise, in der gesammten Cerebralpathologie sein wird. Neben dem klinischen, nur leider zu wenig betretenen Weg, der auch den somatischen, speciell cerebralpathologischen Phänomenen im Irrsein seine Forschung zuwendet und damit zu einem neuropathologischen wird, neben dem biologisch-anthropologischen, der in die Geheimnisse der Aetiologie und Pathogenese eindringt, neben der an Stelle einer unwissenschaftlichen metaphysischen getretenen empirisch psychologischen psychophysischen Betrachtungsweise der Erscheinungsformen des Irreseins, ist es die anatomische Forschung, die den Weg für das pathologische Verständniss ebnet und die Psychiatrie jenem Ziele zuführt.

Eine Reihe von Hilfswissenschaften geben Stützen und Aussichts-
punkte auf dieser mühevollen Bahn.

Das Verständniss des Baues[1]) des Gehirns fördern die Entwicklungsgeschichte und die vergleichende Anatomie; das Studium der
Bahnen jenes räthselhaften Organs erleichtern die fortgeschrittene Tech-
nik des Microtom, der Härtungs- und Tinktionsmethoden.

Unterstützend greifen dabei ein die Experimentalphysiologie (Rei-
zungsversuche der Hirnrinde), die Experimentalpathologie (Zerstörung
von Leitungsbahnen durch Vivisektion und Anbringung örtlicher chemischer Veränderungen), die Pathologie durch Studium der secundären
Veränderungen in Folge von heerdartigen Erkrankungen.

Die neuere anatomisch physiologische Forschung hat durch Auffindung der Lymphräume, durch das Studium der Circulationsverhältnisse
des Gehirns, der Innervationsbahnen seiner Gefässe, Licht über Circulation und Ernährung dieses Organs verbreitet, nur die Chemie ist
noch nicht im Stande, die Gesetze und Produkte des Stoffwechsels
klarzulegen. Die empirische Psychologie auf exacter, psychophysischer
Grundlage bahnt das Verständniss der psychopathologischen Phänomene
des Seelenlebens an, während die klinische Psychiatrie, fussend auf
den Erfahrungen der gesammten Neuropathologie, die Gesammtheit
der cerebralpathologischen Phänomene des Irreseins auf dem Weg
exacter klinischer Beobachtung und ausgerüstet mit allen Hilfsmitteln
einer solchen, zu erforschen sucht und ihre klinischen Resultate zur
Gewinnung classificatorischer Ordnung und Aufstellung empirisch wahrer
Krankheitsbilder zu verwerthen bemüht ist.

Leider gestatten die lückenhaften Ergebnisse der pathologisch-
anatomischen Forschung noch nicht, den Krankheitsbildern einheitliche
pathologisch-anatomische Befunde gegenüber zu stellen und an die Stelle
klinisch - symptomatologischer Bezeichnungen pathologisch - anatomische
treten zu lassen.

Nicht gering ist die Bedeutung der Psychiatrie trotz ihrer unvollkommenen Entwicklungshöhe im Verband der übrigen Disciplinen
und schon deshalb bedarf sie eines regen Verkehrs und Austausches
mit den anderen Wissenszweigen durch academische Vertretung und
Pflege auf den Hochschulen.

Insoferne sie die Aetiologie der psychischen Krankheiten lehrt und
diese ein grosses sociales Uebel sind, tangirt sie die Hygiene und
medicinische Polizei, deren Aufgabe die Verhütung von Krankheiten ist.

---

[1]) Meynert, Archiv f. Psych. IV; Flechsig, Die Leitungsbahnen im Gehirn und
Rückenmark d. Menschen. Leipzig 1876.

Sie berührt hiebei das Gebiet der Pädagogik, insofern in nicht seltenen Fällen das Irresein die Folge einer fehlerhaften Erziehung auf Grund der Nichtbeachtung eigenthümlicher originärer Anlagen und Temparamentseigenthümlichkeiten ist.

Wenn die Pädagogik ein tieferes Studium aus dem Menschen in seinen normalen und pathologischen Verhältnissen machte, so würden manche Fehler und Härten der Erziehung wegfallen, manche unpassende Wahl des Lebensberufes unterbleiben und damit manche psychische Existenz gerettet werden.

Nicht minder interessant ist die Psychiatrie für die Theologie, insofern sie den psychopathischen Ursprung so mancher religiöser Verirrungen und Secten aufweist, ferner für die Weltgeschichte [1]), insofern die räthselhafte Erscheinung so mancher weltgeschichtlichen Persönlichkeit ihre Aufklärung in psychopathischen Bedingungen findet.

Aber auch für die empirische Psychologie liefert die Psychiatrie eine leider bisher nur zu wenig beachtete und gleichwohl wichtige Erkenntnissquelle, wie überhaupt eine solche die Pathologie für die Physiologie ist.

Für die übrige Medicin ist die Psychiatrie wichtig, insofern sie eine Ergänzung derselben bildet und gewisse elementare psychische Störungen (Aphasie, Hallucinationen, Stupor etc.), deren Erforschung ihr zufällt, allgemeine pathologische Bedeutung haben.

Die psychiatrische Klinik hat zudem den Werth, dass in ihr allein die gesammte Persönlichkeit Objekt des Studiums ist, das wichtige und schwierige Krankenexamen hier besonders geübt und die auch für den Nichtpsychiater wichtige Homiletik und psychische Behandlung des kranken Menschen hier gelernt wird.

Aber die wichtigsten Probleme der Psychiatrie liegen vorerst in der hohen socialen Bedeutung, die sie durch die Eigenthümlichkeit ihres Gegenstandes einnimmt.

Eines der wichtigsten ist zunächst die öffentliche Fürsorge für die in den letzten Jahrzehnten immer mehr zunehmende Zahl Irrer in allen Ländern. Die zweckentsprechende Fürsorge für diese Kranken, ihre Heilung, ihre humane Pflege im Fall der Unheilbarkeit sind ein Gegenstand ernster Erwägung für Behörden und Aerzte, zumal da die Erfahrung lehrt, dass geschlossene Anstalten für alle diese Kranken nicht ausreichen und viele derselben sich für freiere Verpflegungsformen

---

[1]) Bird, Allgem. Zeitschr. f. Psych. V, p. 151 (Johanna von Castilien), p. 569 (Carl VI. von Frankreich) VI, p. 12 (Carl IX. von Frankreich) VII, p. 45, 218. VIII. 17. 209 (verschiedene histor. Persönlichkeiten); Dietrich ebenda IX, p. 558 (Philipp V. u Ferdinand VI.); Bergrath ebenda X, p. 249, 396; Winslow, obscure diseases of the brain, p. 101—106; Wiedemeister, Der Cäsarenwahnsinn. 1875.

eignen (familiale, coloniale Versorgung etc.), über deren Werth in technischer und ökonomischer Hinsicht erst die Zukunft entscheiden wird.

Nur so viel steht fest, dass die heilbaren und gefährlichen Kranken
geschlossener Anstalten nicht entbehren können. Eine nicht minder
wichtige Aufgabe erwächst der Psychiatrie in ihren Beziehungen zur
Rechtspflege.

Die Irren sind gesetzlich unzurechnungsfähig, ihre bürgerliche
Verfügungsfähigkeit geht durch ihre Krankheit verloren, sie können
in dieser gefährlich für die Gesellschaft werden, damit kann ihre Freiheitsberaubung nöthig erscheinen. Sie bedürfen aber auch, da sie für
sich und ihre Angelegenheiten nicht sorgen können, eines Rechtsschutzes.
Aus diesen Verhältnissen erwachsen eine Reihe von theils allgemeinen
legislativen, theils concreten Fragen, deren wissenschaftliche Beantwortung zunächst der Psychiatrie als gerichtlicher Psychopathologie
zufällt, Fragen, die höchst wichtig sind für die staatliche Ordnung und
Sicherheit, aber auch für Ehre, Leben und Freiheit der Kranken selbst.
Unstreitig die schwierigste hieher gehörige Frage ist die nach dem
Geisteszustand eines Menschen zur Zeit der Verübung einer strafbaren
That. Gar manche Aufgaben sind hier noch zu erfüllen, noch schwankend und unsicher die Grenzgebiete des Verbrechens und des Wahnsinns. Trotzdem vermag die Psychiatrie auch diesen Aufgaben gerecht
zu werden, wenn sie auf streng klinischem Boden sich bewegt, von
aller Phraseologie sich ferne hält, und da wo die bisherige Wissenschaft
nicht ausreicht, ihr „non liquet" ungescheut ausspricht.

---

## Capitel 4.

# Die Analogieen des Irreseins.

Aetiologie wie klinische Beobachtung lassen die Psychiatrie in
der Cerebralpathologie aufgehen und fordern dieselbe Beobachtungs-
und Behandlungsweise mit Aufgebung aller einseitig psychologischen
oder gar metaphysischen Anschauungen. Trotz dieser inneren Zusammengehörigkeit erscheint das Studium der psychischen Anomalieen
mit eigenthümlichen Schwierigkeiten umgeben.

Sie haben auf den ersten Blick kein Analogon in den Erscheinungen gestörter Funktion anderweitiger Centra des Nervensystems,
sie scheinen eigenartige Processe.

Die gewohnten Anschauungsweisen der pathologischen Anatomie

fehlen uns hier, denn klinische Phänomene und Sektionsbefunde sind nur selten mit einander in Einklang zu bringen, nicht minder lassen uns die sichern und geläufigen Hilfsmittel diagnostischer Exploration im Stich — mit der Auscultation und Percussion, mit der pathologischen Chemie wissen wir auf psychopathologischem Gebiet schlechterdings nichts anzufangen. Wir haben es hier grossentheils mit Phänomenen neuer Ordnung, mit psychologischen zu thun. Aus Schwankungen des Bewusstseins, Störungen des Gedächtnisses, qualitativ und quantitativ abnormen Gefühlen, Vorstellungen, Strebungen etc. müssen wir Rückschlüsse auf Art und Grad der Erkrankung des Gehirns machen.

Die Eigenartigkeit des Vorgangs im Irresein ist indessen nur eine scheinbare. Wenn Geisteskrankheiten wirklich Hirnkrankheiten sind, so müssen sie, unbeschadet der Eigenthümlichkeit ihrer Symptome und Symptomengruppen, den allgemeinen Gesetzen der Physiologie und Pathologie des Nervensystems folgen. Die Gesetze der Erregbarkeit und Erregung, der Erschöpfung und Erschöpfbarkeit, der reflectorischen Uebertragung, der vicarirenden Leistung, der Irradiation und Leitung, der excentrischen Projection der Erregungsvorgänge etc. müssen auch für diese Funktionsqualitäten Giltigkeit besitzen.

Diese Annahme bestätigt sich in vollem Umfang — überall begegnen wir Erscheinungen erleichterter und gehemmter reflectorischer Erregbarkeit und Uebertragung, das Gesetz der excentrischen Erscheinung erscheint uns auf Schritt und Tritt. Nicht minder entspricht der Gesammtverlauf der psychischen Krankheiten dem der anderweitigen Neurosen — der temporären Latenz und Intermission, der Exacerbation und Remission durch Summirung der Reize und Erschöpfung, der Periodicität der Wiederkehr der Symptome.

Die in der specifischen, physiologischen Dignität des afficirten Organs begründete Eigenartigkeit der psychopathischen Phänomene wird unserem Verständniss noch näher gebracht und verliert dadurch viel an ihrer Fremdartigkeit, wenn wir es versuchen, jene in Analogie mit anderweitigen, unserer Anschauungsweise verständlicheren Erscheinungen gestörter Nervenfunktion zu bringen, sie in die uns geläufige Sprache zu übersetzen.

So sind wir bis zu einem gewissen Grad berechtigt, von einer psychischen Hyperästhesie und Anästhesie, von psychischem Krampf und Lähmung, von vermindertem und gesteigertem Leitungswiderstand, von gesteigerter und darniederliegender psychischer Reflexerregbarkeit zu sprechen. Aber noch eine weitere und wichtige Quelle des Verständnisses eröffnet sich uns unter der Annahme, dass Irresein eine Krankheit ist.

Krankheit ist Leben unter abnormen Bedingungen, Krankheit und Gesundheit sind nicht unbedingte Gegensätze.

Die psychopathischen Vorgänge können somit nicht grundverschieden sein von denen des physiologischen Lebens, es müssen sich werthvolle Analogieen und Uebergänge zwischen beiden Lebensgebieten ergeben.

Auch diese Voraussetzung findet ihre Bestätigung. Die Elemente, aus welchen sich das krankhafte Seelenleben zusammensetzt, sind dieselben wie die des gesunden Lebens, nur ihre Entstehungsbedingungen sind geänderte.

Ein Geisteskranker kann dasselbe reden und thun, wie ein Gesunder. Nicht in der Qualität seiner psychischen Vorgänge, sondern in deren Entstehungsweise liegt wesentlich das unterscheidende Merkmal.

Das Krankhafte bei diesen Processen liegt nun darin, dass sie spontan durch innere krankhafte Reize zu Stande kommen, während unter physiologischen Bedingungen äussere Reize sie hervorrufen und beeinflussen und damit eine beständige Uebereinstimmung zwischen den Vorgängen des Bewusstseins und denen der Aussenwelt hergestellt bleibt.

Es wird z. B. Niemand beifallen, Jemand für geisteskrank zu halten, der in tiefem, durch den Verlust seiner Habe, seiner Angehörigen motivirtem Schmerz versunken ist. Wir werden aber keinen Augenblick anstehen, die Diagnose auf Gemüthskrankheit zu stellen, wenn gar keine äussere Veranlassung zu psychischem Schmerz vorhanden ist, jener Verlust etwa nur ein eingebildeter ist. So lange eben unsere Gefühle Vorstellungen und Bestrebungen in harmonischem Rapport mit den Vorgängen der Aussenwelt, motivirt durch diese sind, und die Reaktion auf sie der Intensität derselben annähernd entspricht, so lange schliessen wir beim Individuum auf geistige Gesundheit — besteht aber ein Missverhältniss zwischen äusseren Erregern und Reaktion oder fehlt jener gänzlich, so schliessen wir folgerichtig auf eine subjektive spontane innere Erregung im Organ der psychischen Thätigkeiten, auf eine Krankheit.

Geradeso beurtheilen wir ja auch anderweitige Erscheinungen gestörter Funktion im Körper. Eine schmerzhafte Empfindung nach einer Verletzung erscheint uns als die natürliche Folgewirkung und Reaktion auf diese — eine spontan aufgetretene Schmerzempfindung macht uns sofort den Eindruck des Krankhaften. So beurtheilen wir auch das Gefühl der Hitze, Kälte, Ermüdung etc., je nachdem es physikalisch begründet ist oder einer solchen Begründung entbehrt (Griesinger).

Die physiologische Leistung des Organs der psychischen Thätigkeit ist die Produktion von Gefühlen, Vorstellungen, Strebungen.

Die spontane oder den äussern Erregern inadäquate Entstehung
dieser psychischen Vorgänge ist im Allgemeinen das Zeichen innerer
Erregungsvorgänge und anomaler Reaktionszustände, deren Andauer,
Intensität, Disproportion nicht lange Zweifel über ihre pathologische
Begründung lassen wird. Damit erscheint jene Entstehungsweise als
das nächste und wichtigste klinische Erkennungszeichen des Irreseins.
Die Signatur, die äussere Erscheinung des Irren und des Geistesgesun-
den kann ganz die gleiche sein. Nur indem wir die Quelle und
Motivirung ihrer psychischen Vorgänge kennen, vermögen wir vorläufig
zu entscheiden, ob wir einen Irrsinnigen oder Gesunden vor uns haben.

Da das Irresein aber ganz die gleichen Elemente enthält wie
das normale Geistesleben, dieselben Gesetze für Verbindung und Ablauf
jener gelten, gibt die Betrachtung der psychischen Processe in physiologischen wie auch in gewissen häufiger zu beobachtenden pathologischen
Lebenszuständen werthvolle Analogieen an die Hand, mit Hilfe derer,
als unsrer Erfahrung geläufiger Zustände, wir in Stand gesetzt werden,
uns in der Pathologie des Seelenlebens zu orientiren und einigermassen
zu begreifen, wie die krankhaften Gedankenverbindungen und Wahnideen, die irren Gefühle und Strebungen im eigentlichen Irresein zu
Stande kommen.

Solcher Analogieen bietet schon das alltägliche Leben zur Genüge.
Wie Gesundheit und Krankheit im Bereich der somatischen Sphäre,
wo doch exacte physikalische Hilfsmittel als diagnostischer Massstab
verwerthbar sind, sich nicht scharf scheiden lassen, so geht es auch
in der psychischen, ja wir haben hier allen Grund die Grenze physiologischer Breite nicht zu scharf zu markiren.

In der Mehrzahl der Fälle von beginnender psychischer Krankheit liegt der Schwerpunkt des Symptomenbildes nicht in intellectuellen
Störungen, sondern in Gemüthsbewegungen, in nicht oder ungenügend
motivirten Stimmungen, Affekten und Erscheinungen abnormer Gemüthsreizbarkeit. Es liegt nahe, diese pathologischen Gemüthszustände
mit den Gemüthsbewegungen des physiologischen Lebens zu vergleichen[1]).

Unsere gewohnte Empfindungsweise, das ruhige Vonstattengehen
unserer Gefühle kann nach zwei Richtungen eine tumultuarische Er-
schütterung erfahren. Wir sprechen dann von Affekten und unterscheiden, je nachdem der veranlassende Vorgang eine Hemmung oder
Förderung unserer geistigen Interessen herbeiführt, depressive Affekte
der Bestürzung, Beschämung, Sorge, des Grams, Kummer, — oder
expansive der Freude, Ausgelassenheit, des Jubels. Entsprechend
diesen beiden Affektmöglichkeiten des physiologischen Lebens finden

---

[1]) Vgl. Griesinger, Pathol. u. Therapie d. psych. Krankheiten. p. 61.

sich auch auf pathologischem zweierlei affektartige Gemüthszustände:
die Melancholie und die Manie.

Stellen wir den im schmerzlichen Affekt versunkenen Gesunden
dem Melancholischen gegenüber, so finden wir zunächst äusserlich keine
wesentliche Differenz. Bei Beiden findet sich derselbe physiognomische
Ausdruck psychischen Schmerzes, dieselbe schmerzliche Niederge-
schlagenheit. Beide sind dem Zwang ihrer schmerzlichen Gedanken
und Gefühle hingegeben, Beide unfähig, sich für etwas Anderes, ausserhalb des ihnen aufgezwungenen Gedankenkreis liegendes, zu interessiren, ihren gewohnten Pflichten und Beschäftigungen nachzukommen;
bei Beiden wird der Schlaf nothleiden, der Appetit vermindert, die
Thätigkeit der Darmperistaltik herabgesetzt sein und die Gesammternährung sinken. Der wesentliche Unterschied zwischen dem schmerzlich verstimmten Gesunden und dem Melancholischen liegt zunächst
darin, dass bei dem Einen der psychische Schmerz ein motivirter, die
physiologische Reaktion auf einen äussern Vorgang ist, während bei
dem andern jener ein äusserlich nicht, oder doch wenigstens nicht
genügend motivirter, somit durch innere Vorgänge vermittelter ist, dass
er sich etwa einbildet, dass sein psychisches Organ in Folge einer
Erkrankung ihm der Wirklichkeit nicht entsprechende Bilder und
Vorstellungen vorspiegelt und sein Bewusstsein zu gestört ist, um die
falsche Münze, mit der er rechnet, zu erkennen.

Diese Verwechslung des motivirten psychischen Schmerzes mit
der Gemüthskrankheit findet nur zu häufig von Seiten des Laien statt,
der sich nur an die äusserlich gleichen Züge der Erscheinungsform
hält. Sie ist um so leichter möglich, da nicht selten die Gemüthskrankheit ihre Entstehung aus einem wohl motivirten depressiven Affekt
findet, und, Anfangs physiologisch, unmerklich in einen pathologischen
übergehend, den cardinalen Unterschied zwischen motivirtem physiologischem und spontanem pathologischem psychischem Vorgang verwischte.

Die grundverschiedene Bedeutung beider ergibt sich jedoch aus
dem Misserfolg des Laien, der die Verstimmung für eine physiologische
hält und auf den ausgleichenden Einfluss der Zeit, die Wegräumung
der deprimirenden Ursache, die Hoffnungsbelebung, Zerstreuung und
Erheiterung des Deprimirten baut.

Während all diese Erwartungen beim physiologisch Verstimmten
eintreffen, findet das Gegentheil beim Gemüthskranken statt. Der
tröstende Zuspruch erbittert ihn nur, Zerstreuung versagt oder irritirt
ihn sogar, ein Versuch ihn logisch zu überzeugen, dass er nicht ruinirt
ist, keine Gefahr droht u. dgl., beruhigt ihn vielleicht momentan, aber
im nächsten Augenblick äussert er eine neue Wahnidee, z. B. ein
Verbrecher zu sein.

Die Quelle seiner irren Gefühle und Vorstellungen ist eben eine Hirnkrankheit, sie ist eine organische, keine psychologische.

Ganz dieselben Analogieen liefert die Vergleichung des expansiven Affekts des Gesunden mit dem Zustand des maniakalischen Gemüthskranken, sobald jener eine gewisse Höhe erreicht hat, nur dürfen wir nicht den hochcivilisirten Culturmenschen, der seine Gefühle zu bemeistern dressirt ist, als Beobachtungsobjekt wählen, sondern etwa ein Kind, einen in der Beherrschung seiner Gefühle ungeübten Naturmenschen oder wenigstens den Culturmenschen in einem Zustand, in welchem bei ihm der Affekt so mächtig und überwältigend geworden ist, dass er die Schranken, welche Sitte und Anstand seiner Entäusserung setzen, durchbricht. Denken wir uns in die Lage des Verliebten, der unerwartet am Ziel seiner Wünsche steht, in die eines sicherem Tod Entgegengehenden, der unverhofft gerettet wird, eines Geizhalses, der die Nachricht, dass er das grosse Loos gewonnen, empfängt — sie alle werden sich äusserlich momentan vom Maniakalischen nicht unterscheiden — närrisches Umherspringen und Tanzen, toller Jubel, Ueberfliessen vor Seligkeit werden sie zeigen, ja selbst zu einer ziemlichen Unordnung der Gedanken, zu abspringender Rede, abgerissenen Ausrufen, Incohärenz der Vorstellungen wird es bei der Ueberfüllung des Bewusstseins kommen.

Bei dem Glücklichen geht der Sturm bald vorüber, der Einfluss der Zeit macht sich rasch geltend, bei dem Maniacus dauert die organisch begründete Störung möglicherweise Wochen bis Monate, ja selbst bis zur Erschöpfung fort.

So liefert das Studium der physiologischen Affekte werthvolle Anhaltspunkte und Vergleiche für das Geschehen im affektiven Irresein, ja es lässt sich bei genauerer Betrachtung keine scharfe Grenze finden zwischen noch auf dem Gebiet physiologischer Breite sich bewegenden Affekten und gewissen, äusserlich zwar nothdürftig motivirten, aber durch Intensität, Dauer und temporären Verlust des Selbstbewusstseins pathologischen Affekten, wie sie bei gewissen krankhaften Hirnorganisationen und Nervenkrankheiten (Epilepsie etc.) zur Beobachtung gelangen.

Wie schwankend die Grenzgebiete geistiger Gesundheit und Krankheit sind, lehrt die Betrachtung einer Categorie von Menschen, deren Typen äusserst zahlreich im öffentlichen und privaten Leben sich finden und deren Beurtheilung eine sehr differente ist, zwischen den Extremen eines Genie's [1]) und eines Narren schwanken kann.

---

[1]) S. den trefflichen Vergleich zwischen dem Genie und dem „Narren" bei Maudsley, Physiol. u. Pathol. der Seele, übers. v. Boehm. p. 308.

Es finden sich bei solchen Menschen Eigenthümlichkeiten im Denken, Fühlen und Handeln, sie reagiren auf Reize, die für andere nicht existiren und noch dazu in einer Weise, die ungewöhnlich, sonderbar ist und den Betreffenden gelegentlich den Namen eines Sonderlings, wenn nicht gar eines Narren einträgt, einfach weil die ungeheuere Majorität der Menschen anders empfindet und handelt. Ebenso ungewöhnlich sind die Gedankenverbindungen derartiger Individuen — sie bringen die Dinge in sonderbare, ungewöhnliche, neue, möglicherweise interessante und selbst einen Fortschritt bekundende Beziehungen. Aber im besten Fall sind sie doch nicht fähig, Nutzen aus diesen neuen Gedanken zu ziehen. Solche Menschen sind noch nicht irre, aber es ist auch nicht ganz richtig bei ihnen. Sie stehen an der Schwelle des Irreseins, bilden den Uebergang zu diesem.

Das Verständniss dieser problematischen Naturen wird erst gewonnen, wenn man ihre Abstammung erforscht. In der Regel stammen sie von Irrsinnigen ab oder weisen wenigstens solche in ihrer Blutsverwandtschaft auf. Das Studium und Verständniss dieser Leute, wie es die Psychiatrie lehrt, hebt diese weit über den engen Horizont einer Fachwissenschaft hinweg und lässt sie als wichtige Hilfswissenschaft der geistigen Naturgeschichte des Menschen erkennen.

Solcher Pseudo-Genie's finden sich unzählige im öffentlichen Leben, bald auf dem harmlosen Gebiet wichtiger Erfindungen, gemeinnütziger Vorschläge, die sich aber als Velleitäten bei genauer Prüfung erweisen, bald auf dem Gebiet der Politik, des Kirchen- und Staatslebens. Aus ihren Reihen gehen jene Erfinder, unruhigen Köpfe, Weltverbesserer, Revolutionshelden, Schöpfer neuer Secten hervor, deren Plänen wohl zuweilen eine aufgeregte Zeit williges Ohr leiht, deren Werk aber nothwendig hinfällig ist, weil es nur ein Geistesblitz eines zwar inductiven aber wirren Kopfes, nicht das aus der Culturentwicklung gereifte, wenn auch anticipirte Geistesprodukt eines Genie's war. (Maudsley.) Das Studium derartiger problematischer Naturen erleichtert uns das Verständniss gewisser Formen des Irreseins (primäre Verrücktheit), in denen ebenfalls die Einseitigkeit gewisser Strebungen, das Fixirtsein gewisser absurder und Obersätze des gesammten Denkens gewordener Vorstellungsmassen auffällig ist. Häufig genug entwickelt sich unmerklich im Laufe des Lebens bei diesen originär Verschrobenen auch wirklich der Zustand der Verrücktheit.

Eine interessante Analogie mit dem Irresein bieten weiter die Vorgänge des Traumlebens [1]).

---

[1]) Moreau, Annal. méd. psychol. 1855, p. 361; Maury ebenda, p. 404; Griesinger, op. cit., p. 108.

Es besteht zwar zwischen Traum und Irresein ein fundamentaler Unterschied, insoferne jener eine Erscheinung des Schlafenden, dieses eine solche des Wachenden ist, jedoch ist zu bedenken, dass unsere Träume dann am lebhaftesten sind, wenn wir uns im Halbschlaf befinden, und dass die Zustände der Schlaftrunkenheit und des Schlafwandelns vermittelnde Uebergänge zwischen Schlaf und Wachen darstellen. Was nun die Vorgänge des Traumlebens besonders instructiv für das Verständniss gewisser Vorgänge im Irresein macht, ist der Umstand, dass in beiden Zuständen die Produktion von Vorstellungen und sinnlichen Anschauungen vorwiegend durch innere spontane Erregung zu Stande kommt, gegenüber der Entstehung derselben im wachen und geistesgesunden Zustand durch äussere Wahrnehmung und Ideenassociation.

Als Ursachen jener spontanen automatischen Erregung vorstellender Centren im Gehirn lassen sich innere Reize (Veränderungen des Blutes) bezeichnen, ihre Produkte sind der Wirklichkeit nicht entsprechende Vorstellungen (Delirien) und Hallucinationen.

Indem in beiden Zuständen die fortdauernde automatische Erregung ganz disparate Vorstellungen hervorruft, und die dadurch fortwährend gestörte, zudem sehr reducirte Ideenassociation die Vorstellungen nicht mehr nach ihrem logischen Inhalt zu knüpfen vermag, sondern sie höchstens nach oberflächlicher Aehnlichkeit (die oft nur durch äusseren Gleichklang oder Assonanz der Worte bedingt ist), an einander reiht, entsteht jene Confusion und Incohärenz, die den Traum wie gewisse Zustände des Irreseins auszeichnet.

Von überraschender Analogie ist in beiden Zuständen ferner die phantastische Umbildung und Uebertreibung, welche etwaige zum Bewusstsein vorgedrungene Eindrücke aus der äussern oder körperlichen Welt beim Träumenden wie beim Irren erfahren.

Wie ein Nadelstich Jenem zum Degenstoss, der Druck der Bettdecke zur Bergeslast, das eingeschlafene Glied zur Lähmung desselben, körperliche Angstempfindungen aus Respirationsstörung zu Geschichten von Alpdrücken und lebendig Begrabensein phantastisch sich gestalten, so geschieht es auch mit den Sensationen der Irren, die zu den abenteuerlichsten Wahnvorstellungen verarbeitet und umgestaltet werden. Eine weitere Uebereinstimmung bietet die nicht seltene Entzweiung der Persönlichkeit in beiden Zuständen. Die eigenen Gedanken des Irren werden zuweilen von ihm einer andern Persönlichkeit zugeschrieben (Dämonomanie), wie auch im Traum wir unsere eigenen aber contrastirenden Vorstellungen anderen Personen in den Mund legen, mit solchen disputiren etc.

Ganz besonders interessant ist aber beim Irren, dass er gegen das Zeugniss seiner Sinne, gegen alle bisherige Erfahrung an fictiven

Dingen festhält, den baarsten, physikalisch ganz unmöglichen Unsinn, den ihm sein erkranktes Gehirn vorspiegelt, nicht zu corrigiren vermag.

Dasselbe begegnet uns im Traum. Wir erleben das Absurdeste, Contradictorische, ohne seine Realität zu bezweifeln, wir staunen darüber höchstens, wie der Irre, ja wir kommen wohl momentan zur Ahnung, das müsse ein Traum sein, gleichwie der Irre in einem flüchtigen Moment des lucidum intervallum zur Anerkennung seiner Hirngespinnste, zum Bewusstsein seiner Krankheit gelangt.

Die Ursache dieser Erscheinung liegt beim Träumenden in der Ausschaltung der die Processe des Schliessers, Urtheilens vermittelnden höheren psychischen Thätigkeit, und in der mangelnden Controle seitens der Sinne, die der Aussenwelt verschlossen sind.

Beim Geisteskranken ist die Correctur unmöglich durch Erkrankung des psychischen Organs, die dadurch gesetzte Bewusstseinsstörung und die Verfälschung des Bewusstseins durch subjektive Sinneswahrnehmungen — Hallucinationen.

Bemerkenswerth ist ferner, dass sowohl angenehme Träume beim Gesunden als heitere Delirien beim Irren viel seltener sind als unangenehme. Erfahrungsgemäss sind angenehme Träume noch am häufigsten zu Zeiten geistiger und körperlicher Erschöpfung. Dasselbe sehen wir beim Irren, wo Grössendelir vorwiegend schwere, zu geistigem Zerfall und Zerstörung führende Hirnprocesse begleitet und dadurch eine schlimme Bedeutung gewinnt.

Auf ähnliche Bewusstseinszustände im Traum und gewissen Formen von Irresein deutet endlich die Erklärung vieler Genesener, dass ihnen die ganze Periode der überstandenen Krankheit nur wie ein Traum in der Erinnerung stehe.

Auch die Genesung vom Irresein gleicht vielfach dem Erwachen aus einem Traum. Zuweilen ist sie eine plötzliche, es fällt dem Kranken wie Schuppen von den Augen, dass er delirirte; häufiger ist diese Erkenntniss eine langsame, es spinnen sich Rudera des irren Vorstellens, gleich Traumgebilden im Zustand der Schlaftrunkenheit, in die Lucidität hinüber, so dass der Genesende erst durch einen mühsamen und peinlichen Klärungsprocess, einen Kampf zwischen phantastischer und realer Vorstellungswelt zur Anerkennung der Krankheit und ihrer Produkte gelangt.

Auch das Fieber- und das Inanitionsdelir liefern beachtenswerthe Anhaltspunkte für das Verständniss gewisser Phänomene im Irresein, namentlich für die spontane, durch idiopathische Reizung vorstellender Theile der Grosshirnrinde bedingte Entstehung von deliranten Vorstellungen. Aus der regellosen Hervorrufung dieser durch inadäquate Reize (Blutanomalieen) erzeugten Vorstellungen, aus dem gleichzeitigen

Darniederliegen der höheren Processe der Reflexion, Ideenassociation, die das überreich gebotene disparate Material zu ordnen vermöchten, erklärt sich die Incohärenz des Deliriums, wodurch es mehr das Gepräge einer hallucinatorischen Verwirrtheit als das eines systematischen Wahnsinns annimmt. Indem abnorme Gemüthsstimmungen, feste Wahnideen und eine totale Umwandlung der Persönlichkeit hier nicht eintreten, erscheint das Delirium mehr als eine Art von Träumen im wachen oder halbwachen Zustand durch nervöse Reizung des psychischen Organs.

Dazu kommt der mehr symptomatische Charakter, der raschere Ausbruch, die kürzere Dauer gegenüber wirklicher Geistesstörung, Erscheinungen, die wir aber andrerseits auch bei gewissen transitorischen, allerdings symptomatischen Geistesstörungen (epileptische, hysterische „Manien", Mania transitoria) in gleicher Weise finden.

Endlich ist noch auf die vielfach gleiche Disposition, die für Delirium und Irresein besteht und mit einem Wort als neuropathische Constitution, als Zustand geringerer Resistenzfähigkeit des Gehirns sich bezeichnen lässt, aufmerksam zu machen.

Weitaus die zutreffendste Analogie mit dem Irresein, zugleich die umfassendste, alle Formen desselben repräsentirende, liefert endlich die acute Alcoholintoxication.[1] Wir finden hier alle Formen des Irreseins, von jenen leicht melancholischen Zuständen, wie sie der Rausch zuweilen in der Form des sogenannten trunkenen Elends vorführt, bis zu jenen äussersten Stadien völliger Aufhebung der psychischen Funktionen, wie sie schwerer nicht im terminalen Blödsinn zum Ausdruck kommen können.

Aber auch die schwerste Form des Irreseins, die Dementia paralytica, findet sich unter dem Bild der Berauschung oft so treu copirt, dass bei flüchtiger Begegnung nur die Anamnese unterscheiden kann, ob wir die acute, reparable Alkoholparalyse oder die unheilvolle des Irren vor uns haben. Der Rausch ist eigentlich nichts anderes als ein artificielles Irresein, und wir können an demselben zwei psychiatrische Grundthatsachen constatiren, dass nämlich, je nach constitutionellen Verhältnissen, die gemeinsame Ursache ganz differente Krankheitsbilder erzeugt und dass den Zuständen psychischer Lähmung, wie sie die Stadien sinnloser Betrunkenheit und des terminalen Blödsinns als Ausgang der Geistesstörung darstellen, Zustände von Erregung vorausgehen. In der Mehrzahl der Fälle äussert sich die Alkoholwirkung zu Anfang in einer leicht maniakalischen Erregung.

---

[1] Casper, Lehrb. d. ger. Med., biolog. Theil, p. 554; Bayle, Annal. méd. psychol. 1855, p. 423; Lasègue, Archiv. génér. 1853. I, p. 49; Griesinger, op. cit. p. 411.

Alle körperlichen und geistigen Leistungen werden gesteigert, der Gedankenfluss erleichtert. Der Schweigsame wird schwatzhaft, der Ruhige lebhaft. Ein erhöhtes Selbstgefühl führt zu Dreistigkeit, keckem Auftreten, Lustigkeit. Ein grösseres Bedürfniss nach Muskelbewegung, ein wahrer Bewegungsdrang macht sich in Singen, Schreien, Lachen, Tanzen, allerlei muthwilligen und vielfach zwecklosen Akten kund.

Noch sind die Gesetze des Anstands bewusst, werden Form und Sitte gewürdigt, eine gewisse Selbstbeherrschung geübt. Mit fortschreitender Alkoholwirkung erlöschen nun aber wie beim Tobsüchtigen eine Reihe ästhetischer Vorstellungen, moralischer Urtheile, die hemmend und controlirend sonst dem gesunden Ich zu Gebot stehen.

In diesem Stadium lässt sich der Betrunkene völlig gehen, gibt seine Charakterfehler, seine Geheimnisse preis — in vino veritas — setzt sich über Sitte und Anstand hinweg, wird eynisch, brutal, rechthaberisch und gewaltthätig. Jetzt hat er auch die Beurtheilungsfähigkeit seines Zustandes verloren — er hält sich ebenso wenig für betrunken als der Wahnsinnige für irre und nimmt es übel, wenn man an ihm die richtige Diagnose stellt.

Endlich kommt es zu einem psychischen Schwächezustand, zum Verlust des Bewusstseins, zum Schwinden der Sinne; es treten Hallucinationen und Illusionen auf, es stellt sich Verworrenheit ein und ein Zustand tiefen blödsinnigen Stupors mit lallender Sprache, taumelndem Gang, unsicheren Bewegungen, ganz wie beim Paralytiker, beschliesst die widerliche Scene  Die Aehnlichkeit des artificiellen Irreseins mit dem wirklichen ergibt sich noch daraus, dass zuweilen, allerdings auf Grund einer besonderen Anlage, der Rausch von vorneherein sich als acutes Delirium oder transitorische Tobsucht abspielt, oder eine Berauschung die nächste Veranlassung zu einem unmittelbar aus derselben hervorgehenden dauernden Irresein wird.

---

## Capitel 5.

# Die elementaren Störungen der Gehirnfunktionen im Irresein.

Die klinische Betrachtung der complicirten psychopathischen Zustände, welche die specielle Pathologie als sog. Formen des Irreseins schildert, setzt das Studium der elementaren Störungen voraus, aus welchen jene hervorgehen. Im Vordergrund stehen die psychischen

Anomalieen, deren überwiegendes Hervortreten ja gerade die Sonder-
stellung der Psychiatrie im Gebiet der Cerebralpathologie bedingt.

Die Betrachtung dieser elementaren psychischen Störungen ist
aber nicht blos von Werth für das Verständniss der krankhaften Vorgänge im Irresein, wo sie gehäuft und als geschlossene Krankheitsbilder erscheinen, sondere auch wichtig für die allgemeine Pathologie
des centralen Nervensystems überhaupt, insofern sie isolirt und vorübergehend in das klinische Bild anderweitiger Hirn- und Nervenkrankheiten, die nicht im engeren Sinn zu den psychischen gerechnet werden,
eintreten.

Dies gilt namentlich von den Hallucinationen und Illusionen, den
Störungen der Reproduktion der Vorstellungen, ihres formalen Ablaufs,
der Apperception, den Erscheinungen abnormer Gemüthserregbarkeit etc.;
die klinische Psychiatrie darf sich jedoch nicht auf das Studium
der psychischen Phänomene des Irreseins beschränken, denn vielfach
liegt der Schwerpunkt der Diagnose, Prognose, Pathogenese nicht
sowohl in diesen, als vielmehr in motorischen, sensiblen, vasomotorischen
Funktionsstörungen.

Entsprechend der funktionellen Bedeutung des Gehirns als eines
Centralorgans für psychische, sensorische, sensorielle, sensible, motorische, vasomotorische und trophische Funktionen, ergeben sich für die
klinische Betrachtung, als Ausdruck einer zu Grunde liegenden Hirnerkrankung, ebensoviele Gruppen elementarer Störungen.

Im Anschluss daran sind gewisse Störungen der vegetativen
Lebensprocesse, der Ernährung, Absonderung, Respiration, Circulation,
Eigenwärme zu berücksichtigen, die mittelbar oder unmittelbar durch
die Erkrankung des psychischen Organs hervorgerufen werden.

## A. Die psychischen Elementarstörungen. [1])

Die Mannichfaltigkeit der Phänomene des gesunden und kranken
Seelenlebens fordert zunächst eine Uebersicht und Eintheilung.

Am natürlichsten erscheint eine solche nach den drei Grundrich-
tungen, in welchen sich das Seelenleben nach Aussen bethätigt. Es
lassen sich unterscheiden:

    I. Vorgänge in der affektiven Seite des Seelenlebens — Gemüths-
        zustände und Gemüthsbewegungen.

    II. Solche in der vorstellenden Sphäre, die den grössten Theil aller

---

[1]) Vgl. Griesinger, op. cit. p. 61; Brosius, Die Elemente des Irreseins. 1865;
Schüle, Hdb. der Geisteskrankheiten, p. 42; Emminghaus, Allgem. Psychopathologie, p. 61.

dem Verstand, der Vernunft, der Erinnerung und der Phantasie
zugeschriebenen Thätigkeiten in sich begreift.

III. Solche in der psychomotorischen Seite desselben, den Trieben
und der Willensthätigkeit.

Wir sprechen somit von Anomalien des Fühlens, Vorstellens und
Strebens.

Diese Eintheilung hat nur eine didaktische Bedeutung. Sie verfällt damit nicht in den Irrthum einer älteren metaphysischen Psychologie, die eine Trias von isolirten selbstständigen Seelenvermögen
annahm und dadurch zu den folgenreichsten Irrthümern (Monomanieen,
partielle Geistesstörung) Anlass gab.

Die empirische Psychologie [1]) kennt nur ein einheitliches Seelenleben, in welchem die verschiedenen Facultäten desselben, in solidar-
ischem, einheitlichem Zusammenwirken, nur besonders hervortretende
Seiten der psychischen Leistung bezeichnen.

Alle funktionellen Erscheinungen des Seelenlebens, elementare
wie complicirte, finden ihre Vereinigung in dem Selbstbewusstsein (Ich).

Das Bewusstsein repräsentiren die in der Zeiteinheit im wissen-
den Ich gegenwärtigen Vorstellungen. Alles was nicht im Bewusstsein
gegenwärtig ist, ist latente, virtuelle Vorstellung.

Die Elemente unseres Bewusstseins und damit alles geistigen
Lebens und Wirkens sind die Vorstellungen.

Alles Vorstellen entwickelt sich aus Empfindungen (sinnliche Vorstellung, Anschauung, Wahrnehmung); die Empfindungen sind elementare Vorstellungen. Sie besitzen Intensität und Qualität.

Die erstere ist abhängig von der Reizbarkeit des Empfindenden
(gemessen an dem Minimum von Reiz, das eben noch empfunden wird
— Reizschwelle); die Reizbarkeit ist eine variable Grösse, abhängig
vom Erregbarkeitszustand der Sinnesorgane, der Hirnrinde (Aufmerksamkeit, Schlaf, Wachen) der gleichzeitigen Einwirkung anderer Reize.

Sie ist aber auch verschieden für die verschiedenen Sinnesgebiete
und psychophysisch feststellbar.

Die Qualität einer Empfindung ist abhängig von Art und Form
der Bewegung (Zahl und Länge der Wellenbewegung), welche dem
äusseren Reiz zu Grund liegt. Die verschiedenen Sinnesapparate be-
antworten vermöge ihrer anatomisch-physiologischen Einrichtung, nur

[1]) Nur die nöthigsten psychologischen und psychophysischen Vorbegriffe können
hier angedeutet werden. Hauptwerk für das Studium der empirischen Psychologie
sind Wundt's Grundzüge d. physiologischen Psychologie. 1873; s. f. Herbart, Lehrb.
d. Psychol. 1834; Domrich, Die psych. Zustände. 1849; Jessen, Versuch einer wissen-
schaftl. Begründung der Psychologie. 1855; Griesinger, op. cit. p. 25; Schüle, Hand-
buch, p. 5.

innerhalb gewisser Grenzen liegende Schwingungsgeschwindigkeiten mit Empfindung.

Aus der ungeheueren Summe von Einzelempfindungen bilden sich allmälig, durch Verschmelzung gleichartiger und Differenzirung ungleichartiger, sinnliche Vorstellungen, die sich mit einander verbinden, von der ursprünglichen, sinnlichen Quelle losmachen und zu allgemeinen Vorstellungen, Begriffen, Urtheilen und Schlüssen verarbeiten. Zusammengehalten durch das Bewusstsein der Einheit des Körpers, werden sie schliesslich zu einem Complex von Vorstellungen (Ich), der der Aussenwelt und somit auch jeder neu auftretenden Vorstellung sich gegenüberstellt.

Alle (sinnlichen) Vorstellungen laufen unter den Anschauungsformen der Zeit und des Raums im Bewusstsein ab.

Jede Vorstellung, die einmal im Bewusstsein aufgenommen wurde, kann reproducirt und als identisch der originalen Vorstellung erkannt werden (Gedächtniss).

Die Reproduction ist eine spontane (physiologische Erregung) oder sie ist hervorgerufen direkt durch einen Sinneseindruck (Apperception), indirekt durch die sich an eine Wahrnehmung knüpfenden Associationsvorgänge.

Je häufiger, klarer, und je mehr mit einem Gefühl betont die ursprüngliche Vorstellung sich im Bewusstsein befand, um so leichter wird ihre Reproduction möglich. Die reproducirte Vorstellung kann der originalen identisch sein oder verändert (Phantasie). Die Phantasie schafft nie absolut Neues, sondern nur eine neue Combination des Alten. Ihre gestaltende Thätigkeit ist theils eine unwillkürliche, theils vom Willen beeinflusste.

Die sinnliche Vorstellung wird bei ihrer Reproduction von einer schwachen sinnlichen Miterregung (Sinnesbild) begleitet, wie auch das Vorstellen beständig durch die Sinnlichkeit unterhalten, zur Thätigkeit angeregt wird.

Unsere concreten Vorstellungen sind fortwährend von gewissen psychischen Bewegungen begleitet, die man Gefühle nennt. Diese Betonung der Vorstellungen durch Gefühle ist eine Thatsache, die dem Gemüth zugeschrieben wird. Die Art der Betonung (Lust, Unlust) ist abhängig theils von dem Inhalt der concreten Vorstellung, der Intensität und Dauer derselben (zu starke oder zu lange einwirkende an und für sich angenehme Reize setzen Unlustgefühle), theils von der Art der Vorstellung (sinnliche, abstracte, appercipirte, reproducirte), insofern ganz besonders intensiv im Bewusstsein (Gemüth) die durch sinnliche Empfindungen (Sinneswahrnehmungen, Gemeingefühle) hervorgerufenen Vorstellungen Gefühle anregen.

Nicht minder bedeutungsvoll als der Vorstellungsinhalt ist für die Hervorrufung von Gefühlen die Art und Weise des formalen Vonstattengehens des Vorstellungsablaufs.

Verlangsamtes oder gehemmtes Vorstellen (Nichtbegreifen, sich nicht erinnern Können einer Thatsache) erzeugt lebhafte Unlustgefühle, desgleichen mangelnder Wechsel der Vorstellungen (Langeweile, Melancholie), während beschleunigtes, erleichtertes Vorstellen (Finden der Lösung einer Frage, Erinnerung eines vergessen gewesenen Namens etc.), rascher Wechsel der Vorstellungen (Zerstreuung, Manie etc.) Lustgefühle erzeugt. Die Resultante aller gerade im Bewusstsein gegenwärtigen Gefühle stellt die Stimmung dar. Sie wird bedingt durch den Inhalt der concreten Vorstellungen, durch die Art und Weise des Vonstattengehens des formalen Vorstellungsprocesses und des Gemeingefühls. Eine höhergradige, tumultuarisch das Bewusstsein erschütternde Gefühlsreaktionsweise auf Vorstellungen stellt der Affekt dar.

Seine Bedingungen sind in der Plötzlichkeit der veranlassenden Vorstellungen, ihrem Inhalt, ihrer besonderen Bedeutung für den innersten Kern der Persönlichkeit (Ich), ihrer Dauer, der Erregbarkeit des vorstellenden Subjekts (die wieder durch vorausgegangene Eindrücke und den habituellen Tonus, das Temperament desselben bedingt wird), gegeben.

Gemüthsbewegungen können sowohl durch reproducirte Vorstellungen als auch durch Sinneswahrnehmungen zu Stande kommen. Ganz besonders wichtig für die Pathologie sind die durch Reflex von unbewussten Vorgängen im psychischen Organ (Irritation von peripheren Organen, so bei Hypochondrie, Ernährungsstörungen im psychischen Organ selbst, Innewerden von Hemmungen seiner Funktion) gesetzten Vorstellungen.

Sie können lebhafte Affekte hervorrufen, ohne dass die Vorstellung sich zu einer deutlich bewussten mit concretem Inhalt zu erheben bräuchte.

Auch bei der Erzeugung von Affekten spielen die formalen Ablaufsmodalitäten des Vorstellungsprocesses eine grosse Rolle. Die heftigsten Affekte werden durch gestörten (Zwangsvorstellungen) oder erleichterten Ablauf der Vorstellungen hervorgerufen.

Ganz besonders heftig ist der Affekt, wenn eine Vorstellung durch Zumischung eines lebhaften Gefühls in ein Streben übergeht und dieser Spannungszustand keine sofortige Lösung findet. Es entstehen dann Affekte des Zorns, der Wuth, während umgekehrt eine plötzliche Lösung der Spannung (Realisirung des Strebens) einen Lustaffekt hervorruft.

Inhaltlich unterscheiden wir Lust- und Unlustaffekte.

Die Affekte wirken auf Circulation, Muskeltonus und vegetative Processe zurück und gehen mit Veränderungen dieser Funktionen einher. Dies gilt für die Affekte des Gesunden wie für die affektartigen Zustände des Irren (Melancholie, Manie). Besonders bemerkenswerth sind hier gewisse praecordiale Sensationen (Praecordialangst und -Lust), secretorische (Weinen) und motorische Vorgänge (Lachen etc.).

Eine besonders wichtige Form, in welcher Gefühle und Affekte auftreten können, ist die der ethischen. Sie beziehen sich ausschliesslich auf die Persönlichkeit, sei es die eigene (Selbstgefühl), sei es die fremde (Mitgefühl) und entstehen durch Vorstellungen, welche den innersten Kern der geistigen Persönlichkeit, die das Selbstbewusstsein bildende Vorstellungsmasse, afficiren. Das Mitgefühl stellt eine höhere Stufe der Entwicklung des Selbstgefühls dar. Es beruht darauf, dass wir unser Selbstgefühl in eine andere Persönlichkeit übertragen, mit ihr empfinden. Das Mitgefühl beschränkt sich auf niederer Entwicklungsstufe auf die nächsten Angehörigen, oder erstreckt sich, als edelste Blüthe der Culturentwicklung, auf die Gesammtheit der Menschen. Die Bevorzugung des Mitgefühls vor dem Selbstgefühl ist das Ziel des ethischen Vervollkommnungsprocesses des einzelnen Menschen wie der Massen. Die höchste Befriedigung des Selbstgefühls entspringt aus der Erfüllung jener Forderung, die auch die Grundlage aller Sittenvorschriften bildet. Auf der subjectiven Geltendmachung dieser beruht das Gewissen, auf ihrer objektiven die Sitte. Diese wird zum Gesetz, wenn sie von der Gesammtheit der Individuen (Gesellschaft, Staat) als eine bindende Weisung erklärt und ihre Befolgung dem Einzelnen zur Pflicht gemacht wird. Im Wesentlichen erscheinen die ethischen Gefühle und affektartigen Bewegungen, wie die Affekte überhaupt, in zwei Formen, der Lustgefühle (Selbstachtung, Hochachtung, Mitfreude) und der Unlustgefühle (Selbstverachtung, Verachtung, Mitleid).

Kehren wir zu den Vorstellungsprocessen zurück, so finden wir, als ihnen gemeinsame Merkmale, dass sie gewissen allgemeinen Categorien des Raums und der Zeit sich unterordnen. Die Allgemeinvorstellung des Raums wird durch die orientirende Wirkung des Tastsinns und der Muskelgefühle ursprünglich hervorgerufen; die Allgemeinvorstellung der Zeit beruht in der Succession der Vorstellungen, insofern diese, sich gegenseitig ablösend, verdrängend am Bewusstein vorüberziehen. Die kürzeste Zeit, binnen welcher eine Vorstellung der anderen folgt, ist psychophysisch messbar und beträgt im Mittel $^1/_8$ Sekunde. Die gerade im Bewusstsein vorhandene Vorstellung zieht aus der ungeheuren Summe der latenten, unterhalb der Bewusstseinsschwelle befindlichen, einzelne herauf und wird von ihnen abgelöst. Dieser Vorgang ist ein grossentheils unwillkürlicher und nur in beschränktem

Mass vermögen Aufmerksamkeit, Wille in den Vorstellungsablauf modificirend einzugreifen.

Die Aufeinanderfolge der Vorstellungen ist jedoch keine gesetzlose. Unser abstraktes Denken bewegt sich in Form von Urtheilen, die im Gewand der Sprache logisch gegliedert (Satzbau) ablaufen. Neben dieser logischen Folge der Vorstellungen findet sich eine mechanische — die sogenannte Ideenassociation.

Die Vorstellungen können einander mechanisch hervorrufen: Nach dem Verhältniss des Ganzen und seiner Theile (ein Stück des Körpers, ein Theil einer Statue erweckt die ergänzende Vorstellung des Gesammtkörpers, der ganzen Statue) oder nach dem Verhältniss von Ursache und Wirkung (ein gehörter Schuss erweckt die Vorstellung Jäger, Flinte), von Aehnlichkeit und Contrast (eine Physiognomie, die zur vergleichenden Vorstellung ähnlicher Gesichter anregt, die Vorstellung Himmel, der sich etwa die Contrastvorstellung Hölle associirt), der Verknüpfung durch Gewohnheit (Vater unser — der du bist im Himmel), der gleichzeitigen oder gleichörtlichen primären Entstehung der Vorstellungen (Reproduction von ganz disparaten Begebenheiten, die sich gleichzeitig ereigneten, Erinnerung an Personen bei dem Wiedersehen des Orts, an dem man sie kennen lernte), endlich der lautlichen Aehnlichkeit (Tanne — Tante, Nichte — Fichte). Unter physiologischen Verhältnissen verharrt eine concrete Vorstellung, trotz aller Willensenergie, nur kurze Zeit im Bewusstsein, indem sie von anderen verdunkelt, abgestossen, ersetzt wird; unter pathologischen (gehemmte Ideenassociation), kann sie mit krankhafter Intensität und Dauer im Bewusstsein verharren und damit folgenreiche Störungen herbeiführen (Zwangsvorstellung).

Die motorische Seite des Seelenlebens bietet auf den verschiedenen Stufen seiner Entwicklung verschiedene Phänomene dar.

Die niederste Form der Bewegungen ist die Reflexbewegung. Prästabilirt in der anatomischen Anordnung des Centralnervensystems findet sie sich schon beim Neugeborenen. Sie vollzieht sich ausserhalb des Bewusstseins. Ihre Erreger sind sensible Reize. Eine höhere, aber der Reflexbewegung noch nahestehende Form der Bewegung ist die sensumotorische, ausgelöst durch Sinnesempfindungen. Sie kommt auf der Schwelle des Bewusstseins zu Stande. Eine Stufe höher steht das instinktive triebartige Bewegen. Seine Motive sind Organempfindungen. Es repräsentirt eine niedere Stufe des Bewusstseins.

Eine vervollkommnete psychomotorische Leistung ist das Wollen. Es vollzieht sich innerhalb der Sphäre des Bewusstseins. Sein primum movens ist eine Vorstellung, die durch ein Gefühl betont wird. Je intensiver das mit einer Vorstellung verbundene Gefühl auftritt, um so eher wird daraus ein Begehren. Die zur Befriedigung eines Begehrens unternommene Bewegung heisst eine Handlung. Das Begehrte wird dabei als erreichbar gedacht. Andernfalls besteht bloss ein Sehnen, Wünschen. Die Handlung setzt immer Vorstellungen als Motiv voraus, aber jene können mehr oder weniger deutlich bewusst sein. Eine Handlung, bei der die Motive nicht deutlich zum Bewusstsein gelangen, ist eine impulsive. Auf verwandter Stufe stehen die Affekthandlungen. Sie entstehen an und für sich unbewusst und unwillkürlich, jedoch kann der Wille sie bis zu einem gewissen Grad unterdrücken (Erziehung).

Die höchste Stufe des Handelns stellt umgekehrt das sogenannte freie Handeln dar. Seine Bedingungen sind vollbewusste complicirte Vorstellungen der Nützlichkeit und Sittlichkeit, die Reflexion über die verschiedenen Möglichkeiten von Wollen oder Nichtwollen auf Grund jener logischen und sittlichen Motive und die Möglichkeit einer Entscheidung im Sinne dieser zu handeln.

### I. Die Anomalieen der fühlenden Seite des Seelenlebens (Gemüth).

#### 1. Im Inhalt (qualitative).

Die klinische Erfahrung, dass in der Mehrzahl der Fälle von Irresein, die zu Grunde liegende Hirnerkrankung, sich nicht von vorneherein in falschen Urtheilen, Delirien und Sinnestäuschungen, sondern in krankhaften Stimmungen und Affekten äussert, fordert zunächst zum Studium dieser auf.

Sie lassen sich übersichtlich eintheilen in krankhafte Aenderungen des Inhalts des Gemüthslebens (qualitative) und solche im formalen Zustandekommen der Gemüthsbewegungen (quantitative).

1) Die krankhaften Aenderungen im Inhalt des Gemüthslebens können wieder Zustände deprimirter oder heiterer Selbstempfindung sein.

a) Die schmerzliche deprimirte Selbstempfindung ist die Grunderscheinung in allen melancholischen Irreseinszuständen. Ihre äusserliche Uebereinstimmung mit dem physiologischen schmerzlichen Affekt des Gesunden wurde schon (S. 30) hervorgehoben. Sie unterscheidet sich von ihm nur dadurch, dass sie eine spontane, äusserlich nicht vermittelte, somit in inneren Bedingungen zu suchende ist.

Diese Bedingungen sind eine Ernährungsstörung der Grosshirnrinde.

Es handelt sich hier um einen analogen Vorgang wie bei dem durch eine Ernährungsstörung krankhaft afficirten und in Form einer Neuralgie reagirenden sensiblen Nerven.

Wie dieser, von einem Reiz getroffen, vermöge der specifischen Energie seines centralen Endorgans, Schmerz vermittelt, so vermittelt die krankhafte Erregung der Hirnrinde, deren specifische Leistung Gefühle und Vorstellungen sind, psychischen Schmerz. Man könnte vom Standpunkt der Analogie hier von einer psychischen Neuralgie reden.

Während aber beim neuralgisch afficirten Nerven das Bewusstsein einfach in Form eines Gemeingefühls (Schmerz) reagirt, ist der Erfolg ein complicirter da, wo das Organ des Bewusstseins selbst erkrankt ist. Bei der Solidarität aller psychischen Vorgänge müssen aus der elementaren Störung weitere Störungen nothwendig sich ergeben.

Dadurch erfährt der zunächst organisch vermittelte psychische Schmerz weiteren psychologisch bedingten Zuwachs.

Eine wichtige Schmerzquelle ergibt sich zunächst durch die Berührung des verstimmten Bewusstseins mit der Aussenwelt. Die Auffassung dieser hängt ganz von der Art und Weise unserer Stimmung, unserer Selbstempfindung ab. Dasselbe Ereigniss berührt uns verschieden, je nachdem wir düster oder heiter gestimmt sind; in ganz verschiedene Stimmungen, Betrachtungen versetzt uns, ja sogar in ganz andern Farben erscheint uns ein und dieselbe Landschaft, je nachdem Kummer oder Freude sie anschauen. Das physiologische Gesetz gilt auch unter pathologischen Bedingungen.

Dem Melancholischen erscheint die Aussenwelt trüb, verändert, in anderen Farben, ja selbst Objecte, die sonst angenehme Eindrücke gemacht hätten, erscheinen nun in dem Spiegel der krankhaft veränderten Selbstempfindung als Gegenstände der Unlust (psychische Dysästhesie).

Eine weitere Quelle für psychischen Schmerz liegt darin, dass das Vorstellen unter dem Zwang der Stimmung, des jeweiligen Fühlens steht und nur solche Vorstellungen, die der Stimmung entsprechend sind, sich im Bewusstsein zu halten vermögen.

Auf Grund dieses Gesetzes können sich im Bewusstsein Melancholischer nur schmerzliche, quälende Bilder und Vorstellungen befinden. Die nächste Folge ist Monotonie der Vorstellens und damit nothwendig Langeweile.

Mit der melancholischen Verstimmung geht aber auch eine Behinderung des formalen Ablaufs der Vorstellungsprocesse und eine bemerkenswerthe Hemmung der psychomotorischen Seite des Seelenlebens einher.

In dieser Behinderung des Strebens, dieser gehemmten Lösung der psychischen Spannungen liegt ein mächtiger Zuwachs an Unlustgefühlen, der noch dadurch gesteigert wird, dass der Kranke sich von der über ihn hereingebrochenen Störung seines psychischen Mechanismus überwältigt, ihr machtlos hingegeben fühlt.

Auf der Höhe der Krankheit kommt dazu noch als wichtige

Schmerzquelle die Wahrnehmung des Kranken, dass seine Vorstellungen nicht mehr durch die gewohnten Gefühle der Lust oder Unlust betont sind, dass er sich über nichts mehr freuen, über nichts mehr betrüben kann (psych. Anästhesie). Es fehlt dadurch seinem Dasein jeglicher Reiz. Eine niedere Stufe dieses Zustands ist die Leidseligkeit (Ideler, Emminghaus), bei welcher im gesunden Leben schmerzlich empfundene Wahrnehmungen, wenigstens noch schwache Befriedigungsgefühle in dem gleichgestimmten Bewusstsein hervorrufen.

Der Gesammteffekt dieser Störungen ist eine Herabsetzung des Selbstgefühls.

b) Die krankhaft heitere Selbstempfindung bildet den affektiven Grundton der maniakalischen Krankheitszustände und den diametralen Gegensatz zu der melancholischen Verstimmung. Vermöge innerer organischer Veränderungen, ist hier die Selbstempfindung eine heitere, expansive, der psychische Apparat nur auf Lust gestimmt.

In dieser Betonung erscheinen die Eindrücke der Aussenwelt und die Empfindungen des eigenen Körpers, im Bewusstsein finden und erhalten sich nur der Stimmung entsprechende Bilder und Vorstellungen, der Vorstellungsablauf ist ein erleichterter, sein Inhalt ein überreicher, kurzweiliger, das Uebergehen von Vorstellungen in ein Begehren und Handeln ein ungehemmtes, ja sogar erleichtertes.

Indem der Kranke sich zudem jeden Augenblick dieser Erleichterung und Beschleunigung seines Vorstellens und Strebens bewusst wird, ergeben sich für ihn ebensoviel Lustgefühle als dem Melancholischen das Bewusstwerden gegensätzlicher Verhältnisse und Zustände Schmerz bereitet.

### 2. Formale Gemüthsstörungen.

Es handelt sich hier um krankhafte Aenderungen im formalen Zustandekommen der Gemüthsbewegungen, der gemüthlichen Erregbarkeit, insofern der Tonus des Gemüthslebens, die mittlere gewohnte individuelle Reaktionsweise auf psychische Eindrücke eine geänderte geworden ist. Es sind hier zwei Fälle möglich:

a) Gemüthsbewegungen treten abnorm leicht ein, die Erregbarkeitsschwelle für gemüthliche Reize liegt tiefer als im normalen Leben, und die Reaktion ist eine intensivere. (Zustände abnormer Gemüthserregbarkeit).

b) Gemüthliche Regungen kommen schwer oder gar nicht zu Stande, die Reizschwelle für Gemüthsbewegungen liegt abnorm hoch. (Zustände von Gemüthstumpfheit bis Gemüthlosigkeit).

a. Zustände abnormer Gemüthserregbarkeit.

Sie finden sich unter den verschiedensten Verhältnissen im Irresein und sind wichtige elementare Störungen. Sie erscheinen im affectiven Irresein (Melancholie, Manie), als Zustände gesteigerter Erregbarkeit neben den Erscheinungen krankhafter Erregung, sowie bei
schweren Nerven- und Hirnkrankheiten. Das klinische Erkennungszeichen dieser krankhaften Gemüthsreizbarkeit ist die grosse Leichtigkeit, mit welcher Affecte entstehen, da, wo physiologisch nur Gefühle
sich mit der erregenden Vorstellung verbinden würden. Je nach
der Höhe, die der Affekt erreicht, lassen sich nach dem Schema des
physiologischen Affekts ablaufende und pathologische unterscheiden.

α) Zustände krankhafter Gemüthserregbarkeit, die noch
die Grenzen des physiologischen Affekts einhalten. Entscheidend für den Inhalt des Affekts ist hier die Art und Weise der
herrschenden Stimmung und das Verhalten des Selbstgefühls.

Ist jene schmerzlich und dieses herabgesetzt (Melancholie), so
können die Affekte nur schmerzliche sein. Sowohl reproducirte Vorstellungen als auch sinnliche Wahrnehmungen aus der Aussenwelt oder
dem eigenen Körper, vermögen sie hervorzurufen.

Auch Vorstellungen, die physiologisch Lust erregen würden, erzeugen hier nur schmerzliche Affekte. Auf der Höhe der Erkrankung
ruft jeder psychische Vorgang, selbst die blosse Sinneswahrnehmung
einen solchen hervor (psychische Hyperästhesie), analog dem neuralgisch
afficirten Nerven, bei dem ebenfalls die Reizschwelle tiefer liegt, so
dass mechanische, thermische, athmosphärische Reize, die sonst keine
Erreger wären, Schmerzparoxysmen hervorrufen. Nicht selten geht
auch geradezu neben solchen Zuständen psychischer Hyperästhesie,
sensorielle, zuweilen auch cutane einher.

Die Störung giebt sich klinisch in Empfindlichkeit, Wehleidig-
keit, Selbst- und Weltschmerz kund.

Die Affekte sind einfach schmerzliche (Langeweile, Traurigkeit,
Verzweiflung) oder Ueberraschungsaffekte (Verlegenheit, Verwirrung,
Bestürzung, Schrecken, Beschämung) oder am häufigsten Erwartungs-
affekte (Angst).

Bei heiterer Selbstempfindung und gehobenem Selbstgefühl (Manie)
äussert sich die Störung in Lustaffekten da, wo sonst nur Lustgefühle
sich finden würden.

Auch hier finden sich auf der Höhe der Erkrankung Phasen, in welchen ein Zustand wahrer psychischer Hyperästhesie vorhanden ist,
insofern jede Vorstellung, ja jede Sinneswahrnehmung sich mit Affekten

verbindet und der Kranke in fortgesetzten Lustaffekten schwelgt (Hyper-hedonie — Emminghaus, Hypermetamorphose — Neumann).

Ist das Selbstgefühl nicht deprimirt und die den Affekt provo-cirende Vorstellung eine mit Unlustgefühlen verbundene, so kommt es zu dem sog. gemischten Affekt des Zornes.

Es gibt Individuen, bei denen habituell, eine solche Gemüths-reizbarkeit besteht. Man hat daraus früher eine eigene psychische Krankheitsform gemacht (excandescentia furibunda s. iracundia morbosa), während sie doch nur eine elementare, affektive Störung, einen patho-logischen Reaktionsmodus des Gehirns darstellt. Immer ist sie Zeichen einer tieferen Erkrankung desselben. Sie weist auf ein durch Anämie oder Alkoholexcesse oder schwere Insulte (Hirnkrankheit, Kopfver-letzung) geschwächtes oder von einer schweren Neurose (erbliche Be-lastung, Epilepsie, Hysterie) heimgesuchtes oder in der Anlage defektes (Schwachsinn, Idiotie) Gehirn hin. Die geringfügigsten Anlässe führen auf solcher Grundlage explosive Affekte des Zorns herbei, die durch schmerzliche Reproduktionen vielfach auf der Höhe erhalten werden. Diese Gemüthsanomalie bildet den Uebergang zu den

β) pathologischen Affekten [1]). Wir sprechen von solchen dann, wenn der Affekt durch seine ungewöhnliche Intensität und Dauer das physiologische Mass überschreitet.

Bezüglich der Intensität ist ein wichtiger Massstab der Verlust des Selbstbewusstseins und damit das Fehlen der Erinnerung für die ganze Dauer des Affekts oder wenigstens für die Affekthöhe. Der von solchem Affekt Befallene bietet eine vollständige Sinnesverwirrung bis zu Sinnestäuschungen und Delirien. Seine Akte sind nicht mehr be-wusste, gewollte, sondern unbewusste organisch vermittelte Entäusserun-gen eines direkten Reizes in psychomotorischen Centren der Hirnrinde. Er gleicht zeitweise in seinem Gebahren völlig dem Tobsüchtigen und bestätigt den Satz: „ira furor brevis". Es kann neben diesen „psychi-schen Convulsionen" sogar zu wirklichen Convulsionen oder wenigstens zu krampfhaften Erscheinungen, als Zeichen eines direkten Hirnreizes (Zähneknirschen) kommen. Bemerkenswerth ist ferner der brüske Aus-bruch des Anfalls, das lebhafte Mitgehen von fluxionären, offenbar vaso-paralytischen Erscheinungen.

Der Anfall kann Minuten bis Stunden dauern und hinterlässt psychische und körperliche Ermattung.

In ätiologischer Beziehung steht die Störung ganz auf demselben Boden, wie die noch physiologischen Zornaffekte; besonders wichtig

---

[1]) S. d. Verf. transitor. Störungen des Selbstbewusstsein, Erlangen 1868, p. 98 (mit älterer Literatur) f. Lehrb. d. ger. Psychopathol. 1875, p. 278.

sind hier Defekt- und Entartungszustände des Gehirns, sowie Neurosen, besonders Epilepsie.

Der veranlassende Vorgang ist immer ein verletzender, der pathologische Affekt immer ein zorniger. Freudige Anlässe, so wenig als sie je zu chronischem Irresein führen, bringen nie solche pathologische Affekte hervor.

### b. Zustände krankhafter Gemüthsstumpfheit.

Sie finden sich in den verschiedensten Formen des Irreseins und mit sehr verschiedenartiger Begründung.

Beim Melancholischen, der von den schmerzlichsten Gefühlen, Affekten und Vorstellungen gepeinigt wird, ist Interesselosigkeit für das sonst werth und hoch Gehaltene leicht begreiflich. Die Welt der freudigen Gefühle ist ihm ja ohnedies verschlossen. (Nicht selten findet sich hier auch zugleich cutane Anästhesie.) Der Grund liegt wohl darin, dass der spontane, psychische Schmerz so heftig, gleichsam lähmend ist, dass äussere schmerzliche Eindrücke sich zu schwach erweisen, um zur Geltung zu gelangen, (psychische Anästhesie). Wir sehen dasselbe zuweilen bei heftigen physiologischen, depressiven Affektzuständen, wo ebenfalls durch das Uebermass schmerzlicher Eindrücke ein Zustand der Abstumpfung und Gleichgiltigkeit eintritt, in welchem ein neues, schmerzliches Ereigniss kaum mehr einen Eindruck macht. Die Gemüthsstumpfheit erstreckt sich beim Melancholischen in der Regel auch auf das ethische Gebiet. Sie äussert sich in völliger Gleichgiltigkeit gegen die sonst für die höchsten gehaltenen Lebensgebiete, gegen Familie, Freunde, Religion. Die Kranken sind davon peinlich berührt und fangen an zu zweifeln, dass sie noch Menschen sind, weil sie nicht mehr menschlich fühlen.

Die Interesselosigkeit des Maniakalischen, gegenüber sonstigen ethischen Lebensbeziehungen und Pflichten, erklärt sich theils aus der Verfälschung seines Bewusstseins mit Lustgefühlen, der durch den Stimmungszwang gesetzten Unmöglichkeit schmerzlichen Eindrücken sich hinzugeben, theils aus der Beschleunigung aller psychischen Processe, die ein Verweilen auf einer Vorstellung, eine Reflexion über die Bedeutung eines Ereignisses nicht zulassen.

Im Irresein mit systematischen Wahnvorstellungen ist der Kranke unfähig, die früheren Lebensinteressen und Beziehungen zu würdigen, weil er psychisch ein ganz Anderer geworden ist und in seinem neuen krankhaften Ich die gesunde Vergangenheit als etwas Fremdartiges, ihm gar nicht mehr Zugehöriges anschaut. Bei manchen derartigen Kranken (Verfolgungswahn) ist zudem durch den Inhalt ihrer Wahnideen eine feindliche Stellung zur Aussenwelt bedingt und das Interesse an fremdem Wohl und Weh ein tief geändertes.

In allen psychischen Schwächezuständen ist Gemüthlosigkeit ein stehender Krankheitszug und der Grund der Theilnahmlosigkeit der Mehrzahl der Irrenhauspfleglinge für das Geschick ihrer Angehörigen und Leidensgefährten. Diese Gemüthsstumpfheit ist nur eine Theilerscheinung der allgemeinen Abstumpfung und Insufficienz der psychischen Processe. Sie wird natürlich hier auch nicht mehr schmerzlich empfunden, wie es beim Melancholischen der Fall ist.

Sie findet sich aber auch oft in interessanter Weise als das erste Zeichen der hereinbrechenden Verblödung (Dem. paral., Dem. senilis) und geht häufig längere Zeit dem Eintritt der intellectuellen und Gedächtnissschwäche voraus. Sie bildet nicht selten auch das einzige Residuum einer scheinbar zur Heilung gelangten Psychose. Die Individuen kehren in's Leben zurück, sind sogar social vollkommen leistungsfähig, aber sie sind Philister und Egoisten geworden, was sie früher nicht waren. Das Wohl und Wehe ihrer Mitmenschen berührt sie nicht mehr, selbst die alten Familien- und Freundschaftsbande sind nur mehr locker und durch Gewohnheit geknüpft. Bei mangelndem Interesse für alle höheren ästhetischen und ethischen Beziehungen des Culturlebens gehen sie in der Befriedigung ihrer materiellen Bedürfnisse und Dienstpflichten auf.

Dass dieser Defekt in gemüthlicher Beziehung vielfach die erste Erscheinung eines sich ausbildenden geistigen Schwächezustands darstellt, erklärt sich daraus, dass die ethischen Gefühle (Mitgefühl, Ehrgefühl, religiöses Gefühl), soweit sie in der Bildung und Anwendung ethischer Vorstellungen und Begriffe wurzeln, die höchsten geistigen Leistungen darstellen, die feinste Hirnorganisation voraussetzen und somit bei Erkrankungen des psychischen Organs in erster Linie nothleiden müssen.

Ein solcher Zustand krankhafter Gemüthlosigkeit entwickelt sich aus gleicher Ursache nicht selten bei Onanisten und Schnapstrinkern. Er kann sich auch als angeborene, meist in hereditär degenerativen Momenten begründete Anomalie vorfinden und lässt sich dann als moralische Idiotie bezeichnen, insofern das Gehirn solcher Unglücklicher durch degenerative Momente, die schon den Zeugungskeim trafen, eine inferiore Organisation bekam, die es der Fähigkeit beraubt, ästhetische und ethische Vorstellungen zu bilden und sie zu ethischen Begriffen zu verknüpfen. Schüle (Hdb. p. 51) unterscheidet hier als schwereren Zustand denjenigen, wo überhaupt sittliche Gefühle und Vorstellungen fehlen, von dem leichteren, wo zwar solche Vorstellungen erworben aber nicht erregbar sind, da eine gemüthliche Betonung derselben ausbleibt (d. Weitere s. Bd. II moral. Irresein).

**II. Die elementaren Störungen der vorstellenden Seite des Seelenlebens.**

Auch im Gebiet des Vorstellens ergeben sich vorweg zweierlei Reihen von elementaren Störungen:

1) Solche im formalen Vonstattengehen des Vorstellungsprocesses.

2) Verfälschungen im Inhalt des Vorstellungslebens (Wahnideen).

## 1. Die formalen Störungen im Vorstellen.

Sie besitzen nicht mindere Wichtigkeit, als die vom Laien einseitig ins Auge gefassten inhaltlichen. Klinisch und namentlich forensisch ist bemerkenswerth, dass sie für sich allein die ganze Störung im Vorstellen ausmachen können (Irresein ohne Wahnideen).

Die formalen Störungen lassen sich eintheilen:

a) In solche in der Ablaufsgeschwindigkeit der Vorstellungen, im Tempo derselben.

b) In der Association derselben, insofern als gewisse Associationsweisen einseitig vorherrschen.

c) In der Quantität der Vorstellungen, insofern gewisse Vorstellungen mit krankhafter Intensität und Dauer im Bewusstsein haften.

d) In der Verknüpfung der Vorstellungen mit Sinnesempfindungen (Apperception).

e) In der Reproduktion früher aufgenommener Vorstellungen im Bewusstsein (Gedächtniss).

### a. Störungen in der Ablaufsgeschwindigkeit der Vorstellungen.

Hier sind zwei Fälle möglich:

Der Ablauf der Vorstellungen kann abnorm verlangsamt oder beschleunigt sein.

α) Zu grosse Langsamkeit des Vorstellens findet sich unter verschiedenen Bedingungen, bei Melancholie und bei psychischen Schwächezuständen (Blödsinn).

Die Ursache beim Melancholischen liegt einerseits darin, dass durch die Beschränkung des Vorstellungsinhalts auf schmerzliche Vorstellungen nur der Stimmung entsprechende im Bewusstsein erscheinen können, andrerseits darin, dass beim Melancholischen überhaupt alle psychischen Vorgänge eine Hemmung erfahren haben.

Diese Hemmung ist theils wieder der Ausdruck molekularer organischer Veränderungen, theils bedingt durch das Unlustgefühl, das mit allen psychischen Leistungen des Melancholischen sich verbindet.

Die Verlangsamung des Vorstellens in der Melancholie kann sich bis zu einer temporären Stagnation desselben steigern, die sich in dem

trostlosen Gefühl von Stillstand des Denkens, Verdummung, Gedanken-
losigkeit dem Bewusstsein kundgibt. Nothwendig kommt es durch die
Verlangsamung des Vorstellens zu Langeweile, der Hauptklage so vieler
Melancholischen. Es geht hier dem Kranken wie dem Gesunden in
einem Erwartungsaffekt. Der mangelnde Wechsel der Vorstellungen
lässt in beiden Fällen die Zeit als eine Ewigkeit erscheinen und führt
zu manchen zwecklosen, triebartigen Handlungen, die nur durch das
Bedürfniss vermittelt sind, die Spannung zu lösen, und dadurch auf
andere Ideen zu kommen.

Das träge Vorstellen in psychischen Schwächezuständen ist Theilerscheinung allgemeiner Abschwächung der psychischen Energieen, namentlich des Gedächtnisses, ferner bedingt durch das Fehlen geistiger
Interessen, die den Vorstellungsprocess anzuregen vermöchten und durch
mangelhafte Apperception.

Aehnliche Zustände von Trägheit im Vorstellen beobachtet man
auch vorübergehend bei Geistesgesunden, z. B. nach opulenten Mahl-
zeiten, wo ein dolce far niente, ein träumerisches Vorsichhinstarren
eintreten kann, bis der Betreffende die Bewusstseinsleere gewahr wird
und seinen Denkmechanismus wieder in Gang bringt; ferner nach Nacht-
wachen, Alkoholexcessen, nach welchen der Kopf wüst und öde ge-
fühlt wird und das Vorstellen mühsam und träge abläuft.

β) Eine Beschleunigung des Vorstellens ist allen Exaltationszuständen gemeinsam und der Schnelligkeitsgrad des Vorstellungsablaufs
ein werthvoller Gradmesser für die Intensität des Erregungsvorgangs
im Hirn.

Leichtere Grade dieses Zustands, analog dem expansiven Affekt
des Gesunden und dem Zustand der Weinwarmheit, wo der Wein an-
fängt die Zunge zu lösen, kennzeichnen die beginnende maniakalische
Exaltation.

Sie sind eine Theilerscheinung der allgemeinen Erleichterung und
Beschleunigung der psychischen Bewegungen, wie sie beim Maniakus,
namentlich in der Sphäre des Gedächtnisses sich kundgibt, zum Theil
auch bedingt durch den belebenden, fördernden Einfluss der hier bestehenden Lustgefühle.

Dieser Zustand äussert sich in grösserem Bilder- und Wortreich-
thum, in geistreichen Beziehungen, witzigen Redewendungen, ungewöhn-
licher Redseligkeit und Beredtsamkeit und geht unvermerkt über in
den abspringenden Ideengang.

Der Kranke kommt hier in seinem Redefluss auf ganz disparate
Dinge. Der Gang der Associationen wird unverständlich, wohl dadurch, dass bei dem beschleunigten Ideengang die verbindenden Mittel-
glieder der Gedankenreihe zwar noch gedacht aber nicht mehr sprach-

lich geäussert werden oder nicht mehr klar genug zum Bewusstsein
kommen, um ihren Reflex im Sprachorgan zu finden.

Noch höhere Grade von beschleunigtem Vorstellungsablauf lassen
sich als Ideenjagd oder Gedankenflucht bezeichnen. Hier vermag
der Kranke seinen Gedankenlauf nicht mehr zu zügeln, er kommt vom
Hundertsten ins Tausendste, er verliert den Faden des Gesprächs, er
vermag weiter das überreich ihm zuströmende Material nicht mehr
logisch zu ordnen, er schwatzt sinnloses Zeug, abgerissene Sätze, Worte,
Silben, je nachdem eben noch solche einen Reflex in den Sprachmechanismus finden. Gewöhnlich findet man in diesem Vorstellungs-
schwindel und Vorstellungsgewirre wenigstens noch einen Associations-
faden, die Knüpfung von Vorstellungen nach Contrast oder nach Assonanz und Alliteration. Das logische Denken hat hier nothwendig sein
Ende erreicht und da die blitzartig auftauchenden Vorstellungen nicht
mehr coordinirt, logisch in Bezug gesetzt werden können, ergibt sich
Verworrenheit.

Diese Verworrenheit durch Ueberfüllung des Bewusstseins ist wohl
zu unterscheiden von der durch anderweitige psychische Vorgänge entstandenen, z. B. im Affekt der Befangenheit, wo durch die beunruhigende
Vorstellung des allfälligen Misslingens der Unternehmung (z. B. Rede)
ein Affekt hervorgerufen wird, und die fortwährend in den Vordergrund
sich drängende Vorstellung der Unsicherheit, die Ruhe und Unbefangen-
heit stört, welche zu einer ungehinderten Succession und Association
der Vorstellungsreihen erforderlich ist. Diese Verworrenheit findet sich
überhaupt im Affekt und beruht auf dem tumultuarischen Einstürmen
massenhafter, gegensätzlicher und vorläufig nicht associirbarer Vorstellungen.

Verworrenheit findet sich ferner in psychischen Schwächezuständen, wo Massen und Reihen von Vorstellungen defekt geworden oder
verloren gegangen sind, Worte und Begriffe eine pathologische Um-
gestaltung erfahren haben, oder gar neue Worte gebildet worden sind,
durch Gewohnheit befestigte Vorstellungsreihen beständig sich in den
Vorstellungsgang einschieben.

Ferner im Delirium, wo eine auf innerer Erregung vorstellender
Hirntheile beruhende Produktion von Vorstellungen, den ohnedies darniederliegenden logischen und associirten Gang der Vorstellungen fortwährend unterbricht und die Associationen vielfach nach dem blossen
Gleichklang, der äusseren Aehnlichkeit der Worte erfolgen.

Leicht zu erkennen ist endlich die durch Paraphasie bedingte
Verworrenheit, sowie die durch gestörte Apperception hervorgerufene,
wo statt der Antwort auf die concrete Frage der eigenartige Zug der
Gedanken geäussert wird.

Analoga dieser bei pathologischen Dämmer- und Traumzuständen vorkommenden scheinbaren Verworrenheit sind die Zerstreuten des physiologischen Lebens.

### b. Störungen in der Associationsweise [1]).

Hieher gehört das einseitige Vorwiegen gewisser Associationsformen. Bei Irren kann es vorkommen, dass der Vorstellungsgang vorwiegend durch den äusseren Gleichklang, die lautliche Aehnlichkeit der Worte geknüpft wird, während unter physiologischen Umständen sich die Vorstellungen vorwiegend nach ihrem begrifflichen Inhalt, nach ihren ursächlichen Beziehungen gegenseitig hervorrufen und Assonanz und Alliteration nur eine zufällige und höchst untergeordnete Bedeutung haben.

Diese Associationsstörung, die in maniakalischen Zuständen besonders schön zu beobachten ist, lässt sich als Silbenstecherei bezeichnen, der Kranke spricht dann in Versen, die natürlich Knittelverse sind oder reiht Worte an einander, die logisch gar nicht zusammengehörig und nur durch lautliche Verwandtschaft geknüpft sind. [2])

Eine weitere krankhafte Associationsweise bilden die Fälle, wo an eine reproducirte oder appercipirte Vorstellung sich beständig und zwangsweise die Frage nach dem „Warum" anreiht.

Das Krankhafte dieser Erscheinung ergibt sich u. A. daraus, dass sie paroxystisch und mit anderen nervösen Symptomen combinirt auftritt, dem Kranken überaus peinlich und lästig ist und die Beantwortung der oft ganz unfruchtbaren, auf religiöse und metaphysische Dinge gerichteten Frage, ihn gar nicht interessirt. Griesinger hat zuerst die Aufmerksamkeit auf diese interessante elementare Störung gelenkt und sie „Grübelsucht" [3]) genannt. Meschede [4]) hat als „Phrenolepsia erotematica" im Anschluss daran Fälle mitgetheilt, in welchen das Denken beständig in Form des Fragesatzes vor sich ging und der Kranke demgemäss unablässig sich mit Problemen beschäftigte, die Umgebung mit Fragen bestürmte, ohne dass aber diese rein zwangsmässige Frage-

---

[1]) Schüle, Hdb. p. 97. Billod, Annal. méd. psychol. 1861, p. 540.

[2]) Eine meiner maniakalischen Kranken bot folgenden Ideengang:
»Ich lieg an der Wand, geben sie mir die Hand; geben sie mir einen Kuss, und da gibt es viel Verdruss; ich muss haben einen Sterz, und das Auge sieht himmelwärts; legen sie die Hand auf mein Herz! Ach, das macht mir Schmerz.« In anderen Fällen reihen sich z. B. die Vorstellungen Tante, Tanne; Fichte, Nichte an einander; Beispiele s. bei Brosius, psychiatr. Abhandlungen, p. 103

[3]) Griesinger, Archiv f. Psych. I, p. 626. Berger, ebenda VI. H. 1.

[4]) Meschede, Allg. Zeitschr. f. Psych. 28.

sucht sich mit einem Interesse des Fragenden an der Aufklärung der
gestellten Frage verband.

Diese Erscheinung, die sich fast ausschliesslich bei Belasteten
und zugleich durch Sexualexcesse erschöpften Individuen findet, bildet
den Uebergang zu den verwandten:

c. Störungen in der Quantität der Vorstellungen. Zwangsvorstellungen [1]).

Es gibt zahlreiche Gemüths- und Nervenkranke, die darüber
klagen, dass sie gewisse quälende, lästige Gedanken, deren Ungereimt-
heit und Ungehörigkeit sie vollkommen einsehen, nicht los werden können, dass diese Gedanken sich beständig in ihr bewusstes logisches
associirtes Vorstellen eindrängen, sie in dem Ablauf desselben stören,
dadurch beunruhigen, ja selbst sich mit Impulsen zu entsprechenden
Handlungen verbinden, die, je nach ihrem Inhalt, der Betreffende
lächerlich oder abscheulich findet.

Solche, mit krankhafter Intensität und Dauer im Bewusstsein
fixirte Vorstellungen, nennen wir Zwangsvorstellungen. Die ursprüngliche Entstehung dieser Zwangsvorstellungen ist eine spontane, plötzlich
das Bewusstsein überfallende oder ein äusseres Ereigniss von erschüt-
terndem Einfluss hat sie hervorgerufen (Mord, Hinrichtung, Brand-
unglück, Selbstmord einer geliebten Person u. dgl.). Ihre Bildung im
ersten Fall kann nicht auf dem gewöhnlichen Weg der psychologischen
Weckung der Vorstellungen durch Ideenassociation erfolgen, sie müssen
durch innere physiologische, das psychische Organ treffende Reize geweckt und unterhalten sein. Dadurch erklärt sich ihr das bewusste
Vorstellungsleben störender fremdartiger Inhalt und ihre Widerstandskraft gegenüber der Associationsenergie. Sie gleichen in Bezug auf ihre
Entstehungsweise den Primordialdelirien (s. p. 60), im Gegensatz zu den
auf psychologischem Wege durch Association und Reflexion gebildeten
Wahnideen. Es sind spontane primäre Schöpfungen eines abnorm organisirten oder eines erkrankten Gehirns, unmittelbare Erzeugnisse aus der
Mechanik des unbewussten Geisteslebens heraus, wie solche die Mehrzahl der Hallucinationen auf psychosensoriellem Gebiet darstellt. Diese
Zwangsvorstellungen finden ihre Analogie in gewissen, in physiologischen Lebenszuständen in unser ruhiges Denken sich störend ein-
mischenden Bildern, Vorstellungen, musikalischen Motiven, die gar nicht
zur Sache gehören, uns zerstreuen, ablenken, beunruhigen, ja selbst

---

[1]) v. Krafft, Beiträge zur Erkennung krankhafter Gemüthszustände, Erlangen
1867; Derselbe, Ueber formale Störungen des Vorstellens. Vierteljsch. f. ger. Med. 1870
(mit Literatur); Morel, du Délire émotif; Westphal, Berlin. klin. Wochenschr. 1877.
No. 46—49; Legrand du Saulle, la Folie du doute, Paris 1875.

nur mit einer gewissen Aufbietung von Willenskraft und Anstrengung des Associationsmechanismus verscheucht werden.

Auch hier handelt es sich offenbar um spontane, durch physiologische Erregung vorstellender Centra entstandene Schöpfungen; denn dass sie nicht auf dem psychologischen Wege der Ideenassociation entstanden sind, beweist eben ihr fremdartiger, störender Inhalt und ihre Widerstandskraft gegenüber der Associationsenergie. In vielen Fällen bleibt die erregende Ursache der Zwangsvorstellung dunkel, in anderen finden wir Organgefühle, Neuralgieen, die mit derselben gleichzeitig in's Bewusstsein eintraten, sie offenbar auslösten und beständig wieder anklingen machen. Im letzteren Fall, wo ein äusseres Ereigniss den Anlass gibt, handelt es sich um ein ungewöhnlich impressionables Centralorgan und lässt sich der Vorgang in Analogie mit einer Nachempfindung bringen. Die Impressionabilität findet in der Regel ihren Ausdruck in einer neuropathischen, vielfach hereditären Constitution und häufig fällt die Zeit des Entstehens der Zwangsvorstellung mit einer Phase besonderer Erregbarkeit (Menses, Schwangerschaft, Lactation) zusammen.

Auch hier können körperliche Missgefühle coincidiren, können sich mit der Zwangsvorstellung in statu nascenti Erregungen sensibler Bahnen verbinden und dadurch die krankhafte Vorstellung im Bewusstsein fixiren. Von den Wahnideen im eigentlichen Sinn unterscheiden sich diese wahren fixen Ideen oder Zwangsvorstellungen durch ihr Verhalten gegenüber dem Bewusstsein, das sie fortwährend als krankhafte Erscheinungen beurtheilt und damit über ihnen steht.

Der Inhalt derselben kann ein ebenso mannigfacher sein, wie bei den Wahnideen. Bei den durch eine Wahrnehmung hervorgerufenen besteht die Zwangsvorstellung in der fortdauernden Geltendmachung der durch jene Apperception hervorgerufenen erschütternden ursprünglichen Vorstellung und damit zusammenhängenden Befürchtungen und imitatorischen Impulsen, die besonders dann und verstärkt, selbst mit heftiger Angst verbunden auftreten, wenn die ursprüngliche Wahrnehmung oder eine ihr verwandte wiederkehrt. Bei der hochgesteigerten Erreglichkeit des Vorstellungslebens solcher Kranken können die entferntesten Erinnerungen und Wahrnehmungen die Zwangsvorstellung hervorrufen. Nicht selten geschieht dies auf dem Wege des Contrastes.

Eine grosse Zahl hierher gehöriger Beobachtungen habe ich andernorts (Vierteljahrschr. f. ger. Med. 1870. Jan.) mitgetheilt. Nicht selten ist bei solchen Kranken der Drang in der Kirche, während der Predigt, Gott zu lästern, im Gebet statt Himmel — Hölle u. dgl. zu sagen, beim Anblick der Angehörigen sie zu ermorden, beim Gehen am Wasser Vorübergehende hinabzustossen, beim Anblick von Waffen sich umzubringen, grauenvolle Verbrechen in imitatorischer Wiederholung zu begehen u. dgl.

Von besonderem Interesse sind die Fälle der sogenannten Agora-phobie [1]) (Westphal), wo Leute, sobald sie einen freien Platz oder eine menschenleere Strasse passiren sollen, sofort von der Zwangsvorstellung der Unmöglichkeit dieser Leistung befallen werden und darüber in so heftige Angst und nervöse Zustände gerathen, dass sie factisch dazu unfähig sind, während sie, an den Häusern hinschleichend oder in Begleitung, dies ganz gut vermögen. Sehr richtig stellt Jolly die psychische Unsicherheit gewisser neuropathischer Individuen, die vor Anderen eine Handlung ausführen sollen, ferner die impotentia psychica coeundi in Parallele mit jenen interessanten Zuständen der Platzangst. Mit überraschender Häufigkeit findet sich endlich bei gewissen Kranken, neben Grübelzwang über religiöse und metaphysische Dinge, mit der Zwangsvorstellung der Verunreinigung oder Vergiftung in Zusammen-hang stehende Unfähigkeit Metallgegenstände, Kleider u. dgl. zu be-rühren (folie du doute avec délire du toucher, s. spec. Pathologie). Fast ausschliesslich finden sich die Zwangsvorstellungen bei Belasteten, Neuropathischen und bei meist durch geschlechtliche Ausschweifungen, namentlich Onanie nervös Erschöpften.

Interessant und aus der physiologisch-organischen Entstehungs-weise erklärlich ist die Dauer und Intensität der Zwangsvorstellungen. Während diese Phänomene im physiologischen Leben bei der Flüchtig-keit der Reize, die sie hervorriefen, und der Ungestörtheit des Mechanis-mus der Ideenassociation bedeutungslos sind, gewinnen sie auf patho-logischem Gebiet ein bedeutendes klinisches und forensisches Interesse. Sie setzen, wie jede Störung des formalen Vorstellens, ganz abgesehen von ihrem Inhalt, zunächst Unlustaffekte, die bis zur Höhe der Ver-zweiflung sich steigern können. Es kann aber auch geschehen, dass sie sich einen Einfluss auf das Handeln erzwingen, z. B. bei äusserem Anlass zu einer Imitation der veranlassenden Handlung, trotz allem Widerstreben des sittlichen und intellectuellen Ich führen.

Solche Unglückliche können damit zu Mördern, Selbstmördern, Brandstiftern etc. werden. Die ältere Psychiatrie hat zahlreiche der-artige Fälle verzeichnet, nur leider diese elementaren Störungen als Monomanicen gedeutet.

---

[1]) Archiv f. Psych. III, p. 521; Jolly, Ziemssen's Hdb., p. 252 (ausführliche Literatur).

## d. Störungen in der Apperception.

Damit ein Sinneseindruck bewusst werde, ist es erforderlich, dass er sich mit einer entsprechenden Vorstellung verbinde (Sinneswahrnehmung). Dieser Erfolg wird begünstigt durch einen eigenthümlichen Spannungszustand im psychischen Organ, der Aufmerksamkeit genannt wird. Durch die wechselnde Höhe dieses Spannungszustands wird die Reizschwelle für die Sinneswahrnehmung beständig verschoben. Eine Menge von Sinneseindrücken erreicht nicht das Bewusstsein, weil die Aufmerksamkeit gerade fehlt.

Die Apperception kann in pathologischen Fällen unmöglich sein durch Concentration des Bewusstseins auf innere Vorgänge (Mel. attonita, Extase etc.), analog dem in eine Geistesarbeit vertieften Gesunden; ferner durch Beschleunigung aller psychischen Vorgänge und dadurch gesetzte Flüchtigkeit der Eindrücke (Manie), durch Verlorengegangensein bezüglicher Vorstellungen (Blödsinn) oder durch mangelnde Erregbarkeit des psychischen Organs (Erschöpfungszustände, Stupor); die Apperceptionsfähigkeit kann aber auch gesteigert sein, so in den Erwartungsaffekten Gesunder und Kranker, ferner bei vielen Hysterischen und Hypochondern.

### e. Störungen in der identischen Reproduktion der Vorstellungen (Gedächtniss).

Eine erleichterte Reproduktion der Vorstellungen findet sich in Exaltationszuständen (Manie). Es ist dann oft geradezu überraschend, mit welcher Frische und Deutlichkeit eine Fülle anscheinend längst entschwundener Bilder und Vorstellungen in's Bewusstsein zurückkehrt. Ueber eine Schwäche, sich zu erinnern, klagen viele Melancholische; jedoch handelt es sich hier nicht um einen Verlust von Vorstellungen, sondern nur um eine erschwerte Reproduktion derselben, bedingt durch die Trägheit der Ideenassociation und ihre Beschränkung auf schmerzlichen Inhalt, ferner darum, dass wegen mangelnden Interesses, Unaufmerksamkeit, die jüngsten Wahrnehmungen lückenhaft, matt blieben und darum schwer reproducirbar sind. Eine Vorstellung wird eben um so deutlicher reproducirt, je lebhafter sie von einem Gefühl (Affekt) bei ihrer ersten Aufnahme in's Bewusstsein betont war.

Nahe steht dieser Anomalie die funktionelle Schwäche der Reproduktion, wie sie in geistigen Ermüdungs- und Erschöpfungszuständen nach schweren fieberhaften Krankheiten, ganz besonders aber nach sexuellen, namentlich masturbatorischen Excessen, als ausgleichbare Störung sich vorfindet. Sie wird von den sonst psychisch nicht erheblich geschwächten Kranken selbst bemerkt und peinlich empfunden.

Eine wirkliche Abnahme des Gedächtnisses, ein dauerndes Unter-

gehen von Vorstellungen aus dem früheren geistigen Besitz ist eine
häufige und folgenschwere elementare Erscheinung bei den meisten
idiopathischen, chronischen Irreseinszuständen (Dementia paralytica,
senilis etc.). Sie bezieht sich dann zuweilen nur auf die Erlebnisse
der Jüngstvergangenheit, die eben fragmentar, matt, u n b e t o n t blieben,
wie beim Melancholischen, während die der Längstvergangenheit noch
leidlich treu reproduceirt werden, bis auch sie im Verlaufe des Leidens
untergehen.

Auch ganz partielle Gedächtnissstörungen z. B. für Namen, Zahlen
will man nicht selten beobachtet haben, so bei gewissen heerdartigen
Hirnerkrankungen, besonders bei Apoplexia cerebri. Abgesehen von der
Verwechslung mit aphasischen Erscheinungen, frägt es sich, ob solche
partielle Gedächtnissverluste nicht darauf beruhten, dass die betreffenden
Gedächtnissenergieen schon physiologisch wenig geübt, wenig in Anspruch genommen waren. Eine ganz eigenthümliche Störung des Gedächtnisses findet sich bei gewissen psychischen Schwächezuständen
(moral insanity), nämlich eine solche der Reproduktionstreue, insofern
die reproducirte Vorstellung der originalen bloss ähnlich ist, während
der Kranke sie doch für identisch hält. Daraus ergibt sich die fatale
Folge für ihn, dass er allenthalben als Lügner erscheint, weil er erst
kürzlich Erlebtes in ganz entstellter Auffassung wiedergibt. Eine
interessante, auch bei Geistesgesunden vorkommende Störung ist die
sogenannte Erinnerungstäuschung [1]), bestehend darin, dass den Betreffenden bei irgend einer neuen Begegnung oder Situation die Empfindung überkommt, dass er die gegenwärtige Situation schon einmal
durchlebt habe. Das Gefühl der Unsicherheit der Entscheidung, ob
dies wirklich der Fall sei oder nicht, führt dabei zu einer gewissen Unruhe bis zur Beängstigung. Offenbar ist es die Aehnlichkeit der gegenwärtigen Apperceptionen mit Erinnerungsbildern, die Identität vor-
täuscht. Ich habe die interessante Erscheinung bei Gesunden nur in
Zuständen von Ermüdung, leichter Erschöpfung durch überstandene
Krankheit, anstrengenden Marsch beobachtet; bei Geisteskranken findet
man sie vorwiegend bei Epileptikern; ich habe sie auch bei primärer
Verrücktheit von masturbatorischer Entstehungsweise beobachtet.

---

[1]) Neumann, Lehrb. d. Psychiatrie, p. 111; Jensen, Allg. Zeitschr. f. Psych.
25, p. 48 und Archiv f. Psych. IV, p. 47 (Doppelwahrnehmungen); Huppert, Allg.
Zeitschr. f. Psych. 26 u. Archiv f. Psych. III. 66. 330 (Doppelvorstellungen); Wiedemeister, Allg. Zeitschr. f. Psych. 21 (Doppeltes Bewusstsein); Sander, Arch. f. Psych.
III, p. 564. IV, p. 243, Eyselein, ebenda VI, p. 575, Emminghaus, Psychopathol.,
p. 129; fassen den Vorgang als Erinnerungstäuschung auf; s f. Schüle. Hdb. p. 85.
der an der Annahme einer Verdoppelung der Vorstellungen festhält.

f. Anomalien der Reproduktion der Vorstellungen in veränderter Form (Phantasie[1]).

Wie bei den Störungen des Gedächtnisses ergeben sich auch hier Zustände gesteigerter und geschwächter bis aufgehobener Phantasie. Zustände gesteigerter Phantasiethätigkeit treffen im Irresein im Allgemeinen mit psychischen Erregungszuständen und erleichterter Association zusammen. Die Affektwärme der Vorstellungen und ihre vielfach durch physiologische Entstehung gesteigerte Intensität, begünstigen ihr Eintreten. Sie nähern sich dann der Grenze der Phantasmen und vielfach werden solche besonders lebhafte Vorstellungen, wie sie der Irre mit dem Kinde und dem Künstler gemein hat, mit wirklichen Hallucinationen verwechselt (s. u. Pseudohallucinationen).

Besonders hoch gesteigert ist die Phantasiethätigkeit in den Erregungszuständen der Paralytiker, in gewissen epileptoiden Zuständen und bei Primärverrückten.

Die märchenhaften, plastischen Darstellungen solcher Kranker lassen an Gluth der Phantasie, wenn auch an ästhetischer und logischer Verbindung, nichts zu wünschen übrig und übertreffen zuweilen selbst die kühnste Phantasie des Dichters.

Der Verlust der Phantasie, noch früher der barokke, monströse Charakter der Schöpfungen ist Zeichen psychischer Schwäche und bei irrsinnigen Künstlern ein feines Reagens auf den eintretenden psychischen Verfall. (Erlöschen ästhetischer Gefühle.)

2. Verfälschungen im Inhalt der Vorstellungen (Wahnideen[2]).

Die Anschauung der Laien, das entscheidende Merkmal des Irreseins seien Wahnideen, ist eine irrige. Zur Annahme einer Geistesstörung genügen krankhafte Stimmungen und Affekte, formale Störungen der Vorstellungsprocesse und aus ihnen resultirende irre Bestrebungen, sowie Nachlassen der geistigen Kräfte im Allgemeinen.

---

[1] Emminghaus, Psychopathol., p. 133. 176.

[2] Literatur: Falret, malad. ment. p. 351; Krauss, Allgem. Zeitschr. f. Psych. 15. H. 6; 16. H. 1; Flemming, ebenda 28. 30 (Zur Genesis der Wahnsinnsdelirien); Hagen, Studien 1875 (cap. fixe Ideen); Emminghaus op. cit. p. 202; Schüle, Hdb., p. 73; Speciell über Primordialdelirien s. Griesinger, Archiv f. Psych. I, p. 148; Snell, Allg. Zeitschr. f. Psych. 22; Sander, Archiv f. Psych. I; Westphal, Allgem. Zeitschr. f. Psych. 34.
Ueber Grössenwahn: Tigges, Allg. Zeitschr. f. Psych. 20; Falret, la folie paralytique; Meschede, Virchow's Archiv 34; Taguet, Annal. méd. psych. 1873 Jan. 1874 Mai.
Ueber Verfolgungswahn: Zenker, Irrenfreund 1874. 3; Legrand du Saulle, le délire des persécut. Paris 1870.

Immerhin bilden aber Wahnideen so wichtige und prägnante Phänomene im Irresein, dass ihre Erforschung mit allen Mitteln anzustreben ist.

Zuerst entsteht die Frage nach der Entstehungsweise des Wahns gegenüber dem Irrthum des Gesunden. Wie bilden sich die Wahnideen im Irresein?

a) In einer grossen Zahl von Fällen sind sie auf psychologischem Weg durch Reflexion und Ideenassociation entstanden. Sie erscheinen als Erklärungsversuch geänderter Bewusstseinszustände, krankhafter Stimmungen, Affekte, für die der Kranke nach Causalitätsgesetzen einen Grund haben muss, oft auch im Gewand der allegorischen Deutung krankhafter Sensationen.

So lange er noch im Beginn seiner Krankheit sich befindet, kann der Kranke richtig den Grund seiner psychischen Veränderung in einer Erkrankung seines psychischen Organs finden, sich seiner Krankheit bewusst sein — im weiteren Fortschritt der Krankheit aber, mit der fortschreitenden Verfälschung seines Bewusstseins, wird er den Grund aller inneren Veränderungen in der Aussenwelt, in geänderten Beziehungen dieser suchen und finden, und damit nothwendig einen objektiven Irrthum, eine Wahnidee produciren.

Der Melancholische sucht und findet z. B. den Grund seiner Angst in Gefahren, die ihm von Aussen drohen, den seiner Selbstunterschätzung in früheren vielleicht geringfügigen Anlässen zur Selbstunzufriedenheit; der Maniakus fühlt sich als eine ausgezeichnete Persönlichkeit, weil er in der Aussenwelt eine bedeutende Rolle zu spielen vermeint.

Affekte, geänderte Apperception der Aussenwelt, Sinnestäuschungen lassen eine Berichtigung des Irrthums nicht aufkommen. Diese Art von Wahnideen ist der Stimmung congruent, fügt sich in den Gang der Ideenassociation ein, wird logisches Element des Vorstellens und führt zu secundären Wahnideen, zu systematischen Wahnverbindungen durch Reflexion.

b) In einer grossen Reihe von Fällen lassen sich durchaus nicht die Wahnideen als (falscher) Erklärungsversuch krankhafter Bewusstseinsvorgänge betrachten, sie sind dem gegenwärtigen Fühlen und Vorstellen im Gegentheil fremd, sie überraschen, verblüffen geradezu den Kranken, er staunt über sie, weiss sie sich anfänglich nicht zurecht zu legen, motivirt sie erst hinterher und mühsam. Die Entstehungsweise ist hier eine primäre, nicht auf psychologischem Weg, sondern durch innere spontane Reize zu Stande kommende, analog den Zwangsvorstellungen, den rein psychischen Hallucinationen.

Dahin gehören die Wahnideen, die dem herrschenden Affekt geradezu conträr sind (z. B. Grössenideen bei Melancholischen), oder

ohne alle affektive Grundlage auftreten. (Delirium, prim. Verrücktheit.) Auch hier, wie bei den Zwangsvorstellungen, kann die Irritation
vorstellender Theile der Hirnrinde eine directe sein (etwa durch Blut-
reize), oder eine indirekte, durch Uebertragung des Erregungszustandes
aus einem peripheren Organ.

Je weniger das Bewusstsein den Entstehungsprocess der betreffenden Wahnvorstellung gewahr wird, um so fremdartiger, überraschender
erscheint demselben die concrete Wahnvorstellung.

c) Wahnideen entstehen nicht selten aus Sinnestäuschungen, wie
ja auch das gesunde Vorstellen beständig durch Sinneswahrnehmungen
beeinflusst und bereichert wird.

Jede nicht corrigirte Sinnestäuschung führt nothwendig zur Bildung einer Wahnidee.

d) Aus nicht corrigirten, aus dem Traumleben in den wachen
Zustand mit herübergenommenen Traumbildern.

Diese Entstehungsweise ist nicht so selten in Zuständen psychischer Schwäche (Dementia senilis etc.).

Der Inhalt der Wahnideen wird durch die verschiedensten Umstände bedingt.

Die Anschauung der Laien, das Delirium bekomme Inhalt und
Färbung von der speciellen moralischen Ursache, die den Ausbruch
des Irreseins vermittelte, ist eine irrige, der Rückschluss aus dem
Delirium auf eine moralische Ursache ein fehlerhafter. Diese ist ja
nur ein Glied in der Kette der ätiologischen Momente, das nächste ist
eine Hirnaffection, deren Sitz und Beschaffenheit entscheidend für die
Gestaltung des Krankheitsbilds ist.

So nur ist es erklärlich, dass allenfalls eine Mutter, die über den
Tod ihres Kindes irrsinnig wird, Grössendelirien producirt; ein Mädchen,
dem die Untreue des Geliebten das Herz brach, nymphomanisch wird.

Die bezüglichen Krankheitsentwicklungen der Dichter sind meist
unwahr, mindestens einseitig.

Der specielle Inhalt der Wahnidee kann nun bedingt sein:

a) Durch die Natur des krankhaften Processes in der Hirnrinde
selbst. Es ist überraschend und von Griesinger mit Recht hervorgehoben, wie in gewissen Krankheitszuständen bei den Kranken der
verschiedensten Völker und Zeiten, ein und dieselben ganz typischen
Wahnvorstellungen producirt werden, gleich als hätten diese Kranken
denselben Roman gelesen oder sich einer vom andern anstecken lassen.
Diese Thatsache gilt ganz besonders für die primär entstandenen, jeglicher hallucinatorischen oder emotiven Grundlage entbehrenden Wahnideen, wie sie z. B. bei der primären Verrücktheit (als Delir der
Persecution, der Grösse), bei der Dementia paralytica (als sinnloser

Grössenwahn), bei der Dementia senilis (als nihilistischer Wahn), beim
Alcoholismus chronicus (als Wahn ehelicher Untreue) sich vorfinden.
Hier muss nothwendig in der Art der anatomisch-pathologischen Vorgänge der Grund der gleichen Inhalte der Delirien gesucht und gefunden werden.

Griesinger führte für diese primären und congruenten Delirien
die treffende Bezeichnung „Primordialdelir" ein und verglich sie in
geistreicher Weise mit den Farbendelirien, wie sie bei Epileptikern
als Aura von Anfällen vorkommen, wo die centrale Erregung ebenfalls nur ganz wenige, bei allen Kranken, die diese Aura darbieten,
wiederkehrende Farben (roth) producirt, während doch der möglichen
Farbentöne so viele wären.

· Ebenfalls durch offenbar specifische Reize bedingt, erscheinen die
typischen Delirien im Delirium tremens, im Opiumrausch und einigen
anderen Vergiftungszuständen. Die Uniformität der Delirien erscheint
hier einigermassen verständlich, da es sich um dieselben toxischen
Reize bei verschiedenen Individuen handelt.

b) Der Inhalt der Wahnideen wird weiter bedingt durch den
Bildungsstand, Lebens- und Beschäftigungskreis des Individuums. Die
krankhafte Vorstellung schöpft aus dem Inhalt der früheren Vorstellungen, wobei die phantastisch gestaltende Thätigkeit der Einbildungskraft allerdings eine schrankenlose ist.

Der Einfluss von Bildungsgrad und früherem geistigem Fonds zeigt
sich besonders deutlich in den Delirien der Paralytiker. Auch die
politischen, socialen Anschauungen der verschiedenen Völker und Zeiten
spiegeln sich in den Delirien der Kranken wieder. Der mittelalterliche
Wahn der Teufelsbesessenheit ist heutzutage grossentheils durch den
Wahn, von der Polizei, den Freimaurern, Jesuiten, Socialdemokraten etc.
verfolgt zu sein, verdrängt.

c) Von funktionellen Störungen in anderen extracephalen Organen,
die für die Entstehung des Irreseins einflussreich waren oder dasselbe
begleiten.

Diese Erregungszustände in peripheren Organen vermögen auf
zwei Wegen Delirien zu erzeugen:

α) Durch directe Erregung von Centren der Hirnrinde mit Umgehung des Bewusstseins, dem dann das fertige Product als Primordialdelir erscheint (erotische, hypochondrische Delirien, Delir der Metamorphose auf Grund von Erregungszuständen im Bereich der Sexual-
und Gemeingefühlsnerven).

β) Durch Allegorisirung zum Bewusstsein gelangender funktioneller
und organischer Anomalieen peripherer Organe auf dem Weg der Reflexion, des Erklärungsversuches. Dieser Weg der Entstehung von

Wahnideen ist ein praktisch äusserst wichtiger. Der concrete Inhalt der Wahnideen vermag uns auf funktionelle und organische abnorme Vorgänge, die diagnostisch und therapeutisch sehr wichtig sein können, in peripheren Organen hinzuweisen. Sie können dann, allerdings ihres allegorischen Gewands entkleidet, Lokalzeichen für das Vorhandensein jener darstellen.

Die Wahnideen Irrsinniger sind ebenso wenig immer Hirngespinnste als die Traumgebilde des Schlafenden und wie bei diesem z. B. die phantastische Vorstellung, erwürgt zu werden, auf einer beginnenden Angina, die Vorstellung eines Lanzenstichs auf einer beginnenden Pleuritis beruhen kann, so finden wir vielfach als Kern einer Wahnidee in allegorischer Umdeutung und phantastischer Uebertreibung krankhafte somatische Vorgänge. So kann der Wahn, Theile des Körpers eingebüsst zu haben, auf Anästhesie dieser Theile, — von Unsichtbaren gemartert zu werden, auf paralgischen Empfindungen, — Schlangen im Leib zu haben, auf vermehrter Peristaltik der Gedärme, — ein Thier im Magen zu haben, auf Ulcus rotundum ventricul., — in Geburtswehen zu sein, auf Descensus uteri beruhen [1]).

Solche, auf Allegorisirung von Sensationen basirende Delirien, sind überaus häufig, namentlich liefert der Symptomencomplex der Präcordialangst das Substrat für die abenteuerlichsten Wahnideen. Häufig genug bietet die Section dann Aufschluss über die Quelle dieser Sensationen und darauf gegründeten Wahnideen. Wir werden auf diese Gruppe von „Urtheilsdelirien" bei Besprechung der Illusionen zurückzukommen haben.

d) Es bedarf nur der Erwähnung, dass bei der Abhängigkeit des Vorstellens vom Fühlen, auch die herrschende Grundstimmung, namentlich wenn sie eine affektvolle ist, auf den Inhalt des Delirs Einfluss gewinnt.

Der Inhalt der „fixen Idee" ist dem Laien viel interessanter als dem Arzt. Ihr Inhalt hat allerdings grosse wissenschaftliche Bedeutung, als Localzeichen für verborgene Sensationen und Krankheitsprocesse, als Hinweis auf gewisse schwere Hirnprocesse oder specifische Ursachen, als Signal bestehender Gefahren für den Kranken und seine Umgebung, als Entäusserung den Kranken beherrschender Affekte und Motiv sonst unverstandener Strebungen und Handlungen, endlich als Massstab für das geistige Niveau des Kranken in gesunden Tagen. Ob sich nun aber ein Kranker speciell für einen Bischof oder König, für den ewigen Juden oder den Teufel hält, ist von geringem Interesse. Eine Wahnidee ist ebenso wenig quantitativ als qualitativ eine unver-

---

[1]) Vgl. die Eingangs citirte treffliche Abhandlung von Krauss.

änderliche Grösse. Sie kann im Anfang und gegen die Reconvalescenz der Krankheit mehr weniger corrigirt werden, zu Zeiten latent sein, durch Stimmungen, namentlich Affekte wieder hervorgerufen und im Bewusstsein fixirt werden.

Je häufiger der Wahn reproducirt wurde, um so leichter wird er geweckt, bis er schliesslich stabil wird, mit den gesunden Elementen des Vorstellens Associationen eingeht, jene verdrängt, verfälscht.

Aber selbst der fixirte Wahn ist nicht jederzeit im Bewusstsein gegenwärtig, wie der Laie meint. Ob nur eine fixe Idee oder eine Summe von Wahnideen besteht, resp. zur Entäusserung kommt, ist ziemlich gleichgiltig und die Annahme eines partiellen Wahnsinns im Gegensatz zu einem allgemeinen wissenschaftlich nicht haltbar.

Wäre ein Mensch wirklich gesund, bis auf eine einzige fixe Idee, so müsste sofort die Erkennung und Berichtigung des Wahns eintreten. Das Fortbestehen des Wahns, trotz angeblicher Gesundheit, beweist nur, dass diese eine scheinbare, dass das Individuum viel kränker ist, als es scheint.

Das Auffallende für den Laien bleibt aber immer, dass im Wahnsinn Logik und Methode ist, dass Kranke ihre Wahnideen gegen Anfechtungen in oft sinnreicher Weise zu vertheidigen wissen und logisch aus ihren falschen Prämissen Schlüsse ziehend, systematische Wahngebäude schaffen.

Diese Thatsache wird leicht erklärt, wenn man bedenkt, dass durch Uebung und Gewohnheit der Vorstellungsmechanismus in gewisse logische Denkformen eingewöhnt ist.

Diese psychische Coordination im Denkmechanismus wird sich bei gewissen Störungen des Seelenlebens ebenso gut intact zeigen, wie die lebenslang geübte und anatomisch prästabilirte Coordination des Bewegungsapparats bei Rückenmarksaffektionen. Erst bei den schwersten Erkrankungen des Rückenmarks erlischt die Coordinationsfähigkeit der Bewegungen, gleichwie die psychische Coordination erst in den psychischen Schwächezuständen verloren geht, und damit bestimmt einen hohen Grad funktioneller Schwäche und Entartung des psychischen Organs anzeigt.

Von praktischer Bedeutung ist noch der Umstand, ob die Wahnideen flüchtig, ephemer im Bewusstsein weilen oder in demselben fixirt sind. Dies letztere ist gewöhnlich der Fall bei Wahnideen durch Reflexion, als Erklärungsversuch krankhafter Stimmungen und Sensationen.

Hier besteht die Gefahr einer logischen Verknüpfung der Wahnideen, einer Systematisirung und Fixirung. Daraus erklärt sich die Thatsache, dass Irresein mit fixirten Wahnideen höchst selten der Ausgang einer Manie, häufiger der einer Melancholie ist.

### III. Störungen in der motorischen Seite des Seelenlebens.

#### 1. Störungen im Triebleben.

Das physiologische Leben kennt einen Erhaltungs- und einen Geschlechtstrieb. Das krankhafte Leben schafft keine neuen Triebe, wie man fälschlich angenommen hat (sog. Mord-, Stehl-, Brandstiftungstrieb). Es kann die natürlichen Triebe nur vermindern, steigern oder in perverser Weise zur Aeusserung gelangen lassen.

#### a. Anomalieen des Nahrungstriebs [1]).

α) Eine Steigerung desselben kann auf sogenannter Bulimie, d. h. einem krankhaften, schon kurze Zeit nach der Nahrungsaufnahme sich geltend machenden und mit lebhafter Unlust einhergehenden Hungergefühl (Heisshunger) beruhen.

Diese Erscheinung findet sich bei Hysterischen und Maniakalischen, bei ersteren zuweilen abwechselnd mit einem krankhaften Gefühl der Uebersättigung. Der Kranke bedarf hier fortwährender Nahrungszufuhr, um seinen Hunger zu beschwichtigen. Die jeweiligen Speiseportionen können gering sein.

Davon zu unterscheiden ist (Eulenburg) das mangelnde Sättigungsgefühl, wie es bei Blödsinnigen vorkommt und zu Ueberladung des Magens führt (Polyphagie).

Ein Hungergefühl oder ein häufigeres Bedürfniss nach Nahrung setzt diese Erscheinung nicht voraus. Der Kranke kann einfach, wenn er zum Essen gelangt, nicht genug bekommen (Anästhesie der Magenäste des Vagus).

Ein gesteigertes Verlangen nach Nahrungsmitteln kann auch bloss Ausdruck der Langeweile oder maniakalischer Begehrlichkeit oder durch Wahnideen motivirt sein. Der Kranke hat z. B. den Wahn, mehrere Kinder im Leib, den Bandwurm zu haben, eine Doppelperson zu sein u. dgl.

Die in der Reconvalescenz von schweren Psychosen, namentlich Manieen, zu beobachtende Essgier ist eine physiologische Erscheinung, gleich der in der Reconvalescenz von anderen schweren Krankheiten beobachteten und erklärt sich bei Berücksichtigung der Gewichtsverhältnisse aus der enormen Consumption während der Krankheit, für die Ersatz nothwendig ist.

Eine besondere hier subsumirbare Erscheinung ist ein bei vielen Kranken hervortretendes gesteigertes Bedürfniss nach sogenannten Genussmitteln, so nach Alkohol, Rauch-, Schnupftabak. Es sind vor-

[1]) Michéa, Gaz. des hôpit. 1862. 70. 71.

wiegend Aufregungszustände, in denen dies beobachtet wird, namentlich Manieen. Erschöpfungsgefühle, aber auch gesteigerte Lustgefühle, die mit dem Genuss solcher Reizmittel verbunden sind, scheinen hier Anlässe. Der Drang, Alkoholexcesse zu begehen, findet sich namentlich häufig in den manischen Erregungszuständen auf paralytischer und seniler Grundlage, ferner bei periodischen Manieen. Es kann hier sogar das Hauptsymptom der Krankheit darstellen (Dipsomanie).

Auch in körperlichen Erschöpfungszuständen und bei psychischer Verstimmung wird im sorgenbrechenden Alkoholgenuss nicht selten Erleichterung, Erfrischung gesucht. Es kann auf solcher organischer Grundlage dann sogar zum chronischen Alkoholismus kommen. Dies ist nicht selten im Klimacterium der Fall. Auch Leute von neuropathischer Constitution kommen, um ihrer reizbaren Schwäche abzuhelfen, nicht selten zum Trinken.

β) Eine Verminderung des Nahrungstriebs beruht bei manchen Melancholischen, Hypochondern, Hysterischen auf einer Hyperästhesie der Magennerven, wodurch schon nach geringer Zufuhr von Nahrung ein lästiges Gefühl der Sättigung, des Vollseins im Magen bedingt wird.

Häufiger handelt es sich bei Psychosen nicht sowohl um eine Verminderung der Esslust als vielmehr um eine Nahrungsweigerung (Sitophobie) durch Wahnideen, z. B. der Versündigung, des Essens nicht mehr würdig zu sein, es nicht mehr bezahlen zu können, keinen Leib mehr zu haben, an Magen oder Darmverschluss zu leiden, todt zu sein, verfaulte Eingeweide zu haben, oder um Stimmen, die das Fasten gebieten (religiöser Irrsinn), oder um Geschmackstäuschungen, die die Nahrung für vergiftet, verunreinigt halten lassen.

γ) Von grossem Interesse sind die Perversionen des Nahrungstriebs. Sie finden sich auch bei Neurosen. Dahin gehören die Pica der Chlorotischen (Naschen von Kalk, Salz, Sand etc.), die Vorliebe der Hysterischen für widerlich schmeckende und riechende Stoffe (Asa foetida, Valeriana etc.), die Gelüste der Schwangern, die auf die sonderbarsten Geschmacksverirrungen (Tabaksaft, Erde, Stroh etc.) gerichtet sein können.

In ähnlicher Weise findet man zuweilen bei irren Hypochondern[1]) eine wahre Gier zum Geniessen ekelhafter Dinge, einen wahren Trieb zum Ekelhaften (Spinnen, Kröten, Würmer, Menschenblut etc.). Die Motivirung mag zuweilen darin liegen, dass solche Kranke in diesen ekelhaften Dingen eine Heilkraft vermuthen. Auf dieser Basis beruhen vielleicht auch die Gelüste abergläubischer Geistesgesunder, nach dem Blut Hingerichteter, unschuldiger Kinder, Jungfrauen etc., dem der

---

[1]) L. Meyer, Archiv f. Psych. II.

Volksglaube eine heilkräftige Bedeutung (z. B. gegen Epilepsie, Syphilis) zuschreibt.

Eine sehr unästhetische Erscheinung bei Irren ist der Drang, den eigenen Koth[1]) zu geniessen (Skatophagie s. Koprophagie). Er findet sich bei Tobsüchtigen, Melancholischen, Blödsinnigen und setzt selbstverständlich eine tiefere Störung des Bewusstseins und eine Perversion der Geschmacksempfindung voraus. Diese perversen Erscheinungen im Triebleben, wo etwas, das physiologisch Ekel hervorruft und schon ideell perhorrescirt wird, begehrenswerth erscheint, deuten mehr oder weniger auf eine Degenerescenz der höchstorganisirten Nervenelemente hin.

### b. Anomalieen des Geschlechtstriebs[2]).

Sie sind zahlreich bei Irren.

α) Eine krankhafte Verminderung durch psychischen Einfluss findet sich bei Melancholischen und Hypochondern. Sie ist bedingt durch den psychischen Depressionszustand und nicht selten die Ursache von völliger Impotenz. Eine organisch bedingte Verkümmerung bis zur Impotenz kommt bei Idioten vor, wobei nicht selten auch die äusseren Genitalien verkümmert sind, ferner bei Dem. paralytica und anderen schweren Hirnrückenmarksprocessen durch Erkrankung des Centrum genitospinale und seiner Leitungsbahnen im Rückenmark.

Eine eigenthümliche Erscheinung ist das Fehlen geschlechtlicher Empfindungen, trotz anatomisch ausgebildeten und funktionirenden Geschlechtsorganen. Sie kann nur central motivirt sein. Diese Anschauung findet ihre Bestätigung darin, dass die Träger dieser Anomalie auch anderweitige funktionelle Cerebralstörungen, ja selbst somatische Degenerationszeichen aufweisen und somit meist als ab ovo krankhafte Persönlichkeiten aufgefasst werden müssen. Bei solchen Menschen mit Mangel geschlechtlicher Empfindungen fehlen dann auch die auf dieser organischen Basis sich entwickelnden socialen ethischen Gefühle.

β) Häufiger bestehen Erscheinungen einer Steigerung des Geschlechtstriebs. Selten sind sie durch periphere Reizzustände (Pruritus, Hyperästhesieen, Eczeme, Oxyuris) in den Genitalien, in der Regel central bedingt.

In diesem Fall können sie Theilerscheinung einer allgemein gesteigerten Erregung der cerebralen Processe sein und eine wirklich krankhafte Steigerung des Geschlechtstriebs bedeuten oder diese besteht nur scheinbar, insofern dem an und für sich nicht gesteigerten

---

[1]) Lang, psych. Centralbl. 1872. 12. 1873. 1. Erlenmeyer. psych. Correspondenzblatt. 1873. 2.

[2]) S. meinen Aufsatz: Archiv f. Psych. VII. 2.

Trieb die hemmenden sittlichen Vorstellungen des gesunden Lebens nicht mehr gegenüber stehen, so dass dieser rückhaltslos, ja schamlos entäussert wird.

Geschlechtliche Erregungszustände finden sich vorwiegend bei maniakalischen Zuständen, so bei einfachen und periodischen, bei Hysteromanie, in den manieartigen Aufregungszuständen der Dem. paralytica und der Dem. senilis.

Da wo der aufgeregte Geschlechtstrieb im Vordergrund des Krankheitsbilds steht und in nackter, direkt auf die Befriedigung gerichteter Weise sich äussert, hat man den Zustand auch wohl als Satyriasis beim Mann, als Nymphomanie beim Weib bezeichnet.

Durchaus nicht immer zeigt sich jedoch die sexuelle Erregung in direkt verständlicher Weise in Form von direkten Aufforderungen zum Beischlaf, Nothzuchtversuchen, Zoten, Heirathsanträgen u. dgl., sondern vielfach, namentlich bei Weibern, in verhüllter Gestalt, in Form von Coquetterie, Sucht sich zu putzen, zu salben, wozu nicht selten Urin verwendet wird, in den Haaren zu nesteln, die weibliche Umgebung sexuell zu verdächtigen[1]).

Als ein klinisches Aequivalent ist entschieden auch die religiöse Inbrunst und vorwiegende Neigung in religiösen Uebungen sich zu ergehen, anzusehen[2]).

Schon die religiöse Auffassung der geschlechtlichen Vereinigung in Form der Ehe, das Verhältniss von Kirche und Christus, das mit Vorliebe als das zwischen Braut und Bräutigam bezeichnet wird, der Zustand in der Pubertät, wo ein durch noch unklare geschlechtliche Empfindungen erregter Gemüthszustand sehr leicht in religiöser Schwärmerei sich objektivirt, die Heiligengeschichten, in welchen es von Versuchungen des Fleisches wimmelt, die Erfahrungen an gewissen Sekten, deren revivals und meetings häufig in abscheuliche Orgien ausarten, sind auf physiologischem Boden Belege für die innere organische Verwandtschaft zwischen religiöser Inbrunst und geschlechtlichem Drang.

Aber auch im Irresein zeigt sich dieser Zusammenhang, insofern eine bunte Vermischung oder Abwechslung von erotischem und religiösem Delir bei maniakalischen Zuständen ganz gewöhnlich ist, religiöse Exaltation nicht selten mit grosser geschlechtlicher Erregung und Drang zur Masturbation einhergeht, und Masturbanten häufig ein religiöses Delirium zeigen, das sich in Ideen mystischer Vereinigung mit der Gottheit und entsprechenden Visionen und Stimmen kundgibt.

---

[1]) Neumann, Lehrb. d. Psychiatrie, p. 79.
[2]) Neumann, ebenda p. 80.

Eine eigenthümliche Erscheinung ist die Thatsache, dass bei neuropathischen Individuen, namentlich erblich veranlagten, der Geschlechtstrieb abnorm früh, sogar in der Kindheit zuweilen sich regt und zu geschlechtlichen Verirrungen führt.

γ) Eine räthselhafte Erscheinung sind endlich die Aeusserungen einer Perversion [1]) des Geschlechtstriebs. Als pervers muss jeder Act geschlechtlicher Befriedigung bezeichnet werden, der den Zwecken der Natur, der Fortpflanzung zuwiderläuft. Nicht jede perverse geschlechtliche Handlung ist indessen eine krankhafte.

Die Geschichte der Völker wie die der Individuen lehrt, dass gerade auf dem sexuellen Gebiet die Breite geistiger Gesundheit überaus gross angenommen werden muss.

Die sexuellen Verirrungen des Alterthums, zum Theil in der religiösen Mythe überliefert wie z. B. die Vermischung der Götter mit Thieren, die Knabenliebe der entarteten Griechen und Römer, die obscönen Praktiken verkommener Wüstlinge in grossen Städten u. s. w. können grossentheils nur auf Rechnung sittlicher Entartung und sinnlicher Uebersättigung gesetzt werden.

Aus diesem Pfuhl sittlicher Verkommenheit treten aber Einzelfälle hervor, die nicht vom ethischen Standpunkt aus, sondern vom klinisch anthropologischen betrachtet werden müssen, Fälle perverser geschlechtlicher Empfindung und Befriedigung, die theils durch ihre Monstrosität, theils durch ihr temporäres Auftreten mit neuropathischen und psychopathischen Symptomen, theils dadurch die Aufmerksamkeit hervorrufen, dass nicht in Folge sexueller Uebersättigung, sondern gleich von vornherein mit erwachendem Geschlechtsleben der Trieb eine perverse Richtung annimmt und das Individuum eine naturgemässe Befriedigung desselben geradezu verabscheut.

Eine solche Erscheinung kann nur pathologisch sein und thatsächlich bieten die Träger dieser Anomalie auch anderweitige Zeichen einer krankhaften degenerativen Constitution des Nervensystems oder Symptome ausgebildeter meist hereditärer psychischer Krankheit.

Die Perversion des Geschlechtstriebs erscheint damit als ein funktionelles Degenerationszeichen des centralen Nervensystems.

Die hieher gehörigen Fälle von perverser Aeusserung des Geschlechtstriebs lassen sich in 2 Gruppen ordnen: Es besteht geschlechtliche Neigung

1) zu Personen des andern Geschlechts, aber der Trieb wird in perverser Weise befriedigt.

Dahin gehören Fälle, in welchen die geschlechtliche Erregung

---

[1]) Westphal, Archiv f. Psych. II, p. 73; v. Krafft, ebenda VII. 2.

mit dem erzwungenen oder gestatteten Beischlaf nicht ihre Befriedigung
findet, sondern eine Potenzirung der wollüstigen Empfindung in der
Tödtung und Verstümmelung des Opfers der Lüste findet. Bei diesen
Fällen, wo Mordlust eine Cumulirung der Wollust bildete, ist es zuweilen sogar zum Genuss von Theilen der Leiche — zur Anthropophagie gekommen.

Hieher gehören auch gewisse Fälle von Leichenschändung seitens
Individuen, denen Lebende genug zur Befriedigung des Geschlechtstriebs
zu Gebote standen.

2) Es besteht instinktiver Abscheu gegen Vermischung mit Personen des andern Geschlechts und als Acquivalent des Defekts normaler
Geschlechtsempfindung findet sich geschlechtliche Empfindung gegenüber
Personen desselben Geschlechts mit Antrieb zur Befriedigung des daraus resultirenden Triebs durch geschlechtliche Handlungen — Fälle
sogenannter conträrer Sexualempfindung.

Als auffällige Züge der in Rede stehenden Erscheinung lassen
sich geltend machen:

Trotz anatomisch vollkommen differenzirtem geschlechtlichem
Typus und normaler Entwicklung der Geschlechtsorgane, besteht ein
angeborener Defekt geschlechtlicher Empfindungen gegenüber dem anderen Geschlecht, ja selbst geradezu Ekel vor geschlechtlicher Vermischung mit Individuen desselben. Das Bewusstsein des angeborenen
Defekts und der perversen Geschlechtsempfindung ist ein peinliches.
Dem Träger dieser Anomalie mangeln auch die dem anatomisch-
physiologisch-geschlechtlichen Typus entsprechenden psychischen Qualitäten, er zeigt dafür ein der perversen Geschlechtsempfindung adäquates Fühlen, Vorstellen und Streben. Die geschlechtliche Zuneigung
zum eigenen Geschlecht äussert sich darin, das der Mann dem Mann
gegenüber sich als Weib, das Weib dem Weib gegenüber als Mann
fühlt. Die geschlechtliche Empfindung bleibt eine rein platonische
oder findet in mutueller Onanie oder masturbatorischer Reizung des
Gegenstands der Liebe ihren Ausdruck. Das Pathologische der Erscheinung äussert sich weiter darin, dass bei der Mehrzahl der Individuen der Geschlechtstrieb abnorm früh sich regt; es bestehen
ferner Erscheinungen krankhafter Erregbarkeit der Geschlechtssphäre
als Theilerscheinung einer reizbaren Schwäche des Nervensystems
überhaupt, so dass wollüstige Empfindungen bis zu magnetischen
Durchströmungsgefühlen, ja selbst Pollutionen zu Zeiten schon bei blosser
Berührung des Gegenstands der Liebe auftreten. Der perverse Geschlechtstrieb ist ein abnorm gesteigerter, das ganze Denken und
Fühlen beherrschender. Die Liebe solcher Individuen ist eine über-
schwängliche, leidenschaftliche. Die mit dieser Anomalie behafteten
Individuen besitzen häufig eine instinktartige Fähigkeit, sich gegen-

seitig zu erkennen. In der Mehrzahl dieser Fälle findet sich Irresein in der Ascendenz oder wenigstens eine neuropsychopathische Persönlichkeit, sowie vorübergehend ausgesprochenes Irresein.

## 2. Impulsive Akte[1]).

Es gibt auf psychopathologischem Gebiet Handlungen, deren Motive nicht deutlich bewusste Vorstellungen sind. Hier wird die zur Handlung treibende Vorstellung, noch ehe sie zur vollen Klarheit über die Schwelle des Bewusstseins hervorgehoben ist, in eine Handlung umgesetzt oder sie erhebt sich überhaupt nie zur vollen Klarheit im Bewusstsein. Die Handlung erscheint damit dem Handelnden wie dem Beurtheiler unmotivirt und darum unverständlich, sie wirkt geradezu überraschend, verblüffend auf den Handelnden selbst.

Sie erscheint als eine organische Nöthigung aus dem unbewussten Geistesleben heraus, vergleichbar einer Convulsion auf psychomotorischem Gebiete.

Ein solches Handeln steht den Handlungen des Affekts am nächsten, es unterscheidet sich von diesen aber wesentlich dadurch, dass es mit einem Affekt zeitlich nicht zusammenfällt, wenn es auch einer affektiven Grundlage häufig nicht entbehrt. Es deutet mindestens auf eine abnorme Erregbarkeit (Convulsibilität) des psychomotorischen Apparates hin, insofern hier eine Vorstellung quasi in statu nascenti genügt, um mit Umgehung des Willens und Bewusstseins, unmittelbar in eine Aktion sich umzusetzen.

Eine solche Erscheinung in der höchstorganisirten Sphäre des Centralnervensystems erscheint als eine niederere Leistung eines zu höherer Funktion befähigten Mechanismus und erweckt die Vermuthung einer degenerativen Begründung. Thatsächlich finden sich diese impulsiven Akte nur bei degenerativen Irreseinszuständen (Morel).

In erste Linie sind hier die erblichen degenerativen Fälle, namentlich die im Gewand hysterischer und epileptischer Neurose auftretenden zu stellen, dann die durch Trunk, Onanie, schwere Hirninsulte (trauma capitis) erworbenen.

Die zur Handlung treibenden psychischen Kräfte sind lebhafte organische Gefühle, namentlich geschlechtliche, oft in perverser Form (krankhaft gesteigerte Wollust bis zu Blutdurst) auftretend und zu Nothzucht mit Tödtung oder Verstümmelung des Opfers, ja selbst Antropophagie führend; oder es sind affektvolle Stimmungen (Verstimmung, Langeweile, Heimweh, Welt- und Selbstschmerz) nicht

---

[1]) Prichard, »on the different forms of insanity« 1842, p. 87; Mc Intosh, journ. of psychol. med. Januar 1863, p. 103.

solten getragen und verstärkt durch gestörte Gemeingefühle, Neuralgieen etc., die vernichtende Impulse gegen das eigene oder fremde
Leben oder Objekte hervorrufen.

Im Moment der That kann die sonst dunkel bleibende treibende
Vorstellung blitzartig in Form einer imperativen Hallucination („zünd
an") oder der Vision von Blut, rothem Flammenschein u. dgl. im
Bewusstsein auftauchen und ihre Direktive zu einer bestimmten Handlung (Brandstiftung, Mord etc.) bekommen.

In anderen Fällen ruft der organische Drang (ein sinnliches
Gefühl) eine ererbte oder erworbene Triebrichtung (Stehlsucht, Trunksucht etc.) auf und führt zu ihrer Entäusserung (Schüle).

Solche impulsive Akte, unter denen perverse geschlechtliche,
Selbstmord, Mord, Brandstiftung, Nothzucht die wichtigsten sind,
haben, zusammengeworfen mit den aus Angstaffekten Melancholischer,
aus Zwangsvorstellungen, aus pathologisch gesteigerten oder nicht
mehr einer Hemmung zugänglichen Antrieben Maniakalischer resultirenden Handlungen, das Material zum Aufbau der Irrlehre von den
sogenannten Monomanieen geliefert.

### 3. Psychomotorische Störungen.

Es handelt sich hier um Bewegungsakte, die das Gepräge gewollter an sich tragen, jedenfalls in psychomotorischen Hirncentren
ausgelöst werden, aber ohne Einfluss des Willens, auf Grund innerer
organischer Reizvorgänge zu Stande kommen.

#### a · Bewegungsdrang des Tobsüchtigen.

Auf der Höhe der Tobsucht befindet sich der Kranke in beständiger Bewegung. Er schwatzt, singt, schreit, tanzt, springt, zerstört
bis zur temporären Erschöpfung. Diese Bewegungsakte haben den
Anstrich gewollter, sie erscheinen als Handlungen, aber sie erweisen
sich bei näherer Betrachtung als dem Willenseinfluss des Kranken
entzogene Akte, kommen ohne Bewusstsein eines Zweckes, ja selbst
ohne Bewusstsein überhaupt zu Stande, sie haben den Charakter automatischer, triebartiger, zwangsmässiger Bewegungen.

Die Veranlasser dieser Bewegungen sind nicht mehr deutlich be-
wusste Vorstellungen, die, motivirt durch ein geistiges Interesse oder
eine Sinneswahrnehmung, zu einer Handlung drängen, sondern es
handelt sich um direkte innere organische Reizvorgänge in psychomotorischen Centren, die bei der enormen Erleichterung des Umsatzes
psychischer Vorgänge unmittelbar in Bewegungen übertragen werden,
ohne dass die Bewegungsmotive im Bewusstsein sich zu Vorstellungen

zu erheben brauchen. Diese Art des Bewegens ist eine rein automatische, sie erscheint aber als eine gewollte, weil der Reiz in einer Sphäre des psychischen Organs eingreift, die unter normalen Verhältnissen nur auf Willensvorgänge zu reagiren geübt und gewohnt ist.

Neben dieser rein automatischen, unbewussten, unwillkürlichen, durch innere Reize ausgelösten Bethätigung der psychomotorischen Sphäre in der Tobsucht, können auch Handlungen zu Stande kommen, die durch undeutliche Vorstellungen bedingt sind und somit als impulsive sich bezeichnen lassen, ferner Handlungen, deren Entstehungsquelle affektartige Zustände der Lust sind (Singen, Tanzen) oder Hallucinationen und Delirien.

### b. Psychische Reflexacte bei Melancholischen.

Fundamental von diesem Bewegungsdrang des Tobsüchtigen verschieden, obwohl im äusseren Bild vielfach mit ihm übereinstimmend, ist die excessive Bewegungsaction, wie sie in gewissen Phasen der Melancholie (M. activa) sich vorfindet. Auch der Melancholische zerstört und tobt nach Umständen, aber seine Bewegungsaktion ist eine psychische Reflexbewegung, bedingt durch peinvolle Affektzustände, namentlich Präcordialangst und damit nothwendig völlig abhängig in ihrer Intensität von der Höhe jener. Diese Bewegungsunruhe des Melancholischen unterscheidet sich durch ihre reflektorische Entstehung aus qualvollen Affekten, bewussten, schreckhaften Hallucinationen und Delirien von der rein automatischen Aktion des Tobsüchtigen und findet ihr Analogon in den oft zwecklosen und destruktiven Handlungen, die der von physiologischem Affekt der Verzweiflung Gefolterte ganz instinktartig begeht, um durch sie eine Lösung der inneren Spannung, eine Erleichterung von qualvollen Affektzuständen zu finden.

### c. Zwangsbewegungen in psychischen Schwächezuständen [1])

Mit den Erscheinungen eines maniakalischen Bewegungsdrangs sind endlich gewisse Zwangsbewegungen nicht zu verwechseln, die sich in psychischen Schwächezuständen beobachten lassen. Schon die Einförmigkeit derartiger Bewegungen schützt vor einer solchen Verwechslung. Es handelt sich hier um combinirte Bewegungen (Sichselbstschlagen, Gangtreten, Zupfen, Herumwischen u. dgl.), die unendlich oft sich folgen und offenbar dem Individuum gar nicht mehr bewusst sind. Ursprünglich sind sie wohl durch Sensationen, Wahnideen, Sinnestäuschungen geweckt, willkürlich ausgeführt, allmälig aber gewohnheitsgemäss geworden, und werden nun auch nach Verschwinden

---

[1]) Snell, Allg. Zeitschr. f. Psychiatrie 30.

der ursprünglich sie hervorrufenden bewussten Impulse ganz automatisch fortgesetzt, ähnlich wie willkürlich begonnene Bewegungen
im physiologischen Zustand durch den Automatismus der nervösen
Centralorgane auch ohne Bewusstsein fortbestehen können. Auch gewisse Mitbewegungen, gestikulatorische Zwangsbewegungen Gesunder,
die, irgendwie angewöhnt, schliesslich zur zweiten Natur, d. h. unbewusst geworden sind, können hier als Analogie dienen.

Anhangsweise ist noch zweier eigenthümlicher Bewegungsmodi
zu gedenken, die zwar nicht mehr völlig das Gepräge psychisch vermittelter an sich tragen, aber zweifellos in psychomotorischen Centren
durch innere Reize hervorgebracht werden.

Es sind dies die Tetanie und die Katalepsie.

### d.  Die Tetanie [1]).

Die Muskeln sind hier gespannt, in leichter Flexionscontractur,
die bei Eingriffen in die nothwendig dadurch bedingte Passivität der
Kranken sich zu einem enormen Widerstand steigert, der nur mit
Aufbietung einer gewissen Gewalt vom Beobachter überwunden wird.
Der Kranke leistet dabei einen wohl aktiven, aber kaum mehr bewussten Widerstand gegen solche passive Bewegungsversuche, der
wohl durch dämmerhafte, feindliche oder schmerzliche Eindrücke aus
der Aussenwelt bedingt wird.

Immer beschränkt sich diese Erscheinung auf die Flexoren, Ad-
ductoren, Pronatoren und lässt die Extensoren frei.

Auf der Höhe dieses Zustands sind die Kranken nach Arndts
trefflicher Schilderung zu einem Klumpen zusammengezogen, mit ge-
beugtem Kopf, auf die Brust gepresstem Knie, gekrümmtem Rücken,
fest zusammengezogenen Schultern, an den Thorax geklemmten Ober-
armen, an die Brust gepressten Unterarmen, und selbst eingekrallten
Nägeln. Die Schenkel sind an einander gedrückt, die Oberschenkel
an den Bauch, die Unterschenkel an die Oberschenkel gepresst. Dabei
gespannte ärgerlich verbissene Miene, mit gerunzelten Augenbrauen,
zusammengekniffenen, oft schnauzenartig verlängerten Lippen, auf ein-
·ander gepressten Kinnladen. Dies ist das klassische Bild. Häufig sind
nur die Gesichtsmuskeln und Beuger des Kopfs oder die Hand- und
Fingerbeuger befallen. Unstreitig besteht hier ein Reizvorgang in
psychomotorischen Centren, ob direkt oder durch sensiblen Reflex, wie
Schüle vermuthet, muss vorläufig dahingestellt bleiben.

Diese Tetanie kommt bei Melancholie und aus solcher hervor-

---

[1]) Arndt, Allg. Zeitschr. f. Psych. 30, p. 53; Kahlbaum a. a. O.

gegangenen Blödsinnszuständen vor und deutet immer auf tiefere Reizvorgänge und schwerere Erkrankungszustände. In ausgesprochenen
andauernden Fällen besteht immer eine tiefere Störung des Bewusstseins und der Apperception.

### c. Die Katalepsie [1).

Hier zeigen die Muskeln nicht die Rigidität und Contractur wie
bei der Tetanie. Sie leisten passiven Bewegungen keinen Widerstand,
beharren aber längere Zeit in der ursprünglich eingenommenen oder
ihnen mitgetheilten Position.

Der Kranke vermag selbstständig seine Position nicht zu ändern,
erst der allmälig sich geltend machende Zug der Eigenschwere der
Glieder bringt diese in eine andere Stellung. Dabei können die Glieder
jene eigenthümliche wächserne Biegsamkeit haben, vermöge deren sie,
gleich einer Wachsfigur, so beharren, wie man sie gebildet hat (K. vera)
oder die Finger schnellen nach der Beugung in die extendirte Lage
wieder zurück. (K. spuria.)

Der kataleptische Zustand kommt anfallsweise und vorübergehend
oder er findet sich auch dauernd. Dann ist er immer mit einer tieferen
Bewusstseinsstörung verbunden. Im kataleptischen Zustand besteht cutane und musculäre Anästhesie. Das aufgehobene Muskelgefühl in
Verbindung mit der Störung des Bewusstseins hält den Ermüdungs-
schmerz fern und macht es so möglich, dass der Kranke in den un-
bequemsten Stellungen verharrt. Dass aber trotzdem, bei dem thatsächlichen Fehlen der bewussten Innervation, das Glied nicht sofort
dem Gesetz der Schwere folgt, deutet auf eine automatisch oder reflectorisch irgendwo in der cerebrospinalen Bahn von sich gehende
fortgesetzte Innervation des kataleptischen Muskelgebiets.

Wahrscheinlich sind es periphere starke sensible Reize, die den
kataleptischen Zustand auslösen. In einigen Fällen Arndt's, die Onanisten betrafen, waren die Genitalnerven hyperästhetisch und vermochte
schwacher Druck auf die hyperästhetischen Hoden kataleptische Anfälle
hervorzurufen, während starker diese momentan sistirte.

Auch Schüle (IIdb. p. 59) fasst die Erscheinung als eine Reflexhemmung im psychomotorischen Gebiet auf, bedingt durch einen genügenden sensiblen (meist sexuellen) Reiz, bei einer gleichzeitig geschwächten Corticalisfunktion (tiefe Hirnanämie) zugleich mit einer
neuropathischen, durch Heredität, Onanie, Uterinleiden etc. bedingten
Constitution.

Die Erklärung der Flexibilitas cerea wird von dem gleichen

[1) Arndt, Allg. Zeitschr. f. Psych. 30. H. 1. Schüle, Hdb., p. 59.

Autor in einer direkten neurotischen Aenderung der Molecularvorgänge gesucht.

Auch die Katalepsie deutet jeweils auf einen tieferen Grad der Erkrankung in psychischen Hirnleiden. Sie findet sich bei melancholischem, hysterischem, epileptischem Irresein, ferner bei Tobsucht und Dementia.

### 4. Störungen des Wollens.

Die Willenssphäre bietet beim Irren viele abnorme Erscheinungen, die sich aus den krankhaften Stimmungen und Affekten, den Anomalieen des Vorstellens, seinem formalen Vonstattengehen wie seinem Inhalt nach, nothwendig ergeben.

Zunächst ist der anscheinend auffallenden Thatsache zu gedenken, dass Irre vielfach ganz vernünftig reden, wenigstens keine Wahnideen erkennen lassen und dennoch die unsinnigsten Handlungen begehen, die sie sogar dann mit Witz und Scharfsinn zu entschuldigen wissen.

Das häufige Vorkommen solcher Fälle hat zur Aufstellung eigener Krankheitsbilder, der sog. folie raisonnante [1]) geführt.

Die Erklärung dieser sonderbaren Erscheinung ist folgende: Es besteht allerdings kein Delirium, aber der Vorstellungsprocess ist formal gestört. Er ist etwa so sehr beschleunigt, dass keine Reflexion über die zu einem concreten Handeln drängende Vorstellung möglich ist. Dies ist der Fall beim Maniakalischen. Eine beliebige Vorstellung schlägt sofort d. h. ohne dass contrastirende Vorstellungen das Motiv geprüft und gebilligt hätten, in ein Handeln um, das dann nothwendig den Charakter der Unbesonnenheit, der Uebereilung an sich tragen muss. Der Kranke vermag ganz gut hinterher die Handlung, die er selbst für eine verkehrte hält, zu beschönigen, indem er ihr ein raisonnables Motiv unterlegt, um das er, bei der krankhaften Steigerung seines Vorstellens, nie verlegen sein wird. In anderen Fällen ist die verkehrte Handlung die Folge einer Zwangsvorstellung, deren Uebergang in ein Handeln der Kranke nicht mehr hemmen konnte, oder der Kranke befindet sich in einem affektartigen Zustand, vermöge dessen die Vorstellung überhaupt nicht zur vollen Klarheit gelangt oder wenigstens nicht der Reflexion unterworfen werden kann (psychische Reflexbewegung, impulsive Handlung).

In einer Reihe von Fällen ungestörter Intelligenz bei verkehrtem Handeln ist jene übrigens nur scheinbar intakt: Es bestehen Wahnvorstellungen, sie sind auch die Motive des verkehrten Handelns, aber

---

[1]) S. Discussion der Société méd. psychol. in Annal. méd. psych. 1866. Mai, Juli; Campagne, traité de la manie raisonnante 1868; Brierre, de la folie raisonnante. Paris 1857; Irrenfreund 1866. 7; Schüle, Hdb., p. 80.

der Kranke besitzt das Vermögen sie zu verbergen, zu dissimuliren. Ebendeshalb ist die Art und Weise des Strebens und Handelns eines Kranken diagnostisch wichtig, insofern sie auf weitere Krankheitselemente hinweisen kann.

Dass Irrsinnige mit List und Ueberlegung handeln können, ist dem Laien auffällig, erklärt sich aber einfach aus dem Umstand, dass der logische Mechanismus des Urtheilens und Schliessens dem Kranken so lange zu Gebot steht, als nicht eine allgemeine Auflösung der psychischen Funktionen (Verwirrtheit, Blödsinn) eingetreten ist.

Das Wollen beim Irren kann nun in zweifacher Weise sich krankhaft verändert zeigen. Es kann vermindert sein bis zur Willenlosigkeit, gesteigert bis zur Ungebundenheit.

a) Zustände von herabgesetztem Wollen [1]) finden sich beim Blödsinnigen und beim Melancholischen.

Beim ersteren sind sie die traurige Folge des Untergangs aller geistigen und ethischen Interessen, der gemüthlichen Indifferenz und reducirten Sinnesapperception. Es kann hier, z. B. beim apathischen Blödsinn, sogar zu einem völligen Verlust der Vorstellungen kommen. Damit hat dann nothwendig auch das Wollen ein Ende. Es bleiben hier nur die Funktionen des Trieblebens übrig, diese können sich auf die Befriedigung des Nahrungstriebs beschränken (Abulie).

Die Willenlosigkeit des Melancholischen (Anenergie), obwohl sein äusseres passives Verhalten ganz dem des Blödsinnigen gleichen kann, hat eine ganz andere Begründung.

Es besteht hier möglicherweise ein virtuell sehr lebhaftes Wollen, aber seine Entäusserung ist unmöglich durch mannigfache Hemmungen. Diese können begründet sein:

1) In dem Bewusstsein unmöglicher Erreichbarkeit des Begehrten. Das Wollen ist ein bewusstes Begehren, wobei das Begehrte unbedingt erreichbar gedacht wird. Der Melancholische in seinem erniedrigten Selbstgefühl, seinem geänderten Gemeingefühl (Schwäche) traut sich keine Erreichbarkeit mehr zu und hört damit auf zu wollen.

2) In Unlustgefühl. Die zum Handeln nöthige psychische Bewegung ist für den Kranken mit psychischem Schmerz, mit Unlustgefühlen verbunden. Deshalb wird auf Bewegung verzichtet, in ähnlicher Weise wie der an physischem Schmerz z. B. einer Neuralgie Leidende instinktiv es vermeidet, Bewegungen mit dem leidenden Theil vorzunehmen.

---

[1]) Leubuscher, Allg. Zeitschr. f. Psych. 4, p. 562; Emminghaus, Allg. Psychopath., p. 242.

3) In eigenthümlichen Hemmungen im psychischen Mechanismus. Es findet ein erschwertes Uebergehen der Vorstellungen in
Bewegungsakte statt, das als gehemmte Leitung im psychischen Reflexbogen oder als gesteigerte Reflexhemmung gedacht werden kann. Die
Vorstellung ist dann nicht mächtig genug, um als Bewegungsreiz zu
wirken. Der Kranke, dem man ansieht, wie peinlich ihm diese gehemmte Lösung der psychischen Spannung ist, intendirt mühsam die
gewünschte Bewegung, aber es gelingt ihm nicht oder nur unvollkommen sie auszuführen. In heftigen affektvollen Zuständen (Anschwellung des Reizwerths der Vorstellungen) ist er dagegen vorübergehend motorisch frei und in seinem Handeln vielleicht noch stürmischer
als der Tobsüchtige.

4) In Associationsstörungen. Zuweilen ist die Willenlosigkeit des Melancholischen nichts andres als eine Unentschlossenheit
durch fortwährend die zu einem Handeln hintreibende Vorstellung
hemmende störende contradiktorische Vorstellungen. Der Kranke, hinund hergezogen von dem an- und abschwellenden Gewicht sich gegenseitig Opposition machender Vorstellungen, vermag dann zu keinem
Entschluss zu kommen, er wird in beständige Zweifel und Grübeleien
verwickelt.

5) Es gibt endlich Fälle, wo das Wollen rein durch Wahnideen
oder Sinnestäuschungen gestört ist. So steht ein Kranker auf einem
Fleck, weil er seine Beine von Glas oder Holz wähnt oder sich am
Rand eines Abgrunds sieht oder weil Stimmen Bewegen und Sprechen
verboten haben unter der Drohung, dass er sonst verloren sei.

b) Ein schrankenlos gesteigertes Wollen findet sich bei
maniakalischen Zuständen. Die Bedingungen für dasselbe sind zu
suchen:

1) In dem krankhaft gesteigerten Selbstgefühl, das fortwährend Anregung aus dem Gefühl gesteigerter körperlicher und
geistiger Leistungsfähigkeit erhält und Alles für erreichbar ansieht.

2) In dem Wegfall all der hemmenden ordnenden controlirenden Vorstellungen der Nützlichkeit, Zweckmässigkeit, die
bei ruhiger Stimmungslage und mittlerer Geschwindigkeit des Vorstellens jeweils dem Gesunden zu Gebot stehen und seine Strebungen
beherrschen.

3) Es besteht bei dem pathologisch gesteigerten in der Association erleichterten Wechsel der Vorstellungen eine Abundanz von
Bewegungsmotiven gegenüber der Monotonie des Vorstellens und
der Trägheit der Associationen beim Melancholischen. Diese Vorstellungen sind zudem ungewöhnlich stark von Gefühlen betont.

4) Aber auch die Umsetzung der Vorstellungen in Be

wegungsimpulse ist eine entschieden erleichterte. Es zeigt sich dies schon in der enormen Leichtigkeit und Promptheit, mit der der motorische Apparat auf Bewegungsmotive reagirt.

Es lässt sich diese pathologische Erscheinung als eine erleichterte Lösung der Spannungsverhältnisse der Vorstellungen, als eine erhöhte Reflexerregbarkeit im psychischen Organ auffassen; es wäre aber auch denkbar, dass diese gesteigerte Reflexerregbarkeit nur dadurch zu Stande kommt, dass ein reflexhemmender Einfluss auf gewisse psycho-motorische Centren durch höherstehende und den Processen der vernünftigen Ueberlegung dienende vermindert oder aufgehoben ist, in ähnlicher Weise wie das Rückenmark unter dem hemmenden Einfluss des Grosshirns steht und eine gesteigerte Reflexerregbarkeit eintritt, wenn jener Einfluss durch Schlaf oder krankhafte Hirnzustände vermindert ist.

Durch diese Störung im Wollen erscheinen die Handlungen des Maniakalischen unüberlegt, anstössig, läppisch, muthwillig.

5. Störungen des »freien« Wollens.

Die krankhafte Geistesstörung hebt die freie Willensbestimmung auf. Diese Thatsache findet ihre Anerkennung in den Gesetzbüchern aller civilisirten Völker.

Die freie Willensbestimmung ist beim Irren aufgehoben:

a) Dadurch, dass durch aus der Hirnaffektion herausgesetzte, somit durch organisch bedingte spontane Affekte, leidenschaftliche Stimmungen, Triebe, Strebungen, Wahnideen und Sinnestäuschungen ein Handeln veranlasst wird.

b) Indem den irgendwie entstandenen zu einer Handlung drängenden Motiven keine sittlichen rechtlichen Gegenmotive entgegen gesetzt werden können, da diese entweder

α) durch die Hirnkrankheit gleich anderen höheren psychischen Leistungen dauernd verloren gegangen sind (psychische Schwächezustände) oder nur temporär fehlen (transitorische Störungen des Selbstbewusstseins) oder

β) durch in Folge der Erkrankung entstandene formale Störungen des Vorstellungsprocesses in's Bewusstsein nicht eintreten können (Melancholie, Manie).

c) Indem durch Wahnideen und Sinnestäuschungen das Selbst- und Weltbewusstsein gefälscht ist. Diese Störung kann soweit gehen, dass die ganze frühere Persönlichkeit in eine neue krankhafte umgewandelt ist (Verrücktheit), so dass die Handlung von einer ganz anderen psychischen Persönlichkeit als der früheren des Thäters aus gesetzt wird, — die juristische Person ist zwar dieselbe, aber die psychologische eine andere geworden.

## IV. Die elementaren Störungen des Bewusstseins.

Das Bewusstsein, wie es durch den Inhalt der in der Zeiteinheit dasselbe erfüllenden Vorstellungen gebildet wird, ist keine constante Grösse. Je nach dem Grad der Deutlichkeit der Vorstellungen ergeben sich verschiedene Stufen von Klarheit des Bewusstseins.

Die höchste Stufe repräsentirt das sogenannte Selbstbewusstsein, d. h. ein Zustand, in welchem der Vorstellende sich seiner vorstellenden Thätigkeit vollkommen bewusst ist. Er setzt eine ungestörte, der Willkür unterworfene Sinneswahrnehmung (Aufmerksamkeit) und eine ungestörte Reproduktion aus dem Schatze des Gedächtnisses (Erinnerung) voraus. Insofern das Ich sich der in ihm stattfindenden Vorgänge klar bewusst ist, involvirt es ein Persönlichkeitsbewusstsein, insofern die Vorstellungen nach den Anschauungen des Raumes und der Zeit ablaufen, ein Welt- oder Raum- und ein Zeitbewusstsein.

Neben dieser Welt des selbstbewussten Seelenlebens steht, durch mannigfache Uebergänge vermittelt, eine Sphäre des unbewussten psychischen Lebens, die unendlich ausgedehnter und wichtiger ist als die des bewussten.

Dieselbe ist unablässig thätig; sie verarbeitet die Erregungen, welche die sensiblen Nerven aus allen Provinzen des Körpers der Hirnrinde zuführen zu Stimmungen; sie regulirt die durch einen Akt des Selbstbewusstseins (Willen) angeregte Bewegung (Locomotion z. B. mit Hilfe des Coordinationsapparats) und lässt sie in automatischer Weise ebenso prompt und sicher zu Stande kommen, wie wenn der Wille sie überwachte.

Sie verarbeitet die durch den Ernährungsprocess und Stoffwechsel in den Ganglienzellen der Hirnrinde auf physiologischem Wege ausgelösten Vorstellungen, Bilder etc. zu Gedanken, Impulsen zu Handlungen etc., complicirten psychischen Processen, deren fertiges Resultat in Form von Anschauungen, Urtheilen, Schlüssen, Affekten erst dem Selbstbewusstsein sich darbietet.

Dieser unbewusst arbeitenden Thätigkeit verdanken wir unsere geistige Individualität, unsere psychischen Dispositionen, unsere Ideen und Impulse. Sie ist eine ungleich wichtigere Leistung als die Thätigkeit unseres selbstbewussten Ich. Unter pathologischen Bedingungen kann es geschehen, dass diese Leistung der unbewussten Hirnmechanik, mag sie in sinnlichen reproducirten Vorstellungen oder in Bewegungsimpulsen bestehen, gar nicht zum Bewusstsein vordringt (sie bleibt dann eine unbewusste, bewusstlose) oder erst auf Umwegen, z. B. als Hallucination oder als vollzogene (impulsive) Handlung vom Selbstbewusstsein appercipirt wird.

Die Ursache dieser Störung liegt in krankhaften Aenderungen im Organ des Bewusstseins, die bis zu einer Aufhebung der demselben zukommenden Funktionen (Aufmerksamkeit, Reflexion, willkürliche Reproduktion etc.) sich erstrecken können.

Dann geht aber diese Leistung der unbewussten Hirnmechanik dem Selbstbewusstsein völlig verloren — das Individuum weiss hinterher von Allem Vorgestellten und Geschehenen absolut nichts (Amnesie), andernfalls erfährt das Bewusstsein wenigstens nichts über die Entstehungsart des unbewusst Geschaffenen — dasselbe erscheint ihm als einem fremden Ich angehörig (Theilung der Persönlichkeit, so in der Dämonomanie, Verrücktheit) oder als in der Aussenwelt hervorgerufen (Hallucination, die nicht als solche erkannt wird).

Diese Thätigkeit der unbewussten Sphäre kann eine zusammenhängende complicirte sein, in Hallucinationen, Delirien, combinirten Handlungen bestehen und damit der Aeusserungsweise des selbstbewussten Lebens gleichkommen. Dass sie keine selbstbewusste war, beweist die Amnesie, die· für alle diese unbewussten Leistungen hinterher besteht, denn nur in der Sphäre des Selbstbewusstseins ablaufende psychische Bewegungen hinterlassen eine Spur im historischen Bewusstsein, eine Erinnerung.

Eine grosse Zahl von Erscheinungen im Irresein (viele Stimmungen, Affekte, Wahnideen, Handlungen, Hallucinationen) sind nur unter der Voraussetzung verständlich, dass sie Leistungen der unbewussten spontanen Hirnmechanik darstellen, die von dem Lichte des Selbstbewusstseins entweder gar nicht beleuchtet werden oder, wenn dies auch eintritt, nicht als unbewusste Leistung des eigenen psychischen Mechanismus erkannt werden.

Auch im physiologischen Seelenleben (träumerisches Versunkensein, Zerstreuung etc.) treffen vielfach Signale aus der Welt des Unbewussten die Schwelle des Bewusstseins, aber über ihre Provenienz können keine Täuschungen aufkommen, da die ungetrübte Aufmerksamkeit und Besonnenheit dies verhindern. Im Irresein finden sich nun mannigfache interessante elementare Störungen des Selbstbewusstseins.

So beobachten wir tiefe Störungen des Zeit- und Ortsbewusstseins (Sich irre gehen), die eine ganz dämmerhafte psychische Existenz bedingen, bei schweren Hirndegenerationen (Dem. paralytica und senilis). Von grossem Interesse sind die Fälle, in welchen Kranken die Jüngstvergangenheit völlig aus dem Bewusstsein entschwunden ist und

sie demgemäss in der Vergangenheit leben. Diese Lücke in der historischen Existenz kann bis zu Jahren und Jahrzehnten gehen.

Umgekehrt gibt es Kranke, denen die frühere gesunde Periode
ihres Lebens ganz aus dem Bewusstsein entschwunden ist oder wenigstens einer fremden Persönlichkeit angehörig erscheint, so dass der
Kranke seine Existenz erst von dem Zeitpunkt seiner Erkrankung oder
einem bestimmten Abschnitt derselben (Auftreten von ein neues Ich
repräsentirenden Wahnideen) an datirt.

Es gibt sogar Fälle, wo das Bewusstsein der eigenen psychischen
Existenz gänzlich geschwunden ist, der Kranke sich als ein Objekt
betrachtet, demgemäss von sich in der dritten Person spricht. In
solchen Fällen finden sich neben der psychischen Transformation tiefe
Störungen der Gemeingefühlsempfindung, Anästhesieen, die dann nicht
selten den Wahn, todt zu sein, vermitteln.

Noch interessanter sind Fälle, in welchen neben dem krankhaften
Ich Bruchstücke der früheren Persönlichkeit sich erhalten haben oder
jenes selbst wieder in verschiedene Ichpersönlichkeiten als Träger der
herrschenden Wahnvorstellungskreise zerfallen ist (mehrfaches Ich,
Spaltung der Persönlichkeit).

In letzterem Fall besteht wenigstens noch eine Continuität des
nur inhaltlich geänderten Bewusstseins, es sind nicht zwei Personen, sondern
es ist dieselbe mit verschiedenem geistigem Inhalt. Die verschiedenen „Ich" sind noch nothdürftig zusammengehalten durch das einheitliche Körperlichkeitsgefühl und das Bewusstsein zeitlicher Aufeinanderfolge.

In seltenen Fällen fehlt sogar dieser Zusammenhang — der
Kranke ist anfallsweise eine ganz andere Persönlichkeit, und indem
keine Bewusstseinsstrahlen aus der Zeit des gesunden Lebens in die
des Krankheitsanfalls dringen und dieser keine Erinnerungsspuren hinterlässt, lebt der Kranke ein vollkommenes Doppelleben, stellt er zwei
zeitlich scharf geschiedene Persönlichkeiten dar (Verdoppelung der
Persönlichkeit, alternirendes Bewusstsein, geistiges Doppelleben). Solche
Zustände [1]) wurden meist bei weiblichen Individuen, im Zusammenhang
mit der Pubertätsentwicklung und als Theilerscheinung einer hysterischen
Neurose beobachtet. Sie stehen dem Gebiet des natürlichen Somnambulismus nahe.

Mit dem Grad der Bewusstseinsstörung hängt auch das eigene
Bewusstsein der Krankheit und die Erinnerung für die Erlebnisse in

---

[1]) S. die interessanten Fälle von Azam, Anna., méd. psych. Juli 1876 und
Berthier, ebenda Sept. 1377, ebenda Oct. 1857; Winslow, obscure diseases of the
brain, p. 279; Jessen, Physiol. d. menschlichen Denkens, p. 66.

der Krankheit zusammen. Das Gefühl psychischen Krankseins ist häufiger vorhanden als man gewöhnlich annimmt. Nicht selten findet sich ein beängstigendes Gefühl drohenden Verstandesverlustes lange schon vor der eigentlichen Krankheit, namentlich bei erblich belasteten Individuen.

In den Anfangsstadien der Melancholie pflegt dieses Gefühl sehr lebhaft zu sein, und ist nicht selten die Ursache, dass derartige lucide Kranke selbst um Aufnahme in die Irrenanstalt nachsuchen. Auch in der Manie, selbst auf der Höhe derselben, ist der Kranke häufig genug seiner Störung sich bewusst und entschuldigt oft geradezu sein verkehrtes, triebartiges Gebahren damit, dass er ja ein Narr und ihm deshalb Alles erlaubt sei.

In den späteren Stadien des Irreseins, da wo systematische Wahnideen oder ein geistiger Zerfall eingetreten sind, ist der Kranke absolut einsichtslos für seinen krankhaften Zustand, wenn er auch die Krankheit seiner Leidensgenossen noch ganz richtig zu erkennen vermag, und so kommt es, dass solche vermeintlich Gesunde beständig um die Aufhebung ihrer nach ihrer Meinung ganz ungerechtfertigten Detention queruliren. In der Reconvalescenz ist Krankheitseinsicht eine der ersten Erscheinungen wiederkehrender Gesundheit.

Die Erinnerung für die Erlebnisse der Krankheit geht ziemlich parallel der Höhe der Bewusstseinsstörung in dieser. Je acuter ein Krankheitsfall verlief, um so summarischer, defekter pflegt die Erinnerung zu sein. Während in den chronischen Fällen von Melancholie und Manie die Erinnerung für alle Momente der Krankheit, oft mit peinlichem Detail, erhalten ist, fehlt in peracuten psychopathischen Zuständen die Erinnerung gänzlich (pathologische Rauschzustände, Vergiftungsdelir, Delirium acutum, Mania transitoria, Raptus melancholicus, grand mal der Epileptiker, pathologische Affecte etc.) oder ist nur eine summarische (acute Melancholie und Manie, petit mal der Epileptiker, Stupor) oder beschränkt auf den Inhalt der Traumvorstellungen (Ecstase, Somnambulismus, gewisse epileptoide Zustände [1]).

Als specielle elementare Formen der Bewusstseinsstörung bei Irren, neben den Formen der Somnolenz, des Sopor, Coma etc., wie sie die allgemeine Cerebralpathologie kennen lehrt, sind zu besprechen:

---

[1] S. d. Verfasser transitor. Störungen des Selbstbewusstseins 1868; Pelman, Allg. Zeitschr. f. Psych. 1864. p. 86.

### 1. Psychische Dämmerzustände.

Die Vorstellungen erheben sich hier nicht zu völliger Klarheit im Bewusstsein, die Categorieen der Zeit und des Raums sowie das Bewusstsein der eigenen Persönlichkeit sind im hohen Grade defekt. Die Apperception der Aussenwelt ist eine matte, fragmentarische, findet wie durch einen Schleier statt. Die Erinnerung für die Vorgänge dieses Zustands ist eine ganz summarische. Solche Dämmerzustände finden sich bei Epileptikern zwischen Anfällen und im Anschluss an solche, aber auch als temporäre Verdunklungen des Bewusstseins ohne allen Zusammenhang mit Anfällen, ferner im Verlauf des Alcoholismus chronic., bei Dem. paralytica und senilis.

### 2. Traumzustände des wachen Lebens.

Das Bewusstsein ist hier getrübt bis zur Aufhebung des Selbstbewusstseins (Bewusstlosigkeit im forensischen Sinn), das Bewusstsein der Aussenwelt und der eigenen Persönlichkeit ist erloschen oder wenigstens auf ein Minimum von Klarheit herabgesunken. Die sinnlichen Reize dringen dann nicht mehr bis zur Sphäre des Selbstbewusstseins vor, die sinnlichen Empfindungen erheben sich nicht zu deutlich bewussten Wahrnehmungen. Der Zustand gleicht dem des Träumenden, nur mit dem Unterschied, dass die psychomotorische Sphäre nicht gehemmt ist und die durch innere Erregung entstandenen Vorstellungen (Delirien) und Hallucinationen in Bewegungsakten entäussert, Motive eines traumhaften Handelns werden können, deren aber der Handelnde ebensowenig sich bewusst ist, als er ihrer sich hinterher zu erinnern vermag.

Dahin gehören gewisse Zustände von Inanitions- und Fieberdelir, acute pathologische Rauschzustände, Formen von epileptoider Bewusstseinsstörung, pathologische Affekte und Somnambulismus.

### 3. Stupor.

Alle psychischen Funktionen sind hier gehemmt, ohne aber ganz aufgehoben zu sein. Das Bewusstsein ist getrübt, insofern die Vorstellungen sich nicht zur Klarheit des normalen Lebens erheben, die Apperception ist getrübt, verlangsamt, der Vorstellungsablauf erschwert, die Associationen träge. Namentlich spricht sich aber die Hemmung in der psychomotorischen Sphäre aus. Der Kranke ermangelt aller Spontaneität, steht stundenlang auf einem Fleck, die Miene bietet den Ausdruck der Indifferenz oder des stupiden Staunens. Willkürliche

Bewegungen erfolgen selten, mit sichtlicher Mühe und grosser Langsamkeit.

Neben der psychischen Hemmung und erschwerten Auslösung der Reflexe findet sich in der Regel eine Hemmung der spinalen Reflexerregbarkeit, ferner cutane Anästhesie und Analgesie. Auch die Innervation der vegetativen Organe ist eine verminderte, die Respiration oberflächlich, verlangsamt, die Herztöne schwach, der Puls schlecht entwickelt, klein, verlangsamt, die Peristaltik vermindert (Obstipation), die Circulation träge (Oedem der Füsse); vorübergehend können kataleptische Zustände sich einstellen.

Solche Stupor-Zustände finden sich als postepileptische und postmaniakalische Erscheinungen, primär nach heftigem Schreck, schweren Blutverlusten, Vergiftung mit Kohlenoxydgas, Strangulation, als Begleiterscheinung melancholischer Zustände (Mel. stupida), als Ausdruck der Erschöpfung des Gehirns nach schweren acuten Krankheiten (Typhus), nach sexuellen besonders onanistischen Excessen.

Eine gemeinsame Basis dürfte Anämie des Gehirns durch Oedem (Strangulation), vasomotorischen Gefässkrampf (Schrecken etc.), Inanition (Typhus etc.) sein.

#### 4. Ecstase (Verzückung).

Das Bewusstsein ist ein traumhaftes, durch innere Vorgänge absorbirtes. Es ist verengt auf einen von lebhafter affektvoller Stimmung getragenen und fixirten Vorstellungskreis von spontaner Entstehung und lebhafter hallucinatorischer Färbung. Bei dieser inneren Concentration ist die Aufnahme von Eindrücken aus der Aussenwelt und dem eigenen Körper suspendirt oder auf das, was mit den Traumideen in Verbindung steht, eingeschränkt.

Auch die psychomotorische Sphäre ist in der Richtung des Vorstellens einseitig festgehalten (Verzückung). Das Individuum gleicht dabei einer Statue, die Muskeln können vorübergehend den Zustand einer Flexibilitas cerea bieten.

Die Ecstase findet sich vorwiegend bei Frauen, namentlich auf hysterischer Basis. Anämische Zustände, Uterinkrankheiten, funktionelle Anomalieen im Geschlechtsorgan körperlicherseits, religiöse Exaltation psychischerseits wirken disponirend.

Nicht selten geht sie aus (hysterischen) Convulsionen hervor oder folgen ihr solche. Das Selbstbewusstsein fehlt hier ganz oder ist sehr getrübt und damit fehlt die Erinnerung gänzlich für die Vorgänge des Anfalls oder beschränkt sich auf einzelne Reminiscenzen des hallucinatorischen Delirs.

Die Sprache, als die Vermittlerin der Gedanken und als eine unmittelbare Funktion der Hirnrinde, bietet nicht nur bezüglich der Kundgebung des Inhalts des Gedachten, sondern auch hinsichtlich des Modus der Kundgebung wichtige Erkenntnissquellen für den Irrenarzt.

Die Sprache ist Geberden-, Laut-, Wort- oder Schriftsprache.

Auf tiefer geistiger Stufe (angeboren und erworben) kann die Sprache auf Geberden- oder Lautsprache beschränkt sein (Idioten, Blödsinnige) als Kundgebung von Affekten oder Stimmungen.

Auf einer höheren Stufe steht die Sprache gewisser Blödsinniger, die, analog den kleinen Kindern und den Papageien, in ihrer Nähe Gesprochenes und zwar die ganze Phrase oder wenigstens das letzte Wort zu wiederholen vermögen (Echosprache). Im weiteren Fortschritt findet sich eine dürftige Wortsprache zur Bezeichnung der allgemeinsten und wichtigsten Bedürfnisse, die allmälig auch Anfänge grammatikalischer Formung und Satzbildung zeigt, sich extensiv immer reicher gestaltet und intensiv zur Höhe begrifflicher Bedeutung erhebt. Die höchste sprachliche Leistung ist die Schriftsprache.

In dieser Auffassung erscheint die Sprache in Inhalt und Form als ein äusserst feines Reagens auf Inhalt des Bewusstseins und Leistungsfähigkeit des psychischen Mechanismus.

Unter Verweisung der rein articulatorischen Sprachstörungen in das Gebiet der speciellen Pathologie (Idiotie, Paralyse etc.) kommen hier nur die durch Störung der Hirnrinde vermittelten in Betracht, die Dysphrasieen und Dysphasieen (Kussmaul).

1. Am häufigsten sind die Dysphrasieen. Sie können in Anomalieen: a) des Tempo, b) der Form der Redeweise, c) der syntactischen Diction, d) des Inhalts der Rede bestehen.

a) Eine Beschleunigung der Sprache als Ausdruck erleichterter Gedankenbewegung und Gedankenäusserung findet sich in psychischen Exaltationszuständen, besonders maniakalischen (Logorrhöe, Polyphrasie).

Hier ist zugleich die Diction eine erleichterte, fliessendere, selbst glänzende (maniakalische Exaltation), bis mit sich immer mehr überstürzendem Vorstellen (Ideenflucht), durch das Zwischenglied abspringender Rede, nur noch zufällige, abgerissene Worte und selbst blosse Lautbilder Reflexe in den Sprachmechanismus finden. Hier kommt es dann nothwendig zur Verworrenheit (Höhe der Tobsucht) und zum

---

[1] Vgl. das treffl. Werk von Kussmaul »Die Störungen der Sprache« 1877. p. 44—46; 195—199; 211—223; Spielmann, Diagnostik, p. 26, 100; Conradi, Wiener med. Wochenschr. XVIII. 70.

Aufhören der grammatikalischen Fügung der Worte zu Sätzen. Eine Verwirrtheit der Sprache kann aber auch durch blosse Associationsstörung (Verwirrung, Affekt), durch den an ganz oberflächliche lautliche Aehnlichkeit der Worte anknüpfenden Gedankengang (viele Maniakalische und Verrückte), durch geistige Schwächezustände, in welchen die sprachmässigen Worte nur noch blosse Worthülsen sind und falsch gebraucht werden (gewisse Verrückte), sowie durch Paraphasie bedingt sein. Diese Zustände unterscheiden sich sofort von jener Verworrenheit der Tobsüchtigen durch die fehlende Beschleunigung der Rede.

Eine verlangsamte bis stockende Sprache findet sich bei vielen Melancholischen und Verblödeten. Im ersten Fall ist sie bedingt durch das verlangsamte gehemmte Vorstellen, den störenden Einfluss von Hallucinationen und Affekten, im letzteren Fall durch die aus geistiger Schwäche resultirende Unfähigkeit einen Gedanken abzuschliessen (Solbrig, Allg. Zeitsch. f. Psych. 25 p. 321).

Beide Störungen können zu völliger Stummheit führen.

So die Melancholie durch Zunahme der Hemmungen, fehlenden Reflex in's Sprachorgan (Mel. c. stupore), die Dementia durch Mangel an Sprachvorstellungen (Idiotie, Taubstummheit) oder Verlust derselben (apathischer erworbener Blödsinn, Stupor).

Häufig ist die Stummheit jedoch durch Wahnmotive und imperative Hallucinationen (religiöse Verrücktheit) bedingt, zuweilen bei hysterischem Irresein auch durch hemmende Globusgefühle.

b) Interessante Anomalieen in der Form der Redeweise bieten die pathetische Sprache der Ecstatischen und der exaltirt Verrückten (durch überströmende Gefühle, affektartige Erregung auf Grund eines gehobenen Selbstbewusstseins), ferner die triviale, läppische, mit Vorliebe Diminutiva gebrauchende Diction gewisser Verrückter und „Hebephrenischer" [1]), die gereimte Sprache Maniakalischer. Hierher gehört noch die von Kahlbaum („die Katatonie" 1874, p. 39) zuerst beschriebene Verbigeration, wobei der Kranke bedeutungs- oder zusammenhangslose Worte und Sätze im scheinbaren Charakter einer Rede ausspricht. Diese Verbigeration unterscheidet Kahlbaum von der Faselei und Plappersucht des Verwirrten und Schwachsinnigen durch den trivialen Inhalt des Geschwätzes solcher Kranker, von der Rede des Tobsüchtigen durch den fortschreitenden Inhalt dieser d. h. die Ideenflucht, die nicht auf dieselbe Wortverbindung zurückkommt, während der Verbigerirende dieselben Worte und Sätze in infinitum wiederholt [2]).

---

[1]) Hecker, Virchow's Archiv 52, p. 394 u. Irrenfreund 1877. 4. 5.
[2]) S. Brosius, Allg. Zeitschr. f. Psych. 33. H. 5. 6.

Eine Steigerung dieses Verbigerirens bis zum wahren Wortkauen beobachtete ich bei einem Paralytiker, der in vorgeschrittenem Stadium seines Leidens stundenlang dasselbe Wort und in unzähligen Laut- und Silbenversetzungen verbigerirend wiederholte (corticaler Reizvorgang in der Bahn des Sprachmechanismus bei stockendem Vorstellungsgang?).

Ein mehrmaliges Wiederholen derselben Worte kann auch aus psychischen Motiven hervorgehen.

So gibt es Religiösverrückte, die aus besonderem Respekt für die Zahl 3 Laut- oder Schriftworte dreimal wiederholen. Hieher gehört auch eine Patientin von Morel (traité des malad. ment. p. 300), die aus hypochondrischem Wahn die Sprache zu verlieren, die Worte mehrmals wiederholte.

c) Die syntactischen Dictionsfehler finden sich bei Verrückten und Blödsinnigen. Sie bestehen in nicht sprachgemässer Zusammenstückelung von Worten, in der Abwandlung von Hauptwörtern als Zeitwörtern („standpunkten, gestandpunktet") oder in dem Verzicht auf Declination und Conjugation, wobei der Kranke dann nach der Sprachweise kleiner Kinder sich nur noch des unbestimmten Hauptworts, des Infinitivs oder vielleicht des vergangenen Particips bedient und statt der Pronomina die Nomina braucht (z. B. Toni Blumen genommen, Wärterin gekommen, Toni gehaut"; vgl. Kussmaul op. cit. p. 196).

d) Von grösstem Interesse auf dem Gebiet der Dysphrasieen ist endlich, neben der Aermlichkeit der Sprache bezüglich Inhalt und Diction, die Neubildung[1]) von Worten. Sie findet sich nur bei Verrückten und sehr selten bei Maniakalischen.

Diese Onomatopöesis ist meist hallucinatorischen Ursprungs oder aus dem Drang entstanden, für einen neuen krankhaften Gefühls- und Gedankeninhalt oder für den dem Kranken neuartigen Vorgang der Hallucination ein neues bezeichnendes Wort zu bilden, weil die bisher dem Kranken zu Gebot stehende Sprache keines bietet. Diese Wortneubildungen sind wesentlich Schöpfungen der unbewussten Hirnmechanik, wie ja auch im physiologischen wachen und Traumleben planlos zusammengeronnene sinnlose Lautverbindungen sich dem Bewusstsein darbieten können.

2) Dysphasieen[2]). Hieher gehören nach Kussmaul's trefflicher Eintheilung die Aphasieen, die sich bei Hirnkrankheiten mit prädomi-

---

[1]) Snell, Allg. Zeitschr. f. Psych. 9. H. 1; Bresius, ebenda 14. H. 1; Martini 13. H. 4; Damerow, Sefeloge, p. 99; Schlager, Wien. med. Wochenbl. XIX. 11. 12. 14.
[2]) Kussmaul, op. cit. p. 126—128, 153 u. s. f.; Bergmann, Allg. Zeitschr. f. Psych. 6. p. 657; Nasse, ebenda 10, p. 525; Falret, Archiv. génér. 1864 u. Diction. encyclop. 1866; Spamer, Archiv f. Psych. VI.

nirenden psychischen Symptomen (traumatisches Irresein, apoplectisches, paralytisches), aber auch beim epileptischen nicht selten vorfinden. Meist handelt es sich um amnestische, seltener um atactische Aphasie. Häufig finden sich zugleich Alexie, Agraphie oder auch Paralexie und Paragraphie, Worttaubheit und Wortblindheit (Dem. paralytica). Die meist gleichzeitig vorhandene Dementia erschwert die Auffindung der aphasischen Symptome, zumal da der Kranke seiner Paralexie und Paragraphie sich nicht bewusst wird.

## VI. Die psychosensoriellen Störungen[1]).
### (Sinnestäuschungen.)

Zu den wichtigsten elementaren Anomalieen im Irresein gehören die Sinnesdelirien oder Sinnestäuschungen, d. h. Täuschungen, die im Gebiet der Sinne und aus Anlass von Sinnesempfindungen entstehen (Hagen).

Seit Esquirol, der sich zuerst genauer mit dem Studium dieser Erscheinungen beschäftigte, ist man gewohnt hier zweierlei Vorgänge zu unterscheiden:

1) den Vorgang der Hallucination,
2) den Vorgang der Illusion.

Der Unterschied beider beruht darin, dass bei der Hallucination kein äusserer Sinnesreiz oder Erregungsvorgang im peripheren Sinnesapparat die Quelle der subjektiven Sinneswahrnehmung ist, während bei der Illusion ein solcher Erregungsvorgang auf seinem Wege zum Apperceptionsorgan verfälscht zum Bewusstsein kommt.

Die Hallucination, d. h. „das leibhafte Erscheinen eines subjektiv entstandenen Bildes (Töne, Worte, Lichtempfindungen) neben und gleichzeitig mit wirklichen Sinnesempfindungen und in gleicher Geltung mit ihnen, liesse sich demnach am besten mit Sinnesvorspiegelung, die Illusion mit Sinnesirrthum übersetzen" (Hagen).

Es ist nothwendig, beim Studium dieser Vorgänge theoretisch wenigstens den Process der Hallucination und Illusion auseinander zu halten und dabei an den psychophysikalischen Process der Sinneswahrnehmung anzuknüpfen. Wir wählen den Gesichtssinn, da die Physiologie in diesem Gebiet am weitesten vorangeschritten ist.

---

[1]) S. Johannes Müller, Handb. d. Physiol. 1, p. 249 u. »Ueber phantastische Gesichtserscheinungen«, 1826; Hagen, Die Sinnestäuschungen. 1838; Derselbe, Allg. Zeitschr. f. Psych. 25; Esquirol, Archiv. génér. 1832; Brierre de Boismont, des hallucinations, 2. edit. 1852; Kahlbaum, Allg. Zeitschr. f. Psych. 23; Lazarus, Die Lehre von den Sinnestäuschungen 1867; Schüle, Hdb. p. 124.

In dem Process der normalen Sinneswahrnehmung haben wir drei Stationen zu unterscheiden:

a) Den äusseren Vorbau des betreffenden Sinnesorgans (Retina, Corti'sches Organ, Tastkörperchen, Papillen der Zunge etc.).

b) Die centrale Endigung des betreffenden Sinnesnerven im Gehirn (Opticus — corp. quadrigem; Acusticus — graue Kerne im Boden der Rautengrube; Olfactorius — Ganglienzellen der Riechkolben etc.) — Perceptionsorgan nach Schröder v. d. Kolk, Sinnhirn, Organ der psychischen Metamorphose.

Der äussere physikalische Reiz (Licht-, Schallwellen etc.) wird in dem Vorbau des betreffenden Sinnesapparats (I. Station) in einen physiologischen Bewegungsvorgang (negative Stromschwankung?) umgesetzt, durch den betreffenden Sinnesnerven bis zum centralen Ende desselben fortgeleitet und hier in einen elementaren psychischen Vorgang (Empfindung) in dieser II. Station (Organ der psychischen Metamorphose) umgewandelt.

c) Als die III. Station haben wir die Hirnrinde anzusehen, das Organ der Apperception, in welchem der ankommende, durch Fasern des Stabkranzes übertragene Empfindungsreiz appercipirt d. h. durch Verschmelzung mit dem Residuum einer früher erworbenen sinnlichen Vorstellung in eine Wahrnehmung umgewandelt wird. Dieser Process der Apperception, der sinnlichen Wahrnehmung wird erleichtert durch einen eigenthümlichen Erregungszustand des Wahrnehmungsorgans, den man als Aufmerksamkeit zu bezeichnen pflegt.

Fehlt dieser Erregungszustand, so findet die Umsetzung der Perception in eine Apperception nicht statt. Sie kann aber noch nachträglich erfolgen, wenn dieser Zustand eintritt. Wir gehen z. B. auf der Strasse in Gedanken versunken. Ein Bekannter grüsst uns. Der Gruss ist uns entgangen, hat aber doch ein Residuum (Perceptionsvorgang) hinterlassen, der nachträglich unsere Aufmerksamkeit wach ruft. Wir schauen uns um und erblicken den schon entfernten Bekannten. Dieser ganze Process der sinnlichen Wahrnehmung ist ein für uns unbewusster.

Ebenso unbewusst ist für uns ein weiterer Akt, der sich aus dem Gesetz der excentrischen Erscheinung oder Projektion erklärt und zur Objektivirung der Wahrnehmung im äusseren Raum oder auf der Oberfläche unseres Körpers führt. So kommt uns nur das fertige Resultat des ganzen Processes, die Anschauung, zum Bewusstsein.

Es ist Eigenthümlichkeit unseres Hirnapparats, dass zwar die sinnliche Anschauung, sobald ihr Objekt aus dem Sehfeld verschwindet, aufhört, jedoch ein Residuum desselben, ein Erinnerungsbild von derselben im Apperceptionsorgan haften bleibt, das, vermöge der den Ganglienzellen dieses Organs immanenten Fähigkeit des Gedächtnisses, die Reproduktion einer irgend einmal gemachten Wahrnehmung zulässt.

Studiren wir diesen Process der Reproduktion genauer, so zeigt sich, dass dieses Erinnerungsvorstellungsbild mit einem Erregungsvorgang im Perceptionsorgan sich complicirt, ein allerdings höchst schattenhaftes, begleitendes, adäquates Sinnesbild auslöst, das, nach dem ebenfalls hier zur Geltung kommenden Gesetz der excentrischen Wahrnehmung, vor das Sinnesorgan hinaus projicirt wird (Sich die Sache vorstellen, d. h. vor Augen stellen).

Die Intensität dieser sinnlichen Miterregung des Sinnhirns durch einen Vorstellungsreiz ist eine individuell verschiedengradige. Im Kindesalter, wo die Sinneswelt gegenüber dem abstrakten Vorstellen eine vorwiegende Rolle spielt, ist sie eine bedeutend grössere als im späteren Alter; unmittelbar vor dem Einschlafen kommt es nicht selten zu phantastischen Erscheinungen, da hier die Thätigkeit der Sinnesorgane durch äussere Reize aufzuhören beginnt.

Im Allgemeinen lässt sich annehmen, dass zahlreiche Individuen im Stand sind, bei willkürlich oder auch unwillkürlich, z. B. durch einen Affekt gesteigerter Energie des Vorstellens die sinnliche Miterregung bis zu einer flüchtigen, schattenhaften Projection im äusseren Raum gelangen zu lassen, ja bei Menschen von besonders lebhaftem Vorstellungsvermögen und besonders erregbarem Sinneshirn, die wir in den Reihen der Künstler zu suchen haben, kann es keinem Zweifel unterliegen, dass diese sinnliche Miterregung eine besonders lebhafte ist, sich ab und zu selbst bis zur Intensität einer sinnlichen Anschauung steigert und darauf gerade die ergreifende Darstellung mancher dramatischer Künstler (Talma etc.), die wundervolle plastische Schilderung eines Goethe, Ossian, Homer etc. beruhen dürfte.

Auch bei Componisten dürfte die Feinheit der Instrumentirung und Klangfarbe ihrer Schöpfungen vielfach durch eine besonders lebhafte Miterregung ihres centralen Hörapparats bedingt sein.

Jedenfalls geht aus Allem hervor, dass ein proportionales Verhältniss zwischen Stärke des Vorstellungsreizes und Intensität der sinnlichen Miterregung im Perceptionsorgan besteht.

Halten wir an der Thatsache fest, dass all unser sinnliches Vorstellen die Perceptionszellen adäquater Sinnesnerven in mehr oder weniger lebhafte Miterregung versetzt, dass der Intensität der sinnlichen Vorstellung die Intensität der sinnlichen Miterregung proportional ist, dass jede Erregung eines Sinnesapparats, dem Gesetze der excentrischen

Projektion gemäss, an die Peripherie verlegt wird und dass die Nerven doppelseitiges Leitungsvermögen besitzen, so ist der Weg geebnet, um den Vorgang der Hallucinationen zu erklären.

Die objektiv begründete Sinneswahrnehmung und die Hallucination sind beide Sinnesvorgänge, aber die letztere ist es unter veränderten Bedingungen. Nur die Arten ihres Zustandekommens sind verschiedene. Bei der Sinneswahrnehmung handelt es sich um einen äusseren physikalischen, bei der Hallucination um einen inneren psychischen, einen Vorstellungsreiz. Die erstere ist ein centripetaler, die letztere ein centrifugaler Vorgang.

Beide kommen aber darin überein, dass das Sinnhirn in einen Erregungszustand versetzt und die Ursache dieser Erregung, nach dem Gesetz der excentrischen Wahrnehmung, an die Peripherie der Nerven, in den äusseren Raum verlegt wird.

Die Hallucination lässt sich demnach definiren als centrifugale Erregung des Centralapparats eines Sinnesnerven durch einen adäquaten Vorstellungsreiz bis zu dem Grad, dass die nach aussen projicirte Erregung desselben die Stärke einer sinnlichen Anschauung gewinnt.

Zwischen Reproduktion einer sinnlichen Vorstellung und einer Hallucination besteht demnach nur ein quantitativer Unterschied, insofern im ersten Fall die Miterregung des Centralapparats eines Sinnesnerven eine das physiologische Mass nicht überschreitende, im letzteren eine solche ist, dass die Hallucination der Stärke einer sinnlichen Anschauung gleichkommt.

Der Hallucinant sieht und hört, wie wenn wirklich Objekte vorhanden wären, wirklich Worte gesprochen würden.

Aber zur Erklärung der Hallucination in diesem Sinn bedarf es noch eines weiteren Faktors.

Könnte die Hallucination rein durch Steigerung der Phantasiethätigkeit absichtlich oder unabsichtlich erzeugt werden, so wäre sie eine alltägliche Erscheinung, was sie doch nicht ist, und gerade da, wo sie unter dem Einfluss willkürlicher oder unwillkürlicher Erregung der Phantasie in noch physiologischer Breite zu Stande kommt, handelt es sich um Individualitäten, die ein äusserst erregbares, kaum mehr normal zu nennendes Nervensystem besitzen.

Wenn auch die Intensität der sinnlichen Miterregung von der Intensität der Vorstellung abhängig gedacht werden muss, so ist es doch fraglich, ob die Anschwellung des Reizwerthes der Vorstellung an und für sich genügt, um die Hallucination hervorzurufen. Mit Nothwendigkeit sind wir veranlasst, Aenderungen der Erregbarkeit im Sinnhirn zu supponiren, einen Zustand der gesteigerten Erregbarkeit, vermöge welcher der normale oder krankhaft gesteigerte

Vorstellungsreiz die sinnliche Miterregung bis zur Intensität einer Sinneswahrnehmung anschwellen lässt. Die Geltendmachung dieses Faktors führt uns zur Besprechung der veranlassenden und gelegentlichen Ursachen der Hallucination.

Wir finden Hallucinationen:

1) Im Irresein, wo wir auf Grundlage einer Hirnerkrankung Zustände funktionell gesteigerter Erregbarkeit auch in anderen Funktionsgebieten gleichzeitig vorfinden.

2) In analogen Zuständen von Fieberdelirium.

3) Bei Nervenkrankheiten, die sich durch eine Steigerung der Erregbarkeit des centralen Nervensystems auszeichnen (Hysterie, Epilepsie, Chorea etc.).

4) Bei neuropathischen Constitutionen.

5) Bei Vergiftung mit gewissen Stoffen, die, ähnlich wie das Strychnin auf's Rückenmark, eine erregbarkeitssteigernde Wirkung auf die Sinnesganglien ausüben (Belladonna, Opium, Haschisch, Hyoscyamus etc.).

6) Bei Zuständen von Anämie des Centralnervensystems, welche, wie bekannt, die Erregbarkeit desselben steigert. Dahin gehören viele der durch Schlaflosigkeit, geistige und körperliche Ueberanstrengung hervorgerufenen Sinnesdelirien. Dahin ferner die Hallucinationen bei Inanitionszuständen (Schiffbrüchige, Ragle der Wüste), bei Blutverlusten, Erschöpfung, Onanie, vorausgehenden schweren Erkrankungen etc., bei Ascetikern, Heiligen, Einsiedlern vergangener Jahrhunderte.

Als occasionelle Ursachen sind alle Momente aufzufassen, die eine intensive Erregung und Concentration von Vorstellungen herbeiführen; so durch Erwartungsaffekte (Furcht, Schrecken), Affekte der Begeisterung, lebhafte Vertiefung in einen sinnlichen Gegenstand (Einzelhaft, wo Affekte, Gewissensbisse, Sehnsucht nach Freiheit, Heimweh zur Geltung kommen, aber auch durch Mangel äusserer Sinnesreize zu lebhaften Reproduktionen, Phantasiebildern Veranlassung gegeben ist).

So erklärt sich auch die Häufigkeit der Hallucinationen bei Geisteskranken, wo durch Ernährungsstörungen des Gehirns die Sinnescentra abnorm erregbar (hyperästhetisch) geworden sind und durch Affekte, heftige Reizzustände in dem Vorstellen dienenden Bezirken der Hirnrinde besonders intensive sinnliche Vorstellungen wachgerufen werden. Der grosse Reizwerth dieser Vorstellungen ergibt sich wohl aus dem Umstand, dass sie vorwiegend auf physiologischem Wege, durch innere Reizvorgänge erzeugt, d. h. im Gegensatz zur auf dem psychologischen Weg der Ideenassociation gebildeten Vorstellung mit einem besonders lebhaften organischen Vorgang verbunden sind.

Diese Hallucinationen sind dann dem sonstigen Inhalt des jeweiligen bewussten, in Associationen sich abspielenden Vorstellens nicht congruent, so dass der Kranke um so mehr sie für äussere Wahrnehmungen zu halten geneigt ist. Sie werden, gleich den Zwangsvorstellungen, nicht selten direkt und organisch durch Irradiation peripherer Nervenerregung auf psychosensorielle Centren hervorgerufen und bekommen dadurch einen stabilen Inhalt (stabile Hallucination — Kahlbaum). Dahin gehören u. A. die Fälle von bei uterinaler Erkrankung, namentlich im Klimacterium sich findender hallucinatorischer Verrücktheit, wo der Inhalt der sexuell verfolgenden Stimmen ein oft ganz stationärer ist.

Die Hallucinationen sind somit psychosensorielle Erscheinungen. Sehen wir uns in der Erfahrung nach Beweisen für diese Theorie um, so bietet sich uns:

1) Die Thatsache, dass sie bei total zerstörtem äusserem Sinnesorgan vorkommen können.

2) Dass eine Erregung des äusseren Sinnesvorbau's sammt seinem Nerven nur elementare, subjektive Empfindungen, z. B. Lichterscheinungen, Geräusche, nicht aber Gestalten, Worte etc. produciren könnte.

3) Dass der Inhalt der Hallucination (Gehör) nicht selten dem Inhalt des Vorstellens ganz conform ist.

Beispiele dafür bieten die Kranken, die das, was sie gerade lesen, laut aussprechen hören, die sich beklagen, dass ihnen die Gedanken jeweils im Moment ihres Bewusstwerdens von Anderen ausspionirt, errathen, ausgesprochen werden.

Manche, namentlich gebildete Kranke, werden sich dadurch der innerlichen subjektiven Entstehung ihrer Hallucination bewusst und bezeichnen sie geradezu als lautes Denken („c'est un travail qui se fait dans ma tête").

Hier genügen also die auf dem psychologischen Wege der Ideenassociation entstandenen und gerade im Bewusstsein verweilenden Vorstellungen als Reiz auf das acustische Perceptionscentrum, ein Umstand, der auf einen hohen Grad von Hyperästhesie eben dieses Centrums schliessen lässt.

4) Dass mit dem Erloschensein der Vorstellungsthätigkeit das Halluciniren ein Ende hat (apathischer Blödsinn).

5) Dass in seltenen Fällen besonders Disponirte willkürlich Hallucinationen hervorrufen können.

6) Dass epidemisch zuweilen Hallucinationen vorkommen bei Leuten, die von demselben Vorstellungskreise präoccupirt waren und sich dabei in Affekt befanden.

Die nosologische Bedeutung einer Hallucination ist die einer elementaren Störung der psychosensoriellen Functionen. Sie zeigt immer einen krankhaften Zustand gewisser nervöser Centralorgane oder wenigstens eine neuropathische Constitution des centralen Nervensystems an. Sie findet sich am häufigsten im Irresein, ist aber durchaus nicht ein Kriterium an und für sich eines geisteskranken Zustands.

Die psychologische Bedeutung einer Hallucination ist die einer thatsächlichen Sinneswahrnehmung. Es scheint dem Hallucinirenden nicht bloss so, sondern er sieht, hört, schmeckt, fühlt leibhaft, wie wenn ein wirkliches Objekt einen sinnlichen Eindruck hervorbrächte.

Von entscheidender Bedeutung ist nun im Verlauf, was aus der subjectiven Sinneswahrnehmung, der elementaren Störung wird, ob sie vom Bewusstsein als Hallucination erkannt wird oder, nicht erkannt, zu einer Verfälschung des Bewusstseins führt.

Der Ausgang ist abhängig vom Zustand des Gesammtbewusstseins und der Integrität der übrigen Sinnesgebiete. Der erstere Fall einer Correctur ist Regel beim Nichtirrsinnigen. Die intakte Besonnenheit und Aufmerksamkeit, die unverfälschte Thätigkeit der übrigen Sinne und ihr gesundes Zeugniss führen fast nothwendig zur Berichtigung der Sinnesvorspiegelung. Es ist hiebei psychologisch von Interesse, den erschütternden Einfluss zu beobachten, den selbst auf Geistesgesunde, ja des Vorgangs Kundige, das quasi übersinnliche Phänomen hervorbringt.

Bei Geisteskranken kommt es nothwendig zur Verwechslung der Hallucination mit einer objektiven Sinneswahrnehmung, denn das Selbstbewusstsein ist hier getrübt, Affekte stören die Besonnenheit und die Ruhe der Ueberlegung, zudem bestehen häufig Hallucinationen gleichzeitig in mehreren Sinnen, so dass eine subjektive Sinneswahrnehmung der anderen zur Stütze dient, während überdies gleichzeitig die Wege zur berichtigenden, controlirenden Sinneswahrnehmung verlegt sind.

Diese unterstützende Wirkung der gleichzeitigen Täuschung durch mehrere Sinne zeigt sich in interessanter Weise schon beim Geistesgesunden. Es ist ein bekannter Kunstgriff der Geistesbeschwörer, dass sie ihr Spiegelgespenst nicht bloss erscheinen, sondern zugleich geigen lassen, womit sie eine packende Wirkung auf die Zuschauer ausüben, die bei blosser Erscheinung nicht zu bemerken ist. Es kommt indessen auch bei Geisteskranken vor, dass sie ihre Hallucinationen corrigiren. Dies geschieht namentlich dann, wenn diese einsinnig und selten auftreten, nicht mit einem Affekt complicirt sind, das Individuum den gebildeten Kreisen angehört und die Hallucination die momentane plastische Entäusserung entsprechender Gedanken oder gelesener Worte ist.

Meist jedoch scheinen die Vorstellungsreize, welche die Hallucinationen provociren, durch spontane (nicht associatorische) Hirnerregung ausgelöst oder wenigstens dem Kranken nicht bewusst zu werden, bevor sie zur Hallucination sich gestalten. So kommt es, dass der Inhalt dieser nicht dem jeweiligen, bewussten Vorstellen entspricht, demgemäss für etwas Fremdes gehalten und ursächlich in die Aussenwelt versetzt wird.

Eine nicht unwichtige praktische Frage reiht sich hier an, nämlich die, ob Hallucinationen, die nicht als solche erkannt wurden, ein Zeichen von Irresein sind. Es hat Autoren, namentlich französische gegeben, die keinen Anstand nahmen, diese Frage zu bejahen, aber mit Unrecht, denn einmal ist die Hallucination, auch wenn sie für wahr gehalten wird, nur eine elementare Erscheinung, die über den Gesammtzustand eines Individuums, über seinen Hirnzustand an und für sich nichts aussagt, andrerseits bietet uns aber die Erfahrung eine Reihe von Personen, die an die Realität ihrer Hallucinationen glaubten und bei denen wir doch Anstand nehmen würden, sie als geisteskrank zu betrachten. (Mohamed, Napoleon, Socrates, der sich mit seinem Dämon unterhielt; Benvenuto Cellini, der, als er im Kerker betete: Gott möge ihn noch einmal das Licht der Sonne sehen lassen, eine Sonnenvision bekam; Pascal, der einen Abgrund vor sich sah; — die Jungfrau von Orleans; Luther, der dem Teufel das Tintenfass nachwarf u. a.)

Die Erklärung fällt hier nicht schwer, wenn wir bedenken, dass solche Hallucinanten im Wahn, Aberglauben ihres Jahrhunderts befangen oder aus Hang zum Abenteuerlichen, Mystischen, nicht im Besitz der nöthigen Vorkenntnisse oder nicht disponirt waren, diese Schöpfungen ihrer Einbildungskraft zu corrigiren.

Immerhin aber müssen wir daran festhalten, dass für wahrgehaltene Hallucinationen die Integrität der Beziehungen zur realen Aussenwelt gefährdende Erscheinungen sind und Neumann hat gewiss Recht, wenn er sie als „lokale" Elemente des Irreseins auffasst.

So einfach auch die Constatirung der Hallucination als solcher scheint, so schwierig kann es sein, im Irresein sich vor ihrer Verwechslung mit anderweitigen krankhaften Vorgängen zu schützen. Ohne Zweifel wird manches für eine Hallucination gehalten, was nicht wirklich eine ist, so:

a) Die Träumereien mancher Verrückten, die sich in ihrer Phantasie, gleich dem Schauspieler, in eine Rolle oder eine Situation hinein versetzen, Dialoge führen, ohne wirklich fremde Personen zu sehen, zu hören. (Hagen.)

b) Die Reproduktion von Traumgebilden des schlafenden Zustands und ihre Hereintragung in die reale Welt als vermeintlicher wirklicher Erlebnisse. Dieser Mangel der Kritik findet sich in psychischen Schwächezuständen.

c) Die Verwechslung einer soeben entstandenen Vorstellung mit der vermeintlichen Erinnerung einer vermeintlich gemachten Wahrnehmung. Dahin die Fälle, wo die Kranken behaupten, man habe über sie dies oder jenes ausgesagt, geschimpft, während sie dies sich doch nur momentan einbilden. Die Angaben der Kranken unterscheiden sich hier schon durch ihre Unbestimmtheit von dem Inhalt der eigentlichen Hallucination. (Hagen.)

Zeichen, die ziemlich sicher auf hallucinatorische Vorgänge hindeuten, sind: das athemlose Hinhorchen auf einen bestimmten Punkt, ein starr auf eine bestimmte Richtung gewandter Blick, das Verstopfen der Ohren, das Bedecken des Gesichts. Viele Kranke berichten unaufgefordert von ihren „Stimmen", bezeichnen nicht selten auch den Vorgang des Hallucinirens mit eigenen Namen.

Neubildung von Worten, Stummheit, Nahrungsverweigerung sind Erscheinungen, die überaus häufig durch Hallucinationen bedingt sind. Es erübrigt hier noch in Kürze auf die sociale und historische Bedeutung der Hallucinationen aufmerksam zu machen.

Jedenfalls gibt es kaum eine Lebenserscheinung des Menschen, die zu den verschiedenen Zeiten seiner Existenz einer so verschiedenartigen Beurtheilung ausgesetzt gewesen wäre, je nach den Anschauungen, die Kirche, Philosophie und Naturwissenschaften ihr entgegenbrachten. Die Geschichte der Hallucination enthält einen Theil der Geschichte des Culturlebens aller Völker und Zeiten und ist ein Spiegel der religiösen Anschauungen derselben.

Hallucinationen haben bedeutsame geschichtliche Ereignisse mit veranlasst (Kreuzesvision Constantin d. Gr.), Religionen gestiftet (Mohamed), zu den kläglichsten Verirrungen in Gestalt von Hexenprocessen, Aberglauben und Gespensterspuk geführt. Sie haben eine wichtige Bedeutung für das Entstehen von Sagen und Märchen gehabt (Glaube an Elfen, Nixen, Geister, Feen, Teufel, wildes Heer) und es ist nicht Zufall, dass die Entstehungsquellen solcher Sagen vorzugsweise Landleute, Schäfer, Jäger sind, d. h. Menschen, deren reger Verkehr mit der Natur Sinnesleben und Phantasie vorwiegend in Anspruch nimmt.

Ein gutes Beispiel hiefür bietet die second sight der Hochschottländer, bestehend darin, dass besonders disponirte, d. h. nervöse Personen die Gabe haben, Andere in Zuständen vorauszusehen, z. B. auf der Todtenbahre — die später dann auch wohl einmal wirklich eintreten.

Hieher gehört auch die ominöse Erscheinung der eigenen Person (Goethe's hechtgraue Selbstvision, als er nach Drusenheim ritt.)

Unendlich häufig sind Hallucinationen in der Geschichte der

Klöster, wo nervöse Disposition, Kasteiung, Entziehung des Schlafs, intensive Concentration des Vorstellens auf wenige Vorstellungen und dadurch gesteigerte Phantasie, vielleicht auch Onanie zusammenwirkten, um jene zu provociren.

Von grösster Wirksamkeit sind Hallucinationen in dichterischen Gebilden, weshalb auch Dichter, im Bewusstsein der psychologischen Bedeutung der Hallucination oder auch instinktiv, da wo sie ergreifend wirken wollen, sich der Hallucination bedienen.

Von grossartiger Wirkung in dieser Hinsicht ist die Vision Macbeths in Shakespeare's Drama, als Macbeth seinen Platz an der Tafel schon durch den Schatten des ermordeten Banquo besetzt findet.

Ein treffliches Beispiel für die Verwerthung der Hallucinationen in der Dichtkunst bietet endlich Goethe's Erlkönig.

### 2. Die Illusion.

Von den Hallucinationen unterscheiden sich die Illusionen d. h. Sinnesempfindungen, die auf ihrem Weg zum Apperceptionsorgan eine Fälschung erfahren und das Bewusstsein über die Quelle des Empfindungsvorgangs täuschen.

Ihr Vorkommen ist an die Existenz des peripheren Sinnesapparats gebunden, ihr Entstehungsweg ein centripetaler.

Bei der Complicirtheit des Wahrnehmungsprocesses begreift sich ihre Häufigkeit; in der That sind sie alltägliche Erscheinungen des physiologischen Lebens.

Der Ort ihrer Entstehung kann sein: 1) Der äussere Raum, welchen der physikalische Reiz zu durchdringen hat (physikalische Illusion).

2) Der periphere Sinnesapparat nebst dem Perceptionsorgan (physiologische Illusion).

3) Das Apperceptionsorgan (psychische Illusion).

ad 1. Sinnestäuschungen (Illusionen), deren Ursache im äusseren Raum liegt, sind nicht selten in Veränderungen der Medien begründet, welche der äussere Reiz zu durchdringen hat, um die Sinnesorgane zu erreichen.

So erscheinen dieselben Gegenstände in dünner Luft kleiner und ferner, in dichter Luft grösser und näher, da die Brechung der Lichtstrahlen beim Uebergang aus einem dünneren Medium in ein dichteres schwächer, im umgekehrten Fall eine stärkere ist.

In der physikalischen und physiologischen Eigenthümlichkeit unseres Sehorgans ist es z. B. begründet, dass bei der Fahrt im Eisenbahnwagen Bäume und Telegraphenstangen an uns vorüberzufliegen scheinen, während doch wir an denselben vorübereilen; ein in's Wasser getauchter Stab scheint uns geknickt; helle Gegenstände

auf dunklem Grund erscheinen uns durch Irradiation grösser als in
Wirklichkeit u. s. w.

ad 2. Eine wichtige Quelle für Illusionen liefert die Erregung des Sinnesnerven durch inadäquate Reize [1]). Vermöge seiner
specifischen Sinnesenergie antwortet der Sinnesnerv auf irgend welche
Reize, die ihn in seinem Verlauf treffen, mit der ihm zukommenden
Sinnesempfindung.

Die durch Fluxion und Exsudate bedingte Reizung, wie sie die
Entzündung der Chorioidea oder Retina herbeiführt, der durch Druck
auf den Opticus bedingte Reiz wird mit einer Lichtempfindung beant-
wortet. Bei Catarrhen des Mittelohrs oder der Tuba kommt es zu
Rauschen, Knattern, Klingen im Ohr.

Anders als in den elementaren Qualitäten der Sinnesempfindung
vermag der Sinnesapparat auf solche inadäquate Reize nicht zu reagiren, aber die subjektive Empfindung kann, zur Gehirnrinde fortgeleitet, dort eine der Empfindung inadäquate Vorstellung auslösen
und damit eine Illusion hervorrufen.

Einer solchen Illusion ist der Geistesgesunde bei seiner ungestörten
Besonnenheit nicht ausgesetzt, er interpretirt die subjektive Empfindung
richtig, er fasst sie als eine solche auf und schliesst aus ihr auf eine
Erkrankung seines Sinnesapparats — anders ist es beim Geisteskranken, dessen Bewusstsein getrübt ist und der nur zu leicht, bei der
Störung seiner Besonnenheit und seinen krankhaften Affekten, diese
subjektive Erregung seines Sinnesorgans phantastisch umgestaltet.

Offenbar finden viele der als Hallucination bei Geisteskranken
angesprochenen Phänomene darin ihre Erklärung, dass der anfangs
noch besonnene Kranke die subjektiven Sinnesempfindungen, die er
anfangs noch als Lichtflimmern und Ohrensausen percipirte und ganz
richtig als subjektive Sinneserregung auffasste, nun, mit fortschreitender Trübung seines Bewusstseins, für Flammen, Teufel, für Drohworte und Schimpfreden hält und daraus Elemente für Visionen und
Stimmen schöpft.

Dies gilt namentlich für jene häufigen Fälle, wo die angebliche
Hallucination sich aus Phosphenen oder Geräuschen entwickelt hat,
von solchen subjektiven Erregungszuständen des Sinnesapparates noch
fortdauernd begleitet ist, wo der Inhalt der Hallucination ein stabiler
ist, wo das Phantasma oder Acusma nur auf einem Auge oder Ohr
lokalisirt wird, also einseitig vorkommt, beim Schliessen der Augen
verschwindet oder sich im Sehfeld bewegt.

---

[1]) Köppe, Gehörstörungen u. Psychosen. Allg. Zeitschr. f. Psych. 24, p. 17;
Jolly, Archiv f. Psych. IV. 3.

So dürften vielfach die unbestimmten Klagen von Individuen, die an Verfolgungswahn leiden, dass über sie schlecht gesprochen werde, auf der feindlichen Interpretation elementarer, summender, brausender, flüsternder Geräusche, bedingt durch abnorme Erregungszustände im Perceptionsorgan, beruhen und somit als Illusionen, nicht als Hallucinationen, anzusprechen sein. Die Häufigkeit und Wichtigkeit dieser „Illusionen" rechtfertigt die Forderung, dass überall da wo solche unbestimmte stabile, mit elementaren subjektiven Empfindungen gleichzeitig erscheinende Sinnestäuschungen sich finden, das betreffende Sinnesorgan einer sorgfältigen physikalischen Untersuchung unterzogen werde, wozu sich beim Gehörorgan wenigstens der constante Strom nach Brenner's Vorgang besonders eignet.

ad 3. Häufig genug indessen lässt der periphere Sinnesapparat inclusive Perceptionsorgan an Leistungsfähigkeit nichts zu wünschen übrig, die Verfälschung der Sinnesempfindung geht erst im Apperceptionscentrum vor sich, die Illusion ist eine psychisch bedingte. Die Ursache für diese psychische Entstehungsweise der Illusionen liegt theils in dem Mangel der Aufmerksamkeit, theils in der Mangelhaftigkeit der Wahrnehmung, zuweilen in beiden Faktoren zugleich. Eine häufige hieher gehörige Erscheinung, auch des physiologischen Lebens, sind Affektillusionen.

Die Genauigkeit der Wahrnehmung ist hier gestört dadurch, dass das Vorstellungsleben durch einen bestimmten Gedankenkreis präoccupirt ist. Die im Apperceptionsorgan ankommende Sinneserregung löst eine, wohl der Stimmung, nicht aber der Realität entsprechende Vorstellung mit begleitendem Sinnesbild aus, die als vermeintliche Wahrnehmung nach Aussen projicirt wird, ohne dass der Betreffende seines Irrthums gewahr würde.

So erklärt sich die Erscheinung, dass dem in unsicherem Wald einsam und furchtsam Wandernden jedes Rascheln des Laubs zum verfolgenden Tritt eines Räubers wird, dass dem mit trüber Gespensterfurcht Behafteten beim Betreten des Kirchhofs nächtlicher Weile hinter jedem Leichenstein ein Gespenst aufzutauchen scheint.

So geschieht es dem in religiöser Exaltation Befindlichen, dass Muttergottesbilder in der Kirche sich ihm zuneigen, Crucifixe wunderbarer Weise die Augen verdrehen etc.; so sehen wir im Affekt des Zornes, dass an und für sich nicht beleidigende Gesten und Worte des Veranlassers des Affektes, als Beleidigungen, Drohworte etc. falsch aufgefasst werden; so geschieht es dem von Eifersucht Geplagten, dass er harmlose Erscheinungen am Gegenstand seiner Eifersucht verdächtig und fälschlich auffasst oder dem von brünstiger Liebe Entflammten, dass er den trivialen Gegenstand seiner Wünsche in idealer Weise auffasst, dessen Hässlichkeiten im Lichte von Schönheiten sieht (Don Quixote und seine Abenteuer mit Maritorne) oder dem im Affekt der Begeisterung Befindlichen, dass er Windmühlen für Riesen hält und bekämpft. Eine zweite Quelle für Illusionen ist die Undeutlichkeit des Eindrucks, mag sie durch mangelhafte Aufmerksamkeit, Zerstreutheit, Flüchtigkeit oder Unvollkommenheit der Sinnesempfindung bedingt sein.

Dahin gehören eine Menge von Erscheinungen. Wir erblicken z. B. eine Wolke am Himmel, die uns die Umrisse eines Riesen, eines Hauses, eines Schiffes bietet. Die falsche Apperception ruft unsere Aufmerksamkeit wach und nun gelingt es uns nicht mehr, die phantastische Wolke anders als in ihren realen Contouren zu sehen; oder wir gehen zerstreut auf der Strasse, glauben einem Bekannten zu begegnen und sind schon im Begriff, ihn anzureden, aber bei aufmerksamerem Hinsehen ist es ein Fremder.

Diese Art von Illusionen wird sehr begünstigt durch physikalische Momente, die die Deutlichkeit der Empfindung erschweren, so durch Dämmerung, mattes Mondlicht, Nebel etc.

Ein Baum wird dann vielleicht für einen Menschen gehalten, ein am Fenster hängendes Kleidungsstück für die Leiche eines Erhängten.

Diese Art von Illusionen wird sofort durch die Aufmerksamkeit berichtigt. Bleibt diese aus, indem z. B. der illusorische Eindruck den Affekt der Furcht und des Entsetzens hervorruft, so bleibt die Illusion uncorrigirt.

Zu diesen Illusionen gehören auch wesentlich die bei Manie so häufig zu beobachtenden, wo die enorme Beschleunigung des Vorstellungsablaufs ein ruhiges Beschauen, Sondern und Beurtheilen der Eindrücke aus der Aussenwelt unmöglich macht. Eine weitere Quelle für Illusionen, die wir aber richtiger Urtheilsdelirien nennen, wird dadurch bedingt, dass die zur Unterscheidung ähnlicher Gegenstände nöthige Erfahrung noch fehlt (Kind) oder verloren gegangen ist (psychische Schwächezustände).

Das kleine Kind hält etwa jeden männlich aussehenden Eintretenden für den Papa, weil ihm differenzirende Vorstellungen noch fehlen; der Schwachsinnige oder Paralytiker sammelt bunten Flitterkram, glänzende Steinchen u. dgl., weil er sie für Gold und Edelgestein hält.

Eine nicht seltene Illusion bei Irren kommt endlich dadurch zu Stand, dass die neue Wahrnehmung der originalen bloss ähnlich ist, aber vom Wahrnehmenden für identisch gehalten wird. Eine solche Erscheinung setzt eine Schwäche des Gedächtnisses, eine verminderte Reproduktionstreue voraus. Die Illusion wird fixirt dadurch, dass die meist gleichzeitig bestehende Schwäche der Apperception und Controle die Berichtigung fernhält.

Darauf beruht die bei Irren nicht seltene Personenverwechslung [1]), die zur Unterscheidung von der durch mangelhafte Aufmerksamkeit, Zerstreutheit des Geistesgesunden entstandenen, flüchtigen, eine stabile ist, nicht selten gegenüber bestimmten Personen der Umgebung während Wochen, Monaten, ja während des ganzen Krankheitsverlaufs andauert. Offenbar sind es hier gewisse, meist aber ganz oberflächliche Aehnlichkeiten zwischen dem Anschauungsbild der gegenwärtigen und dem verblassten Erinnerungsbild der abwesenden Person, welche diese Verwechslung zu Stande bringen.

Die psychologische Bedeutung der Illusion ist die gleiche wie die der Hallucination.

Findet eine Berichtigung des Sinnesirrthums nicht statt, so ergeben sich alle möglichen Folgen einer falschen Wahrnehmung. Die Bedingungen und Hilfsmittel der Correctur sind dieselben wie bei der Hallucination. Bei der Störung der Besonnenheit und Sinnesthätigkeit, wie sie bei Irren besteht, sind Verfälschungen des Bewusstseins durch Illusionen hier an der Tagesordnung.

### Die Sinnesdelirien im Irresein.

Nach diesen einleitenden pathogenetischen Bemerkungen bleibt die Aufgabe, die Sinnesdelirien (Hallucination und Illusion) in ihrem klinischen Vorkommen als wichtige Krankheitselemente des Irreseins zu betrachten. Wir haben dies nach zwei Richtungen zu thun:

1) nach ihrer Häufigkeit und Eigenthümlichkeit in den verschiedenen Sinnesgebieten,

2) nach ihrer Häufigkeit und Eigenthümlichkeit in den verschiedenen Formen oder Zuständen des Irreseins.

ad 1. Fragen wir uns zunächst nach der Häufigkeit der Sinnesdelirien im Irresein überhaupt, so ergeben sich grosse Schwierigkeiten, da offenbar Sinnesdelirien häufiger vorkommen als sie beobachtet werden. Viele Kranke wissen sie zu dissimuliren, gerade wie sie es mit ihren Wahnideen thun. Dazu kommt noch die Schwierigkeit, Sinnesdelirien von blossen Einbildungen, Urtheilsdelirien, Wahnideen zu unterscheiden.

Wichtiger ist die Frage nach ihrer Frequenz in den verschiedenen Sinnesgebieten. Während bei Geistesgesunden neben den alltäglichen aber durch ihre sofortige Correctur bedeutungslosen Illusionen fast nur Gesichtshallucinationen (Visionen), höchst selten solche des Gehörs vorkommen, finden sich bei Geisteskranken Sinnesdelirien auch in anderen Sinnesgebieten, ja zuweilen sogar in allen Sinnen.

Bezüglich der Häufigkeit des Vorkommens stehen sich Hallucina-

---

[1]) Snell Allg. Zeitschr. f. Psych. 17, p. 553.

tionen des Gesichts und Gehörs ziemlich gleich, jedoch beobachtet man die ersteren vorwiegend in acuten, die letzteren mehr in chronischen Irreseinszuständen. Ungleich seltener sind Hallucinationen im Bereich der Geruchs- und Geschmacksempfindung. Im Gebiet des Hautsinns und der Gemeingefühlsempfindung lassen sich Hallucinationen und Illusionen nicht gut von einander unterscheiden. Sinnesdelirien in diesen beiden Sinnesgebieten sind entschieden häufiger als im Geruchs- und Geschmackssinn. Am seltensten sind Täuschungen in allen Sinnen.

Insofern die Sinnesdelirien laut gewordene Gedanken des bewussten Seelenlebens oder wenigstens von der Stimmung beeinflusste Projektionssignale des unbewussten Geisteslebens darstellen, sind sie im Allgemeinen dem gerade vorhandenen Fühlen und Denken congruent. Der Melancholische sieht in seinen ängstlichen Erwartungsaffekten seine Verfolger, Henker, die ihn dem Arm des Gerichts überantworten, die in Sorge um die Existenz ihrer Kinder vergehende melancholische Mutter hört ihr Hilfegeschrei, ihr Todesröcheln; der in expansiven Affekten schwelgende Maniacus vergnügt sich im Anblick seiner Phantasieschlösser und eingebildeten Genüsse; der an Verfolgungswahnsinn Leidende hört das Flüstern seiner Feinde, wie sie sich berathen ihn aus der Welt zu schaffen; in den Mienen der Umgebung liest er Zeichen des Einverständnisses, in harmlosen Worten oder Geräuschen hört er Drohworte und Beleidigungen, in Speise und Trank schmeckt er giftige Substanzen, in widrigen Haut- und Gemeingefühlssensationen erkennt er das nächtliche Treiben seiner Feinde, die ihm mit fabelhaften Maschinen Leben und Gesundheit zu zerstören trachten; der religiös Wahnsinnige sieht den Himmel offen, wird mit Erscheinungen himmlischer Personen begnadigt, hört den Gesang der Engel, die göttliche Stimme, die ihm Befehle, Weissagungen etc. zukommen lässt.

Bemerkenswerth ist die verschiedene Art, wie Gehörshallucinanten ihre Stimmen objektiviren.

In seltenen Fällen, namentlich da, wo die Hallucination nur die plastische Entäusserung deutlich bewusster Vorstellungen und dem momentanen Vorstellungsinhalt congruent ist, gibt der Kranke als Entstehungsort sein eigenes Gehirn an („c'est un travail qui se fait dans ma tête“ ein Kranker Leuret's); manche dieser Kranken bezeichnen geradezu ihr Stimmenhören als lautes Denken oder als Gedankensprache.

Meist aber werden die Gehörshallucinationen in der Aussenwelt vernommen und projicirt. Zuweilen ertönen die Stimmen in nächster Nähe, werden in's Ohr hineingeschrieen, Zustände, die es wahrscheinlich machen, dass der Entstehungsort dieser Pseudohallucinationen das

Perceptionsorgan ist. Wenigstens findet sich in solchen Fällen meist gleichzeitig Acusticushyperästhesie neben elementaren subjektiven Empfindungen, als Ausdruck von Erregungsvorgängen im Sinnesapparat.

In selteneren Fällen lokalisiren die Kranken die Stimmen in vom Gehirn entfernten Organen des Körpers, z. B. in der Brust, im Bauch, wo offenbar und auch meist nachweisbare gleichzeitige abnorme Empfindungen in diesen Theilen die Aufmerksamkeit fesseln und die Lokalisation dort erfolgen lassen. In solchen Fällen unterscheiden auch die Kranken ihre Stimmen gewöhnlich von normalen Gehörswahrnehmungen. Sie geben dieser Stimmensprache besondere Namen — Sinnungen, Einsprechungen, Telegrafensprache u. dgl.

Gewöhnlich aber werden die Stimmen in der Aussenwelt vernommen gleich wirklichen Gehörswahrnehmungen.

Was die Gesichtshallucinationen betrifft, so erscheinen sie besonders lebhaft und häufig zur Nachtzeit, im Dunkeln, weshalb es Regel ist, den Raum, in welchem Gesichtshallucinanten sich befinden, nie ganz dunkel werden zu lassen. Oft sind sie im Anfang der Krankheit nur schattenhaft, gleich den Gestalten eines Schattenspiels und steigern sich erst auf der Höhe der Krankheit zur vollen Plasticität, um im Niedergang der Krankheit wieder zu erblassen. Sie können so anhaltend und massenhaft werden, dass der Kranke in eine völlige Traumwelt entrückt wird.

Die maskenartig starren Gesichtszüge, das athemlose Hinstieren nach einem Punkt sind dann charakteristisch. Sie finden sich besonders häufig in acut entstandenen Erschöpfungszuständen (Anämie des Centralorgans) und in den Formen des alkoholischen Irreseins.

Geruchs- und Geschmackshallucinationen kommen nicht leicht je isolirt vor. Es ist kaum möglich, die ersteren sicher von wirklichen, durch Hyperästhesie des Olfactorius etwa vermittelten Geruchsempfindungen zu unterscheiden, ebenso liegt häufig den Geschmackstäuschungen eine wirkliche Geschmacksempfindung, wie sie etwa ein Magen- oder Mundcatarrh bedingt, zu Grunde. Fast ausnahmslos haben die im Geruchs- und Geschmackssinn auftretenden Täuschungen einen unangenehmen Charakter. Der Kranke empfindet Leichengeruch, höllische, schweflige Dünste, das Essen schmeckt nach Kupfer, Arsenik, Menschenkoth etc.

Auffallend häufig sind die Geruchshallucinationen bei primärer Verrücktheit auf masturbatorischer Grundlage, sowie bei sexuellen Erkrankungszuständen von Frauen, namentlich im Klimacterium. Im Gebiet der Hautempfindung sind Illusionen und Hallucinationen schwer auseinander zu halten.

Meist handelt es sich um illusorische Apperception wirklicher

Empfindungen und sind Parästhesieen und Hyperästhesieen spinalen Ursprungs oder auch rheumatische Affektionen, Eczeme, Schwankungen der capillaren Blutfülle in der Haut etc. die organische Basis gewisser Verfolgungsillusionen wie z. B. des Wahns von Unsichtbaren magnetisirt, mit Gift bestreut, gestochen zu werden u. dgl. Allgemeine Anästhesie lässt sich zuweilen nachweisen, wenn der Kranke meint todt zu sein, partielle, wenn er meint Arme und Beine von Glas zu haben, des Schädels oder gewisser Körpertheile beraubt zu sein.

Bei Kranken mit Hemianästhesie kommt der Wahn vor, dass eine andere Person, eine Leiche neben ihnen im Bett liege. So glaubte ein Kranker Maudsley's (Paralytiker mit halbseitiger Anästhesie und gleichzeitigen Convulsionen der anästhetischen Körperhälfte), eine andere Person liege neben ihm und schlage ihn beständig.

Auf Anomalieen der Muskelempfindung muss der Wahn zu fliegen, getragen zu werden (Walpurgisnacht), eine veränderte Schwere zu besitzen, bezogen werden. Auch der Umfang, die Grösse des ganzen Körpers oder einzelner Glieder erscheinen dann nicht selten verändert.

Auch im Gebiet der Gemeingefühlsempfindung spielen Illusionen und Hallucinationen eine nicht unwichtige Rolle, so namentlich bei Hypochondern. Es ist schwer, hier Hallucinationen und Illusionen zu trennen. Von ersteren ist die Rede, wenn die krankhafte Einbildungskraft als Reiz wirkt und die bezügliche eingebildete Empfindung wirklich central auslöst, von Illusionen, wenn eine krankhaft gesteigerte oder perverse Gemeingefühlsempfindung das Bewusstsein erreicht und von diesem falsch gedeutet wird.

Dieser Erfolg kann ebensowohl dadurch eintreten, dass das hyperästhetisch gewordene Bewusstseinsorgan nun vegetative Vorgänge appercipirt, die normal nicht bewusst werden, als dadurch, dass eine organische Empfindung, pathologisch gesteigert, die Schwelle des Bewusstseins überschreitet. In der Regel wird es sich um Illusionen handeln. Die Section sowie eine sorgfältige klinische Untersuchung liefern wenigstens oft genug als Substrate hypochondrischer Sensationen Lage- und Texturveränderungen in vegetativen Organen. Namentlich sind es Catarrhe der Verdauungswege, Knickungen und abnorme Lagerung der Därme, Obstipationen, Hämorrhoiden, chronische Entzündung des Bauchfells (eine Kranke Esquirol's, die ein ganzes Concil im Leib zu haben glaubte und bei der die Section chronische Peritonitis nachwies), Colikschmerzen (ein gewisser Peter Jurieu hielt seine häufigen Colikschmerzen für Gefechte, die sich sieben Reiter in seinem Bauch lieferten), die das Substrat für hypochondrische Sensationen abgeben. Nicht minder Infarcte, Catarrhe, Neubildungen, Lageveränderungen des Uterus, Spermatorrhoe.

So führten krankhafte geschlechtliche Empfindungen im Mittelalter zum Wahn der Incuben und Succuben, so kann ein Pruritus vulvae die Illusion erwecken geschändet zu werden, so kommt es bei Onanisten zuweilen auf Grund von abnormen Sensationen in der Urethra zur Illusion, es werde von Unsichtbaren der Samen abgetrieben.

Die Häufigkeit solcher illusorischer Interpretationen fordert in bezüglichen Fällen zu einer genauen Untersuchung der betreffenden Organe auf.

ad 2. Bezüglich des Vorkommens der Sinnesdelirien in den verschiedenen Formen [1]) des Irreseins, sind acute und chronische Irreseinszustände zu unterscheiden.

In ersteren sind sie häufiger als in letzteren, die Gesichtshallucinationen zudem überwiegend über solche des Gehörs.

In melancholischen Zuständen sind Gehörs- und Gefühlsdelirien häufiger als solche des Gesichts. Am zahlreichsten finden sie sich in der Melancholia activa und attonita.

In den acuten Manieen sind Hallucinationen hervortretende Krankheitssymptome, in der chronischen Manie, ausgenommen der puerperalen, selten und fast nur im Anfang und im Endstadium, nicht im Stadium der Verworrenheit zu beobachten.

Bemerkenswerth ist die Seltenheit der Sinnesdelirien in der periodischen Form der Manie, wie auch in dem circulären Irresein.

In den Zuständen primärer Verrücktheit sind Sinnesdelirien sehr

---

[1]) Die diesem Lehrbuch zu Grunde liegende und im 2. Band ihre Erläuterung findende Classifikation der psychischen Störungen des entwickelten Gehirns unterscheidet:
I. Psychosen des gut entwickelten und bisher normal funktionirenden Gehirns (Psychoneurosen); II. solche des belasteten (psychische Entartungen); III. Hirnkrankheiten mit prädominirenden psychischen Störungen.
Als Formen innerhalb der Psychoneurosen werden die primären der 1. Melancholie (Mel. passiva als leichtere, Mel. c. stupore als schwerere Unterform), 2. der Manie (auch hier mit zwei Unterformen und zwar der maniakal. Exaltation als leichtere, der Tobsucht als schwerere) und 3. der Stupidität oder der heilbaren Dementia aufgestellt.
Als Ausgangszustände dieser primären Formen, wenn sie nicht zur Heilung gelangen, ergeben sich die Zustände der secundären Verrücktheit und des terminalen Blödsinns.
Die psychischen Entartungen erscheinen unter den Bildern des 1. constitutionell affectiven oder raisonnirenden, 2. des moralischen, 3. des aus constitutionellen Neurosen (Hysterie, Epilepsie, Hypochondrie) transformirten Irreseins, 4. der primären Verrücktheit und 5. des periodischen Irreseins.
Als Hirnkrankheiten mit prädominirenden psychischen Störungen werden die Dementia paralytica, die Lues cerebralis, der Alcoholismus chronicus, die Dementia senilis und das Delirium acutum bezeichnet.

häufig, vorwiegend Gehörs-, dann Gefühlstäuschungen, seltener Geschmacks- und Geruchstäuschungen. Gesichtshallucinationen kommen nur episodisch vor, am häufigsten noch da, wo das Leiden auf alkoholischer Grundlage steht.

In den Fällen religiös-expansiver primärer Verrücktheit sind Hallucinationen des Gehörs und Gesichts an der Tagesordnung. Sie steigern zuweilen vorübergehend den Zustand bis zur Ecstase.

In Zuständen von apathischem Blödsinn fehlen Hallucinationen. Illusionen können vorkommen auf Grund von lückenhafter Wahrnehmung und verloren gegangener Kritik.

Auch in der Dem. paralytica sind Sinnestäuschungen selten. Sie werden noch am ehesten in intercurrenten Aufregungszuständen beobachtet, und zwar in depressiven.

---

Capitel 6.

# Fortsetzung der elementaren Störungen der Gehirnfunktionen.

## B. Störungen der sensiblen Funktionen.

Sie sind wichtige Elemente des Irreseins, insofern sie das organische Substrat für Wahnideen, Sinnestäuschungen und Affekte werden, sogar Paroxysmen von Irresein herbeiführen können.

Die Untersuchung der Sensibilität bei Irren ist im Allgemeinen eine schwierige, theils wegen gestörter Aufmerksamkeit, wechselnder Bewusstseinszustände der zu Untersuchenden, womit die Erregbarkeitsschwelle sich fortwährend verändert, theils wegen wechselnder Blutfülle der Haut, insofern Anämie derselben eine Abstumpfung, Hyperämie eine Verfeinerung der Tastempfindlichkeit herbeiführt.

Es lassen sich funktionell unterscheiden:

1) Zustände verminderter bis aufgehobener Erregbarkeit und Erregung (Anästhesieen).

2) Solche gesteigerter Erregbarkeit und Erregung (Hyperästhesieen und Neuralgieen).

### 1. Anästhesieen[1]).

Sie können psychisch bedingt sein durch Aufhebung der Apperception im psychischen Organ oder organisch durch Zerstörung der Leitungsbahnen und der peripheren Sinnesapparate.

---

[1]) Snell, Allg. Zeitschr. f. Psych. 10. H. 2; Smoler, Prager Vierteljahrsschr. 1865. 87. Bd., p. 76.

In der Regel wird es sich hier um Störungen der Apperception
bei Integrität der Leitung handeln. Der psychischen Anästhesie durch

### a. Anästhesieen der Sinnesorgane.

Ausbleiben der einen sinnlichen Eindruck begleitenden Gefühlsbetonung,
wurde bei den Gemüthsanomalieen schon gedacht. Pervers können die
begleitenden Lust- und Unlustgefühle bei Hysterischen sein (Idiosyn-
krasieen). Es erübrigt hier die Erwähnung der Aufhebung der sinnlichen Empfindung an und für sich. In der Regel ist sie eine Apper-
ceptionsstörung durch Aufhebung des psychischen Antheils des Empfin-
dungvorgangs (mangelndes Bewusstsein, fehlende Aufmerksamkeit), so
bei Stupor, Manie, Blödsinn, pathologischen Traumzuständen u. s. w.
Seltener ist sie eine organisch bedingte und zwar durch moleculäre
Veränderung der Leitungsbahnen (gewisse Anästhesieen bei Hysterischen)
oder durch Degeneration der Sinnesapparate (Amblyopie-Amaurose als
Ausdruck retinitischer Processe, deren genetische Verknüpfung mit dem
Irresein in gemeinsamen vasomotorisch-sympathischen Erkrankungen zu
suchen ist; Anosmie durch Degeneration der Riechkolben, wie sie
wiederholt bei Paralytikern gefunden wurde).

### b. Anästhesieen der cutanen und der Muskel-Sensibilität.

Die ersteren können die Schmerz-, Tast- und Temperaturempfin-
dung betreffen. Meist sind sie psychisch bedingt, seltener durch degenerative Erkrankungen des Rückenmarks (Dementia paralytica) oder
heerdartige Gehirnerkrankungen.

Von grosser Bedeutung im Irresein ist die Aufhebung der Schmerz-
empfindlichkeit. Sie findet sich organisch bedingt bei Paralytikern mit
vorwiegender Erkrankung der grauen Substanz des Rückenmarks, wobei dann die Tastempfindlichkeit erhalten sein kann. In der Regel ist
die Analgesie psychisch vermittelt durch Unerregbarkeit des psychischen Organs. Analogieen aus dem physiologischen Leben bieten der
Soldat, der im Kampfgewühl eine eingetretene Verwundung nicht bemerkt, der Märtyrer, der in gottbegeisterter Eestase Wunden und Mar-
tern nicht fühlt.

Die klinische Bedeutung der Analgesie im Irresein ist eine grosse,
insofern sie schwere absichtliche Selbstverstümmlungen, grässliche Art
der Ausführung des Selbstmords und unabsichtliche Unglücksfälle
(Selbstverbrennungen) möglich macht.

So gab es Irre, die sich selbst kreuzigten, entmannten, von Pfer-
den in Stücke zerreissen liessen. Unempfindlichkeit gegen Kälte ist
meist psychisch bedingt, findet sich bei Maniakalischen und Blödsinnigen, und ist der Grund dafür, dass solche Kranke ohne Kleider

herumlaufen.  Meist findet sich dagegen, namentlich bei anämischen Zuständen, ein gesteigertes Wärmebedürfniss.

Auf geänderter, meist herabgesetzter Muskelempfindung beruht das Gefühl mancher Kranker von veränderter Schwere, abnormer Leichtigkeit, abnormem Umfang des ganzen Körpers oder einzelner Glieder.

Sind Haut- und Muskelsensibilität zugleich aufgehoben, so haben die Kranken das Gefühl, als fehle der betroffende Körpertheil gänzlich, ist die Anästhesie eine allgemeine, so kann das Bewusstsein der Persönlichkeit erloschen sein, der Kranke sich todt wähnen.  Particelle Anästhesie liegt nicht selten dem Wahn zu Grunde, Arme oder Beine aus Holz, Glas etc. zu besitzen.

### c.  Anästhesieen des Gemeingefühls.

Sie sind wenig erforscht, meist auf das psychische Moment der Bewusstseinsstörung zurückzuführen.  Dahin gehört das mangelnde Gefühl des Hungers, Durstes, der körperlichen Ermüdung (Maniaci), das mangelnde Gefühl des Krankseins selbst bei schweren intercurrenten Krankheiten (ambulatorische Typhen, Pneumonieen etc.).

Auf Anästhesieen beruhen wohl auch gewisse nihilistisch-hypochondrische Wahnideen des Schwunds, Fehlen innerer Organe (Dem. paralytica, senilis etc.).

Einer genauern Erforschung harren noch die häufig bei Irren, namentlich Melancholischen, geäusserten Klagen von Leere, Hohlsein, Druck, reifartiger Einpressung des Kopfes, Vertrocknung des Gehirns, Luft, Wasser im Gehirn u. dgl.

Manche dieser, theils direkt, theils in allegorischem Gewande geäusserten Empfindungen, lassen sich auf sensible Anomalieen der äusseren Kopfdecken (Gefühl der Gedankenhemmung bei Paralgieen der Nn. occipitales) oder vielleicht der Nn. recurrentes trigemini zurückführen, andere sind gestörte Gemeingefühle, die in dem der Psychose zu Grunde liegenden anatomischen Processe begründet sind.

### 2.  Hyperästhesieen.

Sie sind häufiger und wichtiger bei Irren als die Anästhesieen. Sie können durch Veränderungen in der Erregbarkeit der peripheren Aufnahmsorgane oder der Leitungsbahnen oder der centralen Endapparate begründet sein.  Ihr gemeinsames Kennzeichen ist die abnorm tiefe Reizschwelle für adäquate Reize.  Eine wichtige Rolle spielt hier das psychische Moment der psychischen Spannung, wie sie ein Erwartungsaffekt darstellt.

Auch hier sind wesentlich zu unterscheiden die Gefühlsbetonung und die Intensität der Empfindung. Die erstere äussert sich in potenzirten Gefühlen der Lust oder Unlust und findet sich bei psychischen Exaltationszuständen (Manie, hysterische Aufregungszustände).

Die abnorm intensive Empfindung geht in der Regel mit ersterer Erscheinung einher, oft auch mit Reizerscheinungen, vermittelt durch inadäquate Reize, die das periphere Sinnesorgan oder seine Leitungsbahn treffen (Hyperästhesieen des N. opticus mit Photopsieen und Chromopsieen, Hyperacusis mit subjectiven Geräuschen).

Meist ist die Hyperästhesie in gesteigerter Erregbarkeit der peripheren Sinnesorgane oder ihrer Leitungsbahnen begründet, selten in einer solchen des Apperceptionsorgans. Sie findet sich als Theilerscheinung allgemeiner Steigerung der cerebralen Erregbarkeit bei Manie, Delir. acutum, Hypochondrie, Hysterie.

Einer Hyperästhesie der Perceptionsorgane der Sinnesnerven als nothwendiger Mitbedingung des Zustandekommens von Hallucinationen wurde bei der Betrachtung dieser Erwähnung gethan.

b. Hyperästhesieen im Bereich der cutanen Empfindung.

Sie finden sich in verschiedenen Zuständen des Irreseins. Ihre Begründung ist seltener eine psychische als eine organische (gesteigerte Erregbarkeit der peripheren Endorgane und der Leitungsbahnen).

Umschriebene Hyperästhesieen finden sich nicht selten bei Melancholischen, veranlassen solche Kranke sich die Haut wund zu reiben.

Hyperästhetische Zustände spinaler Entstehung sind häufig irradiirte Erscheinungen von Reizzuständen in den Sexualorganen bei Frauen sowie bei Männern auf Grund masturbatorischer Excesse.

Sie bilden nebst paralgischen Sensationen die Grundlage für Wahnideen von Unsichtbaren mit Electricität, Magnetismus verfolgt, mit Nadeln gestochen, mit giftigen Dünsten u. dgl. angeblasen zu werden.

Auf Hyperästhesie der Nervi vasorum dürfte das bei Hypochondern, Melancholischen und Hysterischen oft so lästige Gefühl des Pulsirens der Gefässe zu beziehen sein, auf eine Hyperästhesie der sensiblen Nerven des Herzgeflechtes gewisse Zustände von nervösem Herzklopfen.

Eine Hyperästhesie der Muskelnerven dürfte der peinlichen Muskelunruhe (Anxietas tibiarum), die Hysterische, Hypochonder und Melancholische nicht selten heimsucht, zu Grunde liegen.

c. Hyperästhesieen im Bereich der Gemeingefühlsempfindung.

Sie ist eine wesentliche elementare Störung bei der Hypochondrie. Die Hypochondrie kann eine centrale sein, insofern die sonst höchstens als Stimmung sich im Bewusstsein reflectirenden Erregungen der vegetativen Nerven nun deutlich bewusst werden, oder sie ist eine periphere, insofern lokale Affektionen vegetativer Organe eine krankhafte Erregung ihrer Nerven hervorrufen, die sich dann dem Bewusstsein mittheilt.

Die erstere psychische Entstehungsweise hypochondrischer Zustände wird durch die psychische Spannung und Aufmerksamkeit des Individuums auf seine körperlichen Vorgänge erleichtert, die letztere ist begründet in Gastrointestinalcatarrh, Circulationsanomalieen im Gebiet der Vena portarum, Sexualerkrankungen, namentlich nach Onanie, Trippern etc., überhaupt Zuständen, die mehr ein localisirtes Krankheitsgefühl als wirkliche Schmerzen hervorrufen.

In den Fällen dieser Entstehung ist die Hyperästhesie ursprünglich eine periphere, aber es dauert nicht lange, so kommt es durch die Irradiation der Reize zu einer psychischen (secundäre Hyperästhesie) und damit zu einem Circulus vitiosus.

Die blosse Vorstellung genügt dann, um bei diesem Grad psychischer Hyperästhesie die bezügliche Empfindung durch Miterregung der betreffenden Nervenbahnen sofort hervorzurufen (Fälle von psychischer Entstehung der Hydrophobie — der Kranke, von einem vermeintlich wuthkranken Hund gebissen oder nur berührt, bildet sich ein, inficirt zu sein und bekommt nach kurzer Frist den Symptomencomplex der Hydrophobie — eine wahre Hypochondria hydrophobica), wie andrerseits die periphere Erregung von Gemeingefühlsnerven durch lokale Erkrankungen der Organe sofort und beständig wieder adäquate Vorstellungen im Bewusstsein auslöst.

Mit Recht sagt daher Romberg: „die Sensationen dieser Kranken sind zwar eingebildet, aber vom Geist in die Leiblichkeit!"

Für das Bewusstsein bleibt es vermuthlich gleich, ob die Empfindung eine objektive oder subjektiv vermittelte ist, ob die Erregung am peripheren oder am centralen Ende des Empfindungsapparates stattgefunden hat.

d. Zustände abnormer Erregung in der Bahn sensibler Nerven (Neuralgieen).

Häufig begleiten das Irresein Neuralgieen. Sie können ausgebreitet oder auf einzelne Bahnen beschränkt sich vorfinden. Besonders häufig und wichtig sind Intercostal-, Lumbal-, Occipital- und Trigeminusneuralgieen. Sie sind der Ausdruck ihnen und dem Irresein gemeinsamer Ernährungsstörungen im Nervensystem (Anämie etc.) und von mehr symptomatischer Bedeutung im Gesammtkrankheitsbild — oder sie stehen in engerer funktioneller Verknüpfung mit der

Psychose, sind als derselben coordinirte Symptome, wahrscheinlich als excentrische Projektionserscheinungen aufzufassen.

Der Funktionswerth der Neuralgie kann ein vierfacher sein:

1) Sie ist nahezu bedeutungslos für das psychische Leben, hat höchstens einen Einfluss auf Stimmung und Wohlbefinden gerade wie auch beim Geistesgesunden.

Die Neuralgie läuft neben der Psychose einher ohne Verknüpfungspunkte.

2) Sie bildet das organische Substrat für irgend eine auf dem Weg der Allegorie gebildete Wahnvorstellung, gerade wie dies auch bei anderen Anomalieen der Sensibilität der Fall sein kann.

3) Sie tritt in Verknüpfung mit elementaren psychischen Störungen, löst sie aus durch Irradiation des neuralgischen Reizes auf entsprechende Centra. Je nachdem diese Centren sensorielle, vorstellende, affektive sind, können (analog den Mitempfindungen bei einfacher Neuralgie) Mithallucinationen, Mitvorstellungen, die dann den Charakter von Zwangsvorstellungen haben, oder auch affektartige Bewegungen ausgelöst werden.

Die funktionelle Rolle der Neuralgie können nach Umständen auch Myodynieen etc. übernehmen.

Nicht selten bildet sich hier ein eigenthümlicher Circulus vitiosus, insofern die recrudescirende Neuralgie nicht bloss immer wieder die psychische elementare Störung auslöst, sondern auch deren primäres Inslebentreten sofort die mit jener verknüpfte neuralgische Bahn in Erregung versetzt. Schüle, in einer leider zu wenig zur Geltung gelangten Arbeit (die Dysphrenia neuralgica 1867) hat diese wichtige klinische Thatsache deutlich hervorgehoben.

Dieser Zusammenhang zeigt sich besonders schön bei einer Gruppe von Kranken, die Falret als „hypochondrie morale avec conscience de son état" geschildert hat. Hier steigert sich mit der Exacerbation des nervösen Symptomencomplexes (Stat. nervosus) regelmässig auch der psychische (gereizte, schmerzliche Stimmung). Die Zeit der Menses (temporär gesteigerte Erregbarkeit des Centralorgans) lässt hier jedesmal jenen anklingen und führt damit auch eine Exacerbation der Psychose herbei.

4) Die Recrudescenz der Neuralgie führt zu einem förmlichen psychischen Anfall — Reflexpsychose, Dysthymia s. Dysphrenia neuralgica im engeren Sinn (Schüle, Griesinger). Eine solche ungewöhnliche Erregbarkeit des Centralorgans weist auf tiefergehende Anomalieen desselben hin. In der That findet sich diese Dysphrenia neuralgica nur bei Individuen, die an einer Neurose leiden, mag sie nun eine hereditäre (Belastung) oder eine hysterische, hypochondrische oder eine epileptische sein. Die Neuralgie dürfte in solchen Fällen bald als eine

Aura, bald als Aequivalent eines Insults der Neurose (für die neuralgischen Anfälle bei Epileptischen dürfte diese Anschauung keinem Zweifel unterliegen) aufzufassen und der ganze Vorgang in Analogie mit dem epileptischen Delirium, das einem epileptisch-convulsiven Anfall folgt, zu stellen sein.

Der einzelne Anfall von neuralgischer Dysphrenie kann als acutes hallucinatorisches Delirium, als pathologischer Affekt, als zornige Tobsucht oder als Raptus melancholicus klinisch sich abspielen. Auch hier kann der neuralgische Faktor allegorisch wirken, insofern er den Kern von Wahnideen bildet, die dann bei jedem folgenden Anfall typisch wiederkehren; auch hier kann der Circulus vitiosus eintreten, insofern der irgendwie provocirte psychische Anfall sofort die neuralgische Bahn in Mitaffektion versetzt.

## C. Störungen der motorischen Funktionen [1]).

In erster Linie und im Anschluss an die Störungen der psychomotorischen Sphäre ist hier der Thatsache zu gedenken, dass fortwährend das gesammte willkürliche Muskelsystem von den psychischen Vorgängen in Miterregung versetzt wird, von welcher Erregung nicht bloss physiognomischer Ausdruck, sondern auch Haltung, Intonation, Timbre der Stimme u. s. w. abhängen. Diese psychisch-motorische Innervation wird durch die krankhaften psychischen Vorgänge abgeändert und spiegelt diese in der äusseren Erscheinung des Kranken wieder. Sie wird andrerseits wieder als geänderter Muskeltonus [2]) vom kranken Bewusstsein appercipirt und verwerthet. Es lässt sich behaupten, dass jedem psychopathischen Zustand, wie dies ja auch bei den Affekten des physiologischen Lebens der Fall ist, eine eigene Facies, ein besonderer physiognomischer Ausdruck [3]) und Gesammtmodus der Bewegungsweise zukommt, der dem erfahrenen Beobachter schon bei flüchtiger Begegnung eine annähernde Diagnose gestattet.

Die Einzelschilderung dieser physiognomischen Typen, wie sie in Aenderungen des Blicks, des Ausdrucks, der Gesten und Gesammthaltung des Körpers sich kundgeben, entzieht sich einer theoretischen Betrachtung.

---

[1]) Wunderlich, Lehrb. d. Pathologie, p. 1249—60; Morel, traité des malad. ment. p. 286—306; Eulenburg, Lehrbuch der Nervenkrankheiten, p. 344. Die eingehendere Schilderung der motorischen Funktionsstörungen wird in den betr. Capiteln der speciellen Pathologie versucht werden.

[2]) Solbrig, Allg. Zeitschr. f. Psych. 28, p. 369.

[3]) Krauss, Allg. Zeitschr. f. Psych. 10; Damerow, ebenda 17; Piderit, ebenda 18; Laurent, Ann. méd. psychol. 1863. März, Mai; Dagonet, traité des mal. ment. p. 70.

Auch ihre Analyse kann hier nicht versucht werden — nur beispielsweise sei der grämlich faltigen Miene des hypochondrisch Verstimmten, der in allen Affekten hin und her schwankenden Physiognomie
des Maniakalischen, des verwitterten Ausdrucks des Verrückten, des
schwimmenden Auges der Hysterischen und Erotischen, des gebeugten
schleichenden Auftretens des Melancholischen, des Grandezzaschritts
des an Grössenwahn Leidenden, des täppischen plumpen Gangs und
blöden Lächelns des Blödsinnigen gedacht. In geistigen Schwächezuständen (Dem. paralytica, multiple Hirnsclerose) habe ich zuweilen
Paramimie beobachtet, insofern der Kranke eine heitere Vorstellung
mit einer weinerlichen Miene und umgekehrt begleitete.

Eine wichtige weitere Gruppe von motorischen Störungen ergibt
sich aus Funktionsanomalieen motorischer Centra (dahin auch die erst
in neuester Zeit bekannten der Hirnrinde) der Leitungsbahnen und
aus Erscheinungen abnormer Reflexerregbarkeit.

Ihre Beachtung ist von nicht geringem Werth für Diagnose und
Prognose.

Sie können sein:

1) Präexistirende — Folgeerscheinung früherer nervöser Erkrankungen (Tremor, Gesichtskrampf etc.) oder angeborene Anomalieen
(ungleiche mimische Innervation etc. als funktionelles Degenerationszeichen).

2) Mit der psychischen Krankheit aufgetretene und zwar:

a) complicirende, bedingt durch Allgemeinleiden (Anämie), Neurosen (Chorea, Hysterie, Epilepsie) oder heerdartige mit der Psychose
nicht in Beziehung stehende Erkrankungen (Tumor cerebri, Apoplexie etc.).

b) Den psychischen Symptomen coordinirte, durch denselben
anatomischen Process wie diese hervorgerufene (Dementia paralytica,
Delir. acutum etc.).

Hier können sie wieder bedingt sein durch Veränderungen der
reflectorischen, automatischen und psychomotorischen Centra, durch
Leitungsstörungen in der motorischen Bahn, durch sensible Funktionsstörungen und dadurch gesetzte abnorme Reflexe. Alle möglichen
funktionellen Störungen können hier vorkommen:

1) Lähmungen, als Folge heerdartiger oder diffuser Hirn-Rücken-
marksprocesse (Dem. paralytica, senilis, Alkoholismus chronicus, Delir.
acut.); besonders wichtig sind hier Lähmungen im Gebiet des N. hypo-
glossus, facialis, oculomotorius.

2) Krämpfe aus Capillaranämie motorischer Hirntheile (Gefässkrampf, Oedem etc.) oder gesteigerter Reflexerregbarkeit. Eine nicht
selten im Irresein auftretende Krampfform ist das Zähneknirschen

(Portio minor trigemini), das bei Dem. paralytica, hydrocephalischer Idiotie, Delir. acutum etc. beobachtet wird.

3) Contracturen, bei Idioten in Folge ursächlicher Defekte und Gehirnerkrankungen, ferner bei Heerderkrankungen (z. B. Apoplexie, Sclerose), zuweilen aber auch in Folge zu lange beibehaltener Beugestellung oder des Missbrauchs der Zwangsjacke.

4) Tremor aus Anämie, Alkoholintoxication, organischen Hirnaffektionen (Sclerose, Dem. paral.) zuweilen auch als Ausdruck psychischer Erregung (Angst).

5) Coordinationsstörungen (Dem. paral., Delir. acut.) durch organische Veränderungen im Coordinationsmechanismus, Verlust der Bewegungsanschauungen, Ausfall der Muskelgefühle.

## D. Störungen im Gebiet der vasomotorischen Nerven [1]).

Die Wichtigkeit dieses Gebiets ergibt sich schon aus der Thatsache, dass es bei affektartigen psychischen Bewegungen jedesmal in Anspruch genommen wird.

Der Umstand, dass solche Affekte, namentlich Schrecken, allerdings auf Grund einer besonderen Disposition, sofort eine Psychose herbeiführen können, verleiht den das Mittelglied zwischen Ursache und Wirkung bildenden vasomotorischen Innervationsanomalieen eine hohe pathogenetische Bedeutung.

Aber auch die klinische Beobachtung spricht für die Annahme, dass zahlreiche Psychosen in Angioneurosen des Gehirns begründet sind.

In gewissen melancholischen Erkrankungszuständen mit kleinem contrahirtem Puls, kühlen, trockenen, spröden, kleienartig sich abschilfernden, runzeligen d. h. des Turgors entbehrenden Hautdecken, mit lividen, selbst cyanotischen Extremitäten, handelt es sich offenbar um neurospastische Innervationszustände der Arterien und damit gesetzte Ernährungsstörungen (Anämie) der Hirnrinde, in manchen Fällen (Mel. cum stupore) wohl auch um secundär durch den Gefässkrampf bedingte venöse Stasen bis zu Oedemen.

Umgekehrt finden sich bei vielen Maniakalischen (Mania gravis potatorum, tobsüchtige Aufregung der Paralytiker) Krankheitserscheinungen, die auf Zustände von Gefässlähmung und dadurch bedingter fluxionärer Hirnhyperämie hindeuten.

Diese klinische Deutung bekannter Thatsachen gewinnt an Werth durch die exakte Untersuchungsmethode, welche der Sphygmo-

[1]) Wolff, Allg. Zeitschr. f. Psych. 24; Schüle, Hdb. p. 611; Reich, vasomotor. Psychoneurosen, Virchow's Archiv 50.

graph in der Hand des Geübten gestattet. Dr. Wolff hat sich das
Verdienst erworben, die Pulsphasen im Irresein erforscht zu haben.
Seine bisherigen Resultate lassen sich darin zusammenfassen, dass:

1) In Erkrankungen des Centralnervensystems der gesetzmässige
Zusammenhang zwischen Steigerung der Eigenwärme und Pulsqualität
verloren geht.

2) Dass, statt des normalen Puls. trierotus celer sich beim Geisteskranken, aber auch beim bloss nervös Belasteten, häufig ein pathologischer
Pulsus tardus dicrotus findet, der sich vielleicht als funktionelles Degenerationszeichen auffassen lässt und beim unheilbar Geisteskranken stationär bleibt.

Unzweifelhaft von der höchsten Bedeutung für Pathogenese und
klinischen Verlauf sind vasomotorische Innervationsanomalieen in der
Dementia paralytica. Es handelt sich hier um eine sphygmographisch
nachweisbare progressive Gefässlähmung, die schon in frühen Stadien
sich in der Form des Puls. monocroto-tardus, als äussersten Grades
der Gefässlähmung kund geben kann. Solche Gefässlähmungen, oft
halbseitig, ganz analog den Claude Bernard'schen Durchschneidungen,
finden sich in den verschiedenen Stadien der Paralyse im Gebiet des
Halssympathicus und sind zweifellos wichtige ursächliche Momente für
die auf Blutdruckschwankungen beruhenden apoplectiformen Anfälle
dieser Kranken, sowie für ihre häufig unter dem Bild eines Gefäss-
sturmes ablaufenden tobsüchtigen Erregungen.

Auch der Amylnitritversuch setzt hier exquisite Gefässlähmung,
während er beispielsweise bei einem Melancholischen mit neurospasti-
schen Gefässerscheinungen kaum eine Reaktion hervorbringt.

Eine weitere wichtige elementare Störung im Irresein dürfte unter die
vasomotorischen Anomalieen zu rechnen sein, insofern solche den Symptomencomplex hervorzurufen scheinen und jedenfalls in demselben inte-
grirende Elemente bilden. Es ist dies die sog. Präcordialangst [1]), d. h.
ein ängstlicher Erwartungsaffekt, der mit peinlichen Gefühlen von Druck,
Beklemmung in der Herzgrube verbunden ist.

Die nächste Frage ist nach dem Zusammenhang beider Erscheinungen gerichtet. Es liesse sich denken, dass diese paralgischen Sensationen im Epigastrium der Ausdruck einer primären Erregung sensibler Nerven seien, deren Erregungszustand zum Sitz des Bewusstseins
fortgeleitet, dort Angst hervorruft, oder es liesse sich annehmen, dass
sie dem psychischen Vorgang gleichzeitige und coordinirte centrale
Erregungszustände von sensiblen Nerven seien, deren Erregung nach

---

[1]) Flemming, Allg. Zeitschr. f. Psych. 5, p. 341; Arndt, ebenda 30. p. 88;
Flemming, Psychosen p. 379; v. Krafft, Die Melancholie p. 22; Schüle, Hdb. p. 108.

dem Gesetz der excentrischen Erscheinung an dem peripheren Ende der Leitungsbahn localisirt wird.

Mit ziemlicher Sicherheit lässt sich annehmen, dass die afficirten Nervenbahnen dem Herznervengeflecht angehören. Schon der Umstand, dass die präcordiale Sensation eine vage, nicht deutlich lokalisirte ist, spricht für eine Neurose in visceralen Nervenbahnen. Dazu kommt die constante Lokalisation dieser die Angst begleitenden Sensationen in der Gegend des Herzens, die Erfahrung, dass die Präcordialangst immer mit Symptomen gestörter Herzinnervation (Herzklopfen, Unregelmässigkeit der Herzcontraktionen, Anomalieen des Pulses, durchfahrenden stechenden Schmerzen im Herz) einhergeht, dass Präcordialangst bei Vergiftung mit gewissen Giften, die vorzugsweise das Herz afficiren (Nicotin), ferner als Hauptsymptom bei einer unzweifelhaften Herzneurose, der Angina pectoris sich vorfindet.

Mit Wahrscheinlichkeit lässt sich annehmen, dass Präcordialangst der Ausdruck eines irgendwie entstandenen Gefässkrampfs der Herzarterien ist, sie somit eine vasomotorische Neurose des Herzens darstellt.

Deutet schon die Aetiologie der Angina pectoris auf temporäre Circulationsstörungen im Herzmuskel (bedingt durch Atherose der Kranzarterien), Blutleere derselben durch Insufficienz der Aortenklappen etc.), so haben in neuerer Zeit Landois und Nothnagel Fälle von nervöser Stenokardie beigebracht, in welchen dieselbe im Gefolge eines allgemeinen arteriellen Gefässkrampfs auftrat.

In der That sind die klinischen Erscheinungen der Stenokardie wie die des Anfalls von Präcordialangst (capillare Anämie der Haut, kalte Extremitäten, kleiner, unregelmässiger, meist frequenter Puls) dieser Annahme günstig.

Präcordialangst kann erfahrungsgemäss durch psychische Reize (schreckhafte Vorstellungen und Apperceptionen, Affekte), somit central, sowie auch durch Neuralgieen, somit periphere Vorgänge ausgelöst werden.

Das Verständniss der ersteren Entstehungsweise erleichtert die Thatsache, dass das Herznervensystem in bedeutender Abhängigkeit von gewissen psychischen Vorgängen (Herzklopfen bei Gemüthsbewegungen) steht und schon unter physiologischen Verhältnissen Affekte, je nach ihrer Qualität, mit Gefühlen präcordialer Beklommenheit oder Leichtigkeit einhergehen.

Die periphere Entstehungsweise lässt sich nur durch Irradiation eines sensiblen Reizes auf's Herznervensystem erklären.

Thatsächlich findet sie nur bei Erregungszuständen visceraler sensibler Nerven, nicht bei neuralgischen Affektionen spinaler Nerven-

bahnen statt [1]). Dieses Ausschliessungsverhältniss, sowie die regelmässige Mitaffektion des Herznervengeflechts, im Sinn einer Präcordialangst haben bekanntlich Romberg bestimmt, darin ein differentiell dia-
gnostisches Moment zwischen neuralgischen Affektionen spinaler und
sympathischer Nerven zu erkennen.

Zu Präcordialangst würde es somit dann kommen, wenn durch
einen psychischen Reiz oder durch Uebertragung eines Reizzustands
in visceralen Nervenbahnen die vasomotorischen Nerven des Herzmuskels
in einen Zustand erhöhter Erregung versetzt werden und dadurch ein
Gefässkrampf hervorgerufen wird.

Die in Folge desselben gestörte Funktion der automatischen
Ganglien des Herzmuskels wird von den sensiblen Fasern des Herzens
dem Organ des Bewusstseins übermittelt und erzeugt dort das Gefühl
der Angst, die dann an den Entstehungsort excentrisch projicirt wird.
Auch der durchfahrende Schmerz, mit dem die Präcordialangst häufig
eintritt, dürfte auf die Erregung sensibler Vagus- und Sympathicus-
fasern des Herznervengeflechts zu beziehen sein, während das begleitende Herzklopfen sich leicht aus der beeinträchtigten Zufuhr arteriellen Blutes zum Herzmuskel und der dadurch gesetzten Innervations-
störung erklärt.

Das häufig die Präcordialangst begleitende globusartige Gefühl
von Zusammenschnürung im Halse und eine eigenthümliche Unsicherheit der Stimme bis zum Versagen derselben, die meist gestörte, oberflächliche, frequente Respiration dürften als irradiirte Erscheinungen
in der Bahn des Vagus (Glossopharyngeusgeflecht, N. laryngeus supe-
rior etc.) aufzufassen sein, die im Anfall unterdrückte, nach demselben
oft sehr reichliche Schweiss- und Urinsekretion dürfte sich aus der
Störung der Circulation erklären lassen.

Die auffallende Thatsache, dass Präcordialangst nur ausnahmsweise sich zu peinlichen Vorstellungen des gesunden Menschen hinzu-
gesellt, erklärt sich leicht, wenn man bedenkt, dass, wie bei den meisten
Neurosen, ein prädisponirendes Moment, eine gesteigerte Erregbarkeit,
zur Auslösung der abnormen Funktionen erforderlich ist.

Eine solche findet sich aber immer da, wo psychische Reize
Präcordialangst von einiger Dauer und Intensität hervorrufen, so

---

[1]) Intensive Intercostalneuralgieen veranlassen durch Behinderung der Thorax-
excursionen gleichwie Herzfehler, Lungenemphysem u. a. mechanische Hindernisse
für die Ausdehnung der Lungen allerdings Beklemmungen in der Athmung, nicht
aber Präcordialangst. Wohl aber kann bei gleichzeitig bestehender Intercostal-
neuralgie die Präcordialangst an dem Ort der Neuralgie, als dem Gegenstand der
Aufmerksamkeit, empfunden und localisirt werden.

bei Hysterie, Epilepsie, Melancholie, Hypochondrie, Alcoholismus chronicus, Hydrophobie.

Die Präcordialangst erscheint übrigens hier nur als die pathologische Steigerung eines schon unter physiologischen Bedingungen vorkommenden, affektartige psychische Bewegungen begleitenden Vorgangs in zum psychischen Leben in inniger Beziehung stehenden Nervenbahnen.

Die psychische Bedeutung dieser elementaren Störung ist eine sehr grosse. Auf affektivem Gebiet setzt sie durch die intensive organische Betonung des sie hervorrufenden Affekts ein Anschwellen desselben zu unerträglicher Höhe, im Gebiet des Vorstellens wirkt sie geradezu lähmend, hemmend, verwirrend bis zur Aufhebung der Apperception und des Selbstbewusstseins oder ruft schreckliche Delirien und Hallucinationen hervor.

Motorisch drängt sie gebieterisch zu einer Lösung des durch sie herbeigeführten psychischen Spannungszustands und, je nach Plötzlichkeit, Intensität ihres Auftretens und der Höhe der Bewusstseinsstörung entäussert sie sich in triebartigem zwecklosem Umhertreiben und Thun oder in impulsiven kaum mehr bewussten Akten, die nur noch ein dunkles Bedürfniss einer Aenderung der psychischen Situation um jeden Preis motivirt, oder endlich in blindem Wüthen und Toben, wahren psychischen Convulsionen, vergleichbar jenen bewusstlosen, gewaltigen motorischen Entladungen, die ein epileptischer Anfall darstellt.

Forensisch wichtig ist die Gefährlichkeit in diesen Zuständen für den Kranken und seine Umgebung. Schreckliche Selbstverstümmelungen, Selbstmord, Mord, wuthartige Zerstörung alles dessen, was dem Kranken in die Hände fällt, sind hier häufige Vorkommnisse und aus der schrecklichen Angst, der schweren Bewusstseinsstörung und der Analgesie des Kranken begreiflich.

Bemerkenswerth ist der lösende kritische Einfluss solcher Akte auf den Anfall.

Die Präcordialangst findet sich als intercurrente Erscheinung bei den oben erwähnten Neurosen und Psychosen oder als Minuten bis Stunden dauernder freistehender Anfall. (Raptus melancholicus.)

## E. Störungen im Gebiet der trophischen Funktionen [1]).

Das Gebiet der trophischen Funktionen ist von der Physiologie nur in geringem Umfang erforscht.

---

[1]) Claude Bernard, Vorles. üb. thier. Wärme, übers. v. Schuster 1876; Eulenburg, Lehrb. d. Nervenkrankh. II. Aufl.; Charcot, Klin. Vorlesungen, übers. v. Fetzer 1874.

Die Centra derselben können nur Ganglienzellen sein. Als solche sind mit Bestimmtheit anzusprechen die Zellen der Vorderhörner des Rückenmarks, sowie die grauen Kerne des Bulbus medullae oblong.

Ob im Gehirn sich trophische Centren befinden, ist noch eine offene Frage; die Bahnen für die trophischen Funktionen sind die sensiblen und motorischen Nervenstränge.

Ob eigene trophische Nerven existiren, ist noch unentschieden.

Ein Zusammenhang trophischer Störungen mit Erkrankungen der nervösen Centralorgane kann nicht von der Hand gewiesen werden.

Dafür sprechen zunächst eine Reihe von angeborenen defektiven Bildungen des Körpers bei Individuen mit abnormer meist hereditär bedingter Hirnorganisation und Hirnentwicklung, die sich durch eine Reihe funktioneller Anomalieen zudem zu erkennen gibt.

Als derartige anatomische[1]) Degenerationszeichen sind anzusprechen gewisse Anomalieen der Schädelbildung, Disproportion zwischen Gesichts- und Hirnschädel, ungleiche Entwicklung der Gesichtshälften, fehlerhafte Stellung, abnorme Grösse oder Kleinheit der Ohren, unmittelbares Uebergehen der Ohrläppchen in die Wangenhaut in Form einer leistenartigen Falte, rudimentäre Ausbildung der Ohren, unvollkommene Differenzirung der Zähne, Ausbleiben der zweiten Dentition, abnorm grosser oder kleiner Mund, Hasenscharte, Wolfsrachen, wulstige Hypertrophie der Unterlippe, vorstehendes Os incisivum, zu steiler schmaler oder zu facher breiter oder einseitig abgeflachter Gaumen, limböse Gaumennaht; Schiefstand der Nase, der Augenschlitze, Retinitis pigmentosa, angeborene Blindheit, Coloboma iridis, Albinismus, Zwergwuchs, Hypertrophie des subcutanen Fettgewebes, Klumpfuss, Klumphand, ungleiche Hände, abnorm kleiner Penis, Phimosis bei übrigens nicht hypertrophischer Vorhaut, Epi-Hypospadie, Anorchidie, Micro-Monorchidie, Hermaphroditismus, Uterus bicornis, fehlender Uterus, mangelnde Vagina, fehlende Mammae; abnorme Behaarung am Körper, Bartwuchs bei Weibern, verwachsene Augenbrauen etc. Am deutlichsten ist der Zusammenhang zwischen Entwicklungsstörung des Gehirns und diesen anatomischen Degenerationszeichen beim Cretinismus.

Was speciell die Schädelanomalieen betrifft, so ist festzuhalten, dass Gehirn und Schädel ihr selbstständiges Wachsthum haben, aber doch in gegenseitiger Beziehung stehen.

So kann ein microcephaler Schädel durch eine vorzeitige Synostose der Schädelnähte, aber auch durch eine Entwicklungshemmung des Gehirns bedingt sein.

---

[1]) Legrand du Saulle, Annal. méd. psych. 1876. Mai.

Die vorzeitigen Schädelsynostosen führen meist nur zu partiellen Raumbeschränkungen.

Am prägnantesten ist hier die dem Cretinismus zu Grunde liegende vorzeitige Tribasilarsynostose. Von diesen, meist schon im Zeugungskeim veranlagten und vielfach hereditären Anomalieen der Entwicklung sind die auf dem Boden der Rachitis stehenden erworbenen zu unterscheiden.

Dass auch erworbene Affektionen des Gehirns secundäre trophische Störungen herbeiführen können, hat Charcot neuerdings erwiesen.

Darauf deutet der Decubitus acutus perniciosus, welcher im Gefolge gewisser Heerderkrankungen des Gehirns (Apoplexie) auf der der hemiplegischen Seite gleichnamigen Hinterbacke und zwar unabhängig von etwaiger Anästhesie, vasomotorischer Lähmung und mangelnder Reinlichkeit beobachtet wird, ferner die Entzündung der Synovialmembran der Gelenke auf der Seite der Lähmung bei encephalomalaeischen und apopleetischen Heerden.

Auf trophische Einflüsse weisen weiter die bei Geisteskranken unabhängig von Ernährung und Lebensweise zu beobachtenden auffälligen Schwankungen des Körpergewiehts hin, so z. B. die auffallende Zunahme der Fettbildung beim Uebergang aus einem primären Zustand von Irresein in einen secundären; ferner die zuweilen, ohne alle Veranlassung, hier sich einstellenden tiefen progressiven, mit Fettdegeneration der blutbildenden Organe einhergehenden und zum Tod führenden Störungen der Blutbildung — die sogenannten perniciösen Anämieen [1]. Auch die abnorme Knochenbrüchigkeit [2] bei gewissen Kranken, nicht selten einhergehend mit vermehrter Ausscheidung von phosphorsaurem und kohlensaurem Kalk, ist hier zu erwähnen. Die Knochen (namentlich Rippen) zeigen dann einen Schwund der Kalksalze, osteomalacische Weichheit. Rindfleisch (Handb. d. patholog. Gewebelehre p. 529) weist auf die Möglichkeit hin, dass eine Stauungshyperämie in den Markgefässen der Knochen die Ursache der Resorption der Kalksalze sei, welche Hyperämie wieder in anomalen Innervationen der Gefässnerven begründet sein könne.

Bemerkenswerth sind ferner bei Melancholischen und Blödsinnigen gewisse Ernährungsstörungen der epidermoidalen Gebilde (Zoster, rissige rauhe Epidermis und Nägel), die sich auch bei Hysteropathischen finden

---

[1] Schüle, Allg. Zeitschr. f. Psych. 32.
[2] Gudden, Archiv f. Psych. II. 683; Laudahn ebenda III. 371; Meyer, Virch. Archiv 72. 3; More, the Lancet 1870, 13. Sept.; Williams, ebenda 10. Sept.; Davey, ebenda p. 201; Lindsay, Edinb. med. Journ. 1870, Nov.; Rogers Journ. of mental science 1874, April; Ormerod, ebenda 1871, Januar.

können. Sie erinnern an analoge Vorgänge bei Lepra mutilans, deren Ursache Virchow in einer Perineuritis gefunden hat.

In neuester Zeit wurden auch interessante Fälle von abnormer Pigmentbildung bei Geisteskranken (Nigrities — Annal. méd. psych. Mai 1877) veröffentlicht.

Bemerkenswerth erscheint endlich die wohl unter dem Einfluss der Gefässlähmung und Neubildung von Gefässen sich findende Leichtigkeit der Heilung von Verletzungen in frühen Stadien der Dement. paralytica, während in den Endstadien der Krankheit (Degeneration der Vorderhörner der M. spin.?) Verletzungen nicht mehr heilen und leicht Decubitus entsteht.

## F.  Störungen der sekretorischen Funktionen.

Sie sind häufig bei Irren, aber noch wenig erforscht. Bei der Mehrzahl derselben lässt sich an ihre Entstehung durch Circulationsstörungen in Folge vasomotorischer Innervationsanomalieen denken, bei einzelnen an abnorme Vorgänge in gewissen, sekretorische Processe regelnden Centren des Nervensystems.

Störungen der Sekretionen finden sich regelmässig in den acuten Zuständen von Irresein, in den chronischen können sie fehlen. In dem melancholischen Irresein sind die Sekretionen im Allgemeinen vermindert, im maniakalischen pflegen sie gesteigert zu sein.

### Thränensekretion [1]).

Eine Thatsache, die schon älteren Beobachtern auffiel, ist das häufige Fehlen der Thränensekretion bei Melancholischen. „Meine Augen sind so trocken wie mein Herz!" Erst mit der beginnenden Reconvalescenz pflegt sich mit dem Weinen wieder Thränensekretion einzustellen.

### Urinsekretion.  Qualitative und quantitative.

Veränderungen derselben sind bekanntlich bei Hirnerkrankungen nicht selten. Sie können (Mendel) Ausdruck anomalen Stoffwechsels im Hirn oder des durch die Hirnerkrankung geänderten Stoffwechsels in anderen Organen (Piqûre) oder Folge der Einwirkung des erkrankten Gehirns auf die vasomotorischen Nerven der Niere sein (Verletzungen der Hirnschenkel und davon abhängige Nierenapoplexieen und Albuminurie).

Die Untersuchungen des Urins bei Irren sind begreiflicherweise

---

[1]) Morel, traité des malad. ment. p. 443.

von grosser Bedeutung bezüglich der Erforschung ihres Stoffwechsels, jedoch sind quantitative Bestimmungen schwierig durchzuführen wegen der erschwerten Sammlung des Harns.

Rabow (Archiv f. Psych. VII. 1) findet, theilweise in Uebereinstimmung mit Lombroso, die Diurese vermindert bei Melancholie. Sie kann trotz reichlicher Flüssigkeitsaufnahme auf wenige 100 ccm sinken. Ueber die Harnmengen in psychischen Aufregungszuständen fehlt es an sicheren Angaben.

Das specifische Gewicht will Lombroso bei Melancholischen vermindert (Rabow umgekehrt vermehrt), bei Manie normal, bei Dementia gesteigert gefunden haben.

Bezüglich der qualitativen Verhältnisse des Harns fand Rabow bedeutende Verminderung der Chloride und des Harnstoffs bei Melancholischen. Paralytische Irre secerniren in den Anfangsstadien der Krankheit gewöhnlich eine grössere Harnmenge und entsprechend der gesteigerten Nahrungsaufnahme mehr Harnstoff und Chloride als gesunde Individuen. Mit zunehmender Dementia sinken Harnmenge, absolute Menge des Harnstoffs und der Chloride, während das specifische Gewicht erhöht ist und selten eine Trübung durch harnsaure Salze vermisst wird.

Bei den äussersten Graden von secundärem Blödsinn fand Rabow, dass Harnstoff und Chloride nicht entsprechend der reichlich aufgenommenen Nahrungsmenge ausgeschieden wurden, somit eine gewisse Verlangsamung des Stoffwechsels stattfand.

Bezüglich der Phosphorsäure hat Mendel Untersuchungen angestellt. Er findet in der Regel bei chronisch Hirnkranken die Menge der Phosphorsäure sowohl absolut als relativ zur Summe der übrigen festen Bestandtheile geringer als bei Gesunden, die quantitativ und qualitativ dieselbe Kost genossen.

In derjenigen Periode der Paralyse, in welcher trotz gutem Appetit und fehlendem Fieber eine rapide Abnahme des Körpergewichts bemerklich ist, fand sich ein ungemein schwerer Urin (bis 1030) und zeigten sich Phosphor- und Schwefelsäure gegenüber den anderen festen Bestandtheilen erheblich vermehrt.

Bei tobsüchtiger Aufregung fand sich sowohl absolut als relativ zu den übrigen festen Bestandtheilen des Urins eine erhebliche Abnahme der Phosphorsäure (bis auf 1 % und darunter). Nach apoplectischen, epileptischen und epileptiformen Anfällen nimmt die Phosphorsäure absolut und relativ zu.

Die Angaben Huppert's, wornach nach epileptischen Anfällen Albumin im Harn auftrete, finden ihre Bestätigung durch Rabow u. A.

Auch bei Paralytikern wurde von Rabenau Albumin in zahl-

reichen Fällen nachgewiesen und die von Huppert gefundene Thatsache, dass Albumin, sogar in Verbindung mit hyalinen Cylindern und
rothen Blutkörperchen, sich nach cerebralen Insulten (apoplectiforme
und epileptiforme) finde, bestätigt.

Dasselbe hat Huppert auch bei Mania acutissima, bei epileptischen Insulten aus Lues cerebralis, sowie bei Dem. senilis mit paralytischen Anfällen, sowie bei frischer, einfacher Apoplexie beobachtet.

Albuminurie hat Westphal ferner beim Delir. tremens, endlich
Fürstner (Archiv f. Psych. VI. 3) als transitorische Erscheinung und
meist in Verbindung mit Fibrincylindern und vereinzelten Blutkörperchen auch beim Alcoholismus chronicus, ohne dass eine Nephritis bei
der Necropsie zu finden gewesen wäre, constatirt.

Fürstner's Ansicht, dass diese transitorische Albuminurie auf eine
Affektion des Eiweisscentrums (Cl. Bernard), bedingt durch Circulationsstörung in diesem, zurückzuführen sei, bedarf noch weiterer Bestätigung.

### Anomalieen der Speichelsekretion [1]).

Bei melancholischen Zuständen erscheint die Speichelsekretion meist
vermindert, bei maniakalischen häufig vermehrt. Die Steigerung der
Speichelsekretion (Ptyalismus) ist nicht zu verwechseln mit dem einfachen Ausfliessen des quantitativ nicht abnormen Speichels bei Schling-
lähmung oder Offenhalten des Mundes, wie dies bei Blödsinnigen und
Stuporzuständen oft vorkommt. Die Speichelsekretion findet bekanntlich unter dem Einfluss des Quintus (N. auriculo-temporalis f. Parotis,
N. lingualis f. gl. sublingualis und submaxillaris), des Facialis (Nn.
parotidei und Chorda tympani) und des Sympathicus (Plex. maxillaris
ext., Ganglion cervicale) statt.

Der eigentliche sekretorische Nerv ist die Chorda tympani. Nach
Durchschneidung oder Lähmung derselben mittelst Atropin stockt die
Speichelsekretion vollständig, obwohl der Blutzufluss zur Speicheldrüse
fortdauert. Der Einfluss des Sympathicus ist ein vasomotorischer, der
N. lingualis wirkt reflectorisch auf den Facialis vermittelst des Ganglion
maxillare.

Durch Eckhardt ist erwiesen, dass Reizung des Quintus und Facialis einen wässrigen, an organischen Bestandtheilen armen Speichel
producirt, die des Sympathicus einen an festen Stoffen ziemlich reichen,
zähen, fadenziehenden Speichel hervorbringt.

Diese Erfahrungen bestätigen sich auch am Krankenbett, insofern Reizzustände im Gebiet des Trigeminus zuweilen einen dünnen wässrigen Speichelfluss, Erregung des Sympathicus durch Schwangerschaft, Sexualerkrankung, Magen-, Darmaffektion u. s. w., eine gesteigerte Sekretion eines zähen Speichels setzen.

Stark hat Fälle von Geisteskranken mitgetheilt, die insofern dem physiologischen Experiment entsprechen, als ein dünner wässeriger Speichelfluss die Exacerbationen einer Trigeminusneuralgie, ein zäher sexuelle Reizzustände begleitete, so dass die Qualität des Speichelflusses nach Umständen einen Hinweis auf die idiopathische oder sympathische Bedeutung des Krankheitsbildes gestattet.

Versuche von Owsjannikow, Lepine, Bacchi und Bochefontaine, wornach Rindenreizung gewisser Parthieen des Grosshirns die Speichelsekretion steigert, bedürfen noch der Bestätigung. Sie würden die Häufigkeit des Speichelflusses bei gewissen Affektionen des Vorderhirns (Psychosen) sehr erklärlich machen.

## Magensaft, Galle, Sperma.

Es liegt nahe für die Erklärung der Appetitlosigkeit und der Dyspepsie, wie sie regelmässig bei melancholischen und hypochondrischen Zuständen sich findet, eine verminderte oder chemisch veränderte Produktion der Verdauungssekrete heranzuziehen.

Die daraus entstehende Sitophobie führt dann zu Mundcatarrh und secundären Verdauungsanomalieen.

Die bei derartigen Irren besonders lästige Verstopfung lässt sich, abgesehen von einer wahrscheinlich direkt gestörten Peristaltik, aus dem verlangsamten Verdauungsprocess und mangelhafter Absonderung der Galle herleiten.

Damit ist der Entstehung von chronischen Catarrhen des Verdauungskanals Vorschub geleistet.

Aus einer darniederliegenden Bereitung von Sperma erklärt sich wahrscheinlich die mangelnde Libido sexualis bei melancholischen Männern.

## Menstruation [1]).

Häufig finden sich Störungen dieser Funktion bei Irren. Sie sind der Ausdruck constitutioneller (Anämie) oder lokaler Ernährungsstörungen (Sexualerkrankungen) oder vasomotorischer Innervationsstörungen, die wieder mit dem ursächlichen Moment der Psychose oder

---

[1]) S. Cap. 7. Die Ursachen des Irreseins (Anomalieen der Menstruation): Morel op. cit. p. 452.

dem dieser zu Grunde liegenden krankhaften Vorgang im Gehirn in
genetischer Beziehung stehen können.

Während in den secundären Stadien des Irreseins, sofern nicht
örtliche oder Allgemeinerkrankungen im Spiel sind, Menstruations-
störungen regelmässig fehlen, finden sich solche überaus häufig in den
primären Znständen von Irresein. In der Regel besteht in solchen
Fällen Amenorrhöe, temporär oder dauernd, und im letzten Fall pflegt
die Wiederkehr der Menses erst mit dem Wiedereintritt der körperlichen Gesundheit zusammenzufallen. Zuweilen überdauert die Amenorrhöe
lange Zeit die psychische Reconvalescenz. Auch in den seltenen Fällen,
wo eine plötzliche Suppressio mensium mit dem Ausbruch einer
Psychose zusammenfällt, hat die Wiederkehr der Menses nicht immer
eine kritische Bedeutung, da beide Erscheinungen wohl Coeffekte
derselben Ursache, nicht die unterdrückten Menses Ursache der Psychose sind.

### Anhang.

## G.  Störungen im Bereich der vitalen Funktionen.

#### Eigenwärme [1].

Im Grossen und Ganzen sind die Psychosen fieberlose Gehirnkrankheiten, jedoch finden sich bei ihnen nicht selten erhebliche Abweichungen vom Gang der Eigenwärme beim Gesunden und zwar
sowohl gesteigerte als unter die Norm gesunkene Temperaturen.

Neuere Forschungen (Eulenburg und Landois, Virchow Archiv 68,
Burckhardt Archiv f. Psych. VIII p. 333) erweisen den Einfluss von
oberflächlichen Zerstörungen gewisser Hirnrindengebiete (vordere Centralwindung und Stirnende des Gyr. fornicat.) auf den Stand der Eigenwärme und bahnen ein Verständniss an, wie bei Affektionen des corti-
calen Grosshirngebiets (Psychosen) Aenderungen der Eigenwärme möglich sind.  Im Allgemeinen setzten oberflächliche Corticalisverletzungen
sowie starke faradische Reizung der erwähnten Stellen der Corticalis
Temperatursteigerung der entgegengesetzten Körperhälfte (Eulenburg,
Hitzig), schwache faradische Reizung derselben Stellen, Temperatur-
verminderung.

Ripping (Allg. Zeitschr. f. Psych. 34. 6) beobachtete eine Steige-
rung der Temperatur in der entgegengesetzten Körperhälfte bei einem
Markschwamm im hinteren Theil des gyr. fornicatus, ferner halbseitige
Temperaturdifferenzen bis 0,9° bei einfacher Manie, Melancholie, Mel.

---

[1] Wachsmuth, Allg. Zeitschr. f. Psych. 14, p. 532; Albers ebenda 18; v. Krafft.
Göntz, Löwenhardt ebenda 25, p. 685; Clouston, Journ. of mental science 1868.

c. stupore und Dem. paral. gleichzeitig mit noch anderen neurotischen Symptomen (Ptyalismus, Pupillendifferenzen, halbseitiges Schwitzen, Facialislähmung).

Gesteigerte Temperaturen können nach Ausschluss einer complicirenden Erkrankung vegetativer Organe, Ausdruck von Reizvorgängen in gewissen Abschnitten der Hirnrinde sein. Sie werden bei congestiven, paralytischen und epileptischen Insulten, im Delir. acutum und tremens, im Stat. epilept. und in der Agonie bei psychisch Kranken beobachtet. Bei constitutionell neuropathischen, hochgradig geschwächten Kranken kann eine Stuhl- oder Harnverhaltung, also ein peripherer Reiz, ephemere Temperaturen bis 40 ⁰ hervorrufen, ohne dass eine Störung des Allgemeinbefindens zugegen zu sein braucht, so dass nur das Thermometer sie verräth. Häufiger beobachtet man subnormale Temperaturen im Irresein. Meist sind sie auf gesteigerten Wärmeverlust (nackte, tobende Kranke, Paralytiker mit allgemeiner Gefässlähmung) beziehbar. Bei manchen Kranken (Mel. c. stupore und passiva), wo jeder excessive Wärmeverlust durch Bettruhe und gute Einhüllung vermieden wird, finden sich dennoch subnormale Temperaturen bis zu 36 ⁰, die auf eine verminderte Wärmeproduktion durch darniederliegenden Stoffwechsel, Inanition, unvollkommene Respiration bezogen werden müssen.

Auch bei Tobsüchtigen überwiegt ein gesteigerter Wärmeverlust meist das Moment einer gesteigerten Wärmeproduktion durch angestrengte Muskelarbeit.

Wahre Collapstemperaturen bis zu 23 ⁰ haben Löwenhardt (Allg. Zeitschr. f. Psych. 25) und Zenker (ebenda 33) bei zur Erschöpfung führender Tobsucht längere Zeit vor dem Tod nachgewiesen [1]).

Die Kranken erfreuten sich dabei einer gewissen Euphorie und eines trefflichen Appetits. Analoge Erfahrungen habe ich bei bettlägerigen gut eingehüllten Paralytikern einige Tage vor dem tödtlichen Ende gemacht. Es wurden Temperaturen bis zu 24 ⁰ im Anus gemessen.

## Puls.

Der qualitativen Anomalieen des Pulses wurde bei den vasomotorischen Störungen Erwähnung gethan. Die Frequenz des Pulses ist eine sehr wechselnde. Enorme Frequenz findet sich nicht selten in Aufregungszuständen, namentlich ängstlichen, und beziehbar auf die psychische Erregung.

Auffallend gering ist oft die Beschleunigung der Herzaktion bei

---

[1]) S. f. Ulrich, Allg. Zeitschr. f. Psych. 26, p. 761 3 Fälle (2 bei Mania gravis potator., 1 bei passiver Melancholie).

Tobsüchtigen, trotz enormer Unruhe und Jactation der Kranken.  Es
kommt hier sogar abnorme Pulsverlangsamung auf 40 Schläge und
weniger vor, vielleicht erklärbar durch abnorme Erregungsvorgänge in
der Bahn des Vagus, zuweilen auch als Ausdruck von schweren Inanitionszuständen.

### Verdauung und Assimilation[1])

sind häufig in den acuten und primären Zuständen des Irreseins gestört.  Störungen derselben sind nicht selten Ursache der Krankheit,
häufiger Complicationen (s. o.), zuweilen Folgeerscheinungen, bedingt
durch Abstinenz.

### Respiration.

Störungen der Respiration finden sich vorzugsweise bei Melancholischen.

Sie können durch Präcordialangst, Neuralgieen bedingt sein.  Die
Respiration ist dann oberflächlich, ungenügend.  Häufig entwickelt sich
im Gefolge nicht ausreichender Respiration Lungentuberculose.

Eigenthümliche intermittirende, remittirende und arhythmische
Respirationsweise nach Art des Cheyne-Stokes Phänomens hat Zenker
(Allg. Zeitsch. f. Psych. 30. H. 4) bei Paralytikern im Zusammenhang mit
cerebralen Insulten beobachtet.

### Gesammternährung.  Körpergewicht.

Von grösster Bedeutung sind bei Irren die Verhältnisse des
Stoffwechsels und der Gesammternährung, deren annähernden
Massstab uns Körperwägungen abgeben.

Sie berechtigen zur Annahme, dass mit der psychischen Störung
tiefe Störungen des gesammten Stoffwechsels Hand in Hand gehen und
dass die Mehrzahl der Psychosen nichts Anderes als der Ausdruck von
schweren Ernährungsstörungen ist, an denen das Gehirn theilnimmt
und wobei eine prädisponirende Schwäche dieses Organs, als Locus
minoris resistentiae, die psychischen Funktionsstörungen in den Vordergrund des ganzen Krankheitsbilds stellt.

Aus bezüglichen Untersuchungen von Albers[2]), Nasse, Lombroso,
Stiff u. A. ergibt sich, dass bei Melancholischen und Maniakalischen
eine fortschreitende Körpergewichtsabnahme den psychischen Krankheitsprocess auf seiner Höhe begleitet, dass Remissionen mit einer Ge-

---

[1]) Morel, op. cit. p. 441; Dagonet, traité p. 72.
[2]) Albers, Deutsche Klinik 1854, 32; Erlenmeyer, psych. Corresp.-Blatt 1854, 2;
Nasse, Allg. Zeitschr. f. Psych. 16, p. 541; Lombroso, Ann. med. psych. 1867, März;
Schulz, Deutsche Klinik 1855, 9; Stiff, Dissertat. Bonn 1872.

wichtszunahme, Exacerbationen mit einer Gewichtsabnahme im Grossen und Ganzen zusammenfallen und dass beim Eintritt der Reconvalescenz eine meist rapide Zunahme des Körpergewichts mit der psychischen Wiederherstellung einhergeht. In einzelnen Fällen betrug die Gewichtszunahme täglich ein halbes Pfund und mehr. Die absolute Zunahme berechnete Nasse im Mittel bei weiblichen Irren zu 21,6%, bei männlichen zu 15,8%.

Gehen primäre Psychosen in secundäre psychische Schwächezustände über, so gleichen sich die Gewichtsdifferenzen aus und wird das Körpergewicht ein ziemlich stationäres.

Die Zunahme des Gewichts bei solchen üblen Ausgängen der Psychose ist indessen keine constante. Wo sie aber eintrat, war sie eine stetigere und langsamere als bei in Genesung übergehenden Fällen. Auch beim periodischen Irresein bricht der Paroxysmus gleichzeitig mit dem Sinken des Körpergewichts aus und dauert so lange fort, als dieses sinkt.

Die Besserung fällt zusammen mit dem Wiederansteigen des Gewichts.

Bei dem circulären Irresein dagegen fanden Meyer und Stiff eigenartige Schwankungen des Gewichts, aus denen sich Meyer berechtigt glaubt auf besondere trophische Einflüsse schliessen zu dürfen.

Während beim Uebergang der prodromalen Melancholie in Manie, sowie auch beim Ausbruch einer nicht von melancholischen Prodromen eingeleiteten z. B. periodischen Manie das Gewicht rapid sinkt, wurde bei dem Uebergang der depressiven Phase des circulären Irreseins in das Exaltationsstadium umgekehrt ein Steigen des Körpergewichts constatirt, ein Sinken beim Uebergang in das Depressionsstadium. Das lucide Intervall entsprach dann dem mittleren Stand der Körperernährung.

Bezüglich der einzelnen Formen fand Lombroso das geringste Gewicht im Verhältniss zur Körperlänge (64,580 Grm. als Norm bei 1,59 m.) beim chronischen Blödsinn, dann bei der Melancholie, „Monomanie", der Paralyse, Manie, dem epileptischen Irresein, dem Cretinismus.

Erlenmeyer will gefunden haben, dass in der ersten Periode der Paralyse das Gewicht zu-, in der zweiten abnehme.

Die eminente Bedeutung der Gewichtszunahme (bis 29 Kilo) in der Genesung vom puerperalen Irresein hat neuerdings Ripping gebührend hervorgehoben.

## Schlaf.

Störungen des Schlafs sind häufig bei Irren, fast regelmässig in den primären Stadien des Irreseins. Bei Melancholischen und Mania-

kalischen kann der Schlaf wochenlang fehlen. Bei ersteren ist der
Schlaf häufig insofern gestört, als er kein erquickender ist und der
Kranke dann denselben negirt oder dem durch Narcotica etwa er-
zwungenen gleichstellt.

In den secundären Stadien des Irreseins ist der Schlaf gewöhnlich normal, soweit er nicht durch intercurrente Aufregungszustände,
namentlich Hallucinationen gestört ist.

Bei Blödsinnigen, ferner in der Hirnerschöpfung nach Manie ist
der Schlaf oft ungewöhnlich lang und tief.

---

Capitel 7.

# Die Ursachen des Irreseins [1]).

Die Ermittlung der Ursachen der Krankheiten ist eine hohe Aufgabe wissenschaftlicher Forschung. Durch ihr Studium geht der Weg
zur Pathogenese und Prophylaxe.

Ein so schweres individuelles und sociales Uebel wie das Irresein
hat früh schon zu Untersuchungen über seine Entstehungsbedingungen
herausgefordert. Wie die folgende Darlegung des gegenwärtigen Stands
unsres Wissens hierüber lehren wird, sind die bezüglichen Forschungen
nicht erfolglos gewesen, ja die Aetiologie des Irreseins ist wohl besser
gekannt als die der meisten anderen Krankheiten, trotzdem dass gerade
hier die Schwierigkeiten besonders gross sind.

Sie sind zunächst darin begründet, dass in der Regel eine Mehrheit von ursächlichen Faktoren zusammenwirkt, um das Irresein als
Resultante hervorzubringen. Die Ermittlung jener Faktoren, ganz besonders aber die Schätzung ihres Einzelwerthes setzt bei der Unklarheit der Pathogenese grosse Erfahrung voraus, die, im Versuch die
Kette der Ursachen zu knüpfen, zuweilen einer instinctiven Induction
sich nähert.

Bei einer Reihe von mehr allgemein wirkenden ursächlichen Momenten ist die Hilfe der Statistik nicht zu umgehen. Sie ist ein
werthvoller Behelf ätiologischer Forschung, aber nur bei richtiger,

---

[1]) Hagen, Aerztl. Bericht aus Irrsee, Allg. Zeitschr. f. Psych. 10; Geerds.
ebenda 18; Flemming, Psychosen p. 100; Hagen, Statist. Untersuchungen; Griesinger, op. cit. p. 131; Balfour, Edinb. med. Journ. 1870, Nov.; Schüle, Hdb. p. 209;
Emminghaus, Allg. Psychopathol. p. 301; Koch, Zur Statistik der Geisteskrankheiten.
Stuttgart 1878.

präciser Stellung der Fragen, bei sorgsamer vorurtheilsfreier Ausbeutung des statistischen Rohmaterials. Die Statistik gibt zudem nie die Ursache einer Erscheinung, sondern nur die Anregung nach der Ursache zu forschen (Hagen). Die gewonnenen Ziffern müssen richtig interpretirt werden.

Aus der statistischen Thatsache der grösseren Zahl weiblicher Pfleglinge in der Irrenanstalt z. B. ergibt sich nicht der Schluss einer grössern Morbilität des weiblichen Geschlechts gegenüber dem männlichen. Die Hauptursache liegt vielmehr in der geringeren Mortalität der weiblichen Irren.

Nur zu häufig geschieht es, dass Laien und unerfahrene Aerzte das letzte, allerdings ausschlaggebende Glied in der Kette der Ursachen für das einzige halten und damit die Bedeutung aller vorausgehenden entfernteren, nicht klar zu Tage liegenden Momente, ignoriren. Ein Geschäftsverlust, Schrecken, unglückliche Liebe u. dgl. sollen die Erkrankung verschuldet haben, während eine wirklich wissenschaftliche Untersuchung Erblichkeit, schwächende Krankheiten u. a. m. ermittelt, auf Grund derer erst die letzte angeschuldigte Ursache wirksam wurde und die Katastrophe herbeiführte.

Nur zu häufig geschieht es ferner, dass geradezu Folgen resp. Symptome einer von der Umgebung nicht erkannten Geistesstörung für die Ursache dieser genommen werden.

Ein an beginnender Paralyse leidender Geschäftsmann macht unglückliche Speculationen. Die Ursache der bald auch dem Laien erkennbaren Krankheit wird in Kummer über den geschäftlichen Misserfolg gefunden, während der wissenschaftlichen Erforschung des Falls der Nachweis gelingt, dass N. N. schlecht speculirte, weil sein Gehirn schon krank war.

Ein Maniacus soll durch Excesse in Alkohol et Venere tobsüchtig geworden sein — die genaue Untersuchung lehrt, dass der sonst solide Mann diesen Excessen sich erst ergab, als er schon an maniakalischer Exaltation litt.

Ein Bauernweib kehrt von einer Missionspredigt heim und wird tobsüchtig. Die Mission hat sie angeblich krank gemacht. In Wirklichkeit ging sie schon geisteskrank (melancholisch) dorthin, um Verzeihung für ihre vermeintlichen Sünden zu finden.

Solche Verkennungen von Symptomen oder Folgewirkungen der Krankheit als Ursache derselben sind dem Irrenarzt alltägliche Vorkommnisse und warnen ihn davor, die Angaben der Laien ohne Weiteres für baare Münze zu nehmen.

Die Anamnese muss die gesammte geistige und körperliche Individualität berücksichtigen, denn vielfach ist die Geistesstörung nur das Endresultat aller früheren Lebens- und Entwicklungszustände. Handelt es sich ja doch nicht um anatomisch präcisirbare Krankheiten, sondern um kranke Individuen! (Schüle.)

Die ganze körperliche und geistige Entwicklungsgeschichte des Kranken, der habituelle Gesundheitszustand, die etwaigen krankhaften Dispositionen und früheren Krankheiten, die ursprüngliche Charakteranlage, ihre Ausbildung durch Erziehung, die Neigungen, Lebensrichtungen und Lebensschicksale, die individuelle Reaktionsweise gegenüber äusseren Einflüssen und Schädlichkeiten — All dies muss sorgfältig ermittelt werden, bis an die Feststellung der Aetiologie des concreten Falls gedacht werden kann.

In der Regel genügt es aber nicht einmal, die individuelle Lebens- und Entwicklungsgeschichte zu kennen.

Gewöhnlich müssen wir auf die leiblichen und geistigen Besonderheiten der Erzeuger zurückgreifen, denn es gibt ausser der Tuberculose keine Krankheit, die so erblich und in körperlichen wie geistigen Organisationsanomalieen, Lebensführungen und Lebenszuständen der Erzeuger begründet wäre als das Irresein. Leider fällt gegenüber dieser wichtigsten ätiologischen Frage die Antwort nur zu häufig unbefriedigend aus, indem es sich um unehelich Geborene oder um Leute aus der untersten Volksklasse handelt, deren Ascendenz verschollen ist, oder indem, bei Individuen aus den höheren Gesellschaftsklassen, peinliche hereditäre Beziehungen geradezu fälschlich abgeleugnet werden.

Endlich hat eine genaue Statistik zu berücksichtigen, dass nicht immer naturwissenschaftlich der juristische Satz gilt:

„pater est quem nuptiae demonstrant!"

Die Aetiologie der Geisteskrankheiten ist im Wesentlichen dieselbe wie die der übrigen Hirn- und Nervenkrankheiten. Sie gehören mit diesen ein und derselben pathologischen Familie an.

Eine vorläufige Sichtung der ursächlichen Momente lässt zwei grosse Gruppen erkennen — prädisponirende, richtiger exponirende (Hagen) und accessorische, veranlassende, gelegentliche, vielfach zufällige. Eine scharfe Trennung beider ist im concreten Fall jedoch nicht immer zulässig, insofern eine prädisponirende Ursache (hereditär-abnorme Hirnorganisation, verfehlte Erziehung u. s. w.) auch zugleich die gelegentliche Ursache bedingen kann, insofern sie zu Affekten, Leidenschaften, schiefen Lebenslagen führt, die den endlichen Ausbruch des Irreseins herbeiführen.

Im Allgemeinen lehrt die Erfahrung, dass die prädisponirenden Einflüsse ursächlich viel schwerer ins Gewicht fallen als die gelegentlichen, ja vielfach für sich allein genügen, um Irresein hervorzurufen.

In der Reihe der prädisponirenden Ursachen ergeben sich wieder allgemeine Faktoren, denen ein gewisser, freilich nur statistisch, ungefähr, in minimalen Bruchziffern für das Individuum zu berechnender Einfluss zukommt, und gewisse rein individuelle in körperlicher und geistiger Anlage, Entwicklungsgeschichte, Lebensweisen und Lebensschicksalen begründete, deren Bedeutung unendlich grösser ist als die der allgemeinen.

Die accessorischen, gelegentlichen Ursachen pflegt man in physische und moralische zu unterscheiden, eine Trennung, die nur der übersichtlichen Eintheilung halber Werth hat und nur dann berechtigt ist, wenn sie anerkennt, dass jede moralische Ursache in letzter Linie auf physischem Weg wirksam wird, sei es, dass sie eine organisch begründete Disposition nöthig hatte, um als Shok überhaupt wirksam zu werden, sei es, dass sie die der Psychose zu Grunde liegende Ernährungsstörung des Gehirns direkt durch Beeinflussung der vasomotorischen Innervation dieses Organs oder indirekt auf dem Umweg einer Störung der allgemeinen Ernährungsvorgänge hervorbrachte.

## I. Prädisponirende Ursachen.

### 1. Allgemein prädisponirende.

#### a. Civilisation [1]).

Eine Erscheinung, die durch fast alle Landes- und Irrenhausstatistiken bewiesen scheint, ist die fortschreitende Häufigkeit des Irreseins in moderner Zeit.

Die Wissenschaft frägt sich:

a) ist diese beunruhigende Erscheinung eine wirkliche oder nur scheinbare und im bejahenden Fall,

b) durch welche Faktoren ist sie bedingt?

a) Bezüglich der ersteren Frage muss geltend gemacht werden, dass genaue Vergleichszahlen aus älterer und neuerer Zeit fehlen, dass die Irrenstatistiken und Irrenzählungen vergangener Decennien an Genauigkeit viel zu wünschen übrig lassen, während heutzutage die vorgeschrittene Diagnostik und sorgsamere Irrencontrole die Kranken mehr zur Kenntniss bringen, dass die gute Pflege das Leben der Kranken in den Asylen verlängert und diese sich mehr anhäufen, endlich, dass auch die Gesammtbevölkerung zugenommen hat. Aber alle diese Fehlerquellen reichen nicht aus zur Erklärung der Thatsache, dass in

---

[1]) Brierre, Annal. med. psychol. 1853, p. 293; Parchappe, ebenda p. 314: Bucknill und Tuke, manual of psycholog. med. p. 30; Robertson, Journal of mental science 1871, Januar; Legrand du Saulle, Gaz. des hôpit. 1871, p. 102, 103.

allen Culturländern die Irrenzahl fast auf's Doppelte gestiegen ist, in
England z. B. von 14500 (1849) auf 30000 (1866). Sie nöthigen zur
Annahme, dass thatsächlich eine Zunahme des Irreseins, wenn auch in
bescheideneren, doch immerhin bedenklichen Proportionen besteht.

b) Man hat die fortschreitende Civilisation für diese Zunahme
verantwortlich gemacht und darauf hingewiesen, dass bei den un-
oder halbcivilisirten Völkern der alten und neuen Welt Irresein
eine höchst seltene Erscheinung sei, während thatsächlich auf 500 Individuen einer hochcivilisirten Nation mindestens ein Geisteskranker
kommt.

Aus den Lebensverhältnissen eines uncivilisirten Volkes, das keine
politischen und religiösen Stürme, keine verfeinerten Lebensgenüsse
kennt, eine einfache, mehr der Natur angepasste Lebensweise führt,
hat man sich dessen relative Immunität gegen Irresein zu erklären
gesucht, aber alle diese Erwägungen bleiben von geringem Werth,
solange eine Parallelstatistik des Irreseins bei uncivilisirten und civilisirten Völkern fehlt und die Kenntniss des Vorkommens bei jenen
sich auf gelegentliche Notizen in Reiseberichten von Naturforschern
und Missionären beschränkt. Offenbar bleiben diese Schätzungen, da
sie nur gelegentlichen Eindrücken eines Laien, nicht sachverständigen
Zählungen entnommen sind, weit unter der wirklichen Ziffer. Treiben
sich doch nach dem Zeugniss Griesinger's viele Irre im Orient als
vermeintliche Heilige und Bettler herum!

Aber selbst wenn wir, die Thatsache der Zunahme des Irreseins
in der modernen Gesellschaft zugebend, in Faktoren dieser, die unter
dem Schlagwort der Civilisation zusammengefasst werden, jene Zunahme begründet finden, so bleibt nichts übrig, als sofort diesen Begriff wieder in seine Einzelfaktoren aufzulösen und eine Reihe von
ätiologischen Detailfragen aufzuwerfen, deren Beantwortung schwierig
ist und nur an der Hand einer sorgfältigen und grossartigen Statistik
versucht werden könnte. Unstreitig hat die fortschreitende Civilisation
Faktoren in sich, die der Entstehung von Geisteskrankheit geradezu
ungünstig sind.

Dahin sind unbedingt zu rechnen die bessere Nahrung, Kleidung,
Wohnung, die Aufklärung des Volkes auf religiösem und intellectuellem
Gebiet, die feinere Bildung und grössere Sittlichkeit.

Aber neben diesen regenerirenden Momenten finden sich bedenkliche, für die Entstehung von Irresein zweifellos wichtige Auswüchse
der Civilisation.

Dahin gehören das riesenhafte Anschwellen der grossstädtischen
Bevölkerung mit der daraus resultirenden Schäden in hygienischer
(Tuberculose, Scrophulose, Anämie) und moralischer Hinsicht, die Au-

häufung eines geistig und leiblich verkommenen Proletariats, der Pauperismus, das überhandnehmende Fabrikleben, die Ehelosigkeit, die intellectuell aufreibende und moralisch deteriorirende Sucht nach Reichthum und Wohlleben.

Aber alle diese Momente werden an Bedeutung überwogen durch den Umstand, dass die fortschreitende Civilisation verfeinerte und complicirtere Lebensbedingungen und Bedürfnisse schafft und damit den Kampf um's Dasein steigert.

Diesen Kampf um ein behaglicheres aber bedürfnissreicheres Dasein muss das Gehirn kämpfen.

Es wird in diesem Kampf verfeinert in seiner Organisation und damit erfindungsreicher aber zugleich vulnerabler, zugleich ist es Reizen ausgesetzt, die nur zu leicht zur Ueberreizung führen und damit zur Erschöpfung, Krankheit, Degeneration. Wo immer ein Organ funktionell zu einer vermehrten Leistung genöthigt ist, erkrankt es auch leichter, wird es schneller abgenützt und seine Anstrengung nur zu leicht zur Ueberanstrengung.

Diese gesteigerten Anforderungen im Kampf um's Dasein treten heutzutage an das Gehirn des Einzelnen schon auf der Schulbank heran und die Concurrenz auf allen Gebieten der Kunst, Wissenschaft und Industrie, der Drang nach Genuss und Reichthum erhalten einen grossen Theil der modernen Gesellschaft in einem Zustand beständiger Anspannung der Nervenkräfte und nervöser Erregung.

Dazu kommt als weiterer wichtiger Faktor das dem gesteigerten Verbrauch von Nervenkraft parallel gehende Bedürfniss nach gewissen Genussmitteln, die geeignet sind die Hirnthätigkeit künstlich zu steigern.

Der zunehmende Verbrauch von Kaffee, Thee, Tabak, Alkohol ist gewiss keine zufällige Erscheinung, sondern mehr weniger ein Gradmesser für das Plus an Arbeit, welche das Gehirn heutzutage vollbringen muss. Mag auch der Genuss dieser Reizmittel mit der Erhaltung der Gesundheit verträglich sein, so ist es sicher nicht ihr Uebergenuss.

Unter allen Genussmitteln das wichtigste, am häufigsten übermässig genossene und damit gefährlichste ist der Alkohol. Ist er doch im Kampf der Civilisation mit den wilden Völkern Amerika's als „Feuerwasser" ein mächtigeres Vertilgungsmittel dieser gewesen als selbst die Feuerwaffe.

Es ist wahr, unsere Vorfahren haben vielleicht quantitativ mehr in geistigen Getränken geleistet als die modernen Generationen, aber was sie tranken war Wein und noch dazu ein geringer in Bezug auf Alkoholgehalt. Heutzutage erscheint der Alkohol in concentrirter und

andcrer Gestalt und die Industrie vermag ihn recht billig dem gemeinen
Mann zu bieten.

Aber was sie ihm von Alkohol bietet, ist die schlechteste Sorte,
die gewöhnlich Fuselöl enthält, einer der deletärsten Stoffe für das
Centralnervensystem [1].

In dieser Thatsache allein liegt ein Faktor, der reichlich alles
aufwiegen dürfte, was die Civilisation zur Verhütung des Irreseins
beiträgt.

Resümiren wir, so ergibt sich die hohe Wahrscheinlichkeit, dass
das Irresein in der modernen Gesellschaft eine immer häufiger werdende Erscheinung ist und seine Entstehung einer Ueberreizung des
Gehirns durch Ueberanstrengung und übermässigen Gebrauch von
Genussmitteln verdankt.

Diese Schädlichkeiten geben sich zunächst in der Ueberhand-
nahme der neuropathischen Constitution in der modernen Gesellschaft
kund, die „zu viel Nerven, aber zu wenig Nerv" hat. Jene bildet die
wichtigste Prädisposition nicht blos zum Irresein, sondern zu allen
möglichen Neurosen. Sie ist theils erworben durch verkehrte Lebensweise des Individuums, theils angeboren durch die schädliche Lebensweise,
welcher die Ascendenz sich schuldig machte.

Verhältnissmässig gering ist in unserem modernen socialen Leben
der Einfluss politischer Stürme [2]) und religiöser Wirren. Er ist der
Wichtigkeit und Wirksamkeit anderer Volkscalamitäten (Erdbeben,
Hungersnoth, Brand etc.) gleichzusetzen. Unter dem Eindruck derselben erkranken dann zunächst Individuen psychisch, die auf Grund
irgend einer Prädisposition der erschütternden deprimirenden Wirkung
von Angst um das eigene Leben oder des theurer Angehörigen, den
Schrecken und aufregenden Scenen der Belagerung, des Kriegs, den
Nahrungssorgen und Entbehrungen in Folge mangelnden Erwerbs nicht
gewachsen waren.

Verhältnissmässig häufig erkranken die Leiter von Revolutionen.
Dies zeigte sich auch im Communeaufstand in Paris [3]). Die Erklärung

---

[1]) Der enorme Unterschied in der Wirkung des Aethyl- und Amylalkohol lässt
sich am besten an ihren Nitriten studiren. Das Aethylnitrit ist eine schwachgeistige
Flüssigkeit, deren Dämpfe kaum das Gefässsystem afficiren, während das Amylnitrit
schon in den kleinsten Dosen eine complete Gefässlähmung im Carotidengebiet herbeiführt.

[2]) Flemming, Allg. Zeitschr. f. Psych. VII, p. 35; Lunier, Annal. med. psychol. 1874, Januar, Mai; Witkowsky, Archiv f. Psych. VI (Einfluss der Belagerung
von Strassburg auf die geistige Gesundheit der Einwohner); Legrand du Saulle, Gaz.
des hôpit. 1871, p. 102. 103 (dasselbe für Paris 1870/71).

[3]) Irrenfreund 1872, p. 170; Laborde, les hommes et les actes d'insurrection
de Paris devant la psychologie morbide. Paris 1872.

liegt darin, dass eben häufig Hereditarier, excentrische Köpfe, problematische Naturen an der Spitze solcher Bewegungen stehen.

### b. Nationalität. Klima. Jahreszeiten.

Auch diese Faktoren sind complicirter Art. Speciell der Begriff der Nationalität vereinigt in sich Race, Lebens- und Beschäftigungsweise, Staats- und Religionsform, Civilisations- und speciell Sittlichkeitsstufe.

Zudem sind die Irrenstatistiken der verschiedenen Länder nicht gleich genau und nach gleichen Gesichtspunkten gearbeitet, um wissenschaftlich vollkommen befriedigen zu können. Im grossen Ganzen schwankt indessen der Procentsatz des Irreseins bei den verschiedenen Culturvölkern nicht erheblich, auch nicht zwischen Völkern heisser und kälterer Zonen. Was bei den ersteren calorische Schädlichkeiten verschulden mögen, wird reichlich aufgewogen durch die Unmässigkeit nördlicher Länder im Genuss des Alkohols.

In manchen Ländern, wo miasmatisch-tellurische Schädlichkeiten einwirken und zu cretinöser Entartung führen, finden sich nicht nur mehr psychisch Kranke, sondern ist auch ein erheblicher Bruchtheil der Bevölkerung mit psychischen (Schwachsinn) und somatischen Defekten (Kropf etc.) behaftet. Auch der Einfluss ungenügender und unzweckmässiger Nahrung macht sich neben der Häufung von Scrophulose, Rhachitis, Tuberculose, Pellagra (vorwiegende Maisnahrung der Landleute Oberitaliens) in constitutioneller Anämie und darauf beruhender neuropathischer Constitution und Psychopathieen geltend (vgl. die hystero-psycho-pathische Epidemie von Morzine in Savoyen).

Man hat vielfach angenommen, der Sommer disponire mehr zur Erkrankung als die kalte Jahreszeit. Thatsächlich finden in Irrenanstalten, namentlich in Ländern mit ackerbautreibender Bevölkerung, mehr Aufnahmen in den Sommermonaten statt, aber meist handelt es sich um schon längst Erkrankte, die in den Wintermonaten den Angehörigen nicht lästig fielen, im Sommer dagegen, wo die Feldarbeit alle Kräfte in Anspruch nimmt, in die Asyle überbracht werden müssen. In unseren Klimaten wirkt die Hitze in den Sommermonaten meist nur verschlimmernd auf Individuen, die schon länger krank sind, selten direkt krankmachend.

### c. Geschlecht.

Aeltere Forscher wie Esquirol, Haslam u. A. nahmen an, dass bei den Frauen eine grössere Disposition zu psychischer Erkrankung bestehe als bei den Männern.

Der Umstand, dass bei jenen die gefährlichen Zeiten der Schwangerschaft, des Puerperium und des Klimacterium sich geltend machen, dass an und für sich das Weib körperlich und geistig weniger widerstandsfähig ist als der Mann, dass ferner das Irresein sich mehr auf die weiblichen Nachkommen vererbt, scheint a priori dieser Annahme günstig.

Diese fruchtbaren Ursachen des Irreseins für das weibliche Geschlecht werden jedoch reichlich aufgewogen beim Mann durch Ueberanstrengung im Kampf um's Dasein, den er grossentheils allein durchkämpfen muss, durch Trunksucht, durch sexuelle Excesse, die angreifender für den Mann sind als für das Weib. Muss das Weib allein den Kampf um's Dasein bestehen — so manche Wittwe — dann erliegt sie leichter und rascher als der Mann.

Eine nicht zu unterschätzende Quelle für Irresein beim Weib liegt dagegen wieder in der socialen Position desselben. Das Weib, von Natur aus geschlechtsbedürftiger als der Mann, wenigstens im idealen Sinn, kennt keine andere ehrbare Befriedigung dieses Bedürfnisses als die Ehe (Maudsley).

Diese bietet ihm auch die einzige Versorgung. Durch unzählige Generationen hindurch ist sein Charakter nach dieser Richtung hin ausgebildet. Schon das kleine Mädchen spielt Mutter mit seiner Puppe. Das moderne Leben mit seinen gesteigerten Anforderungen bietet immer weniger Aussichten auf Befriedigung durch Ehe. Dies gilt namentlich für die höheren Stände, in welchen die Ehen später und seltener geschlossen werden.

Während der Mann als der Stärkere, durch seine grössere intellectuelle und körperliche Kraft und seine freie sociale Stellung sich geschlechtliche Befriedigung mühelos verschafft oder in einem Lebensberuf, der seine ganze Kraft beansprucht, leicht ein Aequivalent findet, sind diese Wege ledigen Weibern aus besseren Ständen verschlossen. Dies führt zunächst bewusst oder unbewusst zu Unzufriedenheit mit sich und der Welt, zu krankhaftem Brüten. Eine Zeit lang wird vielfach in der Religion ein Ersatz gesucht, allein vergeblich. Aus der religiösen Schwärmerei mit oder ohne Masturbation entwickelt sich ein Heer von Nervenleiden, unter denen Hysterie und Irresein nicht selten sind.

Nur so begreift sich die Thatsache, dass die grösste Frequenz des Irreseins bei ledigen Weibern in die Zeit des 25.—35. Lebensjahres fällt, d. h. die Zeit, wo Blüthe und damit Lebenshoffnungen schwinden, während bei Männern das Irresein am häufigsten im 35—50. Jahr, der Zeit der grössten Anforderungen im Kampf um's Dasein, auftritt.

Es ist gewiss kein Zufall, dass mit der zunehmenden Ehelosigkeit die Frage der Frauenemancipation immer mehr auf die Tagesordnung gelangt ist.

Ich möchte sie als Nothsignal eines mit der fortschreitenden Ehelosigkeit immer unerträglicher werdenden socialen Verhältnisses des Weibes in der modernen Gesellschaft betrachtet wissen, einer berechtigten Forderung an diese, dem Weib ein Aequivalent für das zu verschaffen, worauf sie von der Natur angewiesen ist und was ihr die modernen socialen Zustände zum Theil versagen.

Das Verlangen nach einem Beruf als Mittel des Erwerbs, überhaupt als Aequivalent der geschlechtlichen und socialen Versorgung durch die Ehe ist ein berechtigtes, sittliches und muss seine Befriedigung finden, wenn auch das Weib durch angepasste, geänderte Erziehung erst für diese geänderte Position in der modernen Gesellschaft herangebildet werden muss, und die Uebergangszeit manche monströse Erscheinung hervorbringen mag. Aus den Statistiken der Irrenhäuser ergibt sich vielfach ein Vorwiegen der weiblichen Bevölkerung. Ein Grund, die geringere Mortalität bei ihr durch selteneres Vorkommen idiopathischer Fälle, namentlich Dementia paralytica, wurde schon gewürdigt, ein anderer ist darin gegeben, dass das Irresein beim Weib im Allgemeinen turbulenter und indecenter klinisch sich gestaltet als beim Mann und deshalb zu häufigerer Abgabe in Irrenanstalten nöthigt. Auch der Umstand, dass der Procentsatz der weiblichen Bevölkerung den der männlichen überhaupt um etwas überwiegt, ist zu berücksichtigen.

Im Grossen und Ganzen lehrt jedenfalls die Statistik, dass die Häufigkeit des Irreseins bei beiden Geschlechtern nahezu die gleiche ist, eher beim männlichen Geschlecht durch Trunksucht und gesteigerte Inanspruchnahme der Cerebralthätigkeit um ein Geringes überwiegt.

### d. Religionsbekenntniss.

Die Statistik hat sich grosse Mühe gegeben, den Procentsatz des Irreseins bei den verschiedenen Confessionen zu ermitteln und beispielsweise gefunden, dass bei Juden und gewissen Sekten der Procentsatz ein ungewöhnlich hoher ist. Die Thatsache steht mit dem Religionsbekenntniss nur insofern in Zusammenhang, als dieses vielfach ein Ehehinderniss bildet und seinen Bekennern, zumal wenn sie gering an Zahl sind, zu ungenügender Kreuzung der Race, zu fortgesetzter Inzucht Anlass gibt.

Es besteht somit hier eine analoge Erscheinung wie bei Familien der hohen Aristokratie, die aus Adels- oder Geldrücksichten beständig in einander heirathen und so häufig irrsinnige Angehörige haben. Auch hier ist die Ursache keine ethische, sondern eine anthropologische.

Im Grossen und Ganzen ist anzunehmen, dass die wahre Religion, die reine Ethik, indem sie den Menschengeist veredelt, auf Höheres richtet, Trost im Unglück gewährt, die Gefahr, irre zu werden vermindern wird.

Anders ist es da, wo eine frömmelnde, mystische oder zelotische Richtung, hinter deren heuchlerischem Gewand sich oft nur niedrige Leidenschaften bergen, das religiöse Bedürfniss ausbeutet.

Immer dürfte es hier einer starken Prädisposition bedürfen, um den genannten Faktor als gelegentliches Moment zur Geltung zu bringen. Viele, die in der Beichte oder bei einer Mission den Kopf verlieren, sind melancholische Schwachsinnige; Viele, die im Hafen der Religion Schutz und Trost suchen, sind Schiffbrüchige im Sturm des Lebens, die körperlich und moralisch gebrochen in jenen einlaufen.

Vielfach ist der excessive, religiöse Drang bereits Symptom einer krankhaften originären Charakteranlage oder wirklicher Krankheit und nicht selten verbirgt sich unter dem züchtigen Gewand religiöser Schwärmerei eine krankhaft gesteigerte Sinnlichkeit und geschlechtliche Erregung, die zu ätiologisch bedeutungsvollen geschlechtlichen Verirrungen führt [1].

### e. Stand.

Das Irresein ist viel häufiger [2] bei Ledigen als Verheiratheten, eine Thatsache, die nach Hagen darin ihre Erklärung findet, dass das Lebensalter der Ledigen an und für sich stärker in der Population vertreten ist, zudem eine grössere Erkrankungsfähigkeit aufweist, dass vielfach eine schon vorhanden gewesene Geistesstörung die Eheschliessung erschwert, endlich die besseren hygienischen Verhältnisse des ehelichen Lebens und der geregelte geschlechtliche Verkehr prophylactisch wirken.

### Lebensalter.

Die Morbilitätsverhältnisse der verschiedenen Lebensalter gegenüber dem Irresein differiren bedeutend [3].

---

[1] Maudsley, op. cit. p. 218. Allg. Zeitschr. f. Psych. 11. H. 2. 3. 4; 13. H. 3. 4; 17.

[2] Hagen, Statist. Untersuchungen:
M. 61% ledige, 35,8% verheir., 2,5% verwittwete oder geschiedene Kranke.
W. 54,9% „ 33,6% „ 11,1% „ „ „ „ „

[3] Hagen, Statist. Untersuchungen: Erkrankungen unter 15 J. sind sehr selten (1 : 72752 Einw. und mehr Männer 25 als Frauen 7). Der Procentsatz steigt von da an ziemlich rapid bei beiden Geschlechtern (im 15.—20. J. 1 : 4010 Einw.) und

Sie lassen, wie Tigges (Bericht über Marsberg p. 278) sehr bezeichnend sagt, das Irresein als einen organischen Process erscheinen, der hauptsächlich an die inneren Lebensbedingungen des Individuums selbst geknüpft ist und dasselbe in seiner Entwicklung begleitet.

Daraus ergibt sich die weitere Thatsache, dass Umfang und Artung des Krankheitsbilds genau der Höhe der jeweiligen Entwicklungsstufe des Seelenlebens entsprechen müssen.

### α. Kindesalter [1]).

Eine seltene Erscheinung sind psychische Störungen im Kindesalter d. h. von der Geburt bis zur Pubertät. Es begreift sich dies aus der Unvollkommenheit der Entwicklung des kindlichen Seelenlebens und dem Wegfall einer Menge von Reizen (Anstrengung im Kampf um's Dasein, Affekte, Leidenschaften, Excesse etc.), die das Gehirn des Erwachsenen treffen.

Die ätiologischen Momente für die Erkrankung der kindlichen Psyche sind fast ausschliesslich organische, somatische. In der grossen Mehrzahl der Fälle handelt es sich um erblich belastete, schon im Zeugungskeim getroffene defektive Organisationen. Das Irresein erscheint deshalb vorwiegend als angeborne oder in den frühesten Lebensjahren zur Entwicklung gelangte Idiotie oder als moralisches Irresein, oder es tritt im Zusammenhang mit einer Neuropathie (Chorea, Epilepsie) auf.

Neben der meist originären neuropsychopathischen Constitution (Belastung) sind ätiologisch wichtig die bei solcher häufige und frühe Onanie, acute Exantheme, intellectuelle Anstrengung, Kopfverletzungen, in seltenen Fällen auch Wurmreiz.

Eine geringe Rolle spielen in der Aetiologie des kindlichen Irreseins psychische Ursachen, namentlich Affekte, Leidenschaften, fehlerhafte Erziehung. Die ersteren kommen wohl vor, führen auch

---

fortwährend ziemlich gleich bis zum 35. J. Vom 36.—45. J. erhält er sich auch ziemlich auf dieser Höhe bei den Männern, sinkt dagegen bei den Frauen fast um die Hälfte. Vom 46. J. an sinkt der Procentsatz bei beiden Geschlechtern ziemlich gleichmässig.

[1]) Die trefflichen Schilderungen v. Maudsley übers. v. Böhm p. 273 u. Schüle Hdb. p. 222; f. Griesinger, op. cit. II. Aufl. p. 146; Voisin, Schmidt's Jahrb. Bd. 157. 1; 152. 12; Conolly, Med. Times 1862. Juli; Allg. Zeitschr. f. Psych. XVI; Kelp, ebenda XXXI; Journal f. Kinderkrankheiten 39, p. 146; Chatelain, Ann. med. psych. 1870, Sept.; Romberg, Deutsch. Klin. 1851, 67; Rösch, Prager Vierteljschr. 1852, p. 115; Ideler, Charitéannalen 1853, p. 310; über epidemisches Kinderirresein im X.—XIII. Jahrh. (Kinderfahrten nach dem gelobten Land); v. Calmeil, de la folie, t. I, p. 164; t. II, p. 273; 434.

zuweilen zu Selbstmord [1]), gleichen sich aber rascher aus als bei Erwachsenen. Wichtiger als Gelegenheitsursache ist Schrecken.

So begreift sich die Thatsache, dass das kindliche Irresein, auch da wo es nicht unter den Degenerationsformen des intellectuellen und moralischen Blödsinns oder der epileptischen Geistesstörung auftritt, vorwiegend das Gepräge organischen, idiopathischen Leidens an sich trägt. Damit ist seine Prognose an sich eine schwere, sie wird aber noch mehr getrübt durch den Umstand, dass das Irresein in einem noch unentwickelten Seelenleben sich abspielt und dadurch sowohl psychologisch als organisch dessen normale Fortentwicklung in hohem Mass gefährdet.

Der unentwickelte Zustand des Ich gestattet nicht die reiche Formenentwicklung des Irreseins beim Erwachsenen.

Maudsley und Schüle haben in geistvoller Weise gezeigt, welche Formen bei dem jeweiligen Entwicklungszustand des kindlichen Seelenlebens möglich sind und auch thatsächlich vorkommen.

In der ersten Lebenszeit sind, ähnlich wie bei Thieren [2]), nur Zustände eines sensumotorischen, tobsüchtigtriebartigen Irreseins möglich (Fälle bei Maudsley p. 275). Mit der Entwicklung der Sinnessphäre kommen solche von hallucinatorischem Irresein vor, die aus Fieberzuständen, acuten Exanthemen hervorgehen oder sich an choreatische und epileptische Neurosen anschliessen.

Mit der Entwicklung der Vorstellungssphäre ist die Möglichkeit für Entstehung von Wahnideen gegeben, jedoch kommt es im Kindesalter noch nicht zu systematischen Wahnideen im Sinne der Verrücktheit der Erwachsenen, wenn auch die Anfänge der primären Verrücktheit (phantastische Einbildungen, flüchtige Primordialdelirien als Substrate der späteren fixen Ideen) sich zuweilen bis auf frühe Kindheitsjahre zurückverfolgen lassen und namentlich ihre in Zwangsvorstellungen sich bewegende Varietät schon jetzt ihren Anfang nimmt.

Selten sind Melancholie und Manie, fast nie in affektiver Entstehungsweise und Grundlage, sondern auf organischer (Schüle), die erstere als melancholischer Stupor mit oft ganz impulsiven Akten, namentlich Selbstmord, die letztere als Aufregungszustand, charakterisirt durch triebartigen Bewegungsdrang bei schwerer Bewusstseinsstörung und grosser, kaum Associationen verrathender Verworrenheit des Vorstellens, meist aus direkt organischer Ursache (fluxionäre Hirnhyperämie) und bei defektem (idiotischem) Gehirn.

---

[1]) Stark, Irrenfreund 1870.

[2]) Dahin die nicht seltenen tobsuchtartigen Paroxysmen bei Elephanten, der in Henke's Zeitschrift berichtete Fall einer nach dem Gebären tobsüchtig gewordenen Kuh.

β. Pubertätsalter [1]).

Im Alter der geschlechtlichen Entwicklung steigt der Procentsatz des Irreseins rasch und bedeutend. Wie in allen physiologischen Lebensphasen gibt das hereditäre Moment auch hier die wichtigste Prädisposition ab.

Nach Hagen's Untersuchungen (p. 191) ist bei erblich Veranlagten der Procentsatz der Erkrankung überhaupt der höchste vom 16.—20. Lebensjahr.

Nach meinen Erfahrungen sind weibliche Individuen noch mehr disponirt als männliche, wohl deshalb, weil die erbliche Anlage überhaupt beim Weib eine grössere Rolle spielt und die Evolutionsperiode bei ihm eine tiefer greifende ist und häufig mit schweren Ernährungsstörungen (Anämie, Chlorose) einhergeht.

Auf Grundlage einer belastenden Prädisposition kann der accessorische Faktor der Pubertätsentwicklung in mannichfacher Weise Irresein hervorbringen.

In zahlreichen Fällen ist es Onanie, die bei solchen Individuen besonders leicht aus dem vielfach abnorm früh und mächtig sich regenden geschlechtlichen Trieb hervorgeht und die Rolle einer Gelegenheitsursache übernimmt. Bei weiblichen Individuen machen bis dahin wirkungslos gebliebene Lagefehler des Uterus oder auch Stehengebliebensein auf infantiler Entwicklungsstufe direkt ihren sympathischen, reflectorischen Einfluss auf die Grosshirnrinde geltend oder durch das Zwischenglied von allgemeinen Störungen der Ernährung (Anämie, Chlorose).

In anderen Fällen fehlt uns das vermittelnde Verständniss für die Wirkungsweise des Pubertätsfaktors. Nicht selten findet die Psychose ihre Lösung mit der definitiven Regelung der Menstruation.

Die psychischen Erkrankungen in dieser Lebenszeit sind bei der Verschiedenheit der Pathogenese äusserst mannichfaltig. Wie aus der hier dominirenden erblichen Disposition sich erwarten lässt, spielen die Degenerationsformen des Irreseins die grösste Rolle. Die primäre Verrücktheit, namentlich ihre in Zwangsvorstellungen sich bewegende Varietät, das periodische, circuläre und constitutionell melancholische Irresein setzen schon jetzt nicht selten ein, auch das moralische Irresein nimmt einen bemerkenswerthen Aufschwung.

Auch melancholische und maniakalische Bilder treten auf, seltener aber in der gutartigen Form der Psychoneurose und in affectiver Ent-

---

[1]) Maudsley, Journ. of mental science 1868, Juli (mania pubescentium); Skae ebenda 1874.

stehungsweise (meist Schrecken), als vielmehr in primärer, direkter, organischer, ähnlich wie im Kindesalter.

Die Melancholie erscheint unter dem schweren Bild der stuporösen Form oder sie geht mit impulsiven Akten, Zwangsvorstellungen und „imperativen" Hallucinationen einher, die gegen das eigene Leben, noch häufiger auf Brandstiftung gerichtet sind und zur fälschlichen Aufstellung einer sog. Pyromanie im Pubertätsalter geführt haben. Die maniakalischen Bilder haben vielfach ein moriaartiges Gepräge und bieten ebenfalls viel Impulsives.

Daneben finden sich nicht selten, namentlich bei im Wachsthum zurückgebliebener Schädel- und Hirnentwicklung schwere fluxionäre Tobsuchten ohne melancholisches Prodromalstadium oder auch delirante hallucinatorische Aufregungszustände mit allen Erscheinungen der Hirnhyperämie, mit raschem Verlauf und vorwiegendem Ausgang in bleibenden Schwach- und Blödsinn, wie überhaupt auch in diesem Alter noch alle idiopathischen Erkrankungszustände der Fortentwicklung des psychischen Organs höchst gefährlich sind.

Aber auch epileptisches und hysterisches Irresein entwickelt sich besonders häufig im Alter der Pubertät.

Auf hysterischem Boden zeigen sich dann wieder leichtere chronische Manieen mit meist erotischem Kern (Drang in's Kloster zu gehen etc.) oder auch episodische, theils hallucinatorische, theils kataleptische Irrescinszustände, endlich Fälle von primärer, religiöser Verrücktheit.

Eine besondere, im Anschluss an die Pubertätsjahre (18.—22. J.) auftretende, rasch in Dementia übergehende, angeblich häufige (14 : 500 Kranke) juvenile Krankheit schildern Kahlbaum und Hecker unter der Bezeichnung der Hebephrenie[1]. Sie soll neben der besonderen Zeit des Auftretens durch den proteusartigen Wechsel der verschiedenen Zustandsformen (Melancholie, Manie, Verwirrtheit), den enorm schnellen Ausgang in einen psychischen Schwächezustand und die eigenthümliche Form dieses Terminalblödsinns (läppisches, altkluges Gebahren), dessen Anzeichen schon in den ersten Stadien der Krankheit bemerkbar waren, charakterisirt sein. Dabei höchst auffällige Oberflächlichkeit der bunt wechselnden Affekte (Lachen und alberne Scherze auf der Höhe der melancholischen Verstimmung) so dass es den Anschein erweckt, die Kranken spielten oder kokettirten mit ihren Empfindungsanomalieen.

In Erregungsphasen zeigt sich läppischer, zielloser Thätigkeitsdrang und Hang zum Vagabundiren mit dem Anschein des Geflissentlichen, Bewussten in den albernen Reden und dem Thun dieser Kranken.

[1] Virchow's Archiv 52, p. 394; Irrenfreund 1877, 4. 5.

Dabei ebenso alberne, in hochtrabenden aber nichtssagenden Phrasen sich bewegende, Fremdwörter und Kraftausdrücke liebende, Unfähigkeit einen Gedanken in knapper präciser Form auszudrücken verrathende, in alogischer Satzbildung und sonderbarem Construktionswechsel sich gefallende Diction.

Wahnideen sollen selten sein und dann als ganz rudimentäre Elemente eines Beeinträchtigungswahns, meist aber als ganz bizarre, alberne Einfälle sich darstellen. Gelegentlich auch Aufregungszustände bis zu Tobsucht, veranlasst durch Onanie, menstruale Vorgänge oder auch durch Hallucinationen.

Die Berechtigung zur Aufstellung der Hebephrenie als eigener Form erscheint mir noch fraglich.

Jedenfalls ist sie eine degenerative Psychose (Pubertät, proteusartiges Bild, impulsive Akte, vorwiegend formale und affektive Störungen, primordialer Charakter etwaiger Wahnideen mit grauenvoll verzwicktem Inhalt und ohne alle oder mit höchst alberner Motivirung). Die schwachsinnige Folie des ganzen Bildes dürfte sich theils aus dem originären Schwachsinn dieser Patienten, den auch Hecker in der Aetiologie seiner Fälle betont, theils daraus erklären, dass, wie der genannte Autor in geistvoller psychologischer Darstellung zeigt, der krankhafte Process ein erst im Werden, so zu sagen in den Flegeljahren befindliches, geistiges Leben trifft und der geistigen Weiterentwicklung eine Schranke setzt.

Mit Schüle (Hdb. p. 234), der unter 600 Fällen nur zwei reine von „Hebephrenie" hatte, finde auch ich die in Rede stehende Psychose selten (5 : 2000). In allen meinen Fällen bestand erbliche Belastung, originärer Schwachsinn, Degenerationszeichen. In zweien (Weiber) Microcephalie. Die Prognose ist nicht absolut schlecht. In einem Fall trat Genesung, in einem andern dauernde Besserung ein.

γ. Alter der körperlichen und geistigen Entwicklungshöhe.

Die günstigste Zeit für die Entstehung des Irreseins bildet das Alter der vollen körperlichen und geistigen Entwicklungshöhe, die Zeit der Stürme des Lebens, der grössten körperlichen und geistigen Anstrengung. Beim Weib prävalirt das 25.—35. Lebensjahr, wohl deshalb, weil in dieser Zeit bei ledigen Weibern Liebes- und Lebenshoffnungen das Gemüth erregen und, so oft getäuscht, schwere geistige Wunden setzen, während bei geschlechtlich funktionirenden die schwächenden Einflüsse von Geburten, Laktation zur Geltung gelangen.

Beim Mann prävalirt die Zeit vom 35.—50. Lebensjahr, weil eben hier die Sorgen für Beruf und Familie, die körperliche und geistige Anstrengung im Kampf um's Dasein am grössten sind und, neben Ex-

cessen in Baccho et Venere, ihre erschöpfende Wirkung auf's Gehirn
ausüben. Alle Formen des Irreseins kommen in diesem Alter der
„physiologischen Turgescenz" des Gehirns und der grössten Intensität
und Mannichfaltigkeit der Reize vor, besonders häufig die allgemeine
Paralyse.

Klimacterium [1]).

Auch die Involutionsperiode des Weibes bildet eine theils prädisponirende, theils gelegentliche Ursache für psychische Erkrankung.

Unter 878 weiblichen Irren unserer Beobachtung war bei 60
(6,1%) das Klimacterium Ursache der Erkrankung. Der krankmachende Einfluss kann ein psychischer sein (schmerzliches Bewusstsein des Verlustes von auf geschlechtliche Empfindungen sich
gründenden socialen und ethischen Gefühlen, namentlich bei kinder-
losen Frauen; schmerzliche Erkenntniss des Schwindens der körperlichen Reize) oder ein gemischter, insofern den Involutionsprocess
begleitende krankhafte Gemeingefühle und die traditionelle und nicht
ganz unbegründete Furcht des Publikums vor dieser gefährlichen
Lebensphase, das psychische Gleichgewicht erschüttern. Das Klimacterium kann endlich auf rein somatischem Weg die Ursache der
Erkrankung werden, insofern es nicht einfach eine Ausserfunktions-
setzung und schliessliche Atrophie der Geschlechtsorgane, sondern
einen grossartigen Mauserungsprocess des gesammten Organismus darstellt, in welchem es nicht ohne bedeutende Störungen der Funktionen
bis zur Herstellung des Gleichgewichtes abgehen kann.

Die speciellen für die Entstehung von Irresein hier belangreichen,
Schädlichkeiten sind profuse Secretionen (Menorrhagieen, Leucorrhöen)
und dadurch gesetzte Ernährungsstörungen (Anämie) des psychischen
Organs, plötzliche Sistirung der Menses (vgl. Menstruatio suppressa),
Neuralgieen und überhaupt nervöse Reizzustände im Bereich der Genitalnerven und dadurch bedingte (Irradiation, Reflex) Reizzustände der
nervösen Centralorgane.

Die Bedeutung dieser Faktoren wird gesteigert durch organische,
namentlich erbliche Belastung, dem Klimacterium vorausgehende (gehäufte Geburten, erschöpfende Krankheiten) oder mit demselben zu-
sammentreffende schwächende Momente (Typhus und andere schwere
Allgemeinerkrankungen, Lokalaffektionen des Uterus, namentlich chronische Metritis und Lageanomalieen). Ohne dass solche Hilfsursachen

---

[1]) Skae, Edinb. med. Journ. X. Febr. p. 703; Journal of mental science 1874;
Psychiatr. Centralbl. 1873, p. 183; Conklin, Americ. journ. of insanity. 1871. Oct.;
Schlager, Allg. Zeitschr. f. Psych. 15; Kisch, d. klimacter. Alter d. Frauen. 1874;
Lochner, Dissertat. Leipz. 1870; v. Krafft, Allg. Zeitschr. f. Psych. 34.

mit dem Klimacterium zusammentreffen, scheint eine psychische Erkrankung nicht denkbar. Das Irresein im Klimacterium bildet keine specifische Krankheitsform, jedoch ist nicht zu läugnen, dass die in demselben entstehenden Psychosen in Prodromis und Verlauf somatische, auf das Klimacterium deutlich hinweisende Symptome aufzeigen und dass durch den klimacterischen Process hervorgerufene sexuelle Reizzustände, theils bewusst auf dem Weg der Allegorie, theils unbewusst durch direkte Erregung vorstellender Ganglienzellen dem Krankheitsbild einen ganz bestimmt auf die sexuelle Basis hindeutenden Inhalt verleihen können.

Dahin gehören der überaus häufige sexuelle Inhalt der Delirien (20 Fälle meiner erwähnten Statistik), das Auftreten von Geruchshallucinationen (6) und der auf irradiirte Erregungszustände sensibler Bahnen im Rückenmark zu beziehende Wahn physikalisch feindlich beeinflusst zu werden (10). Die in unsern 60 Fällen beobachteten Krankheitsformen waren 4 mal Melancholie, 1 mal Delir. acut.; 1 mal circuläres Irresein, 36 mal primäre Verrücktheit mit Primordialdelir der Verfolgung, 6 mal solche mit religiösem Primordialdelir, 12 mal Dementia paralytica.

Die Aufstellung eines Klimacteriums auch für das männliche Geschlecht[1]) und die Besonderheit von in diesem klimacterischen Alter (50—60 J.) vorkommenden Psychosen scheint mir biologisch und klinisch nicht zulässig.

Was als dem Klimacterium des Mannes angehörig von Psychosen berichtet wird, gehört offenbar in das Gebiet der senilen Psychosen und motivirt sich durch ein Senium praecox.

### δ. Greisenalter.

Jenseits der 50er Jahre sinkt der Procentsatz des Irreseins bei beiden Geschlechtern rapid. Dagegen macht sich im Greisenalter ein neues ätiologisches Moment, die senile Atrophie des Gehirns geltend. Sie findet ihren klinischen Ausdruck in der bei den Hirnkrankheiten mit prädominirenden Störungen speciell zu besprechenden Dementia senilis. Neben dieser psychischen Entartungsform finden sich aber im Senium und auf Grund der durch Arteriosclerose bedingten Cirkulationsstörungen psychische Erkrankungen, die häufig genug in Dementia senilis übergehen, nicht selten aber sich wieder ausgleichen. Die hiehergehörigen Formen sind der senile Verfolgungswahn und Manieen.

Der erstere darf nicht mit Melancholie verwechselt werden.

---

[1]) Skae, Edinb. med. Journ. XI. Septb. p. 232 (Schmidt's Jahrb. 128. p. 326).

Affekte der Selbsterniedrigung fehlen hier. Auch die Wahnideen sind fast ausschliesslich primordialer Entstehung.

Die Kranken werden schlaflos, es bemächtigt sich ihrer schreckliche, meist in den Präcordien lokalisirte Angst, die namentlich Nachts sie foltert, triebartige Unruhe und suicide, raptusartige Impulse hervorruft.

Dabei feindliche Appereeption und hochgradiges Misstrauen gegen die Umgebung, kindische Angst vor grauenvollem Tod mit läppischer Motivirung und reaktivem, schwachsinnigem monotonem Schreien und Heulen. Keine tieferen Affekte. Ganz abrupte, zu keinem weiteren Ausbau führende Wahnideen von Bestohlensein, Vergiftung, Untergang der Welt, bis zu völligem Nihilismus, der nicht selten auch in hypochondrischer Färbung die Existenz des eigenen Leibs (Scheinleib, Organe caput etc.) negirt und zu Nahrungsverweigerung führt, die aber bei der Oberflächlichkeit der Affekte leicht besiegt wird und temporär von einer wahren Gefrässigkeit abgelöst wird.

Im Verlauf, meist unter deutlichen fluxionären Erscheinungen, zeigen sich heftige Angstexplosionen mit verzehrender Unruhe, Selbstbeschädigung und aggressiven Tendenzen gegen die Umgebung, ganz ungeheuerlichen phantastischen Delirien nihilistischen Inhalts (Weltkrieg, allgemeine Abschlachtung) und Hallucinationen (Särge, Leichen, Galgen etc.). Meist Uebergang in Dementia (senilis), zuweilen (3 unter 18 Fällen meiner Beobachtung) Genesung.

Die auf dem Boden seniler Degenerescenz des Gehirns sich entwickelnden Manieen haben das Gepräge schwerer idiopathischer. Sie nähern sich dem Bild der paralytischen Manie, insofern sie mit planloser Planmacherei und läppischer Geschäftigkeit, erotischer Erregung mit Beiseitesetzung aller Anstandsrücksichten einhergehen und vorübergehend sich zu brutaler, meist zorniger Tobsucht unter den Erscheinungen fluxionärer Hirnhyperämie erheben.

Die schwere idiopathische Natur des Leidens wird durch die affektiv und intellectuell überall zu Tage tretende psychische Schwäche des Weiteren gekennzeichnet.

Auch apoplectiforme und epileptiforme Insulte sind hier nicht selten. Nach Ablauf der Wochen bis Monate dauernden Erregungsperiode bleibt ein Zustand grosser geistiger Schwäche zurück.

Ausser diesen senilen Psychosen im engeren Sinne kommen bis in's höhere Greisenalter bei Individuen, deren Gehirn bisher von Degenerescenz frei geblieben ist, gutartige Psychoneurosen vor, die sich in Nichts von denen der rüstigen Jahre unterscheiden, ausser dass sie leichter in Dementia übergehen.

Sie sind ein zu complicirter Faktor, um, trotz aller Bemühungen der Statistik, aetiologisch befriedigende Ergebnisse zu liefern.

Wenn z. B. Matrosen, Küfer, Fuhrleute häufig irrsinnig werden, so liegt die Ursache nicht sowohl in ihrem Beruf als vielmehr in den damit gewöhnlich verbundenen Alkoholexcessen.

Bei Feuerarbeitern sind es calorische Schädlichkeiten, die nicht selten Irresein hervorbringen.

Ziemlich häufig erkranken Gouvernanten. Heimweh, widrige Familien- und sociale Verhältnisse, die solche arme Geschöpfe oft in die Fremde treiben, kränkende, lieblose Behandlung, überhaupt drückende sociale Stellung, getäuschte Liebe, Ueberanstrengung im Beruf ergeben sich gewöhnlich als Ursachen.

Nicht selten erkranken Prostituirte, bei denen Ueberreizung der Nerven durch geschlechtliche Excesse, Trunk, Elend, Syphilis belangreich sein dürften.

Die niederen Stände sind mit dem Fluch der Armuth, des socialen Elends, der ungenügenden Ernährung, schlechten Wohnung und daraus resultirenden Rhachitis, Scrophulose und Tuberculose behaftet, zudem vielfach Excessen in Alkohol und zwar seiner schlechtesten, deletärsten Sorten ergeben und gehen leicht im Kampf um's Dasein unter. Bei den höheren Ständen bilden hereditäre Einflüsse, Nervosität, verweichlichte Erziehung, Ausschweifungen aller Art, Leidenschaften, Ehrgeiz etc. Aequivalente.

Mit dem Kopf arbeitende Menschen sind mehr disponirt als Handwerker, jedoch dürfte geistige Ueberanstrengung bei einem erwachsenen Menschen kaum je allein Irresein hervorbringen. Immer bestehen daneben neuropathische Constitution oder häuslicher Kummer, Sorgen, Zurücksetzung, Kränkung seitens Vorgesetzter, oder es handelt sich um Menschen, die, scheinbare Glückskinder des Zufalls oder der Protektion, eine Stellung erlangten, der sie geistig nicht gewachsen waren und die sie nun durch geistige Ueberarbeitung unter Abbruch des Schlafs, Zuhilfenahme von die Hirnleistung stimulirenden Genussmitteln zu behaupten suchten.

Man hat auch ein häufiges Vorkommen von Irresein bei Künstlern, Dichtern, Schauspielern von Bedeutung[1]) beobachtet.

Die feinere Organisation, die solche, meist neuropathische Individuen, zu ungewöhnlichen Leistungen befähigt, scheint eine verminderte Widerstandsfähigkeit des Gehirns gegen Reize mitzubedingen;

---

[1]) Vgl. Hagen, Ueber die Verwandtschaft des Genie's mit dem Irresein. Allg. Zeitschr. f. Psych. 39. H. 5 u. 6; Despine, Psychologie naturelle. I. p. 456.

vielleicht ist auch die beständige nervöse Erregung bei solchen Leuten und die Unregelmässigkeit ihrer Lebensweise in Anschlag zu bringen.

Beim Militär [1]) sind psychische Erkrankungen häufiger als bei der Civilbevölkerung. Heimweh, schlechte Ernährung, Onanie, körperliche Ueberanstrengung, brutale Behandlung seitens Vorgesetzter sind bei der Mannschaft ätiologisch wirksam. Bei den Offizieren müssen Excesse aller Art mit Unfähigkeit bei dem strammen Dienst nach den Debauchen sich zu restauriren, Ehelosigkeit, Zurücksetzungen, Kränkungen im Dienst, die bei der strengen Disciplin hinuntergewürgt werden müssen, zur Erklärung der grösseren Morbilität herangezogen werden.

Noch bedeutender ist die Ziffer der psychischen Erkrankungen durch Häufung von Schädlichkeiten beim Soldaten im Kriege [2]). Die grossen Feldzüge der beiden letzten Jahrzehnte haben reichlich Gelegenheit zur Beobachtung solcher Kriegspsychosen gegeben. Neben den Psychosen des gewöhnlichen Lebens kommen hier vorwiegend schwere idiopathische Formen (namentlich Paralyse) mit schlechter Prognose vor. Der Grund liegt offenbar in den strapazirenden, erschöpfenden Einflüssen des Kriegslebens. In erster Linie kommen hier in Betracht die körperlichen Ueberanstrengungen durch Mangel an Schlaf, Erdulden von Hitze und Kälte, forcirte Märsche, schlechte Unterkunft, oft ungenügende Nahrung, für die dann in Alkoholexcessen Ersatz gesucht wird; in zweiter Linie sind belangreich die gesteigerten Anforderungen an die psychischen Leistungen durch den strammen, verantwortlichen Dienst vor dem Feinde und die aufregenden Eindrücke der Schlachten. Dazu kommt die Sorge um die Angehörigen und ihren Unterhalt, Heimweh, Verlust von Verwandten und Kameraden — alle diese psychischen Momente gesteigert beim geschlagenen Heer durch die Panique der Verfolgung, den patriotischen Kummer über die verlorene Sache, durch Gefangenschaft. Endlich sind wichtig die schädlichen Einflüsse von erschöpfenden Krankheiten (Typhus, Dysenterie etc.) und Verwundungen.

Der erschöpfende aufreibende Einfluss des Kriegslebens ergibt sich klar aus Arndt's feiner Beobachtung, wornach im Lauf eines

---

[1]) Dufour, Ann. med. psych. 1872, Juli, findet Selbstmord häufiger beim Militär als bei Civil. Maximum der Frequenz vom 20—30. Jahr. Ganz besonders häufig erkranken Offiziere (20,1 %, während das numerische Verhältniss zwischen Offizieren und Mannschaft 3—4 : 100 ist) und zwar fast ausschliesslich an Paralyse.

Ich habe in 5½ Jahren 26 Offiziere und Militärbeamte aufgenommen. Alle waren Paralytiker.

[2]) Nasse Allg. Zeitschr. f. Psych. 27. 30; Ideler ebenda 28; Schröter ebenda 28. p. 313; Arndt, ebenda 30, p. 64; Jolly, Arch. f. Psych. 3, p. 442.

Kriegs bei der Mehrzahl der Combattanten sich ein gewisser Zustand nervöser Reizbarkeit und psychischer Gereiztheit entwickelt, der zu mannichfachen Aussehreitungen und Insubordinationen Anlass gibt, und oft erst nach Monaten und Jahren der Ruhe sich wieder verliert. A. hebt dabei als Erschöpfungsphänomene hervor: leichte Ermüdbarkeit, Unaufgelegtheit, Abgespanntheit, Unfähigkeit in der gewohnten Weise zu arbeiten, damit Unzufriedenheit mit sich und der Welt, Schlafsucht und Schlaflosigkeit, grosse Reizbarkeit, Schreckhaftigkeit, leichtes Eintreten von Beängstigungen, trübe düstere hypochondrische Gedanken bis zu Taedium vitae.

Von diesem Zustand bis zu wirklicher Geisteskrankheit ist nur ein Schritt. Eine geringfügige accessorische Schädlichkeit kann dann die Entwicklung jener herbeiführen.

### Gefangenschaft[1]).

Eine statistische Thatsache ist die grössere Häufigkeit des Irreseins in der Gefangenschaft[2]). Die Ursachen hiefür liegen nicht ausschliesslich in dieser, sondern wesentlich in der früheren Lebensweise und gewissen Dispositionen der Verbrecher. Viele Verbrecher litten schon zur Zeit der Einsperrung an Geistesstörung, die nicht erkannt wurde[3]). Viele sind organisch belastete[4]) oder durch ein in Elend, Gemeinheit, Schmutz, Lüderlichkeit zugebrachtes Leben sonstwie disponirte Menschen, bei denen die Haft nur die accessorische Ursache für die Erkrankung abgibt.

Andere nicht unerhebliche Momente, die ausserhalb der Gefangenschaft schon zur Geltung gelangten, sind Armuth, Elend, Gewissenskämpfe vor der verbrecherischen That, Angst um das Gelingen, die Schrecken der Entdeckung und Ergreifung, die Foltern und Qualen der Untersuchung und Verurtheilung. Dazu kommen die gesundheits-

---

[1]) Moriz, Casper's Vierteljschr. 22, p. 297; Delbrück, Allg. Zeitschr. f. Psych. 11, p. 57; Gutsch, ebenda 19, p. 21; Sauze, Ann. med. psych. 21, p. 28; Delbrück, Vierteljschr. f. ger. Med. 1866, April; Nicholson, Journ. of mental science, 1873, Juli, Oktober, 1874 April, Juli, 1875 Januar, April (werthvolle Monographie der Psychopathieen der Verbrecher); Hurel, Ann. med. psych. 1875, März, Mai; Thomson, Journ. of ment. science, 1866, Oktober; Reich, Allg. Zeitschr. f. Psych. 27; Bär, die Gefängnisse, Strafanstalten und Strafsysteme. Berlin, 1871; Köhler, Psychosen weiblicher Sträflinge. Allg. Zeitschr. f. Psych. 33, p. 676.

[2]) Thomson 1:50; Lelut 1:50; Gutsch 3%; Bär 1—3%.

[3]) Bär, p. 215.

[4]) Laycock, Journ. of ment. science. 1868, Oktober; Brierre, Les fous criminels de l'Angleterre; deutsch von Stark. 1870; Thomson, Journ. of ment. science, 1870, Oktober.

widrigen Momente des Strafhauses — Mangel frischer Luft, ausreichender körperlicher Bewegung, guter Nahrung, Onanie, in Verbindung mit den psychischen des Grams, der Gewissensbisse, der Sehnsucht nach der Heimath und den Angehörigen, der zu straffen, dabei vielfach frömmelnden nicht individualisirenden Anstaltsdisciplin und Behandlung.

In's erste und zweite Haftjahr fallen die meisten Erkrankungen und zwar nach Delbrück 13% mehr bei den Ausnahms- (Affekt) als bei den Gewohnheitsverbrechern.

Die Ursache wird in der Reue, den Gewissensbissen jener gesucht, während diese moralisch stumpf bleiben.

In späteren Haftjahren stellt sich Toleranz und ein gewisses Gleichgewicht im psychischen Leben ein.

Ueber den Einfluss der verschiedenen Arten des Strafvollzugs (Isolir-, Collectivhaft) hat man lange gestritten. Die alte strenge pennsylvanische Isolirhaft mit absolutem Schweigen, Abschluss gegen alle Reize der Aussenwelt, hat allerdings viele Fälle von Irresein verschuldet, wird sie aber human durchgeführt, d. h. den leiblichen und geistigen Bedürfnissen des Sträflings Rechnung getragen, so hat sie keine schädlichere Wirkung als die Collectivhaft, nur dass sie eine in der Entwicklung begriffene Geistesstörung rascher zum Ausbruch bringt.

Aber trotzdem passt die Isolirhaft nicht für jeden Sträfling. Leuten von grosser geistiger Beschränktheit, die der Reize von Aussen bedürfen, ferner misstrauischen, hochmüthigen, verschlossenen excentrischen, auch im gewöhnlichen Leben nicht für ganz normal geltenden, endlich Solchen mit tiefer Zerknirschung und schweren Gewissensbissen, ist sie gefährlich (Baer). Die Formen des Kerkerirreseins sind die gewöhnlichen des freien Lebens, aber modificirt durch die eigenthümlichen hygienischen socialen und disciplinären Verhältnisse des Strafhauses.

Als bemerkenswerthe modificirte Formen sind bei den Ausnahmsverbrechern zu erwähnen: neben Melancholie, Dämonomanie, Nostalgie aus affektiver Genese (Gewissensbisse) und Hypochondrie (durch die antihygienischen Momente des Anstaltslebens), ein namentlich in der Isolirhaft auftretendes und mit Gehörshallucinationen beginnendes Irresein. Die Kranken hören, sie seien begnadigt, ihre Strafzeit sei aus.

Sie queruliren um Entlassung, wähnen sich, da ihr Verlangen nicht erfüllt wird, ungerecht zurückgehalten. Es entwickelt sich Verfolgungswahn.

Im Anfang des Leidens, durch Versetzung in Collectivhaft, rasche Genesung, da die Störung wohl durch die Einsamkeit bedingt ist.

Bei den meist organisch belasteten Gewohnheitsverbrechern kommen neben Schwachsinn mit impulsiven Antrieben, neben moral insa-

nity, Epilepsie und epileptoiden Zuständen sowie periodischen Irreseins-
formen, nicht selten unter dem Druck der Freiheitsberaubung und
Anstaltsdisciplin und bei der grossen Reizbarkeit solcher Defectmenschen
wuthzornige Erregungszustände („Zuchthausknall") mit tobsuchtartigen
Explosionen vor.

## 2. Individuell prädisponirende Ursachen.

### Erblichkeit [1]).

Weitaus die wichtigste Ursache auf dem Gebiet des Irreseins ist
die Uebertragbarkeit psychopathischer Dispositionen, überhaupt cerebraler Infirmitäten, auf dem Weg der Zeugung.

Die Thatsache der Erblichkeit der psychischen Gebrechen und
Krankheiten war schon Hippocrates bekannt. Sie ist auf diesem Gebiet nur Theilerscheinung eines biologischen Gesetzes, das in der organischen Welt eine grossartige Rolle spielt, an das sogar der ganze
geistige Fortschritt des Menschengeschlechts geknüpft ist.

Nächst der Tuberculose gibt es kaum ein Krankheitsgebiet, auf
welchem sich die Erblichkeit so mächtig geltend macht als auf dem der
psychischen Krankheiten, nur über die Häufigkeitsziffer, mit der dies
geschieht, bestehen Differenzen. Die Statistiken (Legrand du Saulle op.
cit. p. 4) schwanken zwischen 4—90% erblich bedingter Fälle. Innerhalb so bedeutender Differenzen kann sich offenbar ein gesetzmässiger
Faktor nicht geltend machen. Die Ursache der Differenz kann nur
in der verschiedenen Art und Weise wie die statistische Berechnung
zu Stande kam, liegen. Es kommt viel darauf an, aus welchen Volks-
klassen das statistische Material stammt. In aristokratischen Kreisen,
vom Verkehr abgeschlossenen Bevölkerungsgruppen, geschlossenen Re-
ligionsgesellschaften (Juden, Sektirer, Quäker), wo Inzucht getrieben
wird, ist der Procentsatz der Heredität ein grösserer als bei einer
flottirenden Bevölkerung. Aber auch der Gesichtspunkt der verschiedenen Statistiker war ein verschiedener. Von manchen Forschern
wurde nur dann Heredität anerkannt, wenn Irresein bei den Erzeugern
nachweisbar war (directe gleichartige Erblichkeit). Allein so eng lässt

---

[1]) Prichard, treatise on insanity, p. 157; Lucas, traité philosophique et physio-
logique de l'hérédité. Paris. 1847; Morel, traité des dégénérescences etc. Paris. 1857;
Derselbe, Archiv génér. 1859, September; Hohnbaum, Allg. Zeitschr. f. Psych. 5,
p. 540; Morel, traité des maladies mental. p. 114. 258; Morel, de l'hérédité morbide
progressive, Archiv. général. 1867; Voisin, Gaz. des hôpit. 1858. 16; Moreau, l'union
med. 1852. 48; Jung, Allg. Zeitschr. f. Psych. 21. 23; Ann. med. psych. 1874. November; Legrand du Saulle, die erbliche Geistesstörung; deutsch von Stark. 1874; Ribot,
die Erblichkeit; deutsch von Hotzen, 1876; Hagen, statist. Untersuch. Erl. 1876.

sich der Begriff der Erblichkeit nicht ziehen. Es sind hier wesentlich drei Thatsachen zu berücksichtigen:

a) der Atavismus. Die körperlich geistige Organisation und Besonderheit kann sich von der ersten auf die dritte Generation vererben, ohne dass die vermittelnde zweite Merkmale der ersten aufzuweisen braucht — somit interessiren uns auch die Lebens- und Gesundheitsverhältnisse der Grosseltern.

b) Nur in seltenen Fällen wird die wirkliche Krankheit auf dem Weg der Zeugung übertragen (angebornes Irresein, hereditäre Syphilis), in der Regel nur die Disposition dazu. Zur wirklichen Krankheit kommt es erst, wenn auf Grundlage jener accessorische Schädlichkeiten zur Geltung gelangen.

Drei Brüder A. B. C. erwerben die Disposition zur Erkrankung und vererben sie auf ihre Nachkommenschaft. A. und B. bleiben gesund, weil keine Gelegenheitsursachen einwirkten, desgleichen B.'s Kinder, und zwar aus dem gleichen Grund und weil günstige Interferenzbedingungen, etwa durch Artung nach der dispositionsfreien Mutter obwalteten.

Dagegen erkrankt C., weil die günstigen Lebensverhältnisse A.'s und B.'s ihm nicht zu Theil wurden, es erkrankt aber auch das Kind von A., weil es der interferirenden und sonstigen günstigen Bedingungen der B.'schen Kinder nicht theilhaftig wurde.

Wir müssen somit auch die Gesundheitszustände der Blutsverwandtschaft (Onkel, Tante, Vetter, Base) und da auch hier das Gesetz des Atavismus gilt, die etwaigen Krankheiten von Grossonkel und Grosstante berücksichtigen.

c) Nur ausnahmsweise entwickelt sich auf dem Weg erblicher Uebertragung krankhafter Dispositionen ein und dieselbe Krankheit bei Ascendent wie Descendent. Im Gegentheil besteht hier eine bemerkenswerthe Wandelbarkeit der Krankheitsbilder, die nahezu Anspruch auf die Bedeutung eines Gesetzes (des Polymorphismus oder der Transmutation) hat.

Die Transmutationen sind unzählig. Die verschiedensten Neurosen und Psychosen finden sich bei erblich durchseuchten Familien, neben- und Generationen hindurch nacheinander und lehren uns, dass sie vom biologisch-ätiologischen Standpunkt nur Zweige ein- und desselben pathologischen Stammes sind.

Die Thatsache der Wandelbarkeit der erblich vermittelten Krankheitszustände nöthigt zur vorsichtigen Prüfung, an welche Zustände und Erscheinungsformen krankhaften Nervenlebens sich die erbliche Uebertragbarkeit in direkter oder modificirter Erscheinungsweise knüpft.

α) Zweifellos in dieser Hinsicht sind die Fälle, in welchen Psychosen in der Ascendenz und in der Descendenz sich vorfinden (gleich-artige Erblichkeit). In manchen derselben hat die Psychose sogar bei beiden Generationen dieselbe Form und bricht auf dieselben accesso-rischen Ursachen hin z. B. Puerperium aus (gleichförmige Erblichkeit).

*β*) Als gleichwerthige dahin gehörige Erscheinung steht das Vor-kommen von Selbstmord [1]) durch Generationen hindurch da , d. h. die Disposition zum Selbstmord, der ja fast immer Symptom einer Melancholie oder einer in schwierigen Lebenslagen sich nicht zurecht-findenden, neuropsychopathischen Constitution ist. Besonders beweisend sind die Fälle von Selbstmord, wo Ascendent und Descendent unter annähernd gleichen Lebenslagen und in gleichem Lebensalter sich um-bringen. Es existiren sogar genealogische Tabellen, wornach ganze belastete Familien durch Selbstmord ausstarben [2]).

*γ*) Zweifellos ist auch der vererbende Einfluss constitutioneller Neuropathieen, mögen sie auch nur in einer habituellen Migräne oder in einer Hysterie oder Epilepsie [3]) bestehen.

Der erblich schädigende Faktor kann sich bei der Nachkommen-schaft in blosser neuropathischer Constitution, in der Hervorbringung von Neurosen aber auch von Psychosen bis zu Idiotie als der schwersten Form hereditärer Entartung geltend machen.

*δ*) Sicher gestellt ist der vererbende d. h. zu Irresein disponirende Einfluss pathologischer Charaktere.

Gewisse Schwärmer, verschrobene excentrische Köpfe, Sonder-linge, Hypochonder haben nicht nur äusserst häufig geistes- und nerven-kranke ascendente und collaterale Verwandte, sondern auch neuro-pathische, irrsinnige selbst idiotische Nachkommen.

Diese problematischen Existenzen, die meist von Kindsbeinen auf anders fühlen, denken und handeln als die übrigen Menschen, sind zudem selbst beständig in Gefahr, dem Irresein zu verfallen und viel-fach die Candidaten für eine Degenerationsform des Irreseins par excellence — die primäre Verrücktheit, die auch ganz besonders ihre Nachkommen heimsucht.

---

[1]) Tigges, Vierteljschr. f. Psychiatrie, 1868, No. 3. 4, p. 334.
[2]) Morel, traité des mal. med., p. 404; Ribot, p. 147; Lucas II, 780; Ann. med. psych. 1844, Mai, p. 389.
[3]) Trousseau, Med. Klin., deutsch von Culmann, 1867, p. 88; Moreau (a. a. O.) fand unter 364 Epileptikern 62 epil., 17 hyster., 37 apoplect., 38 irrsinnige Bluts-verwandte, 195mal Convulsionen, Schwindsucht, Scrophulose, Eclampsie, Asthma. Trunksucht etc. bei den Eltern oder Blutsverwandten; Martin, Ann. med. psych. 1878, November, weist nach, dass die Kinder Epileptischer in grosser Zahl unter Convulsionen sterben.

ε) Dass ferner verbrecherische, lasterhafte Lebensführung[1]) mit dem Irresein in erblicher Beziehung steht, ergibt sich aus der Häufigkeit, mit welcher Irresein und andere neurotische Degenerescenzen bei Gewohnheitsverbrechern selbst, ihrer Blutsverwandtschaft, Ascendenz und Descendenz sich vorfinden. Verbrechen als moralische und Irresein als organische Entartungserscheinungen bleiben nichtsdestoweniger Gegensätze. Die gemeinsamen Berührungspunkte liegen einfach darin, dass Irresein auch unter der klinischen Form sittlicher Depravation (siehe moralisches Irresein) einhergehen kann und vielfach fälschlich für solche gehalten wird. Auch die Trunksucht[2]) muss in die Kette der erblich belastenden Momente einbezogen werden. Selten kommt hier gleichartige Vererbung vor, meist ungleichartige, insofern die durch Alkoholexcesse degenerirte Ascendenz Kindern das Leben gibt, die als Idioten, Hydrocephalen oder mit neuropathisch convulsibler Constitution zur Welt kommen, früh an Convulsionen zu Grund gehen, während sich bei den Ueberlebenden Epilepsie, Hysterie, Geisteskrankheit und gerade die schwersten Formen psychischer Degeneration aus der krankhaften Constitution der Nervencentren entwickeln.

So theilt Marcé den Fall eines Trunkenbolds mit, der sechzehn Kinder zeugte. Fünfzehn gingen früh zu Grund, das einzige überlebende war epileptisch. Nach Darwin sterben die Familien von Säufern in der vierten Generation aus. Nach Morel ist die Degeneration folgende:

I. Generation: ethische Depravation, Alkoholexcesse,
II. „ Trunksucht, maniakalische Anfälle, allgemeine Paralyse
III. „ Hypochondrie, Melancholie, Taed. vitae, Mordtriebe
IV. „ Imbecillität, Idiotie, Erlöschen der Familie.

Wunderbar, aber durch von Flemming, Ruer, Demeaux beigebrachte Fälle erwiesen, ist die Thatsache dass selbst Kinder sonst nüchterner Eltern, wenn ihre Zeugung mit einer unheilvollen Stunde des Rauschs zusammenfiel, in hohem Grad zu Geistesstörung, überhaupt zu Nervenkrankheiten disponirt sind. Diese schlimme Interferenzwirkung kann sich sogar schon von Geburt auf als angeborener Schwach- und Blödsinn geltend machen.

---

[1]) Roller, Allg. Zeitschr. f. Psych. 1, p. 616; Heinrich, ebenda 5, p. 538: Solbrig, Verbrechen und Wahnsinn, 1867; Legrand du Saulle, Ann. d'hyg. 1868, Oktober; Despine, Étude sur les facultés intellect. et morales, Paris 1868; Laycock, Journ. of mental science 1868, Oktober; Brierre, Le fous criminels de l'Angleterre; deutsch von Stark, 1870; Thomson, Journ. of mental science, 1870, Oktober: s. f. die Literatur bei moral. Irresein.

[2]) Vgl. die schöne Arbeit von Taguet, Ueber die erblichen Folgen des Alkoholismus, Ann. méd. psych. 1877, Juli; Morel, traité des dégénéresc., p. 116; Jung, Allg. Zeitschr. f. Psych. 21, p. 535. 626; Bär, Alkoholismus. 1878, p. 360.

Griesinger machte darauf aufmerksam, dass Genialität [1]) sich zuweilen neben hereditärem Idiotismus finde. Moreau ging sogar soweit,
Genialität für eine Neurose zu erklären. Dass geniale Menschen nicht
selten (Schopenhauer's Grossmutter und Onkel waren blödsinnig) irrsinnige, psychisch defekte Angehörige haben und geistig schwache, ja
selbst idiotische Kinder zeugen, ist zweifellos. Es scheint, als ob eine
gemeinsame höhere feinere Organisation der Nervenelemente im einen
Fall, unter Interferenz besonders günstiger Bedingungen zu höherer Entwicklung gelangt, unter ungünstigen zu psychischer Degeneration führt.

Ob zu nahe Blutsverwandtschaft [2]) als erblich degenerativer Faktor
anzusehen ist, muss vorläufig dahingestellt bleiben. Die Experimente
der Thierzüchter, die freilich nur tadellose Thiere zur Züchtung ver-
wenden, ebenso die Stammbäume der Ptolemäer sprechen dagegen.
Es wäre möglich, dass sie lange bedeutungslos bleibt, sofern die sich
paarenden Individuen von degenerativen Momenten frei bleiben. Ist
dies nicht der Fall, so kommt es sicher zu rascher Degeneration —
Albinismus, Taubstummheit, Idiotismus, Sterilität.

Es kann endlich keinem Zweifel unterliegen, dass Alles, was das
Nervensystem und die Zeugungskraft der Erzeuger schwächt, seien
dies zu jugendliches oder zu betagtes Lebensalter, schwächende, vorausgehende Krankheiten (Typhus, Syphilis), Merkurialkuren, Alkohol- und
sexuelle Excesse, Ueberanstrengung etc. zu neuropathischer Constitution
und dadurch mittelbar zu allen möglichen Nervenkrankheiten der Descendenz Anlass geben kann.

Die Bedeutung der Erblichkeit auf unserem Gebiet wird besonders klar, wenn man das Schicksal von Familien, die von psychischer
Krankheit heimgesucht sind, durch Generationen verfolgt [3]).
Eine meinem Beobachtungskreise entnommene genealogische Ta-
belle möge dies veranschaulichen:

---

[1]) Vgl. Hagen, Ueber Verwandtschaft des Genie mit dem Irresein. Allg.
Zeitschr. f. Psych. 33, H. 5 u. 6; Maudsley, übers. v. Böhm, p. 309; Moreau, Psychologie morbide, 1859.

[2]) Darwin, Ehen Blutsverwandter, deutsch von v. d. Velde, 1876; Devay, Du
danger des mariages consanguins. Paris, 1857; Baudin, Ann. d'hyg. 2e ser. XVIII,
p. 52; Mitchell, ebenda, 1865; Allg. Zeitschr. f. Psych. 1850, p. 359. Nach Baure-
gard (Ann. d'hyg. 1862, p. 226) gingen aus 17 zwischen Blutsverwandten geschlossenen Ehen 95 Kinder hervor; davon 24 Idioten, 1 taub, 1 Zwergwuchs, 37 leidlich normal.

[3]) Vgl. die interessanten Tabellen von Bird, Allg. Zeitschr. f. Psych. 7, p. 227;
Taguet, Ann. med. psych. 1877, Juli; Doutrebente, ebenda 1869, September, November (Schmidt's Jahrb. 145. 3).

| 1. Generation. | 2. Generation. | 3. Generation. | 4. Generation. | 5. Generation. |
|---|---|---|---|---|
| Vater geisteskrank | Tochter, einziges Kind wird geisteskrank | 1. Tochter geisteskrank | 1. Tochter Schicksal unbekannt | ? |
| | | | 2. Tochter geisteskrank | fehlt |
| | | | 3. Sohn Manie-Dementia | fehlt |
| | | 2. Tochter gesund | 7 gesunde Kinder | ? |
| | | 3. Tochter geisteskrank | 1. Sohn geisteskrank, Selbstmord | fehlt |
| | | | 2. Tochter blödsinnig | fehlt |
| | | | 3. Tochter periodisch irre | fehlt |
| | | 4. Tochter gesund | 2 Söhne, Schicksal unbekannt. | ? |
| Mutter intact. | | 5. Sohn geisteskrank | fehlt | — |
| | | 6 Sohn geisteskrank | 1. Sohn gesund | ? |
| | | | 2. Sohn irrsinnig | fehlt |
| | | | 3. Tochter gesund | Tochter irrsinnig |
| | | 7. Sohn gesund | 3 gesunde Kinder | ? |
| | | 8. Sohn gesund | 5 gesunde Kinder | ? |

NB. Von diesen 37 vom geisteskranken Ahnen abstammenden Individuen sind somit 13 irre und 24 gesund (?), jedoch fehlen von einigen Nachrichten und sind andere noch sehr jung.

Ein Rückblick auf alle erwähnten Thatsachen lehrt uns das Irresein im Grossen und Ganzen als eine degenerative Lebenserscheinung kennen, deren Bedingungen in angeborenen, mit dem Zeugungskeim übertragenen krankhaften Dispositionen, als Ausdruck vererbter, pathologischer Hirnzustände der Ascendenz oder in im Lauf des Lebens erworbenen Schädigungen der individuellen cerebralen Existenz, zu suchen sind.

Die durch irgend einen dieser Faktoren erzeugte krankhafte Disposition, Infirmität oder wirkliche Krankheit, zeigt nach dem biologischen Gesetz der Erblichkeit eine bedeutende Neigung zur Uebertragung in irgend einer Form auf die Nachkommenschaft.

Insofern hat der Satz der heiligen Schrift: „Ich werde die Sünden eurer Väter rächen bis in's dritte und vierte Glied" eine tiefernste Bedeutung und entscheiden über das Lebensglück kommender Generationen grossentheils Lebensweise, Lebensschicksale und Zuchtwahl der Ascendenz. Der conventionelle Ausdruck „wohlgeboren" bekommt auf unserem Gebiet einen bedeutungsvollen Sinn.

Die Art der Transformation auf dem Weg erblicher Uebertragung, die specielle Form der nervösen oder psychischen Infirmität ist abhängig von individuellen wie äussern, vielfach zufälligen Bedingungen. Zu Gesetzen ist die Wissenschaft hier noch nicht gelangt.

Im Allgemeinen lässt sich nur sagen, dass wenn zwei belastete Individuen sich zur Zeugung vereinigen oder zur ungünstigen Constitution eines Zeugenden ungünstige, interferirende Bedingungen (Trunksucht, schwächende Einflüsse etc.) hinzutreten, die Belastung der Nachkommenschaft eine immer schwerere wird und in fortgesetzter Uebertragung psychopathischer, degenerativer Momente eine fortschreitende Entartung bis zu den schwersten Formen derselben sich vollzieht. Aus Neuropathieen entwickeln sich dann Psychosen, anfangs noch leidlich gutartig und nach dem Schema der Psychoneurosen, dann immer mehr degenerativ (circuläres, periodisches, moralisches, impulsives Irresein), bis schliesslich Idiotismus entsteht. Dann amortisirt die Natur die pathologische Familie, welche die physiologische Fähigkeit verliert, sich fortzupflanzen.

Umgekehrt ist aber eine Regeneration auf einer gewissen Stufe noch möglich durch Kreuzung mit gesundem Blut aus intacter Familie, durch Interferenz günstiger Lebensbedingungen. Die Formen der Krankheit werden dann immer milder und wird die Kreuzung fortgesetzt, so kann der degenerative Keim vollständig schwinden.

Die interessante und von Morel bejahend beantwortete Frage, ob es ein erbliches Irresein als klinische Form gibt, muss eine offene bleiben [1]).

Nach meiner Erfahrung bildet das erblich degenerative nur eine Theilerscheinung des degenerativen Irreseins überhaupt (s. specielle Pathol.).

Bezüglich der obigen Frage muss der Unterschied betont werden, der zwischen blosser erblicher Anlage (latente Disposition) und zwischen erblicher Belastung, d. h. wo der Faktor Erblichkeit in die geistig körperliche Entwicklung und Artung des Individuums bestimmend, belastend eingreift, besteht.

Das Irresein bei blosser erblicher Anlage unterscheidet sich von den nicht erblichen Fällen, ausser durch Auftreten im früheren Lebensalter, Ausbruch auf Grund oft geringfügiger accessorischer Ursachen, mehr plötzlichen Ausbruch und raschere Lösung sowie günstigere Prognose in keiner Weise.

In den Uebergangsstufen zum erblich degenerativen Irresein werden die Formen schwerer, organischer und machen sich gewisse Züge der Degeneration (Stupor, impulsive Akte, Periodicität) bemerklich.

---

[1]) Vgl. Emminghaus, Allg. Psychopath., p. 322.

### Neuropathische Constitution [1]).

Nächst der erblichen Anlage ist das wichtigste individuell prä-disponirende Moment jene eigenthümliche Constitution der nervösen Elemente, die man neuropathische genannt hat und deren Wesen darin besteht, dass das Gleichgewicht der Funktionen ein äusserst labiles ist und bei geringfügigen Reizen verloren geht, ferner dass die Reaktion auf irgend welche Reize eine äusserst intensive und extensive ist, aber sehr rasch Erschöpfung eintritt.

Dieser Zustand „reizbarer Schwäche" macht die Einwirkung von Reizen möglich, die bei nicht neuropathischen Menschen keine oder keine so intensive Wirkung ausüben würden und erklärt damit die leichte Erkrankungsmöglichkeit auf die geringfügigsten Schädlichkeit.

Eine solche neuropathische Constitution ist angeboren oder er-worben. In ersterem Fall ist sie in der Regel auf erblichem Boden entstanden und der funktionelle Ausdruck beginnender Entartung der höchst organisirten Nervenelemente.

Sie kann angeboren jedoch auch bei der Nachkommenschaft von in keiner Weise erblich belasteten Erzeugern vorkommen und ist dann die Folge von diese zur Zeit der Zeugung treffenden, schwächenden Momenten (z. B. überstandene schwere Krankheiten, Syphilis und Merkurialkuren seitens des Vaters) oder im Fötalleben zur Geltung ge-kommenen Schädlichkeiten (Krankheiten, Ernährungsstörungen, Kum-mer, Ausschweifungen, Verletzungen der Mutter etc.).

Nicht selten ist die neuropathische Constitution eine erworbene, so durch erschöpfende, schwere Krankheiten z. B. Typhus, gehäufte schwere Geburten und Wochenbetten, Blutungen, weitgetriebene sexuelle Excesse, namentlich Onanie. Auch schwere acute Krankheiten im Kindesalter (acute Exantheme, Cerebralaffektionen etc.) können sie hervorrufen.

### Erziehung.

Nächst seiner Hirnorganisation verdankt der Mensch der Art und Weise der Erziehung die Eigenart seiner psychischen Existenz. Zu-weilen wirken Organisation und Erziehung in der Hervorrufung psycho-pathischer Dispositionen zusammen, insofern Eltern nicht blos auf dem Weg der Zeugung eine unglückliche, organische Constitution vererben, sondern auch, auf Grund dieser mit krankhaften Leidenschaften, sitt-lichen Fehlern und Excentricitäten behaftet, durch böses Beispiel, fehlerhafte Erziehung — ihre Excentricitäten und sittlichen Gebrechen auf die Kinder übertragen.

---

[1]) Griesinger, Archiv f. Psych. I, p. 1.

So können die Bedingungen für Hysterie, Hypochondrie, Trunk-sucht entstehen.

Fragen wir uns, nach welchen Richtungen speciell die Erziehungs-fehler Prädispositionen zum Irresein schaffen können, so ist in erster Linie anzuführen:

α) Eine allzustrenge Behandlung des äusserst impressionablen kindlichen Gemüths, das so sehr empfindungsweich und liebebedürftig ist. Waltet hier Härte, ja selbst Rohheit vor, so wird nicht nur die Entwicklung gemüthlicher Beziehungen im Keime zerstört, sondern zugleich der Grund zu schmerzlichen Beziehungen zur Aussenwelt bis zu Taedium vitae, zu verschlossenem, leutscheuem Charakter gelegt.

β) Eine allzu nachsichtige Erziehung, die Nichts zu versagen und Alles zu entschuldigen weiss und damit Eigensinn, ungezügelten Leidenschaften und Affekten, mangelnder Selbstbeherrschung und Ent-sagung Vorschub leistet. Aus Muttersöhnchen wird selten etwas Tüchtiges. Das sociale Leben fordert Selbstbeherrschung, Unterord-nung unter die Majorität, Widerstandskraft gegen die Stürme des Lebens und Resignation. Wo diese Eigenschaften fehlen, bleiben Ent-täuschungen, Bitterkeiten, peinliche Affekte nicht erspart. Zuweilen gleicht später die rauhe Schule des Lebens den Erziehungsdefekt aus und bildet den Charakter, aber es geht dann nicht ohne mächtige Er-schütterungen ab, die für das psychische Gleichgewicht Vieler ver-hängnissvoll werden.

γ) Allzufrühe Weckung und Anstrengung der intellectuellen Kräfte auf Kosten der Ausbildung des Gemüths, der kindlichen Unbefangen-heit und körperlichen Gesundheit. Diese Ursache macht sich doppelt da geltend, wo glänzende, allerdings oft einseitige Begabung, wie sie gerade bei neuropathischen erblich veranlagten Kindern vorkommt, die Eitelkeit der Eltern und Vormünder herausfordert und zur Anspannung der geistigen Kräfte des Wunderkinds verleitet. Nur selten wird aus solchen frühreifen, glänzend begabten Kindern etwas Ordentliches, wenn man sie als Treibhauspflanzen behandelt. Im besten Fall ent-wickeln sie sich einseitig und werden „partielle Genie's" mit schwäch-lichem Körper; nicht selten bleiben sie aber plötzlich, namentlich in der Pubertät, in ihrer Entwicklung stehen und schreiten nicht mehr vorwärts.

Im Allgemeinen muss die Erziehung der Kinder der höheren Klassen vielfach als eine verfehlte bezeichnet werden. Allzufrüh tritt oft schon der Kampf um's Dasein in Gestalt exorbitanter Forderungen der Schule an das Kind heran, die dann auf Kosten des Schlafs und der körperlichen Ausbildung erfüllt werden müssen.

Auf diesem Wege kann eine neuropathische Constitution erworben

und dadurch der Grund zu späterem Irresein gelegt werden. Nicht
minder bedenklich ist die allzufrühe Hereinziehung der Kinder in die
geselligen Kreise der Erwachsenen. Sie führt zu früher Blasirtheit,
verleitet zu anticipirten sinnlichen Genüssen und Ausschweifungen, die
die geistige wie körperliche Fortentwicklung schädigen.

## II. Accessorische oder gelegentliche Ursachen.

### L. Psychische Ursachen[1]).

Unzweifelhaft können Gemüthsbewegungen den Anstoss zur Entstehung von Irresein abgeben. Die mächtige Wirkung, welche Affekte
auf vasomotorische und motorische Centren üben, sind Thatsachen,
welche wenigstens die Gewalt solcher psychischer Bewegungen klar
machen.

Aber von hier bis zum Irresein ist noch weit. Die Anschauung
der Laien, namentlich der Dramendichter und Romanschriftsteller, die
den Wahnsinn aus mächtigen Leidenschaften und Affekten ohne Weiteres hervorgehen lassen, ist mindestens eine einseitige. Allerdings
gibt es Fälle, wo ein heftiger Affekt, meist Schrecken, fast unmittelbar
Irresein (Stupor, primäre Dementia, Mel. attonita, Tobsucht) hervorruft. Aber, wie in analogen Fällen von Epilepsie, besteht hier immer
eine bedeutende Prädisposition (neuropathische meist erbliche) oder eine
temporäre gesteigerte Erregbarkeit des Gehirns (Menses, Puerperium).
Das shokartig wirkende psychische Moment stört hier die vasomotorische
Innervation (Krampf, Lähmung) und damit Circulation und Ernährung
des Gehirns.

In der Regel folgt auf ein ätiologisch wichtiges psychisch affi-
cirendes Moment die Psychose nicht unmittelbar, sondern nach einem
längeren oder kürzeren Zeitraum, in welchem das betroffene Individuum zwar sein psychisches Gleichgewicht wieder zu gewinnen scheint,
aber nun zu kränkeln beginnt, herunterkommt, an Verdauungs-, Menstrualstörungen, Anämie, Schlaflosigkeit, Tuberculose leidet. Die Vermittlung zwischen Ursache und Wirkung bilden eben diese Ernährungsstörungen, die schliesslich auch das psychische Organ in ihren Bereich
ziehen.

Eine schon bestehende somatische oder psychische Prädisposition
begünstigt den Ausbruch, jedoch kann der die Constitution untergrabende Einfluss des psychischen Moments auch ohne eine solche das
Irresein herbeiführen.

---

[1]) Obersteiner, Vierteljschr. f. Psych. 1867, p. 171; Schüle, Handb., p. 273;
Védic, Ann. méd. psych. 1874, Januar; Morel, traité des mal. ment. p. 218.

Um so leichter ist dies möglich, wenn die psychische Ursache in chronischer Weise (z. B. häuslicher Kummer) zur Geltung kommt.

Auch da, wo eine einmalige Gemüthsbewegung erst nach Wochen oder Monaten zu Irresein führt, besteht meist eine Prädisposition oder ist der Affektshok ein so intensiver und plötzlicher, dass die Affektvorstellungsgruppe Neuralgieen (Schüle) hervorruft oder zur Dignität einer Zwangsvorstellung sich erhebt und dadurch fixirt. Die Erfahrung lehrt, dass es ausschliesslich deprimirende Gemüthsbewegungen (Todesfall, Vermögensverlust, schwere Kränkung der Ehre etc.) sind, die zu Irresein führen.

Je nach Geschlecht und Individualität sind die Veranlassungen verschieden. Beim Weib rohe Verletzung der Geschlechtsehre[1]) (Nothzucht) oder die langsam und um so verderblicher wirkenden Momente der unglücklichen Liebe, Ehe, Eifersucht, des Siechthums, Todes der Kinder; beim Mann macht sich mehr nicht erfülltes Streben, aufgedrungener Beruf, gekränkter Ehrgeiz, finanzieller Ruin geltend.

Zu den psychischen Ursachen des Irreseins gehört auch die Uebertragung desselben durch Imitation (Ansteckung)[2]), analog den in der Nervenpathologie wohlbekannten Fällen von Hysterie, Hypochondrie durch Ansteckung.

Immer besteht in solchen Fällen[3]) eine bedeutende Prädisposition, sei es als hereditäre oder wenigstens Familienanlage, sei es als Gleichartigkeit socialer Bedingungen (Hungersnoth, religiöse, politische Aufregung), oder auch, wie Nasse fand, die anstrengende Pflege Geisteskranker, namentlich aufgeregter Verwandter, hatte die körperliche und geistige Kraft gebrochen.

Fehlt die Prädisposition, so hat der Umgang mit Geisteskranken, sofern er wissenschaftliche oder humane Ziele hat, kaum eine schädigende Wirkung auf die geistige Gesundheit. Thatsächlich erkranken Angestellte eines Irrenhauses selten psychisch und dann meist unter Bedingungen, die ausserhalb ihrer Berufssphäre lagen, während allerdings für Belastete der Beruf eines Irrenarztes oder Wärters sein Bedenkliches hat.

---

[1]) v. Krafft, Vierteljschr. f. ger. Med. N. F. XXI. H. 1, p. 60.

[2]) Finkelnburg, Allg. Zeitschr. f. Psych. 18; Lasègue und Falret, „La folie à deux ou folie communiquée", Ann. med. psych. 1877, November; Nasse, Allg. Zeitschr. f. Psych. 28 p. 591; Cramer ebenda 29, p. 218.

[3]) Dahin die Geistesepidemieen in Klöstern, die Predigerkrankheit in Schweden, die hysterodämonopathische Epidemie in Morzine, die neuerdings von Seeligmüller, Allg. Zeitschr. f. Psych. 33, beschriebene hysteropathische.

α) Meningitis. Das Irresein ist der Ausdruck von Ernährungsstörungen der Hirnrinde bis zur Degeneration derselben.

Bei der anatomischen und funktionellen Zusammengehörigkeit der Blutgefässe der Pia mater und der Hirnrinde erklärt sich die Thatsache, dass Hyperämieen und Gewebsveränderungen der Pia Ernährungsstörungen in der Hirnrinde und damit Geistesstörung hervorbringen können.

So die acute Leptomeningitis, indem sie sich chronisch gestaltet und durch nicht resorbirte Exsudate Ernährungsstörungen und Reizerscheinungen in der Hirnrinde hervorruft (Dementia und intercurrente Tobsucht).

Die tuberculöse Meningitis verlauft bei Erwachsenen nicht selten in subacuter Form und unter dem nahezu fieberlosen Bild einer Psychose. Auch die Pachymeningitis interna hämorrhag.[1]) kann psychische Störungen setzen (primäre progressive Dementia mit allgemeiner Ataxie, Parese und intercurrenten tobsuchtartigen Aufregungszuständen, epileptischen und apoplectischen Anfällen).

β) Heerdartige Hirnerkrankungen. Die der psychischen Krankheit zu Grunde liegenden anatomischen Veränderungen sind diffuse, nicht heerdartige.

Heerdartige Erkrankungen des Gehirns, wenn sie nicht das Rindengebiet mitafficiren, können ohne psychische Störung ablaufen. Häufig genug compliciren sie sich aber mit solcher, insofern sie multipel auftreten (Sclerose, capilläre Apoplexieen etc.) oder indem sie durch Druck, Reizung, secundäre Gefässdegeneration, Oedem etc. Circulations- und Ernährungsstörungen in der Hirnrinde setzen oder den betreffenden Hirnabschnitt einschliesslich des Rindengebiets zur Atrophie bringen.

Das Krankheitsbild ist in solchen Fällen im Grossen und Ganzen das eines progressiven Blödsinns mit Lähmung und durch zeitweise Reizzustände und Circulationsstörungen bedingten Aufregungszuständen.

Als hierhergehörige Erkrankungen sind zu erwähnen:

Die Apoplexie des Gehirns[2]), die Atherose der Hirnarterien mit

---

[1]) Huguenin. Ziemssen, Handb. XI, p. 342.

[2]) Rochoux, recherches sur l'encéphale. Es kann sich hier um isolirte grosse apoplectische Heerde oder Embolieen oder miliare multiple capilläre Hämorrhagieen handeln. Klinisch besteht progressiver Blödsinn mit heerdartigen Lähmungen. Intercurrent finden sich psychische Erregungszustände, Delirien, Hallucinationen, Angst, epileptische Anfälle. Zuweilen Ausheilen des apoplectischen Heerds mit consecutiver Hirnatrophie und stationärem psychischem Schwächezustand.

encephalitischen Erweichungsheerden[1]), die multiple Hirnselerose[2]), Tumoren[3]), Cysticerken und Echinococcen[4]).

γ) Eine aetiologisch bedeutsame Gruppe bilden die Kopfverletzungen[5]). In der Pathogenese dieses „traumatischen Irreseins" spielen jedenfalls chronisch meningitische und encephalitische Processe eine hervorragende Rolle. Sie sind bald direkte Folgen des Reizes, welchen das Trauma setzte, bald fortgeleitete Entzündungen von umschriebenen Verletzungen des Schädelgehäuses, der Meningen oder des Gehirns (apoplectische Heerde, Gehirnabscesse), bald sind es beständig sich wiederholende Fluxionen des in seinem Gefässtonus tief erschütterten Gehirns, die jene gewaltigen Veränderungen hervorrufen.

Die sich hier ergebenden Psychosen haben durchweg den Charakter schwerer idiopathischer, sind vielfach mit motorischen, vasomotorischen und sensiblen Störungen complicirt und meist von ungünstiger Prognose.

Sie folgen dem Trauma auf dem Fuss oder treten erst nach Wochen, Monaten bis Jahren ein.

Im ersteren Fall schliesst sich an die Erscheinungen der Commotion das Bild einer Gehirnreizung (Kopfschmerzen, Schwindel, Angstgefühle, Hallucinationen, enge Pupillen, Zähneknirschen) mit motorischen (Coordinationsstörungen, umschriebene Lähmungen) und sensiblen Störungen (cutane und sensorielle Hyperästhesieen), das bald zurückgeht und unter Fortdauer der motorischen Störungen und zeitweise wiederkehrenden Aufregungszuständen (Angst, Hallucinationen) einer hochgradigen Reduktion der psychischen Funktionen Platz macht.

In einigen Fällen Genesung (Huguenin, Wille), meist aber restirende oder selbst bis zu den äussersten Stadien psychischen Verfalls fort-

---

[1]) S. Dementia senilis (spec. Pathol.).

[2]) Otto, Deutsches Archiv. X, p. 550; Leube, ebenda VIII, p. 1; Schüle, ebenda VII. VIII. Hier constant und schon früh psychische Schwäche mit kindisch weinerlicher Stimmung. Im Verlauf häufig intercurrente tiefe Melancholie mit Taed. vitae, zuweilen auch Verfolgungs- und Grössendelir; terminal Blödsinn.

[3]) Ladame, Symptomatik und Diagnostik der Hirngeschwülste, 1865; Obernier, Ziemssen, Handb. XI, p. 195; Wunderlich, Handb., p. 1695. Hier progressive Dementia mit allgemeiner Lähmung und Heerderscheinungen (Lähmungen, Convulsionen). Intercurrent tobsüchtige Zustände möglich. Der Tumor kann auch das diffuse Krankheitsbild der Dem. paral. vortäuschen. (Gaz. des hôp. 1857. 123.)

[4]) Snell, Allg. Zeitschr. f. Psych. 18; Knock, ebenda 21; Meschede, 26. 30; Wendt, 25. Lieblingssitz der C. die Hirnrinde, der E. die Ventrikel. Hier progressive Demenz mit intercurrenten apoplectischen und epileptischen Anfällen.

[5]) v. Krafft, „Ueber die durch Gehirnerschütterung und Kopfverletzung hervorgerufenen psychischen Krankheiten". Erlangen 1868 (mit Angabe der Literatur); Wille, Arch. f. Psych. VIII, p. 619; Huguenin, Ziemssen's Handb. XI. p. 673.

schreitende Dementia (chronische Periencephalomeningitis) mit grosser Reizbarkeit.

Da wo das Irresein nicht sofort an die Symptome des Trauma capitis sich anschliesst, vermittelt den Zusammenhang ein bald längeres bald kürzeres Stadium cerebraler Reizung als Ausdruck diffuser Corticalisstörung (periencephalitische Processe, Verkalkung der Ganglienzellen, Gliaschwielen, Durand Fardel'sche Zellen-Infiltration etc.), die durch sich umwandelnde Extravasate, Cysten, durch den Reiz von Knochensplittern etc. hervorgerufen wird, oder es kommt zu einer solchen durch häufig sich wiederholende Congestionen, zu denen das durch das Trauma geschwächte Gehirn disponirt ist.

Die Erscheinungen dieses Prodromalstadiums sind in der psychischen Sphäre zunächst hochgradige Reizbarkeit, Charakterveränderung nach der schlimmen Seite, Neigung zu Vagabondage und Excessen, wodurch der Krankheitsausbruch beschleunigt wird; bei Fällen, aus denen sich später Dementia paral. entwickelt, bestehen die prodromalen Erscheinungen in den Zeichen einer Gehirnerschöpfung (Gedächtnissschwäche, geistige Apathie). Neben diesen psychischen Symptomen finden sich äusserst häufig Kopfweh, Schwindel, Klagen über Verwirrung, Hemmung im Denken, optische und acustische Hyperästhesieen, spontan oder auf geringfügige Anlässe eintretende Congestionen mit deutlicher Steigerung aller Symptome von Hirnreizung.

Die hier vorkommenden Psychosen sind der Dementia paralytica nahestehende Bilder oder zornige Manieen in plötzlicher Explosion, mit heftigen Fluxionen, in periodischer Wiederkehr oder oft recidivirend, mit dem Ausgang in Dementia mit brutaler Reizbarkeit, oder epileptisches Irresein (hier meist schwielige Narben und Verwachsung der Gehirnhäute mit dem Schädel). Einmal beobachtete ich Verfolgungswahn mit Ausgang in Dementia.

Ein Trauma capitis kann aber noch dadurch bedeutsam werden, insofern es zwar nicht wirkliche Geisteskrankheit hervorruft, wohl aber das Gehirn dauernd zum locus minoris macht und damit eine Prädisposition zu gelegentlicher Erkrankung hervorruft. Die Einsicht in den schwächenden Einfluss des Trauma fehlt uns zwar, zweifellos trifft er jedenfalls in erster Linie die Gefässinnervation und macht den Vasomotorius weniger widerstandsfähig. Diese erworbene Disposition durch traumatischen Insult pflegt sich dann in Geneigtheit zu Fluxionen, Intoleranz gegen Alcoholica und calorische Schädlichkeiten zu äussern, häufig auch in rascherer geistiger Erschöpfbarkeit und grosser gemüthlicher Reizbarkeit. Meist führen dann die vasomotorische Innervation herabsetzende gelegentliche Momente (Affekte, Potus, calorische Schädlichkeiten) die Psychose herbei. Diese kann sich in verschiedenen Formen

(Manieen, Verfolgungswahn, Melancholie, allgemeine Paralyse) abspielen.

Immer ist auch hier das Bild einer idiopathischen Psychose mehr
weniger deutlich zu erkennen und machen sich neben den psychischen
Symptomen Congestiverscheinungen, Klagen über Kopfweh, Schwindel
in hervortretender Weise bemerklich.

An die Fälle von Irresein durch Kopfverletzung reihen sich
solche an, in welchen durch Fortkriechen eines entzündlichen Reizes
im Felsenbein [1]) (Caries, Otitis interna) auf Meningen und Gehirn
psychische Störung gesetzt wird. Auch hier handelt es sich um schwere
idiopathische, meist zum Tod führende Erkrankungen (Manieen). Auch
durch calorische Schädlichkeiten [2]) (Insolation, strahlende Wärme von
Feuerstellen) kann Irresein (Delir. acutum, progressive Dementia mit
grosser Reizbarkeit und intercurrirenden ängstlichen Aufregungszuständen) erfolgen. Die Vermittlung bilden wohl durch die calorischen
Insulte gesetzte Hyperämieen, aus denen entzündliche Processe im Gehirn (trübe Schwellung als Vorläufer parenchymatöser Encephalitis,
Arndt, Virchow's Archiv) und an den Meningen (Pacchy- und Leptomeningitis) hervorgehen. Die Prodromi des durch calorische Schädlichkeiten entstandenen Irreseins sind Erscheinungen von Hirnhyperämie (dumpfer Kopfschmerz, Kopfdruck, Reizbarkeit, geistige Unlust
und Leistungsunfähigkeit, Schlaflosigkeit).

### b. Rückenmarkserkrankungen [3]).

Im Verlauf der grauen Degeneration der Hinterstränge werden
zuweilen psychische Störungen beobachtet. Neben intercurrenter elementarer psychischer Depression (Benedict, Electrotherapie p. 337;
Eisenmann, Bewegungsataxie Beob. 12, 13, 19, 44, 66, Topinard,
Ataxie locomotrice Beob. 73, 225, 230) und ausser einer die Tabes
zuweilen gleich von Anfang begleitenden progressiven „Dementia tabica" (Westphal, Virchow's Archiv 1867, Simon, Archiv f. Psych. I.
Beob. 2, 3, 5), für welche Simon den Befund einer Sclerose der Mark-
substanz nachgewiesen hat, finden sich nicht selten Psychosen als finale

[1]) Jacobi, Die Tobsucht, p. 662; L. Meyer, Deutsche Klinik, 1855; Schüle,
Handb., p. 226 (höchst interessanter Fall von klassischer Paralyse, der nach Eintritt
eines massenhaften, eitrigen, stinkenden Ohrenflusses in Genesung übergeht).

[2]) Skae, Edinb. med. Journ. 1866, Februar; Passauer, Vierteljschr. f. ger. Med.
N. F. VI. H. 2; Bartens, Allg. Zeitschr. f. Psych. 34, H. 3; Arndt, Virchow's Archiv 64;
Arnold, Der Wahnsinn, übers. v. Ackermann, p. 113; Jacobi, Annal. v. Siegburg I, p. 130.

[3]) v. Krafft, Allg. Zeitschr. f. Psych. 28; Figges, ebenda 28, p. 245; Stein-
kühler, „Ueber die Beziehungen von Gehirnerkrankungen zur Tabes". Dissert. Strassburg, 1872.

Erscheinungen der Tabes und zwar meist Dementia (Atrophia cerebri, Pacchymeningitis — Simon), Dementia paralytica (Westphal, Allg. Zeitschrift f. Psych. 20. 21), Verfolgungsdelir und Melancholie. Der vermittelnde Weg der Entstehung dürfte in, durch den tabetischen Process veranlassten, vasomotorischen Innervationsstörungen zu finden sein.

c. Erkrankungen peripherer Nerven [1]).

Analog den Fällen von Tetanus und Epilepsie nach peripherer Nervenverletzung können auch Psychosen durch die reflectorische Uebertragung des peripheren Reizes auf die Hirnrinde direkt, oder durch vasomotorische Reflexwirkung und dadurch bedingte Circulationsstörung entstehen.

Neben älteren Fällen von Jördens, Zeller, Griesinger hat Köppe den Nachweis geliefert, dass durch eine traumatisch gesetzte Neuralgie (Quintus, N. occipitalis), ohne alle Gehirnverletzung, Reflexpsychosen entstehen können. In einigen Fällen gelang sogar die Heilung durch Excision der Narbe. Sehr instruktiv ist ferner Wendt's Fall, in welchem auf eine Schussverletzung des linken N. auriculotemporalis, mit jeweiliger Reerudescenz der Schmerzen in der Bahn dieses Nerven, Anfälle von epileptoidem Delirium sich einstellten.

In der Regel ist eine neuropsychopathische Constitution vorhanden, die die vulnerable Hirnrinde dem peripheren Reiz zugänglich macht. Auch die schwächende Wirkung des die Neuralgie hervorrufenden Trauma's auf das Gesammtgehirn, namentlich die vasomotorische Innervation, ist hier pathogenetisch zu beachten.

In seltenen Fällen muss auch der mit der Misshandlung verbundene psychische Faktor des Affektshoks [2]) (Schrecken, Zorn) ätiologisch in Rechnung gestellt werden.

Der klinische Nachweis des traumatisch-neuralgischen Zusammenhangs solcher Fälle ergibt sich aus der Entstehungsgeschichte, der auraartigen Wiederkehr der Neuralgie jedesmal vor und während der psychischen Anfälle, der zuweilen vorhandenen Möglichkeit ihrer Hervorrufung durch Provocirung der Neuralgie (Druck), den Erfolgen der Behandlung (Excision der Narbe, örtliche Anästhesirung). Der Ausbruch des Irreseins erfolgt kurze Zeit nach dem Trauma, das Krankheitsbild ist kein einheitliches, am häufigsten ein epileptoides, hystero-epileptisches oder hypochondrisch-melancholisches.

[1]) Köppe, Deutsches Archiv f. klin. Med. XIII; Wendt, Allg. Zeitschr. f. Psych. 31; Morel, traité des malad. ment., p. 146; Brodie, Lectures on certain local nervous affections. London, 1837.
[2]) v. Krafft, Friedreichs Bl. f. ger. Med. 1866.

### d. Allgemeine Neurosen.

Nicht selten beobachtet man Irresein als Begleit- oder Folg-erscheinung allgemeiner Neurosen.

α) Chorea minor [1]. Fast regelmässig finden sich hier elemen-tare psychische Störungen (Reizbarkeit, Apathie, geistige Unlust, Ver-gesslichkeit, Zerstreutheit), häufig auch Gesichtshallucinationen, zu-weilen selbst geschlossene psychische Krankheitsbilder (Manie, active Melancholie, dämonomanischer Verfolgungswahn), die wohl als Inanitions-psychosen durch Erschöpfung, in Folge der luxuriirenden Bewegungs-aktion und des verminderten Schlafes, zu deuten sind.

β) Auch für das, übrigens seltene Vorkommen von Psychosen (Manie, active Melancholie) bei Morbus Basedowii [2]) liegen einige Beobachtungen vor, für die eine vasomotorische Erklärung nahe liegt.

Als elementare Störung ist die selten bei solchen Kranken feh-lende gemüthliche Reizbarkeit zu verzeichnen.

γ) Das Vorkommen von theils transitorischen, theils terminalen dauernden Psychosen bei Hysterie und Hypochondrie ist ein sehr häufiges. Fast immer ist in solchen Fällen eine hereditäre Belastung nachweisbar und die finale Psychose bildet dann den Abschluss eines progressiv auf immer weitere Centren sich ausbreitenden, tief constitutio-nellen Krankheitsprocesses (s. specielle Pathologie psych. Entartungen).

δ) Epilepsie [3]. Nur selten bleibt der Epileptische zeitlebens ganz von psychischer Störung verschont. Ausser regelmässigen ele-mentaren und nicht seltenen transitorischen Störungen des Geisteslebens erleidet häufig genug (nach Russel Reynolds in 61% der Fälle) die Geistesthätigkeit eine tiefere und dauernde, selbst fortschreitende Ein-busse in Form von Schwach- und Blödsinn.

Die Entstehungsweise der Geistesstörung aus Epilepsie ist nicht klar. Der Schwerpunkt muss auf angeborene oder erworbene, der Epilepsie zu Grund liegende Hirnstörungen, die im weiteren Fortschritt auch das psychische Organ in ihren Bereich ziehen, gesucht werden.

Viel weniger wirksam sind die durch epileptische Insulte gesetzten allgemeinen Circulationsstörungen, was sich schon daraus ergibt, dass die vertiginöse Form der Epilepsie der Integrität des geistigen Lebens verhängnissvoller ist als die convulsive.

Congenital veranlagte und vor der Pubertät entstandene Epilepsie

---

[1]) Leidesdorf, Vierteljschr. f. Psych. 1868, p. 294; Arndt, Archiv f. Psych. I. 509; Meyer, ebenda II. 535.

[2]) Böttger, Allg. Zeitschr. f. Psych. 33; Solbrig, ebenda 27; Meynert, psychiatr. Centralbl. 1871. 3.

[3]) Russel Reynolds, Die Epilepsie, deutsch v. Beigel, 1865, p. 43, mit Angabe der bezüglichen Literatur.

stört nicht bloss leicht die weitere Hirnentwicklung, sondern führt auch meist im Verlauf des Lebens zur Verblödung. Die Heftigkeit der Anfälle scheint der Integrität des psychischen Lebens weniger gefährlich zu sein als ihr gehäuftes Auftreten. Weibliche Individuen sind mehr gefährdet als männliche. (Das Weitere s. specielle Pathol. epilept. Irresein.)

### Acute constitutionelle Krankheiten [1]).

Eine nicht unwichtige Ursache für Irresein sind acute schwere Krankheiten, namentlich solche, in welchen hohe Fiebertemperaturen in jähem Anstieg erreicht werden und plötzlicher kritischer Abfall der Temperaturkurve erfolgt. Psychische Störungen (Delirium wie auch wirkliche Psychosen) sind hier nicht selten Begleiter des Krankheitsprocesses. Sie können auf der Höhe desselben und im Stadium decrementi auftreten.

Die psychischen Störungen auf der Krankheitshöhe (blandes Delir, Delir. acut., furibunde Manie, leichtere maniakalische Hirnreizung, Mel. activa mit Delirien der Verfolgung und Todesgefahr), fallen zeitlich in der Regel mit den Phasen höchster Temperatursteigerung (Fastigium) zusammen und sind wohl in durch die Fieberhitze bedingten fluxionären Hyperämieen und Ernährungsstörungen (chemische Aenderungen des Bluts, namentlich bei Infectionskrankheiten wie acute Exantheme, Intermittens, Typhus) begründet.

Die im Stadium decrementi vorkommenden psychischen Störungen finden sich vorwiegend bei Krankheiten mit bedeutendem kritischem Absprung der Temperatur (acute Exantheme, Pneumonie) oder auch bei solchen mit acutem profusem Säfteverlust (Cholera) als Collaps- oder Inanitionsdelir. Sie sind acute, desultorische Störungen (Hallucinationen und Delirien indifferenten oder ängstlichen Inhalts, Angstzufälle, leichtere Zustände maniakalischer Erregung) und wohl der einfache Ausdruck von Anämie der Hirnrinde, oder sie sind sich protrahirende (Melancholie, Manie, Stupor, primäre Dementia) und dann auf Grund tieferer Ernährungsstörungen des psychischen Organs entstandene.

Endlich können acute fieberhafte Krankheiten durch ihren schwächenden erschöpfenden Einfluss auf den Organismus eine Disposition zu psychischer Erkrankung hinterlassen. Unter den concreten febrilen

---

[1]) Mugnier, „de la folie consécutive aux malad. aigues", Paris, 1865; Chéron, observations etc. 1866; Christian, Arch. général. 1873; Liebermeister. Ziemssen, Handb. I, p. 543, II, p. 133; v. Krafft, Transitorische Störungen des Selbstbewusstseins, p. 44; Weber, „On the delir or acute insanity during the decline of acute diseases". London, 1865; Brosius, Irrenfreund, 1866, 5.

Krankheiten, die zu Irresein führen können, nehmen die acuten Infektionskrankheiten und unter diesen wieder der Typhus die erste Stelle ein.

## Typhus [1]).

Auf der Höhe des fieberhaften Processes sind hier, neben Delirium febrile, Fälle von activer Melancholie und von Manie (Typhomanie), die dann in der Reconvalescenz meist rasch schwinden, nicht selten. Im Stadium der Reconvalescenz werden Zustände von activer Melancholie und primärer Dementia als Ausdruck von Anämie und tiefer Erschöpfung des psychischen Organs beobachtet.  Nicht selten hinterlässt der Typhusprocess einen nervösen Schwächezustand, der sich in grosser Reizbarkeit, gemüthlicher Weichheit, Schwäche und rascher Erschöpfbarkeit der intellectuellen Leistungsfähigkeit äussert und auf Grund einer accessorischen Schädlichkeit noch nach Monaten bis Jahren in psychische Krankheit überführt (primäre Verrücktheit mit Verfolgungswahn, Schwachsinn mit melancholischen oder maniakalischen Erregungszuständen, selten gutartige Melancholie oder Tobsucht).

Für die auf der Höhe und im Stadium decrementi sich findenden Psychosen dürften Hoffmann's und Buhl's Befunde aus den ersten Wochen des Typhus (Oedem der Pia und der Hirnrinde), für die späteren chronischen Fälle Hoffmann's Nachweis einer Pigmentatrophie der Ganglienzellen der Hirnrinde und einer Atrophie des Gesammtgehirns belangreich sein.

## Febris intermittens [2]). Pneumonie. Acuter Gelenkrheumatismus.

Bei Wechselfieberkranken können statt des Fieberparoxysmus acute Anfälle von Irresein ("Mania transitoria", Raptus melanchol. mit heftiger Kopfcongestion) stellvertretend im Verlauf sich einstellen, oder die Intermittens kann in Orten, wo Malaria endemisch ist, gleich von vorneherein in Form psychischer Attaquen sich kundgeben (Intermittens larvata).

Zuweilen tritt auch Irresein in chronischer Weise, als Nachkrankheit, als Ausdruck der entstandenen Malariacachexie oder Melanämie in Form schwerer Melancholie auf.

Auch im Verlauf der Pneumonia crouposa [3]), meist erst im Sta-

[1]) Wille, Allg. Zeitschr. f. Psych. 22; Nasse, ebenda 21. 27; Flemming, ebenda 26; Schlager, Oesterr. Zeitschr. f. prakt. Heilkunde, 1857; Winter, Friedereichs Bl. f. ger. Med. 1879, H. 1.

[2]) Focke, Allg. Zeitschr. f. Psych. 5; Gaye, ebenda 9; Hoffmann, ebenda 16; Nasse, ebenda 21; Reich, Irrenfreund. 1870; Dagonet, Lehrb. p. 489.

[3]) Griesinger, Lehrb. 2. Aufl., p. 191; Metzger, Zeitschr. f. rationelle Med. 1858, p. 220; Grisolle, Union méd. 1848, 20 Jan.; Goos, Deutsche Klinik. 1871. p. 130;

dium des eitrigen Zerfliessens der Exsudate, vorwiegend bei Männern und Trinkern wird zuweilen acutes Irresein (maniakalische und melancholische Aufregungszustände mit Hallucinationen bis zur Höhe des Delirium acutum) beobachtet. Auf der Krankheitshöhe wiegen manische, im Stadium decrementi melancholische Krankheitsbilder vor, die letzteren wohl durch acute Hirnanämie bedingt.

Die in seltenen Fällen an überstandene Pneumonie sich anschliessenden chronischen Psychosen sind meist Melancholieen mit idiopathischem Charakter, schlechter Prognose und wohl bedingt durch meningitische und encephalitische Complicationen.

Eine sehr seltene Erscheinung ist Irresein im Verlauf des acuten Gelenkrheumatismus [1]. Simon, in seiner trefflichen Arbeit, hat dasselbe unter 1571 Fällen von solchem nur 18 mal constatirt. Die Pathogenese ist dunkel, die spärlichen Befunde deuten auf Hirnanämie, der Ausgang ist meist ein günstiger.

Es kommen acute binnen 14 Tagen ablaufende und protrahirte Fälle von 2—4 Monaten Dauer vor. In 1/6 der Fälle bestanden zugleich choreatische Erscheinungen. Die Krankheitsbilder (Mel. c. stupore primär oder im Anschluss an Manie, alternirender Zustand von Manie und Melancholie auf dementer Grundlage, demente Verwirrtheit) boten nichts Eigenartiges. Zuweilen alternirten Psychose und Gelenksaffektion, meist aber trat jene wieder auf oder exacerbirte, wenn diese recidivirte.

## Chronische constitutionelle Krankheiten [2].

Die pathogenetische Grundlage einer grossen Zahl von psychischen Krankheiten ist Anämie, wenn diese eine dauernde, mehr weniger constitutionelle ist. Wie der Anämische überhaupt zugänglicher für Krankheitsursachen ist, so ist er es auch in der Sphäre des psychischen Lebens — seine Erregbarkeitsschwelle für krankmachende Schädlichkeiten (namentlich auf vasomotorischem und gemüthlichem Weg eingreifende) liegt tiefer. Die Anämie bildet hier eine bedeutungsvolle Prädisposition und steigert durch ihr Hinzutreten die Bedeutung einer

Wille, Allg. Zeitschr. f. Psych. 23, p. 605; Kelp, Archiv f. Psych. III, p. 222; Scholz, ebenda III, p. 731.

[1] Simon Arch. f. Psych. IV, H. 3 fand unter 2195 Irren 6 Fälle (doppelt so viel Frauen als Männer); Rüppell (Bericht über die Irrenanstalt Schleswig, 1872) unter 2893 Irren 15 Fälle; Griesinger, Archiv der Heilkunde, 1860, H. 3; Wille, Allg. Zeitschr. f. Psych. 23, p. 105; Sander, ebenda 1863, p. 213; Skae. Journ. of m. science, 1874. Juli, p. 203.

[2] Schüle, Handb., p. 333.

etwa schon vorhandenen. Sie kann auch das anatomische Substrat der wirklichen Krankheit sein.

Die chronische Anämie setzt geistige Verstimmung, Reizbarkeit, geistige Unlust und Unfähigkeit bis zu Stupor; geistige Anstrengung führt hier rasch zur Erschöpfung.

Die auf solcher Grundlage sich ergebenden Psychosen sind einfache Melancholieen oder Manieen oder, bei präexistirender Belastung, die schweren Formen der Mel. stupida, primären Dementia, Tobsucht bis zu Delir. acutum.

Der Sammelbegriff der „Anämie" ist, wie Schüle mit Recht bemerkt, ein unbefriedigender und die Einsicht, wie auf Grund einer solchen die Ernährungsstörung der Ganglienzellen der Hirnrinde zu Stande kommt (Aenderungen der vasomotorischen Innervation, der Stromesgeschwindigkeit, des Blutdrucks, der Diffusion, fettige Degeneration der Gefässwände, des Herzmuskels, namentlich bei den perniciösen Anämieen) eine höchst unvollkommene.

Die Ursachen für das Zustandekommen von Anämie können sehr verschiedenartig sein — Blutverluste, erschöpfende acute und chronische Krankheiten, Inanition, Askese, zu langes Säugen, gehäufte Wochenbetten, Lactation, aufreibende Affekte, Schlaflosigkeit, tiefere Erkrankungen der Verdauungsorgane, solche der weiblichen Geschlechtsorgane, Chlorose, gestörte Pubertätsentwicklung, sexuelle Excesse etc. mögen als die hauptsächlichsten Entstehungsmomente der Anämie Erwähnung finden. Zu beachten ist auch, dass bei Belasteten, namentlich weiblichen Individuen, eine constitutionelle, von der Pubertät anhebende und allen Mitteln trotzende Anämie eine ganz gewöhnliche Erscheinung ist und wohl als Symptom einer tiefen neurotischen Affektion nach der trophischen Seite hin angesprochen werden muss.

Eine acut entstandene Anämie (durch Blutverlust, Fieberconsumption) scheint nach meinen Erfahrungen nur bei schon anderweitig Geschwächten oder Disponirten psychische Störungen (Stupor, primäre Dementia, acute manische, häufiger melancholische Erregungszustände mit heftiger Angst und massenhaften Sinnestäuschungen, diese fast ausschliesslich im Gebiet des Gesichtssinnes), hervorzurufen.

Die tiefeingreifende Wirkung acuter Blutverluste bei schon Geschwächten ergibt sich aus den Folgen von Blutentziehungen (Aderlässen) bei psychisch Kranken, die selbst aus manischer Erregung rasch in Stupor verfallen oder nach kurzer Beruhigung ein schwereres Bild ihrer Störung darbieten. Selbst die Wiederkehr profuser Menses während der psychischen Krankheit kann solche Wirkung haben.

## Lungentuberculose [1]).

Die ursächliche Bedeutung der Lungenschwindsucht für das Entstehen von Irresein ist, wie aus Hagen's statistischen Untersuchungen hervorgeht, eine geringere, als man früher annahm. Häufiger entwickelt sich erst Tuberculose aus schon bestehender Geistesstörung.

Bekannt ist die behagliche, sorglose Stimmung dieser Kranken und ihre Selbsttäuschung über die Natur ihres Leidens.

Bei Einzelnen kommt es indessen zu Melancholie, die wohl auf Rechnung der consumptiven, anämisirenden Lungenkrankheit gesetzt werden muss und, wenn das Leben lange genug erhalten bleibt, zu psychischer Schwäche durch die sich ausbildende Hirnatrophie und nicht selten vorfindliche ödematöse Durchfeuchtung des Gehirns führt.

Skae und Clouston finden in dieser Melancholie sogar eigenartige Züge („phthisical insanity"), als welche sie reizbare, misstrauische Gemüthsstimmung, apathisches Wesen, unmotivirten Argwohn mit zeitweisen Anfällen von zorniger Heftigkeit hervorheben.

## Syphilis [2]).

Auch die Syphilis kann auf verschiedenem Wege, sowohl als Dyskrasie wie auch durch Lokalisation im Gehirn in Form von einfach entzündlichen und specifischen palpablen Veränderungen, zu Irresein führen. Die Wichtigkeit der letzteren nöthigt zu einer besonderen Besprechung in der speciellen Pathologie (s. Lues cerebralis).

Hier sei nur derjenigen Psychosen gedacht, welche durch die Dyskrasie als solche, durch gestörte Ernährung des Gehirns in Folge der syphilitischen „Chlorose" gesetzt werden. Das über die Bedeutung der constitutionellen Anämie Gesagte gilt auch wesentlich für diese besondere Form derselben. Die syphilitische Krase hat eine schwächende prädisponirende Wirkung auf das Gehirn und kann als solche oder durch Hinzutritt von geringfügigen accessorischen Schädlichkeiten (Affekte, Trauma capitis, Alkoholexcesse etc.) eine Psychose herbeiführen. So haben Jolly sowie Emminghaus (allg. Psychopath. p. 355) nach geringfügigen Anlässen Anfälle transitorischer zorniger Tobsucht bei Syphilitischen beobachtet.

Häufiger sind chronische Psychosen, namentlich Melancholie mit

---

[1]) Hagen, Allg. Zeitschr. f. Psych. 7, p. 253; derselbe: Statist. Untersuchungen etc., p. 245; Clouston, Edinb. med. Journ, p. 861; derselbe: Journ. of ment. science. IX, April; Skae und Clouston, ebenda 1874, April.

[2]) S. specielle Pathol.: Lues cerebralis. Bezüglich der rein dyskrasischen Formen s. besonders Erlenmeyer, Die luetischen Psychosen, 1877.

Versündigungswahn und Syphilidophobie, ferner schwere brutale Manieen mit plötzlichem Ausbruch und häufigem raschem Ausgang in Dementia.

## Chronische Lokalerkrankungen.

Aus den entferntesten Organen werden dem Gehirn durch die Eingeweidenerven fortwährend Eindrücke zugeführt, deren Qualität von ganz besonderem Einfluss auf die gerade vorhandene Stimmung ist. Es ist dabei in hohem Grade bemerkenswerth, wie verschieden der Einfluss der verschiedenen Organe in dieser Beziehung ist (die bekannte Euphorie der Lungenschwindsüchtigen und Tabetiker gegenüber dem Gefühl tiefen Unwohlseins bis zu hypochondrisch melancholischer Verstimmung bei Magendarmkranken). Neben dem Einfluss auf die Stimmung als der Grundlage des jeweiligen psychischen Seins und Fühlens können Erkrankungen vegetativer Organe durch Hervorrufung von concreten Sensationen belästigen, durch reflectorische Uebertragung von Erregungszuständen vegetativer Nerven, vasomotorische Centren erregen oder lähmen und dadurch die Circulation im Gehirn stören. Ausser auf neurotischem Weg kann diese letztere Wirkung aber auch mechanisch eintreten (Herzkrankheiten), endlich können Organerkrankungen durch Störung der Blutbildung, Hemmung oder Vermehrung der Secretionen das Blut als Ernährer des Gehirns chemisch verändern.

## Magendarmerkrankungen [1]).

Es ist zweifellos, dass schon der acute, noch mehr aber der chronische Magendarmcatarrh nicht bloss die Stimmung erheblich beeinflusst, sondern auch Psychosen häufig genug hervorruft, die dann meist den Charakter der Melancholic mit hypochondrischer Färbung an sich tragen. Aber es bedarf hier genauer Diagnostik und Pathogenese, nicht kritikloser Geltendmachung unklarer Krankheitsbilder wie Hämorrhoiden, Pfortaderstockungen, Leberschwellungen etc. oder gar zufälliger Befunde wie z. B. der abnormen Lagerung der Därme, der man früher und noch neuerdings (Schröder v. d. Kolk) eine besondere ätiologische Bedeutung zuschrieb.

Die Pathogenese ist in solchen Fällen nicht ganz klar. Schüle (Handb. p. 301—303) weist auf die direkte neurotische Beziehung hin, in welcher das vertebrale Gefässgebiet (emotive Sphäre?) des

---

[1]) Flemming, Allg. Zeitschr. f. Psych. 2; derselbe: Psychosen etc., p. 188; Leube, Ziemssen, Handb. VII; Niemeyer, Deutsche Klinik. 1858, p. 478; Schröder v. d. Kolk, Geisteskrankheiten. Deutsch von Theile, p. 177; Psych. Centralbl. 1873, p. 78; Glax, Rohitsch-Sauerbrunn, Graz. 1876, p. 49.

Gehirns zu den abdominalen Viscera durch die in's Gangl. cerv. inf.
inserirenden Nn. splanchnici, sowie durch direkt aus der Leber stam-
mende Nerven steht. Dazu kommt die venöse, wohl vasoparalytischeHyper-
ämie der Digestionsorgane als anämisirendes und dadurch direkt das
Gehirn in seiner Ernährung schädigendes Moment, ferner die indirekte
Schädigung desselben durch gestörte Aufsaugungsprocesse im venös
hyperämischen catarrhalischen Digestionstraktus. Die in solchen Fällen
immer vorhandene Obstipation steigert noch die Intensität des Catarrhs
und trägt zur Erschwerung der Circulation bei. Auch ist an die Möglichkeit zu denken, dass das Blut durch gebildetes Aceton und Schwefel-
wasserstoff, die vom Darm aus resorbirt würden, toxisch verändert wird.

In der Literatur existiren auch Fälle, wo durch Darmreiz in
Folge von Helminthen [1]) reflectorisch Psychosen hervorgerufen und
durch Anthelmintica beseitigt wurden. Meist wurden Spulwürmer,
zuweilen auch Bandwürmer, als Ursache erkannt. Die ersteren sollen
acute manieartige Erregungszustände hervorrufen können. Bei Tänia
lässt sich eher an die dadurch verursachte Ernährungsstörung als an
sympathischen Reflexreiz denken. (Ein Fall von chronischer Melancholie,
bei einem Mann, den Maudsley Op. c. 249 erwähnt.) Oxyuris kann
indirekt zu Psychosen führen, indem sie zu Masturbation [2]) verleitet
und diese dann psychisch krank macht.

Im Ganzen sind die „Wurmpsychosen“ seltene Erscheinungen, am
häufigsten noch bei jugendlichen Individuen und wohl immer auf neuropathischer Grundlage.

### Herzkrankheiten [3]).

Ausser Endocarditis, die gelegentlich zu Hirnembolie und apoplec-
tischer Dementia führen kann, kommen hier die Klappenfehler und
compensatorischen Hypertrophieen des Herzmuskels in Betracht. Sie
können durch active Wallungen sowie auch (bei mangelhafter Compen-
sation) durch venöse Hyperämie in Gehirn, Lunge (Angst) und vegetativen Organen (Catarrhe, Anämie) das psychische Gebiet in Mitaffektion versetzen. Andererseits besteht die Möglichkeit (Karrer,
Guislain), dass Herzfehler (Hypertrophieen) erst secundär durch chronische, namentlich ängstliche Aufregungszustände, insofern diese zu
einer andauernd gesteigerten Herzaktion führen, sowie Fettentartungen

---

[1]) Vix, Allg. Zeitschr. f. Psych. 18; Débout. Bull. gén. de thérapeut. 1856. 15. Jän.
[2]) v. Krafft, Allg. Zeitschr. f. Psych.
[3]) Mildner, Wien. med. Wochenschr. 1857. 46. 47; Burman. West Riding asyl.
report. 1873, III; Witkowski, Allg. Zeitschr. f. Psych. 32, p. 347; Karrer s. Hagen.
statist. Untersuchungen, p. 205.

und Atrophieen des Herzens im Gefolge von Psychosen, die zu Marasmus führen, entstehen. Die ätiologische Bedeutung der Herzkrankheiten für das Zustandekommen von Psychosen ist vielfach überschätzt worden. Karrer (Hagen statist. Untersuch. 1876) fand bei den Sektionen von Irren in Erlangen 26 % und bei den im pathologischen Institut secirten Nichtirren 25 % Herzanomalieen, also eine sehr geringe Differenz. Mildner u. A. finden, dass da wo Herzfehler überhaupt wirksam sind, Hypertrophieen des linken Ventrikels und Klappenfehler der Aorta meist Aufregungszustände maniakalischer Natur, Hypertrophieen des rechten Ventrikels und Mitralisfehler dagegen Melancholie hervorrufen; indessen erweisen sich die Mildner'schen Fälle von Manie grossentheils als solche von agitirter Melancholie. Witkowski kommt am Schluss einer die Schwierigkeit und Complicirtheit der Frage trefflich beleuchtenden Abhandlung zur Ansicht, dass, mit Ausnahme der Aortaklappenfehler, die Herzleiden bei Geisteskranken mit einer eigenthümlichen Unruhe und Unstetigkeit (Beklemmungsgefühle?) verbunden sind, deren Aeusserungen vielfach einen triebartigen Charakter haben und sich nicht selten zu excessiver Gewaltthätigkeit gegen die eigene Person und gegen Andere steigern.

## Erkrankungen der Geschlechtsorgane bei Weibern [1].

Ihr Einfluss ist ein nicht zu unterschätzender. Die Hauptrolle spielen hier die Textur- und Lageveränderungen (Flexionen, Versionen, Descensus und Prolapsus) der Gebärmutter, sobald sie chronisch entzündliche irritative gewebliche Veränderungen hervorrufen.

In keinem dieser Fälle dürften gemüthliche, überhaupt nervöse Anomalieen fehlen. An ätiologischer Bedeutung reihen sich zunächst jenen Befunden die neuralgischen, hyperästhetischen Affektionen der Scheide (Vaginismus) an, dann die chronischen Catarrhe, Hypertrophieen des Cervix mit Geschwürsbildung, die Fisteln und Entwicklungsstörungen.

Nur sehr selten führen die bösartigen (Carcinome) und sonstigen Neubildungen zu psychischer Störung, höchstens indirekt zu psychisch vermittelten Melancholieen oder, im Stadium des Marasmus, zu Inanitionsdelirien.

Die uterinalen Psychosen zeichnen sich keineswegs durch eine

[1] Loiseau, „De la folie sympathique", Paris 1856; Azam, „De la folie sympathique provoquée et entretenue par les lésions de l'utérus". Bordeaux, 1858; L. Mayer, Die Beziehungen der krankhaften Zustände und Vorgänge in den Sexualorganen des Weibes zu Geistesstörungen. Berlin, 1870; Amann, Ueber Einfluss der weiblichen Geschlechtskrankheiten auf das Nervensystem. München. 1874. 2. Aufl.; Wiebeke, Allg. Zeitschr. f. Psych. 23; Müller, ebenda 25; Hergt 27.

eigenartige Färbung des Krankheitsbilds aus. Die Anschauung, dass sie regelmässig eine erotische oder hysterische sein müsse, ist eine irrige. Diese Folgerung ergibt sich schon aus der Verschiedenartigkeit der Pathogenese.

Die Sexualkrankheit, insofern sie profuse Menses, Leucorrhöen etc. verursacht, setzt in einer grossen Zahl von Fällen nur eine allgemeine Schwächung der Constitution, die fortan die Prädisposition zur Entstehung von Neurosen und Psychosen abgibt.

In anderen Fällen findet sie eine solche schon vor und verstärkt dieselbe oder bildet auf Grund einer solchen die accessorische Ursache der Erkrankung.

Ihre Wirkung kann dann wieder sein:

α) Eine psychische, insofern sie Sterilität mit ihren gemüthlich deprimirenden Folgen hervorbringt.

β) Eine direkt neurotische und zwar durch Irradiation, Reflex uterinaler Reizvorgänge direkt auf's psychische Organ, oder auf dem Umweg einer vasomotorischen Beeinflussung, oder durch das Mittelglied ausgelöster spinaler Hyperästhesieen (Spinalirritation). Im ersten Fall beobachtet man vorwiegend primäre Verrücktheit mit erotischem expansivem oder persecutorischem Primordialdelir, zuweilen auch Nymphomanie. Auch die durch Vaginismus bedingten nach der Defloration ausbrechenden Krankheitsfälle (Dämonomanie, erotisch hallucinatorische Verrücktheit, Schüle) gehören dieser Entstehungsweise an.

Auf dem zweiten Entstehungsweg kommt es zu meist acut verlaufenden Melancholieen und Manieen mit tieferer Bewusstseinsstörung und erotischen oder auch äquivalenten religiösen oder auch dämono-manischen Delirien.

Die Psychosen mit spinal irritativem Mittelglied sind primäre Verrückt-heit mit physikalischem Verfolgungswahn (besonders häufig Electricität) oder Dysphrenia neuralgica, sowie chronische melancholische folie raisonnante. Eine neuropathische Constitution als Erkrankungsbedingung bei neurotischer Entstehung scheint mir mehr als wahrscheinlich.

γ) Eine humorale durch Hervorrufung von Anämie. Hier werden fast ausschliesslich Melancholieen beobachtet und, wie Schüle Handb. p. 307) hervorhebt, nicht selten mit Versündigungs- und dämono-manischem Wahn.

Im Anschluss an die Sexualerkrankungen sei der Menstruation[1]) und ihrer Anomalieen als Ursachen des Irreseins gedacht.

---

[1]) Brierre, traité de la menstruation; derselbe: Annal. méd. psychol. XV, p. 574; Frese, Petersburg. med. Zeitschr. 1861. II, p. 125; Schlager, Allg. Zeitschr. f. Psych. 15, p. 457; L. Mayer: „Die Menstruation im Zusammenhang mit psychischer Störung" in Beiträge z. Geburtshilfe u. Gynäcol. v. d. Gesellschaft d. Geburtshilfe in

Auch hier lässt sich ein psychischer Entstehungsweg, ein humoraler und ein neurotischer erkennen. Psychisch kann der fehlende Menstrual-process (Amenorrhöe) zur Geltung gelangen, insofern er Furcht vor schwerer, unheilbarer Krankheit oder auch vor Gravidität hervorruft (Mayer).

Eine humorale Wirkung ist da vorhanden, wo profuse Menses zu Anämie führen und damit eine Disposition zu Erkrankung setzen, eine etwa schon vorhandene steigern oder zur accessorischen Ursache werden.

Am wichtigsten sind die neurotisch ausgelösten Fälle. Zu ihrem Verständniss ist die Thatsache wichtig, dass schon physiologisch der menstruale Vorgang das Centralnervensystem in einen Zustand erhöhter Erregbarkeit, verminderter Widerstandsfähigkeit gegen Reize versetzt (Schröder, Ziemssen Hdb. X, p. 305). Ist jenes an und für sich schon neuropathisch veranlagt, belastet, im Zustand eines labilen Gleich-gewichts, so genügt sogar der normale Menstruationsvorgang an sich, um Störungen im nervösen Centralorgan bei solchen Belasteten her-vorzurufen, die, je nach der Schwere der Belastung, in Form einer leichten Migräne, bis zu den schwersten psychopathischen Zuständen, sich kundgeben. Es gibt sogar Fälle, wo in regelmässiger Wiederkehr die Menstruationszeit psychische Störung setzt, und so ein wirkliches periodisches Irresein (s. spec. Pathol.) entsteht. Dass hier nicht die menstruale Blutung, sondern der complicirte nervöse, mit der Ovulation gesetzte Erregungsvorgang der Ovarialnerven massgebend ist, lehren gewisse Fälle, in welchen die Paroxysmen zur menstrualen Zeit wieder-kehren, ohne dass eine menstruale Blutung auftrat. Das neurotische Zwischenglied dürfte in reflectorisch durch die Ovarialnerven ausgelös-ten vasomotorischen Störungen im Gehirn zu finden sein.

Man hat in seltenen Fällen, im Anschluss an einen plötzlich durch Schrecken oder Erkältung sistirten menstrualen Blutfluss, Irre-sein (meist acute Tobsucht) beobachtet und die Menstruatio suppressa als die Ursache desselben angesehen. Es wäre auch denkbar, dass eine collaterale, vicariirende Wallung zum Gehirn den Zusammenhang vermittelt.

In der Regel werden aber Psychose und Menstruatio suppressa Coeffekte derselben Ursache und vasomotorischer Entstehung sein. Auch die vielfach als Ursache angeschuldigte chronische Amenorrhöe ist, auf somatischem Entstehungsweg wenigstens, nicht Ursache, son-dern Begleiterscheinung einer Psychose, deren gemeinsame Ursache

---

Berlin. 1872; Storer, insanity of women; Schröter, Allg. Zeitschr. f. Psych. 30. 31; v. Krafft, Archiv f. Psych. VIII, H. 1.

eine Entwicklungsstörung oder Erkrankung der Genitalien oder eine Cachexie oder sonstige allgemeine Ernährungsstörung abgeben.

### Erkrankungen der Geschlechtsorgane bei Männern [1]).

Sie spielen eine ziemlich geringfügige ursächliche Rolle und sind in der Regel schon Symptome eines angeborenen neuropathischen Zustands oder eines durch geschlechtliche Excesse, ganz besonders häufig durch Onanie erworbenen.

Dies gilt namentlich für Spermatorrhöe und Impotenz.

Wirkliche Geistesstörung (Melancholie, hypochondrische Melancholie) dürfte hier nur auf Grund einer starken angeborenen oder erworbenen Disposition vorkommen und in vorwiegend psychischer Vermittlung. Die Impotentia psychica coeundi, die bei sexuell geschwächten, ihrer Potenz misstrauenden Individuen durch das Fiasco des ersten Coitus entsteht und unter dem beschämenden Eindruck des ersten Misserfolgs als hemmende Zwangsvorstellung jeden weiteren Erfolg vereitelt, ist an und für sich schon eine pathologische Erscheinung.

Sie kann zu tiefer Melancholie und Suicidium auf psychischem Entstehungsweg führen.

Ebenfalls psychisch bedingt ist die zuweilen bei neuropathischen, durch sexuelle Excesse geschwächten Menschen auftretende hypochondrische Melancholie mit Wahn syphilitisch zu sein, die durch unschuldige Excoriationen, Balanitis, Tripper etc. hervorgerufen wird.

### Geschlechtliche Ausschweifungen.

Sie sind im Allgemeinen als das Nervensystem schwächende erschöpfende und damit wirksame Ursachen zu bezeichnen. Sie können eine Prädisposition zu Irresein hervorrufen, eine vorhandene steigern und als accessorische Ursachen wirksam werden.

Die Beurtheilung der etwaigen ätiologischen Bedeutung sexueller Excesse kann immer nur eine individuelle sein. Gegenüber dieser Schädlichkeit reagiren die verschiedenen Individuen äusserst verschieden.

Es ist überhaupt schwer und nur concret festzustellen, von wo an die Häufung geschlechtlicher Akte als Abusus zu betrachten ist.

Im Allgemeinen lässt sich nur sagen, dass, je früher das Lebensalter ist, in welchem gehäufte geschlechtliche Akte stattfinden, um so grösser die schädigende Bedeutung dieser wird und dass Weiber, da bei

---

[1]) Vgl. die treffliche Arbeit von Curschmann, Ziemssen. Handb. IX, p. 360; Lisle, Archiv. génér. 1860. sept. u. oct. (über Spermatorrhöe).

ihnen der Geschlechtsakt mit keiner so intensiven Inanspruchnahme des Nervensystems verbunden ist als beim Mann, sexuelle Excesse leichter ertragen.

Bei der Beurtheilung sexueller Ausschweifungen muss zudem immer die Möglichkeit berücksichtigt werden, dass eine geschlechtlich excedirende Lebensweise nicht Ursache, sondern bereits Symptom einer schon bestehenden Geisteskrankheit (Manie, Dementia paralytica, Dementia senilis) oder einer (meist hereditär-neuropathischen) Belastung sein kann. Die Bedeutung der Ausschweifung in solchen nicht seltenen Fällen ist dann die eines ganz besonders schwächenden accessorischen Moments.

Von grosser Wichtigkeit für die ätiologische Bedeutung geschlechtlicher Excesse erscheint endlich, ob sie natürliche oder perverse (Onanie) sind.

α) Die natürlichen [1]) Ausschweifungen im Geschlechtsgenuss haben eine entschieden schwächende, erschöpfende Wirkung auf's Nervensystem und zwar in direkt neurotischer Wirkungsweise. Sie haben diese unendlich mehr bei Männern als bei Frauen und mehr bei ausserehelichem als ehelichem Geschlechtsgenuss, namentlich in ganz jungen und in vorgerückten Lebensjahren.

Ihre Bedeutung wird wesentlich gesteigert durch eine neuropathische Constitution, die zudem so häufig einen früh regen und abnorm starken Geschlechtstrieb bedingt. Aber auch ohne eine solche können Ausschweifungen im natürlichen Geschlechtsgenuss zur Krankheit führen.

Die auf Grund dieser Schädlichkeit vorkommenden Störungen sind exquisite Erschöpfungspsychosen, in erster Linie Dementia paralytica, deren Aetiologie Neumann sogar ausschliesslich in übermässigem Geschlechtsgenuss findet, ausserdem schwere Manieen und Melancholieen, die letzteren vielfach mit hypochondrischer Färbung.

β) Aetiologisch bedeutungsvoller erscheint die Onanie [2]) schon deshalb, weil sie vielfach in viel früherem Alter ausgeübt wird, häufig mit einer neuropathischen Constitution zusammentrifft. Dazu kommt aber noch der Umstand, dass die Onanie eine inadäquate, somit unphysiologische Erregung des Centralnervensystems gegenüber der durch

---

[1]) Flemming, Psychosen, p. 141; Neumann, Lehrb. d. Psych., p. 136; Plagge, Memorabilien. VIII. 1863.

[2]) Nasse's Zeitschr. 1835. I, p. 205; Claude, Révue méd. 1849, Mai; Guislain, übers. von Laehr, p. 255; Flemming, Psychosen, p. 141; Nasse, Allg. Zeitschr. f. Psych. 6, p. 369; Ellinger, ebenda 2; Ritchie, The Lancet. 1861. Februar u. März; Maudsley, Journ. of ment. science. 1868. Juli; Skae, ebenda 1874; v. Krafft, Allg. Zeitschr. f. Psych. 31, und Irrenfreund, 1878. 9, 10.

Coitus hervorgerufenen darstellt. Bei diesem handelt es sich quasi
um einen automatischen reflectorischen, bei der Onanie um einen will-
kürlichen mehr weniger erzwungenen Akt, somit um Thätigkeit und
Verbrauch von Nervenmaterie, die einen viel höheren Funktionswerth
hat. In analoger Weise führen willkürliche Akte (Simulation von
Tobsucht, Epilepsie etc.) viel eher zur Ermüdung und Erschöpfung
als spontane.

Auch der Umstand, dass die Onanie um so schädlicher wirkt,
je mehr die Ejaculation durch Zuhilfenahme der Phantasie, durch
Hereinziehung schlüpfriger Bilder erzwungen wird, ist dieser Auffassung günstig. Wirkt doch am erschöpfendsten die sogen. psychische
Onanie, d. h. die durch Erregung der Phantasie ohne Manustupration
provocirte Samenergiessung!

Ganz Analoges zeigt sich in Bezug auf die physiologische Pollu-
tion, die, selbst bei ganz rüstigen Individuen, wenn durch Traumvorstellungen lasciven Inhalts erfolgt, Ermattung und Gemeingefühle der
Unlust hinterlässt, während die rein reflectorisch, etwa durch den Reiz der
gefüllten Blase hervorgerufene, vom Gefühl der Erleichterung gefolgt ist.

Ob die Onanie beim geschlechtsreifen Mann ohne Disposition,
für sich allein je Irresein hervorruft, ist mindestens fraglich. Masturbation in noch nicht zeugungsfähigem Alter kann diese Wirkung haben.
Trifft sie in diesem mit einer neuropathischen Disposition zusammen,
so führt sie zu rascher Verblödung, zuweilen auch zur Epilepsie.

Für den geschlechtsreifen nicht belasteten Mann mag die Onanie
annähernd die gleiche funktionelle Bedeutung haben wie der natürliche
Geschlechtsakt, sicher hat sie diese aber nicht psychisch, denn sie hat
immer etwas Beschämendes, das Selbst- und Ehrgefühl Niederdrückendes
und damit die Bedeutung einer nach Umständen psychisch wirkenden
Schädlichkeit.

In welchen Proportionen beim weiblichen Geschlecht die Selbst-
schändung vorkommt und wie gross ihr schädigender Effekt ist, entzieht sich einer genaueren Schätzung, indessen ist sie jedenfalls häufiger
und wichtiger nach den Erfahrungen der Gynäkologen[1]) und Irrenärzte, als man in der Laienwelt annimmt.

Während die geschlechtliche Ausschweifung auf natürlichem
Wege mehr cerebral erschöpfend wirkt, schwächt die Masturbation
mehr die spinalen Funktionen.

Die Wirkungen der Masturbation auf's Centralorgan sind mannich-

----

[1]) Vgl. Amann, Ueber den Einfluss der weiblichen Geschlechtskrankheiten auf
das Nervensystem. München, 1874.

fache, vielfach schwer auseinander zu halten von neuropathischen Belastungserscheinungen und oft nur Steigerungen solcher darstellend.

Auf cerebralem Gebiet äussern sie sich oft früh schon in formalen Störungen im Vorstellen — erschwerte Reproduktion, gestörte Association, mühsame Schlussbildung — und in Symptomen geistiger Insufficienz und Erschöpfung. Die Kranken klagen, dass ihre Denk- und Willenskraft gelähmt, ihre Gedankenschärfe und ihr Gedächtniss vermindert seien, ihr Auffassungsvermögen, ihre Ausdrucksfähigkeit leide.

Auch die Betonung der Vorstellungen durch Gefühle ist abgeschwächt bis zum Mangel derselben. Sie sind interesse- und energielos, zerstreut, unfähig zu anhaltendem Studium, stellen dasselbe ein, verfallen einer dumpf brütenden Resignation über ihr Schicksal mit der trostlosen Perspektive blödsinnig zu werden.

Auch die affektive Sphäre ist vielfach betheiligt. In einzelnen Fällen macht sich eine schon von Nasse (Allg. Zeitsch. f. Psych. VI, p. 369) beobachtete Gemüthlosigkeit geltend, in anderen auffällige Labilität der Stimmung mit zeitweiser hypochondrischer Depression (Tabesfurcht, Selbstvorwürfe wegen des als Ursache erkannten und doch nicht bezwingbaren Lasters bis zu Verzweiflungsausbrüchen, wobei aber die Kranken mehr in der Rolle eines dem Fatum verfallenen Märtyrers, als der eines reuigen Sünders sich geriren) und Exaltation mit Neigung zu religiöser Schwärmerei und Mysticismus. Dabei Reizbarkeit, Launenhaftigkeit, scheue Abgeschlossenheit und Verlegenheit, theils aus dem Gefühl psychischer Unsicherheit, theils aus dem unbehaglichen Gefühl, dass Jedermann dem Kranken das geheime Laster ansehe. Schlaffe, unsichere Haltung.

Dazu kommt das Heer der nervösen und Ernährungsstörungen, die man als Spinalirritation, Neurasthenia spinalis zu bezeichnen gewohnt ist. Kopfschmerz, Kopfdruck, Betäubung, Schlaflosigkeit oder unerquicklicher Schlaf mit schweren Träumen, gestörtes Einschlafen durch Aufschrecken, Hyperästhesie des Gehörs und Ohrensausen, Schwindel, Schwarzwerden vor den Augen, Fluxionen zum Gehirn, Angstanfälle, Schwerathmigkeit, Beklemmung, Palpitationen, Herzkrämpfe, grosser Wechsel in der Frequenz des durch körperliche Anstrengung oder Emotion sofort zu bedeutender Höhe steigenden Pulses, leichtes Erröthen und Erblassen, sind die wichtigsten neurotischen und speciell vasomotorischen Erscheinungen des Krankheitsbilds. Dazu gesellen sich Störungen der vegetativen Processe — Anämie, Dyspepsie, Obstipation, wechselnd mit Diarrhöen.

In der Sphäre der spinalen Funktionen finden sich Gefühle von Erschlaffung, Ermattung, Nervenschwäche, Müdigkeit, Ruhelosigkeit der Glieder, paralgische Beschwerden (Hyperästhesieen, Hautbrennen,

durchfahrende blitzende Schmerzen) Parästhesieen (Formication, Kälte-
und Hitzegefühl), Intercostal-Lumbalneuralgie, irritable Testis; dabei
gesteigerte Reflexerregbarkeit bis zu klonischen und tonischen Reflex-
krämpfen, epileptiformen Zufällen, Tremor manuum.

Der Einfluss der Masturbation auf die psychischen Funktionen
erscheint als ein zweifacher:

1) Die Masturbation trifft mit einer präexistirenden neuropathischen
Constitution zusammen, steigert diese und wirkt zudem als accessorische
Ursache.

2) Die Masturbation findet sich bei unbelasteten Individuen und
führt einen neuropathischen Zustand herbei, auf Grund dessen eine
Gelegenheitsursache Irresein zum Ausbruch bringt.

In beiden Fällen finden sich als klinisch zwischen Onanie und
Psychose vermittelnde Erscheinung, mehr weniger deutlich und reich-
haltig, die im Obigen skizzirten Symptome psychischer und spinaler
Neurasthenie.

Mag die Prädisposition eine angeborne, durch Masturbation poten-
zirte oder durch das Laster geschaffene sein, so wird sich immer eine
dreifache Möglichkeit für die Entstehung der Krankheit vorfinden:
a) auf psychischem Wege; — es treten Affekte der Reue, Scham,
Angst vor den Folgen des Lasters auf, in Verbindung mit dem beschämenden und beängstigenden Bewusstsein, dass die Willenskraft
nicht mehr ausreicht, um den Hang zur Masturbation zu bekämpfen.

Gewöhnlich sind diese zur Krankheit führenden Gemüthsbewegungen durch die Lektüre gewisser populärer, spekulativer Bücher
hervorgerufen (Retau, Laurentius u. A.), die die Folgen der Selbst-
befleckung in den grellsten, übertriebensten Farben darstellen. Die auf
diesem Weg entstehenden Psychosen sind Melancholieen, namentlich
hypochondrische mit Tabes- und Phthisisfurcht. b) auf somatischem,
neurotischem Weg und zwar α) die Psychose erscheint in
Form direkter neurotischer Erschöpfung des psychischen Organs —
hier primäre progressive Dementia (nicht selten mit einleitenden und
auch intercurrirenden ängstlichen oder manieartigen Aufregungszuständen), sittlicher Schwachsinn mit oder ohne impulsive, perverse Akte,
primäre acute heilbare Dementia, ferner Bilder hallucinatorischen Irreseins mit dämonomanischem oder religiösem Inhalt oder β) die Psychose
tritt mit spinal irritativem Zwischenglied in die Erscheinung.

In diesem letzteren Fall gehen ausgesprochene Erscheinungen sogenannter Spinalirritation dem Krankheitsausbruch voraus und begleiten als
somatischer Untergrund den Verlauf. Es finden sich dann Bilder
hypochondrischer Melancholie mit Sensationen und in gegenseitiger
Beziehung der sensiblen und emotiv-intellectuellen Störungen (Dysphrenia

neuralgica), meist aber kommt es, auf neuropathischer Grundlage wohl immer, zu den schwereren Formen primärer Verrücktheit, mit dem Kern physikalischer Verfolgung als allegorischer Umdeutung der sensiblen Störungen.

Auffallend häufig bei diesen neurotisch entstandenen, masturbatorischen Fällen werden auch episodische Geruchshallucinationen constatirt.

## Gravidität, Geburtsakt, Puerperium, Lactation [1]).

Direkt an die schwächenden Einflüsse sexueller Excesse, namentlich bei Männern, reihen sich die erschöpfenden Wirkungen der Schwangerschafts- und Puerperalvorgänge beim Weib. Sie haben bei diesem mindestens die äquivalente Bedeutung jener dem Manne so gefährlichen Ueberanstrengungen und bilden unter 11 der Irrenanstalt übergebenen weiblichen Irren, ungefähr bei einer, die disponirende oder accessorische Krankheitsursache.

Wie überall, wo physiologische Phasen ätiologische Momente für Geisteskrankheiten werden, sind Dispositionen von Bedeutung.

Fürstner fand erbliche Anlage in 61,7 % seiner bezüglichen Fälle, Ripping nur in 44,2 %, findet dagegen eine erworbene Disposition belangreich, nämlich die schwächenden antihygienischen Momente des Fabriklebens, denen die Mehrzahl seiner Kranken ausgesetzt war.

Bedeutungsvoll als prädisponirende Momente sind jedenfalls, ausser der erblichen Anlage, die neuropathische Constitution, Chlorose, Anämie, gehäufte und schwere Geburten, lang fortgesetzte Lactation, schwere Erkrankungen, profuse Menses, kurz die Constitution schwächende Momente. Am häufigsten ist das puerperale Irresein (6,8 % der Gesammtaufnahmen), dann das der Lactationsperiode (4,9 %), endlich das Irresein der Schwangern (3,1 %.)

α) Das Schwangerschaftsirresein tritt meist erst in den drei letzten Monaten der Gravidität auf. Ripping legt einen grossen ätiologischen Werth auf die mit dem Wachsen des Uterus und der Einschaltung des placentaren Stromgebiets gesetzten Circulationsveränderungen im Gehirn (Anämie), sowie auf die in der Gravidität eintretenden chemischen Veränderungen des Bluts.

---

[1]) Esquirol, des malad. mental. I, p. 231; Legrand du Saulle, Ann. méd. psych. 1857, p. 297; Webster, Journ. of psychol. med. 1849, April; Marcé, traité de la folie des femmes enceintes etc. Paris 1858; Leidesdorf, Wien. med. Wochenschr. XXII. 25. 26; Boyd, Journ. of mental science. 1870, Juli; Skae und Tuke, ebenda 1874; Fürstner, Arch. f. Psych. V, H. 2. Ripping, Geistesstörungen d. Schwangeren etc. 1877.

Das vorwiegende Erkranken unehelich Geschwängerter erklärt
sich aus den meist misslichen Lebensverhältnissen solcher, sowie aus
den auf ihnen lastenden Sorgen wegen der Zukunft. Die Krankheitsform, in welcher das Schwangerschaftsirresein erscheint, ist meist
Melancholie, selten Manie. Das in seltenen Fällen in den ersten
Monaten der Schwangerschaft sich zeigende Irresein ist meist von
kurzer Dauer und günstiger Prognose. Das Irresein in den letzten
Monaten schwindet keineswegs mit der Geburt, geht zuweilen nach
derselben in Manie über. Die mittlere Dauer der Krankheit ist 9 Monate.
Recidive in folgenden Schwangerschaften sind häufig.

β) Die während des Gebärakts [1] auftretenden psychischen
Störungen sind transitorische. Sie gehen mit tieferer Störung des
Bewusstseins einher. Am häufigsten sind es wohl pathologische Affekte,
namentlich bei unehelich Gebärenden, bedingt durch hilflose Lage,
Scham über die verlorene Geschlechtsehre, Schrecken bei den Zeichen
der herannahenden Geburt, Sorge um die Zukunft, die hier beobachtet
werden; ausserdem kommen durch den Wehenschmerz hervorgerufene
wuthartige Aufregungszustände mit Delirium und folgender Erschöpfung,
sowie Fälle von Mania transitoria, von hysterischem, epileptischem
Delirium, Eclampsie mit solchem, vor.

γ) Das puerperale Irresein. Die Pathogenese ist dunkel.
Die Aetiologie deutet auf prädisponirende Ursachen, die theils in
hereditärer und neuropathischer Constitution, theils in Chlorose, Anämie,
in Uterusanomalieen, in dem schwächenden Einfluss vorausgegangener
schwerer somatischer Krankheiten, Blutverluste, protrahirter Lactation,
rasch sich folgender Geburten, theils in dem deprimirenden Einfluss
von Furcht wegen der Niederkunft, bei unehelich Gebärenden auch
in Scham, Sorge wegen der Zukunft etc. bestehen.

Als accessorische Ursachen lassen sich Gemüthsbewegungen,
Mastitis u. a. fieberhafte somatische Erkrankungen bezeichnen. Das
von den Laien meist angeschuldigte Cessiren der Lochien oder der
Milch ist Symptom nicht Ursache der Krankheit.

Bei dem in den ersten Wochen auftretenden Irresein bestehen
diese Ursachen vorwiegend in Blutungen, beginnender Lactation, Mastitis, Entzündung des Uterus und seiner Adnexa; bei den in der 4.
bis 6. Woche vorkommenden Erkrankungen in durch den Wiedereintritt
der Menses bedingten Störungen.

Aus den Untersuchungen von Ripping ergibt sich der bedeutende
Einfluss der Ernährungsstörungen (Gewichtsabnahme) im Puerperium,

---

[1] v. Krafft, „Die transitorischen Störungen des Selbstbewusstseins“. Erlangen.
1868, p. 112 (mit Angabe der Literatur).

insofern das Ein- und Austrittsgewicht einzelner Patientinnen Differenzen von 29 Kilo bot und die Psychose erst mit der Gewichtszunahme sich ausglich.

Am häufigsten bricht das puerperale Irresein am 5.—10. Tag des Puerperiums aus. Es stellt keine specifische Form von Irresein dar. Es ist ungerechtfertigt, dasselbe als „Mania" puerperalis zu bezeichnen. Allerdings sind Manieen die häufigste Form, in welcher sich das puerperale Irresein abspielt.

In den ersten 2 Wochen des Puerperiums werden Fälle von Mania transitoria, von Puerperalfieber mit Delirium, solche von Inanitionsdelir, puerperale Psychosen (meist Manie, seltener Melancholie, zuweilen auch primäre heilbare Dementia) beobachtet. Das Verhältniss der Manie zur Melancholie ist hier etwa 3 : 1.

Die in den letzten Wochen des Puerperiums auftretenden psychischen Störungen sind Manieen oder Melancholieen.

Die Mania puerperalis. Die prodromalen Erscheinungen sind zuweilen die einer melancholischen Verstimmung, die aber nur angedeutet ist und sich auf gemüthliche Depression und Weinerlichkeit beschränkt, meist die einer maniakalischen Exaltation. (Bewegungsunruhe, Geschäftigkeit, Gedankendrang, Schwatzhaftigkeit, Schlaflosigkeit.)

Auffällig ist die Kürze des Prodromalstadiums und die Geringfügigkeit der Symptome im Vergleich zu analogen nicht puerperalen Psychosen.

Nach ein- bis mehrtägiger Dauer dieses prodromalen Stadiums kommt es zu rasch die Acme erreichender Tobsucht mit continuirlichem remittirendem Verlauf.

Eine grosse Rolle spielen im Delirium der Man. puerperalis die Sinnestäuschungen. Sie eröffnen in der Regel den Reigen der Symptome der Tobsucht und stehen so im Vordergrund, dass man von einem hallucinatorischen Irresinn sprechen kann. (Fürstner.)

Die Dauer der Krankheit beträgt 6—8 Monate, doch gibt es auch Abortivfälle. Die Prognose ist eine günstige; etwa $\frac{2}{3}$ der Fälle kommen zur Genesung. Endigt die Krankheit mit Genesung, so geht die Kranke in der Mehrzahl der Fälle durch ein Stadium von Stupidität hindurch, das nur in leichten Fällen (Abortivfällen) zu fehlen scheint. Die Erinnerung für dieses Stadium tiefer geistiger Erschöpfung ist eine sehr unvollständige. Aus diesem Stadium kommt die Kranke plötzlich oder ganz allmälig zu sich.

Die puerperale Manie hat keine specifischen Symptome. Dass sie einen vorherrschend erotischen Zug im Delir habe, ist nicht richtig. Unterscheidend von nicht puerperalen Manieen sind die Kürze des Prodromalstadiums, die Geringfügigkeit der Symptome in diesem, so dass die Krankheit gleichsam primär und rasch zur Acme sich steigert, das primäre Auftreten von Sinnestäuschungen und ihre Präponderanz im Krankheitsbild. (Fürstner.) Im Allgemeinen sind es schwerere Formen von Tobsucht mit erheblicher Bewusstseinsstörung. Aus der langen Dauer und Intensität der Krankheit erklärt sich auch das fast nie fehlende, von Fürstner diagnostisch hervorgehobene stuporöse Erschöpfungsstadium.

Die seltenere Melancholia puerperalis ist prognostisch weniger günstig, auch dauert sie länger bis zu ihrer Lösung als die Manie, durchschnittlich 9 Monate. Auffällig ist auch hier die offenbar auf Erschöpfung beruhende tiefere Bewusstseinsstörung und demente Färbung des Krankheitsbilds.

Auch nach Abortus, wenn er zu bedeutendem Blutverlust führt, kann puerperales Irresein auftreten. Es zeichnet sich, wie überhaupt das durch acute Ernährungsstörungen des Gehirns (Anämie) hervorgerufene Irresein, durch massenhafte Sinnestäuschungen aus, namentlich solche des Gesichts. Auch Convulsionen sind hier nicht selten. Die Prognose ist günstig. Die mittlere Dauer berechnet Ripping mit 5 Monaten.

δ. Das Lactationsirresein.

Das Irresein der Säugenden steht wohl immer auf anämischer Basis. Disponirend wirken schwere Entbindungen, allgemeine und lokale Wochenbetterkrankungen. Das den Kräften nicht angemessene zu lange oder zu intensive Stillen gibt den Ausschlag. Selten tritt die Psychose vor dem 3. Monat auf. Ueberwiegend häufig ist das Krankheitsbild Melancholie, seltener Manie. Die Prognose ist nicht ungünstig, aber weniger gut als beim puerperalen Irresein. Die mittlere Dauer der Krankheit beträgt 9 Monate.

## Das Irresein durch Intoxication.

### Alkohol [1]).

Unter allen hier belangreichen auf das Centralnervensystem deletär wirkenden Stoffen nimmt der Uebergenuss des Alkohol die hervorragendste Stelle ein.

Er ist zur Volksplage geworden (Branntweinpest), die nicht bloss Individuen wie ganze Völker (Galizien z. B) zur Verarmung bringt, sondern auch dem sittlichen intellectuellen und somatischen Gedeihen derselben tiefe Wunden schlägt.

---

[1]) Magnan, „De l'alcoolisme", Paris 1874; Boehm, Ziemssen. Handb. XV; Bär Der Alcoholismus. Berlin, 1878 (treffliche Monographie); s. f. die Literatur über Alcoholismus chron. (Bd. II dieses Lehrbuchs).

Die Neigung zum Genuss dieses Mittels wird verstärkt durch die Gewohnheit und zur Erhaltung dieses angewöhnten Brauchs trägt die Vererbung bei, theils direkt, theils indirekt, indem die durch den Missbrauch des Genussmittels bei der Nachkommenschaft gesetzte Schwäche der Constitution gleichsam triebartig zum Gebrauch desselben hinführt. (Baer.)

Neben zahllosen Unglücksfällen, Verbrechen, Selbstmorden, direkt oder auf dem Weg der Vererbung entstandenen schweren Nervenkrankheiten, ist der Uebergenuss des Alkohol auch eine wichtige Ursache für die Entstehung von Irresein.

Je nach Stand, Nationalität, Klima etc., differirt die Zahl der Irren a potu zwischen $1/9 - 1/3$ der Aufnahmen in Irrenanstalten. Dabei sind ungerechnet jene physisch und psychisch verkommenen Gewohnheitssäufer, die sich in der Gesellschaft zum Schaden der Familie, der öffentlichen Sittlichkeit und Sicherheit noch herumtreiben. Die Wege, auf welchen der Alkohol seine schädigende Wirkung auf das Centralnervensystem ausübt, sind verschieden. In erster Linie ist hier die direkte, theils chemisch reizende geweblich verändernde, theils vasomotorisch lähmende Wirkung des Alkohol auf's Gehirn zu berücksichtigen. Es kommt zur Erweiterung der kleinsten Gefässe, atheromatöser Degeneration der kleineren, wodurch wieder Apoplexieen begünstigt werden.

Die gefässlähmende Wirkung gibt sich in Erweiterung der Gefässbahnen (herabgesetzter Tonus), Lymphstauung, Auswanderung der weissen Blutkörperchen zu erkennen, wodurch diffuse Trübungen und Verdickungen der Arachnoidea und Pia, sowie Wucherung der Paechionischen Granulationen entstehen. Nicht selten ist auch Pacchymeningitis haemorrhagica.

Durch die erregende Wirkung des Alkohol auf das Herz werden Anfangs Fluxionen hervorgerufen, die durch Hypertrophie des Herzmuskels noch gesteigert werden.

In späteren Stadien degenerirt der Herzmuskel fettig und werden dadurch, sowie durch die Vasoparese und atheromatöse Degeneration der Gefässe Kreislaufstörungen hervorgerufen.

Indirekt leidet die Ernährung des psychischen Organs durch die Aenderung der Blutmischung (Hydrämie, Abnahme des Fibrin), sowie durch die tief gestörten Vorgänge der Gesammternährung, des Stoffwechsels in Folge der fettigen Degeneration der Organe (Leber), des chronischen Magendarmcatarrhs mit fettiger Degeneration der Magenlabdrüsen, der Lebercirrhose, der chronisch interstitiellen parenchymatösen Nephritis.

Aber auch psychisch wirkt das Laster des Trunks durch die

socialen Conflikte, in welche der Trunkenbold geräth, durch den Ruin seines finanziellen Wohlstandes, seines Familienglücks, seiner bürgerlichen Ehre.

Es verdient endlich Beachtung, dass das Trinken häufig ein Betäubungsmittel für Gram, Sorge, Aerger, Gewissensbisse ist und dann zwei mächtige ätiologische Faktoren zur Erzeugung des Irreseins zusammenwirken.

Der deletären Wirkung des Amylalkohol gegenüber der viel weniger gefährlichen des Aethylalkohol wurde pag. 136 gedacht. Ganz besonders deletär wirkt auch der in Frankreich und in der Schweiz verbreitete Absynthliqueur [1]).

Nicht selten kommen zur Schädlichkeit der Alkoholexcesse die somatischen (Hunger, Kälte, Noth) und psychischen (Conflikte, Gefahren) Momente eines in Elend, Lüderlichkeit und Entbehrungen zugebrachten Vagabunden- und Abenteurerlebens. Häufig ist eine solche abenteuernde Existenz, wie auch der Hang zum Uebergenuss alkoholischer Getränke schon Symptom einer geistigen Erkrankung (Schwachsinn mit perversen Trieben, moralisches Irresein). Die ätiologische Bedeutung der Ausschweifungen im Alkoholgenuss ist theils die einer prädisponirenden Ursache, insofern das centrale Nervensystem durch jene ein Locus minoris oder geradezu anatomisch verändert wird (Alcoholism. chron.) und dadurch nicht mehr so kräftig dem Einfluss accessorischer Schädlichkeiten zu widerstehen vermag, theils wirken die Alkoholexcesse als Gelegenheitsursache bei einem schon irgendwie prädisponirten Gehirn. Diese Prädisposition kann durch erbliche Belastung, funktionelle Schwäche in Folge von Ausschweifungen, erschöpfenden Krankheiten, Kopfverletzungen, organischen Hirnerkrankungen, schmerzliche oder zornige Affecte (Trinken um den Kummer zu vertreiben) bedingt sein.

Unter solchen Umständen kann schon ein einmaliger Alkoholexcess eine Psychose hervorrufen. Besteht doch in der Mehrzahl dieser prädisponirenden Zustände eine geringere Widerstandsfähigkeit gegen die gefässlähmende und direkte toxische Wirkung des Alkohol.

Da wo Alkoholexcesse mit einer schon bestehenden Psychose zusammentreffen (Melancholie, Manie, Dem. paralytica), steigern sie die Intensität derselben. (Die melancholische Depression zur Mel. activa und Raptus mel., die maniakalische Exaltation zur Höhe der Tobsucht.)

Die Psychosen, bei deren Entstehung Alkoholmissbrauch eine ursächliche Rolle spielt, haben, wie schon die Verschiedenartigkeit der

---

[1]) Magnan, „De l'alcoolisme". Paris 1874; derselbe, Annal. méd. psych. 1874, p. 302 und Gaz. méd. 1869. 5.

Pathogenese und Bedeutung des ursächlichen Moments erwarten lässt, ein verschiedenartiges klinisches Gepräge, indessen ist nicht zu leugnen, dass da wo der Alkoholmissbrauch die einzige oder vorwiegende Ursache der Krankheit darstellt, das Krankheitsbild einen specifischen klinischen Charakter erhält und man dann geradezu von Alkoholpsychosen zu sprechen berechtigt ist. Die Darstellung dieser gehört in die specielle Pathologie und wird im Abschnitt „der Alcoholismus chronicus mit seinen Complicationen" versucht werden.

In den Fällen, in welchen der Alkoholmissbrauch nur die Bedeutung einer Gelegenheitsursache und nicht einmal der einzigen hat, bieten die sich ergebenden Psychosen durchaus keine specifischen Merkmale. Höchstens finden sich da, wo kurz vor Ausbruch oder schon in der psychischen Störung Alkoholexcesse begangen wurden, neben Spuren einer Alkoholintoxication dem Krankheitsbild an und für sich fremde episodische Hallucinationen, die an die Sinnesdelirien des Alcoholismus chron., namentlich des Deliriums tremens erinnern und jenes färben.

Auch da wo Alkoholexcesse allerdings die einzige oder vorwiegende Gelegenheitsursache bei einem durch Erblichkeit, Kopfverletzung oder sonstwie veranlagten belasteten Individuum waren, lässt sich aus den Symptomen an und für sich, ausser es fänden sich die erwähnten Spuren der Alkoholintoxication und gewisse verdächtige Menagerievisionen, Teufelchen u. dgl., für die alkoholische Provenienz des Falls nichts folgern. Wohl aber deutet der Verlauf solcher, vorwiegend ganz acut sich abspielender, plötzlich einsetzender und sich lösender Fälle auf die wenigstens symptomatische Natur des Leidens hin. Finden sich dazu noch fluxionäre Erscheinungen zum Gehirn, so wird im Zusammenhang mit den anderen Zeichen die Entstehung der Krankheit unter dem vorwiegenden Einfluss des Alkohol mindestens wahrscheinlich.

### Narcotica.

In ähnlicher Weise nervenzerrüttend und zu psychischer Degeneration führend wie der Alkoholmissbrauch im Occident, wirkt der Opiummissbrauch der Orientalen und Chinesen [1]).

Auch die Cannabis indica (Haschisch) bringt Delirien und Geistesstörung hervor.

Seltene und mehr zufällige psychische Störungen ergeben sich aus dem Genuss von Hyoscyamus, Conium, Datura Strammonium, Belladonna [2]).

---

[1]) S. hiefür und f. d. folgenden Stoffe: Morel. traité des dégénéresc. Paris 1857.
[2]) S. d. Verf. „transitor. Störungen des Selbstbewusstseins", p. 40 u. s. f.

Auch durch Chloroformmissbrauch[1]) hat man psychische Störungen degenerativen Charakters (periodisches, moralisches Irresein)
entstehen sehen.

Bei Disponirten können während einer Chloroformeinathmung
furibunde Delirien auftreten[2]).

Dass auch der übermässige Genuss des Tabaks[3]), wie er Nervenleiden (Angina pectoris, Amblyopie etc.) hervorruft, zur Entstehung
von Geisteskrankheit (namentlich Paralyse) beitragen kann, scheint mir
zweifellos.

Unter den pflanzlichen Stoffen ist endlich des Mais zu gedenken,
der, sei es im verdorbenen Zustand oder ausschliesslich als Nahrung
genossen (Oberitalien), Erscheinungen eines sog. pellagrösen Irreseins[4])
(Melancholie mit suiciden Impulsen, namentlich sich in's Wasser zu
stürzen, — Hydromanie nach Strambio) häufig hervorruft.

### Metallgifte.

Bei Arbeitern, die mit Blei oder Quecksilber zu thun haben,
kommt es, neben Erscheinungen der bezüglichen chronischen Vergiftung,
nicht selten auch zu Betheiligung der psychischen Sphäre.

Die Symptome der Encephalopathia saturnina[5]) sind neben Kopfschmerz, Amaurose, Tremor, Lähmungen, epileptischen und comatösen
Anfällen, Neuralgieen, manische und melancholische Zustände mit eclamp-
tischen Insulten, mit vorausgehendem und intercurrentem Stupor, zuweilen auch der Dem. paralytica sehr nahestehende Krankheitsbilder
(vgl. Devouges, Annal. méd. psychol. 1856 p. 521; und Böttger, Allg.
Zeitsch. f. Psych. 26 p. 224). Wunderlich (Pathol. p. 1513) schildert
auch eine transitorische „Bleimanie", der zuweilen Prodromi (unruhiger
Schlaf mit schweren Träumen, Diplopie, Schwindel, Kopfweh, melan-

---

[1]) Webster, insanity from Chloroform, journ. of psychol. medic. 1850, April;
Pleischl, Wiener. med. Wochenschr. 1852. No. 15; Boehm, Ziemssen's Handb. XV,
p. 139; Büchner (bei Husemann l. c. p. 682); Merie, med. Times. 1855, Nov.; Schüle,
Handb., p. 350.

[2]) Güntner, „Seelenleben der Menschen". 1868 p. 173; Friedreich's Blätter.
1855, H. 5; Bouisson, Journal de la soc. méd. de Montpellier. 1847. Août.

[3]) Clemens, Deutsche Klinik. 1872. No. 27. 28; Santlus, citirt von Flemming,
Allg. Zeitschr. f. Psych. 30, p. 505; Stugocki, thèse de Paris. 1867.

[4]) Morel, traité des dégéneresc., p. 257; Lombroso, Klinische Beiträge zur
Psychiatrie. Deutsch v. Fränkel; Cazenave, l'union méd. 1851. 85. 104, u. Moniteur des
hôpit. 1857. 20; Billod, Annal. méd. psych. 1859, p. 161; Teilleux, ebenda 1866, p. 177.

[5]) Die ältere Literatur bei Falk-Virchow. Handb. II, p. 214; Naunyn, Ziemssen.
Handb. XV, p. 278; Journ. de médic. mentale. 1863, p. 540; Lange, Allg. Zeitschr.
f. Psych. 1850, p. 540.

cholische Verstimmung) mit oder ohne gleichzeitige Symptome der Bleivergiftung vorausgehen sollen.

Der eigentliche Anfall äussert sich als stilles Delirium oder als furibunde Manie — die Kranken schreien, wüthen, toben, zerstören, knirschen mit den Zähnen, haben oft schreckhafte Hallucinationen.

Häufig gesellen sich epilepsieartige Insulte hinzu. Diese Anfälle von „Bleimanie" dauern Stunden bis Tage und lösen sich durch Schlaf, aus dem der Kranke matt und ohne alle Erinnerung ans Vorgefallene zu sich kommt.

Als chronische merkurielle [1]) Vergiftungserscheinungen im Central-nervensystem schildert Naunyn Zustände grosser psychischer Erregbarkeit durch äussere Eindrücke, auffällige Schreckhaftigkeit, Verlegenheit, Aengstlichkeit, Schlaflosigkeit mit Neigung zu Hallucinationen („Erethismus mercurialis") neben gleichzeitigen Erscheinungen des Mercurialismus (Anämie, Magendarmcatarrh, Salivation, Tremor). Aus solchen Zuständen können sich Manie, hypochondrische Melancholie, psychische Schwächezustände entwickeln.

### Giftige Gase.

Hieher gehört noch der Einfluss des Kohlenoxydgases [2]), das, wie Experimente und Todesfälle lehren, Hirnhyperämie bis zu Apoplexie und Erweichung hervorruft. Eulenberg hat Mania transitoria nach Kohlenoxydgasvergiftung beobachtet, Simon Encephalomalacie, die zuweilen erst nach einigen Wochen unter vorausgehendem Kopfschmerz und Schwindel auftrat.

Moreau will eine chronische Kohlenoxydgasvergiftung bei Bäckern, Köchen u. s. w. constatirt haben, die sich zuweilen jahrelang in Erscheinungen von Hirnhyperämie (Kopfschmerz, Schläfendruck, Ohrenklingen, Appetitlosigkeit, Muskelschwäche) äusserte und nach seiner Meinung die Prädisposition abgab, auf Grund welcher geringfügige Ursachen (namentlich Trunk) den Ausbruch der eigentlichen Krankheit (vager Verfolgungswahn mit Gehörs- und Gesichtstäuschungen — Phosphene, Engel, Heilige — seltener Vergiftungswahn mit unangenehmen Geruchshallucinationen) herbeiführen. Ob diese krankhaften Zustände bloss auf Rechnung des Kohlenoxydgases und nicht vielmehr calorischer Schädlichkeiten in Verbindung mit Trunk kommen, muss vorläufig dahingestellt bleiben.

---

[1]) Naunyn, Ziemss. Hdb., p. 306; Falk, Virchow. Handb. II, p. 135.
[2]) Hirt, Krankh. d. Arbeiter. 1878, p. 32; Eulenberg. Die Lehre v. d. schädl. Gasen, p. 41 u. 121; Simon, Arch. f. Psych. I, p. 263; Moreau, des troubles intellectuels dus à l'intoxication lente par le gaz oxyde de carbone. Paris, 1876.

. Capitel 8.

# Verlauf Dauer und Ausgänge der psychischen Krankheiten [1].

Die wichtigste Erscheinung neben den Symptomen ist der Verlauf einer Krankheit. Das Irresein, als eine Krankheit des Gehirns, zeigt empirisch auffindbare Modalitäten des Verlaufs und verschiedene Möglichkeiten des Ausgangs.

Im Grossen und Ganzen erscheint dasselbe als eine chronische Störung im psychischen Organ, deren Ablauf Monate bis Jahre beträgt, selten als eine acute von stunden- bis wochenlanger Dauer.

## 1.  Das chronische Irresein.

Dasselbe kann:

a) als einzelner Anfall,

b) in periodischer Wiederkehr von Anfällen ablaufen.

### a.  Das chronische Irresein als einzelner Anfall.

Wie bei jeder anderen somatischen länger dauernden Krankheit, lassen sich auch hier Vorboten, ein Stadium der ausgesprochenen Krankheit und ein Endstadium unterscheiden.

Von grösster Bedeutung ist das Stadium der Vorboten [2] für den Irrenarzt; es gestattet Einblicke in die Pathogenese der Krankheit, es bietet, bei rechtzeitiger Erkennung der Gefahr, die Möglichkeit einer Verhütung des Ausbruchs.

Ueber die prämonitorischen Erscheinungen des Irreseins weiss die Psychiatrie wenig Positives. So lange diese nicht Gemeingut der praktischen Aerzte geworden ist, geht dieses wichtige Stadium unbeachtet und unbeobachtet vorüber und müssen Pathogenese und Prophylaxe fromme Wünsche bleiben.

Erst die zum Ausbruch gelangte Krankheit schärft die Erinnerung und Reflexion für früher Vorgekommenes und bietet in vagen, dürf-

---

[1] S. Esquirol, Geisteskrankheiten, übers. v. Bernhard. I. p. 45; Morel, traité des mal. ment., p. 460; Falret, leçons cliniques, p. 27. 306. 333; Dagonet, traité, p. 107; Schüle, Handb., p. 595; Emminghaus, Psychopathol., p. 273; Witkowski, Berl. klinische Wochenschr. 1876, 52.

[2] Moreau, Annal. méd. psychol. 1852, p. 157; Winslow, obscure diseases of the brain; Hecker, Volkmann's Sammlung klinischer Vorträge. No. 108.

tigen Erinnerungen kümmerlichen Ersatz für eine wissenschaftliche Anamnese.

So bleibt die wissenschaftliche Erforschung der Incubationszustände grossentheils auf die Beobachtungen der Irrenärzte in Anstalten bei Gelegenheit von Recidiven und periodisch wiederkehrenden Anfällen beschränkt.

Wo günstige Verhältnisse für eine frühzeitige und sachverständige Beobachtung vorhanden sind, zeigt sich immer, im Gegensatz zu den Anschauungen der Laien und Nichtfachärzte, die die Krankheit als eine plötzlich ausgebrochene hinstellen, eine auf Wochen, Monate, selbst Jahre zurückreichende, successive die Krankheit vorbereitende Störung der cerebralen und im engeren Sinn psychischen Funktionen.

Die ersten leisen Anfänge psychischer Störung sind selbst für den Sachverständigen schwer zu unterscheiden von gewissen noch in der Breite der psychischen Gesundheit sich bewegenden Schwankungen der Stimmung, der Gemüthserregbarkeit, der Arbeitslust und Arbeitsfähigkeit. Dazu kommt der Umstand, dass selbst deutlicher ausgesprochene und entschieden abnorme psychische Stimmungen und Reaktionsweisen der vorübergehende und bedeutungslose Reflex constitutioneller oder örtlicher Störungen sein können, wie z. B. die psychische Verstimmung und Gereiztheit bei Catarrhen der Verdauungswege, die geistige Unlust und Energielosigkeit bei Zuständen von Anämie und Chlorose, die Haltlosigkeit und psychische Zerfahrenheit in der Zeit der Pubertätsentwicklung. Sind diese Erscheinungen auch vieldeutig und nach Umständen belanglos, so gewinnen sie an Bedeutung, wenn der Träger derselben hereditär belastet ist oder die Zeichen der neuropathischen Constitution aufweist.

In anderen Fällen wird die Bedeutung jener abnormen Erscheinungen dadurch geschmälert, dass vorausgegangene widrige Ereignisse sie als die noch physiologische Reaktion auf solche auffassen lassen. Die ungewöhnliche Intensität und Dauer jener affektiven Störungen ist es dann, welche den ersten Verdacht einer pathologischen Begründung aufkommen lässt. In nicht seltenen Fällen ist die Erkenntniss auch dadurch erschwert, dass die sich ausbildende fragliche Psychose nicht auf dem Boden einer früheren psychisch vollkommen normalen Persönlichkeit sich entwickelt, sondern nur als die Potenzirung schon längst wahrnehmbarer bizarrer Neigungen, Triebe, Exentricitäten erscheint („Hypertrophie des Charakters"), dass das Individuum nur quantitativ sich gegenüber seiner früheren Persönlichkeit unterscheidet.

Endlich ist der nicht seltenen Fälle zu gedenken, in welchen aus einer allgemeinen Neurose mit den ihr zukommenden elementaren psychischen Anomalieen eine Psychose sich herausbildet.

Medicinischer Takt und fachwissenschaftliche Erfahrung sind dann oft allein im Stande da, wo ein Unerfahrener nur Chlorose sieht, die beginnende Melancholie zu erkennen, die Faulheit richtig als krankhafte Willenlosigkeit, die blosse Nervosität einer Hysterischen als Gemüthskrankheit, die Effekte der Ueberreizung des Gehirns als Vorläufer der Dem. paralytica etc. zu deuten.

Als Erfahrungsthatsache lässt sich der Satz aufstellen, dass das chronische Irresein nicht mit inhaltlichen Störungen des Vorstellungslebens (Wahnideen, Sinnestäuschungen) beginnt, sondern mit affektiven Störungen, mit anomalen Stimmungen und Zuständen geänderter Gemüthserregbarkeit.

Die Ansicht Guislain's, dass das Irresein mit einem Stadium melancholicum debütire, ist nur in beschränktem Sinne richtig. Angst, Gereiztheit, gedrücktes Wesen, die so häufig dem Ausbruch des Irreseins vorhergehen, können nicht ohne Weiteres als Melancholie gedeutet werden.

In zahlreichen Fällen von Manie, in allen Fällen von primärer Verrücktheit und auch in anderweitigen Formen psychischer Entartung wird dasselbe entschieden nicht beobachtet. Während bei den auf dem Boden einer Belastung sich entwickelnden Fällen der Uebergang ins pathologische Gebiet sich langsam, unmerklich und fast ausschliesslich in quantitativer Abstufung von der früheren Persönlichkeit, als Steigerung früherer abnormer Gefühle, Gedankenrichtungen und Bestrebungen vollzieht oder auch, auf Grund einer plötzlichen Gelegenheitsursache, ein brüsker ist, lässt sich bei dem nicht in krankhaften Dispositionen wurzelnden, höchstens durch eine latente Anlage begünstigten oder durch mächtige Gelegenheitsursachen erworbenen Irresein mehr weniger deutlich der Zeitpunkt der Invasion der Krankheit feststellen.

Neben der bereits erwähnten Aenderung der affektiven Funktionen, die bis zu einer völligen Umwandlung des früheren Charakters sich steigern kann, findet sich wesentlich formale Störungen des Vorstellungsprocesses (Hemmung, Erschwerung des Denkens, Zwangsvorstellungen). Erst später kommt es zu Störungen im Inhalt des Vorstellens, zu neuen fremdartigen peinlichen oder überraschenden Gedankenverbindungen, die nicht selten jetzt schon dem beginnenden Kranken das vorahnende Gefühl des drohenden Irreseins erwecken. Häufig äussern sich diese neuen Gedankeninhalte, noch ehe sich deutliche in Worten fassbare krankhafte Stimmungen und Vorstellungen im wachen Leben zeigen, im Traumleben, wo der lebhafte geistige Verkehr mit der Aussenwelt aufhört und die Krankheitsvorgänge im erkrankenden Hirn selbst, sowie die aus peripheren Organen projicirten geänderten

Empfindungen ungestört in der Sphäre des unbewussten Seelenlebens zunächst sich geltend machen.

Daneben finden sich als früher Ausdruck sich ausbildender Ernährungs- und Circulationsstörungen im Gehirn, Kopfweh, Schwindel, Störung des Schlafs, geistige Ermattung und Unlust, Gemüthsreizbarkeit oder gemüthliche Gleichgültigkeit, Apathie oder Unstetigkeit. Als Symptome begleitender Störung der vegetativen Processe finden sich oft gastrische Zustände, Anorexie, Gelüste nach sonst nicht begehrten Speisen und Genussmitteln (Alkohol).

Als Ausdruck der Störung der Funktion der nervösen Centren überhaupt, zeigt sich ein allgemeines Gefühl des Unbehagens, ähnlich dem Zustand kurz vor dem Ausbruch einer schweren fieberhaften Krankheit, Gefühl körperlicher Schwäche, Ermattung, sensible und sensorielle Hyperästhesieen, auraartige Hitzegefühle.

Früh schon pflegt sich der geänderte psychische Inhalt in Aenderung des Blicks, der Miene und Haltung zu bekunden.

Finden sich diese prodromalen Erscheinungen mehr weniger bei allen Fällen des chronischen, aus einer früher gesunden Persönlichkeit sich heraus entwickelnden Irreseins, so hängt die Art der Prodromi im weiteren Verlauf wesentlich von der Art der sich ausbildenden speciellen Krankheitsform ab. Bei dem sich entwickelnden melancholischen Irresein nehmen Fühlen und Vorstellen immer mehr einen depressiven Inhalt an.

Der Kranke wird verstimmt, gereizt gegen die Umgebung, empfindlich, nachlässig in seinen Pflichten, zurückgezogen, brütend, schweigsam, seufzt oft auf, klagt über Druck auf der Brust, äussert Furcht irre zu werden, verlässt ungern das Bett, empfindet Langeweile, gesteigertes religiöses Bedürfniss, plant Selbstmord; er zeigt Antipathie gegen die Seinigen bis zu Gewaltthätigkeiten, dazwischen wieder unerklärliche Weichheit und Zärtlichkeit, Ruhelosigkeit, Unstetigkeit.

Als Zeichen des beginnenden maniakalischen Irreseins erscheinen Heiterkeit, erhöhtes Kraftgefühl, grössere Gewandtheit der Diction, Gesprächigkeit, Geschäftigkeit, Wanderlust, kleptomanische Antriebe, Neigung zu alkoholischen und sexuellen Genüssen, Verschwendungssucht.

Da wo die Krankheit als schweres idiopathisches Irresein, namentlich als Dem. paralytica sich gestaltet, ist die Prodromalperiode durch eine Fülle von, in ihrer Zusammenfassung bedeutungsvollen, wenn auch selten richtig gewürdigten Symptomen ausgefüllt.

Als eines der frühesten psychischen Zeichen ist hier eine Aenderung der Sitten, Neigungen, Gewohnheiten und zwar vorwiegend nach der schlimmen Seite zu erwähnen.

Dabei Abnahme bis zum Verlust des moralischen Sinnes, der

ethischen Gefühle, sittlichen Urtheile, Neigung zu Alkohol- und sexuellen Excessen, Apathie gegenüber Beruf, Familie und allem sonst Hochgehaltenen.

Dazu geistige Ermüdung, Unaufgelegtheit, Abnahme der In- und Extensität des Gedächtnisses, Abnahme der Intelligenz in toto, speciell Schwäche des Urtheils, verlangsamte Association, erschwerte Combination, erschwerter sprachlicher Ausdruck der Gedanken in Wort und Schrift, Kopfweh, Schwindelanfälle, Fluxionen, epileptiforme Anfälle, Intoleranz gegen Alkohol, Schlaflosigkeit oder Schlafsucht, vorübergehende Ptosis, Myosis, Strabismus, Sprachstörung, Einschlafen der Extremitäten, durchfahrende Schmerzen in den Gliedern.

Der Uebergang in die Krankheitshöhe ist bei dem chronisch verlaufenden Irresein selten ein plötzlicher, meist ein allmäliger durch Häufung und Steigerung der prodomalen Symptome.

Das chronische Irresein zeigt, gleich der übrigen Hirn- und Nervenkrankheiten, einen Wechsel zwischen Remissionen und Exacerbationen.

Dieses Anschwellen und Abnehmen der Krankheit lässt sich theils zurückführen auf in dem Krankheitsprocess begründete Zustände wechselnder Erregbarkeit des nervösen Centralorgans gegenüber den Krankheitsreizen (zeitweise Erschöpfung, gesteigerte Erregbarkeit durch Summirung der Reize), auf episodische Phänomene im Krankheitsbild (Präcordialangst bei Melancholischen), theils ist es möglicherweise auch abhängig von äusseren kosmischen Verhältnissen. Auch intercurrente körperliche Vorgänge sind hier von Einfluss, wie die fast regelmässigen Exacerbationen zur Zeit der Menstruation bei belasteten und uterinkranken Individuen beweisen.

Zuweilen findet sich (bei manchen Melancholieen und Manieen, bei Dem. senilis und paralytica) ein streng typischer, periodischer, tageweiser oder mehrtägiger Wechsel der Symptome und Symptomenreihen, der fast immer mali ominis sein dürfte. Wie das chronische Irresein sich langsam entwickelt, so ist auch seine Zurückbildung eine allmälige, staffelförmige, wobei die Remissionen immer tiefer und beträchtlicher werden. Die psychische Besserung kann mit der der somatischen Funktionen (Ernährung, Schlaf, Wiederkehr der Mensces etc.) zusammenfallen, ihr nachfolgen, in seltenen Fällen ihr vorhergehen.

Die In- und Extensität der Symptome nimmt ab, die etwaigen Wahnideen werden matter, fragmentarer und von der wiederauflebenden Kritik des Kranken selbst erschüttert, die Sinnestäuschungen werden seltener, blässer. Es stellt sich wieder Neigung zu Beschäftigung, Wiederaufnahme früherer Gewohnheiten ein. Jedoch noch lange dauert es oft, bis unter mannichfachen Recrudescenzen und nach Ueberwindung von Zuständen geistigen Torpors und der Erschöpfung die frühere Persönlichkeit wieder erstanden ist.

Ein Rückblick auf den Gesammtverlauf des Irreseins ergibt die interessante Thatsache, dass Psychosen vorkommen, die einen progressiven Verlauf darbieten, neben anderen, die, nachdem sie die Entwicklungshöhe erreicht haben, mit geringen Schwankungen stationär bleiben, bei noch so langer Dauer nicht den Ausgang in sog. secundäre psychische Schwächezustände nehmen. Dies gilt für gewisse constitutionelle affektive Psychosen (z. B. constitutionelle Melancholie) mit raisonnirendem Charakter, in gewissem Umfang auch für die Formen der primären Verrücktheit.

Unter den Psychosen mit progressivem Verlauf finden sich solche mit typischem und atypischem.

Die ersteren (Vesania typica — Kahlbaum) finden sich nur bei nicht schwerer belasteten Individuen. Sie beginnen mit einer Melancholie, die in Manie übergeht, aus welcher die Genesung oder ein Zustand secundärer geistiger Schwäche (sec. Verrücktheit, Blödsinn) sich entwickelt. Diese verschiedenen Zustandsformen stellen dann gleichsam Stadien einer typischen Krankheit (Psychoneurose) dar. Die Dauer des chronischen Irreseins beträgt in Genesungsfällen Monate bis Jahre. Die Dauer des Stadiums der Krankheitshöhe ist nicht abhängig von der des prodromalen Stadiums, dagegen pflegt das der Reconvalescenz zeitlich in Beziehung zu stehen zur Dauer und Heftigkeit der Krankheit im Stadium der Acme.

Die Ausgänge des chronischen Irreseins können sein Genesung, stationäre oder progressive Zustände psychischer Schwäche, Intermission d. h. Schweigen der Symptome und Tod. Die Genesung ist ein häufiger Ausgang der Melancholie und der Manie. Tritt dieser nicht ein, so kommt es hier zu den sog. psychischen Schwächezuständen.

Intermissionen finden sich neben seltenen Fällen von Genesung nicht selten bei der primären Verrücktheit. Der tödtliche Ausgang kann durch den auf vitale Centren fortschreitenden Krankheitsprocess (Dem. paralyt. Del. acut., Dem. senilis) an sich bedingt sein, oder indirekt durch Erschöpfung, Inanition in Folge der Krankheit.

b. Das chronische Irresein in periodischer Wiederkehr von Anfällen [1].

Die zu Grunde liegende dauernde pathologische Hirnveränderung äussert sich hier, ähnlich wie der Intermittensfieberanfall, in periodischer Wiederkehr von Paroxysmen psychischer Störung (meist Manie, seltener Melancholie oder Verbindung beider zu sog. circulairem Irre-

---

[1] Vgl. Kirn, die periodischen Psychosen. 1878.

sein). Entgegen der Entwicklung der chronischen nicht periodischen
Psychose ist hier der Ausbruch ein brüsker, der Anstieg zur Höhe
der Krankheit ein rascher, Remissionen auf dieser wenig ausgesprochen,
die Lösung des eigentlichen Anfalls eine ziemlich plötzliche. Die
Prodromi des nahenden Anfalls können ganz fehlen oder drängen sich
zeitlich enge zusammen. Sie sind individuell äusserst verschieden,
im Einzelfall aber ganz typisch, vielfach der Aura epileptischer Anfälle in dieser Hinsicht vergleichbar. Sie bestehen vorwiegend in
fluxionären Erscheinungen, Schlaflosigkeit, Reizbarkeit, zuweilen auch
Gedrücktheit und Angstempfindungen, Kopfweh, Neuralgieen, Paralgieen,
gastrischen Störungen, Obstipation.

Auch der Verlauf der einzelnen Paroxysmen ist bezüglich des
Details der Symptomenentwicklung und des Inhalts derselben ein
streng gleichartiger, typischer, höchstens Intensitätsschwankungen ver-
rathender. Mit Ablauf des Paroxysmus ist sofort die frühere geistige
Persönlichkeit wieder da, oder, bei intensiven und länger dauernden
Anfällen, folgt noch ein entsprechend langes Stadium der Erschöpfung.
Die Dauer der einzelnen Anfälle beträgt Wochen bis Monate. Die
Wiederkehr der Anfälle schwankt in Zeiträumen von Wochen, Monaten
bis Jahren.

Sie ist keine streng typische, insofern innere und äussere wechselnde Bedingungen hier von Einfluss sind, zuweilen auch die Intensität
des Anfalls, der, je intensiver er war, um so weiter hinaus die Wiederkehr des folgenden zu verschieben pflegt, Einfluss übt. Die Intervalle
zwischen den Paroxysmen pflegt man lucide zu nennen. Nie sind sie
ganz rein. Neben den nervösen Symptomen der Grundkrankheit pflegen psychische (Reizbarkeit, Stimmungswechsel) nicht zu fehlen und
früh schon stellt sich psychische Schwäche als dauernde Veränderung ein.

Von der Intermission unterscheiden sich diese Intervalle, ausser durch
ihre im Allgemeinen längere Dauer, dadurch, dass bei jener die Psychose
bei ihrem neuerlichen Ausbruch da wieder beginnt, wo sie in latenten
Zustand überging, während bei der periodischen Psychose der ganze
Symptomencomplex des Anfalls von vorne an wieder abläuft. Von
der Recidive dadurch, dass der neue Anfall vom ersten klinisch differirt,
während der periodische Anfall stereotyp ist und bis in's Detail dem
ersten gleicht, zudem der Zustand in der Zwischenzeit kein ganz freier
war, vielmehr Spuren der nur mehr weniger latent gewordenen Grundkrankheit erkennen liess. Der Gesammtverlauf des periodischen Irreseins ist ein verschiedener. In sehr seltenen Fällen kehren die Anfälle
nicht wieder, sei es spontan oder unter dem Einfluss schwerer, constitutioneller Erkrankungen (Typhus). Geschah dies zu einer Zeit,
wo durch die häufig wiederkehrenden Anfälle noch keine geistigen

Schwächezustände gesetzt sind, so handelt es sich um Genesung; häufiger verlieren sich die Anfälle erst zu einer Zeit, wo bereits ein geistiger Schwächezustand eingetreten ist, noch häufiger tritt dieser ein, ohne dass die Anfälle cessiren, ja zuweilen werden diese zeitlich dabei immer länger, bis sie in einander fliessen, und endlich ein continuirliches Irresein bilden, in welchem die immer und immer wiederkehrenden Anfälle nur Exacerbationen darstellen.

### 2. Das acute oder transitorische Irresein.

Eine eigenartige Störungsform auf psychiatrischem Gebiet sind transitorische, binnen Stunden bis Tagen, höchstens Wochen ablaufende Anfälle von Irresein.

Sie sind klinisch auffällig durch brüsken Eintritt, rapiden Anstieg zur Acme, tiefere Störung des Bewusstseins, geringe Intensitätsschwankungen auf der Höhe, plötzliche gleichsam kritische Lösung des Krankheitsbilds und sind dadurch bezüglich des Verlaufs verwandt den einzelnen Anfällen periodischen Irreseins, ätiologisch jedoch dadurch ausgezeichnet, dass sie einen durchweg symptomatischen Charakter haben, auf dem Boden einer hereditären, epileptischen, hysterischen oder sonstigen allgemeinen Neurose stehen oder der Ausdruck intensiver aber vorübergehend das Hirn treffender Schädlichkeiten (Alkohol, calorische Schädlichkeiten etc.) sind.

Die Folgeerscheinungen des Anfalls sind bald verschwindende Zeichen von Hirnhyperämie und Prostration bis zu Stupor. Charakteristisch für eine bestimmte Form dieses transitorischen Irreseins (Mania transitoria) ist die Lösung des Anfalls durch einen tiefen Schlaf. Der Ausgang ist in allen bisher beobachteten Fällen Genesung.

---

### Capitel 9.

# Morbilität.

## Wichtige intercurrirende Krankheiten [1]).

Die Morbilität der Irren ist eine grössere als die der Geistesgesunden von gleicher Altersklasse.

Sie ist theils dadurch bedingt, dass viele Irre Träger einer neuropathischen Constitution sind, die sie weniger widerstandsfähig gegen

---

[1]) Thore. Ann. méd. psychol. 1844. 1845: Dagonet. traité, p. 117.

äussere Schädlichkeiten macht, theils dadurch, dass die psychische
Störung zu Unregelmässigkeiten der Ernährung, der Lebensweise Anlass
gibt, durch direkte oder indirekte Beeinflussung der vegetativen Organe
tiefere Ernährungsstörungen (Anämie) herbeiführt, die Kranken un-
empfindlich gegen äussere Schädlichkeiten (Kälte, schmerzhafte Eindrücke etc.) macht und sie dadurch veranlasst, sich mehr zu exponiren.
Bei Melancholischen ist zudem die Respiration und damit die Decar-
bonisation des Bluts vielfach mangelhaft, bei vielen Dementen die
körperliche Bewegung ungenügend. Dazu kommt bei nicht in Anstalten
verpflegten Irren die traditionelle Vernachlässigung in der Pflege oder
die Opposition von Seite des Kranken, in Irrenanstalten der anti-
hygienische Einfluss des Zusammenlebens vieler Menschen in beschränkten Räumen; endlich ist zu berücksichtigen, dass die vorhandene
Hirnerkrankung sich auf andere lebenswichtige Theile des Centralnervensystems ausbreiten kann. Eine Immunität bietet das Irresein gegenüber
keiner Krankheit. Alle acuten und chronischen Leiden, die bei Gesunden vorkommen, werden auch in Irrenhäusern beobachtet. Vermöge ihrer geringeren Resistenzfähigkeit werden Irre, wenn Epidemieen
in Anstalten auftreten, leichter ergriffen und ist auch die Mortalität
eine grössere. Etwas seltener als bei Geistesgesunden scheint Carcinom
bei Irren vorzukommen.

Die Erkennung intercurrenter somatischer Krankheiten, selbst
schwerer, ist mit eigenthümlichen Schwierigkeiten verbunden, da die
Bewusstseinsstörung und Analgesie vieler Geisteskranker subjektive
Störungen des Befindens nicht aufkommen lässt. Die Diagnostik ist
hier noch schwieriger als in der Kinderpraxis, wo doch wenigstens
Schmerz geäussert wird. So kommt es, dass Typhus, Pneumonie u. a.
schwere Krankheiten nicht selten ambulatorisch verlaufen und erst in der
Agonie oder auf dem Sektionstisch erkannt werden. Da es sich meist
um geschwächte cachektische Individuen handelt, ist die Prognose
durchweg eine schlechtere als bei Geistesgesunden.

Eine Hauptrolle unter den somatischen Affektionen bei Irren
spielt constitutionelle Anämie, namentlich bei weiblichen Individuen.

Viele chronische Irre sterben einfach an Anämie und Marasmus.
Unbekannte trophische Ursachen, zusammenhängend mit der Central-
erkrankung (Sympathicus?) sind für die Erklärung mancher dieser,
allen diätetischen und medikamentösen Mitteln trotzenden, schon von
der Pubertät anhebenden und durch's ganze Leben fortbestehenden
Anämieen, anzunehmen.

Aeusserst wichtig und häufig sind entzündliche Affektionen der
Respirationsorgane. Pneumonieen sind etwa bei einem Sechstel der
Todesfälle die Ursache. Besonders häufig sind hypostatische Pneumo-

nieen bei marastischen Dementen und zurückzuführen auf geschwächte Herzaktion und unvollkommene Respiration.

Eine durch Gefässlähmung veranlasste, von dem Hirnprocess abhängige Pneumonie erscheint bei Paralytikern vielfach als Todesursache. (Gaye, Allg. Ztschr. f. Psych. 10, p. 569.) Auch croupöse Pneumonie ist nicht selten und begünstigend für ihre Entstehung die Verkühlung, der sich viele Kranke, namentlich Tobsüchtige, aussetzen.

Wie bei Greisen verläuft die Pneumonie bei Irren in der Regel latent, ohne Frost, Husten, Auswurf, so dass nur die physikalische Diagnostik sie nachweist. Appetitlosigkeit, plötzliches Auftreten eines adynamischen Zustands sind oft die einzigen äusseren Zeichen der aufgetretenen Krankheit.

Sehr häufig ist Lungentuberculose in Irrenhäusern. Dagonet (traité des mal. ment. p. 123) fand unter 428 Todesfällen 109 an Phthisis pulmon. Auch Hagen's statistische Untersuchungen bestätigen, dass Geisteskranke fünfmal häufiger der Lungentuberculose erliegen als Nichtirre, dass aber auch bei Tuberculösen Geisteskrankheit fünfmal häufiger ist als bei Nichttuberculösen.

Die Erklärung dürfte zum Theil in der, beiden Erkrankungen vielfach zu Grund liegenden neuropathischen Constitution, grossentheils aber in der ungenügenden Ernährung fastender, namentlich melancholischer Irrer, die zudem unvollkommen respiriren, endlich in den antihygienischen Momenten überfüllter Irrenanstalten liegen.

Nicht selten ist Lungengangrän bei abstinirenden Kranken als Inanitionserscheinung, aber auch durch Eindringen von Speisetheilchen in die Luftwege bei unzweckmässiger künstlicher Fütterung kann sie bedingt sein. (L. Meyer.)

Zuweilen ist sie auch Theilerscheinung septischer Processe (jauchiger Decubitus) und vielleicht auf septische Embolie zurückführbar.

Bei der Inanitionsgangrän ist der Verlauf meist derart, dass sich zunächst Abmagerung, Fieber, Dyspnoe, Husten, Catarrh, Thoraxschmerzen, grosse Muskelschwäche, kühle Extremitäten einstellen. Es kommen Schweisse hinzu, fahle Hautfärbung mit cyanotischen Wangen[1]). Sputa und Athem werden abscheulich stinkend, die physikalischen Zeichen der Lungenverdichtung, Pleuritis, selbst Pneumothorax und Lungenblutungen können eintreten. Der Tod erfolgt dann durch Anämie, Pyämie, Pneumothorax, profuse Blutungen nach zehn Tagen bis drei Wochen (Fischel).

Darmkatarrh mit katarrhalischen Erosionen ist nicht selten

bei Irren und, wenn er colliquativ auftritt, zuweilen Ursache ihres (marastischen) Todes. Appetitlosigkeit, Meteorismus, schneller Verfall der Kräfte unter Diarrhöen, sind die wichtigsten Erscheinungen. Die Angaben einer häufigen Verengerung des Dickdarms, einer veränderten Lage des Colon bei Irren (Esquirol, Schröder v. d. Kolk) haben sich als ätiologisch wichtige oder häufigere Complicationen des Irreseins nicht bestätigt.

Häufig sind bei Irren chirurgische[1]) Affektionen durch Selbstbeschädigung oder Verletzung durch Andere.

Furunkel und Carbunkel sind die nicht seltene Folge von Infectionen und Verletzungen der Haut bei unreinlichen, kothschmierenden, im Stroh wühlenden Kranken.

Eindringen fremder Körper in Körperhöhlen aus Spielerei, geschlechtlichem Reiz oder Taed. vitae kommt nicht selten vor. Selbst Essbestecke, z. B. Gabeln sind schon von Irren geschluckt worden.

Erysipelas faciei kommt durch Verwundung und Verunreinigung der Nasenschleimhaut vor, Augencatarrhe sind öfters bedingt durch Verunreinigung mit Urin, Vaginalschleim etc.

Decubitus findet sich als neurotrophische Erscheinung, begünstigt durch Unreinlichkeit bei paralytischen und marastischen Irren.

Nicht selten ist eine bedeutende Knochen-Fragilität, namentlich bei paralytischen Irren. Sie geht meist mit bedeutendem Schwund der Kalksalze einher, findet sich vorwiegend an den knöchernen Rippen, die sich dann mit dem Messer schneiden lassen. Geringfügige Contusionen genügen dann zur Entstehung von Rippenfrakturen, die dann nicht selten Pleuritis hervorrufen.

Eine bemerkenswerthe Erscheinung bei Irren ist die sog. Ohrblutgeschwulst[2]) (Othaematoma auriculae), die am häufigsten am oberen und äusseren Theil des Ohrknorpels, ferner in Fossa navicularis und triangularis, selten in der Concha, am Helix und äusseren Gehörgang sich findet, meist das linke Ohr, seltener das rechte, zuweilen auch beide Ohren befällt. Sie stellt eine umschriebene, kleinere oder grössere, fluctuirende blaurothe Geschwulst dar, über welcher die Haut intact erscheint. Sie entwickelt sich rasch, bleibt dann Wochen bis Monate stationär und schwindet mit zurückbleibender Verkrüppelung des Ohrs.

Es handelt sich um einen Bluterguss zwischen Perichondrium

---

[1]) Christian, Ann. med. psychol. 1873, Juli.
[2]) Fischer, Allg. Zeitschr. f. Psych. 5; Damerow, ebenda. 5; Gudden, ebenda. 17; Jung. 18; Fürstner, Archiv f. Psych. III, p. 353; Bouteille. Ann. méd. psych. 1878, Juli.

und Knorpel, nach Anderen (Gudden) um einen solchen in den zer-
sprengten, übrigens mikroskopisch unveränderten Knorpel selbst.

Während das Blut resorbirt wird, schrumpft das Periehondrium
und zieht den übrigen Theil des Ohrs nach sich. Dadurch entsteht
die rückbleibende Deformität desselben. Indem zugleich das Periehondrium auf seiner Innenfläche neue Knorpellagen ausschwitzt, kommt
es zu einer Verdickung des Ohrknorpels.

Bezüglich der Entstehung dieser interessanten Erkrankung bestehen zwei Ansichten. Eine Reihe von Forschern hält die Affektion
für eine neurotisch-dyskrasische. Sie machen geltend, dass das Othämatom sich öfters aus neuroparalytischen Hyperämieen der Ohren (Gefässlähmung der in der Bahn des Trigeminus laufenden Gefässnerven
des äusseren Ohrs) entwickelt, dass es überhaupt bei Gesunden fast
nie, fast ausschliesslich bei Irren vorkommt und zwar in schweren und
vorgeschrittenen Zuständen des Irreseins (Dem. paralytica, Uebergänge
in secundäre psychische Schwächezustände), wo tiefe vasomotorische
Störungen der Nervencentren vorhanden sind und sich durch Oedeme,
Eechymosen, Decubitus etc. bemerklich machen.

Ein geringfügiges Trauma, ja selbst eine blosse Steigerung des
Gefässdrucks genügt dann bei diesen Kranken, deren Gefässwände
zudem oft bei ihrem eachektischen Zustand Ernährungsstörungen erfahren haben, zum Zustandekommen eines Blutergusses, während andererseits bei Tobsüchtigen und Epileptikern, wo Traumen doch an
der Tagesordnung sind, Othämatome zu den grössten Seltenheiten
gehören.

Zu berücksichtigen ist ferner, dass O. bei Paralytikern am
häufigsten sind, wo Neubildung von Gefässen nicht nur im Hirn, sondern auch in anderen Organen im Gefolge der neuroparalytischen
Hyperämieen vorkommt. Neugebildete Gefässe sind aber sehr wenig
widerstandsfähig gegen eine äussere Gewalt oder gegen eine Steigerung
des Blutdrucks.

Hoffmann hielt das O. für eine hämorrhagische Knorpelentzün-
dung analog der hämorrhagischen Pacchymeningitis.

L. Meyer fand als Ursache des O. kleine Enchondrome im Ohrknorpel, die oft sehr gefässreich seien und bei einem geringen Trauma
einen Bluterguss setzen. Er fand sie auch nicht selten bei nicht irren
Siechen. Wo O. auftraten, liessen sich immer vorher Ohrknorpel-
geschwülste nachweisen und immer entsprach auch dem Sitz des En-
chondrom die Stelle des darauf gefolgten Othämatom.

Von anderen Autoren wird die ausschliesslich traumatische Entstehung des O. betont. Für diese Ansicht wird geltend gemacht, dass
der Ohrknorpel immer zersprengt sei (?), auch bei Geistesgesunden

ein heftiger mechanischer Insult O. hervorbringen könne, wie dies aus
Experimenten und den Büsten der Pancratiasten mit verkrüppelten
Ohren hervorgehe, dass das linke Ohr vorzugsweise befallen werde,
weil dasselbe einer, meist von vorne wirkenden und mit der rechten
Hand geübten Gewalt (Wärterfaust) am zugänglichsten sei, dass in
Anstalten, wo Insulte des Kranken und Selbstbeschädigungen verhütet
werden, das O. fast gar nicht vorkomme. Stahl vergleicht das O.,
bezüglich seiner Entstehungsweise mit dem Cephalämatom der Neugeborenen.

Die Akten über diese Streitfrage sind noch nicht geschlossen.
Die Wahrheit dürfte in der Mitte liegen. Bedenkt man die Thatsache, dass eine sehr bedeutende mechanische Gewalt dazu gehört,
um bei Gesunden O. hervorzurufen, so liegt die Annahme nahe, dass
bei Irren wenigstens eine bedeutende Disposition zur Entstehung von
O. besteht, mag sie nun in dyskrasischen Erkrankungen der Gefässe,
neuroparalytischen Hyperämieen oder Enchodromen gefunden werden.

Der Umstand, dass O. besonders auf dem linken Ohr sich finden,
beweist an und für sich nicht für eine traumatische Deutung im obigen
Sinne — auch vegetative Erkrankungen, z. B. Pneumonieen, Neuralgieen etc. kommen vorwiegend auf der linken Körperhälfte vor, die in
gewisser Beziehung als Locus minoris anzusehen ist.

Was die O. bei Gesunden betrifft, so müsste künftig ermittelt
werden, ob sie nicht Belastete sind. Eines Tags lernte ich einen
Collegen kennen, der ein verkrüppeltes linkes Ohr hatte, als Residuum
eines Othämatom. Der Lehrer hatte ihn als kleinen Jungen am Ohr
gezaust. Meine Nachforschungen ergaben, dass in seiner Familie mehrere
Geisteskranke waren und er selbst war ein excentrischer, originär abnormer Mensch.

Die üble prognostische Bedeutung der O. bei Irren ist nicht
durchgehends richtig.

Eine exspectative Behandlung gegenüber dem O. erweist sich
nach der Erfahrung als die vortheilhafteste.

Das Vorkommen von analogen Vorgängen an den Nasenknorpeln
(Rhinhämatome) hat Koeppe (de haematom. cartilag. nas. Habilitations-
schrift 1867) nachgewiesen.

## Capitel 10.

## Prognose des Irreseins [1].

Zu den verantwortlichsten Aufgaben des Irrenarztes gehört die Stellung der Prognose. Häufig und aus den verschiedensten Gründen wird sie abverlangt. Bald von den Angehörigen, die aus Theilnahme an dem Schicksal des Kranken oder aus wichtigen finanziellen Interessen (Fortführung von Pachtverhältnissen, Beibehaltung oder Veräusserung eines Geschäfts, Mobiliars u. dgl.) den Ausgang der Krankheit zu wissen begehren, bald von Behörden, wegen der etwa nöthigen gerichtlichen Verbeistandung oder Entmündigung, oder bei Beamten bezüglich der Frage einer möglichen Reaktivirung oder Pensionirung, bei Sträflingen bezüglich ihrer Versetzung in eine Irrenanstalt im Fall der Unheilbarkeit, endlich in manchen Ländern, wo unheilbares Irresein als Ehescheidungsgrund gilt, wegen Zulässigkeit der Auflösung der Ehe.

Zur Verantwortlichkeit kommt die technische Schwierigkeit, die in den so oft mangelhaften Daten über Abstammung, Constitution, Vita ante acta, der Unsicherheit der Pathogenese, der temporären Latenz von Krankheitssymptomen und der kaum über eine Summe von empirisch gewonnenen Thatsachen hinausreichenden Semiotik begründet ist.

Nur selten werden wir deshalb in der Lage sein, die Prognose mit voller Sicherheit zu stellen, meist uns mit einer an Gewissheit grenzenden Wahrscheinlichkeit begnügen müssen.

Die Stellung der Prognose kann sich beziehen auf die Wahrscheinlichkeit der Erhaltung des Lebens, der Wiedergewinnung der psychischen Gesundheit, der Recidive der Krankheit, der Vererbung derselben.

1) Bezüglich der Prognose der Erhaltung des Lebens lässt sich allgemein nur sagen, dass das Irresein im Grossen und Ganzen die mittlere Lebensdauer herabsetzt. Die Ursache liegt theils in der grösseren Morbilität solcher Kranker, namentlich bezüglich der Tuberculose, sowie in der schlechteren Prognose, die complicirende Er-

---

[1] Guislain, Geisteskrankheiten, übers. v. Lähr, p. 338 (mit älterer Literatur); Morel, traité des mal. ment., p. 495; Flemming, Psychosen, p. 269; Nasse, Allg. Zeitschr. f. Psych. 3, p. 589; Focke, ebenda. 4, p. 283; Hertz, ebenda. 26, p 736; Frese, ebenda. 32; Böttger, Irrenfreund. 1873, p. 165; v. Krafft, ebenda. 1871, p. 33; Griesinger, Journ. of mental science, 1865, Oct.; Ray, americ. journ. of insanity 1871, Oct.; Hagen, Statistische Untersuchungen. p. 314; Jensen, Börner's Wochenschr. 4. Jahrg. No. 41.

krankungen bei Irren an und für sich haben, theils darin, dass die
nutritive Störung des Gehirns leicht zu formativer führt (Del. acutum etc.)
oder zu Inanition des Gehirns oder zu Complicationen (Hirnödem, Convulsionen). Dazu kommt der Umstand, dass die Psychose oft Selbst-
verletzungen, Nahrungsverweigerung veranlasst, durch Affekte, Schlaflosigkeit aufreibend wirkt. Die Prognose quoad vitam ist direkt abhängig:

a) Von der Natur des Krankheitsprocesses — idiopathische Erkrankungen, namentlich Dem. paralytica und Delir. acutum
führen fast immer zum Tod.

b) Vom Lebensalter — in höherem Alter tritt leicht tödtliche Erschöpfung ein.

c) Vom Stadium und Verlauf der Krankheit — je stürmischer der Verlauf und je frischer die Krankheit, um so grösser ist
der Procentsatz der Todesfälle.

Nach Béhier starben von 17167 Irren im ersten Monat der
Krankheit 12%, im zweiten 7%, im dritten 6%.

In den späteren Stadien des Irreseins sinkt die Mortalität be-
trächtlich, bleibt aber fünfmal grösser als die der Gesunden von gleicher
Altersklasse. (Hagen, statist. Untersuch. p. 281.)

Bei einzelnen Individuen kann das mit dem Fortschritt der
Krankheit sich ergebende Erlöschen der Affekte, die geordnete, regelmässige, rein vegetirende Lebensweise in der Irrenanstalt geradezu
conservirend wirken. So haben es einzelne Irrenhauspfleglinge auf
80—90 Jahre gebracht und sind 50—60 Jahre irre gewesen.

2) Besonders schwierig erscheint die Prognose quoad vale-
tudinem. Es gibt hier kein einziges untrügliches Kriterium der
Unheilbarkeit. Die Anamnese, Aetiologie und Pathogenese, der Verlauf, die Häufung gewisser Symptome sind die Anhaltspunkte für den
immer ganz concret zu beurtheilenden Fall[1]). Im Allgemeinen muss
das Irresein, wenn rechtzeitig behandelt, als eine heilbare Krankheit
bezeichnet werden.

Der Procentsatz der Genesungen schwankt in den besseren Anstalten zwischen 20—60 %. Die Differenz ist abhängig von der Häufigkeit degenerativer Momente in der Bevölkerung, vom Bildungsgrad der
Aerzte, die die Krankheit rechtzeitig zu erkennen und zu behandeln
wissen; endlich von dem Bildungsgrad des Publikums, das den Werth
rechtzeitiger Aufnahme in Heilanstalten erkennt.

---

Schüle, Handb., p. 365, fasst den Psychosenprocess als eine Affektion der
psych. Centra auf, welche allgemein an die hereditäre Mitgift und an die physiologischen Evolutionen der Lebensalter, speciell aber an die individuelle Hirnentwicklung und an die Intensitätsstufe der im Einzelnen vorhandenen Erkrankungsform
gebunden ist.

Allgemein prognostische Anhaltspunkte ergeben sich aus Dauer, Verlauf, Einzelsymptomen und ätiologischen Bedingungen des Krankheitsfalls.

### a. Dauer.

Hier gilt unbestritten der Satz, dass je länger die Dauer um so ungünstiger die Vorhersage wird. Die Heilbarkeit steht so ziemlich im umgekehrt proportionalen Verhältniss zur Krankheitsdauer. Die häufigsten Genesungen (bis zu 60 %) werden in den ersten Monaten der Krankheit erzielt, im 2. Halbjahr nur mehr etwa 25 %, im 2. Jahr nur noch 2—5 %. Eine absolute zeitliche Grenze der Heilbarkeit lässt sich übrigens nicht feststellen. Es gibt sogar seltene Fälle, wo nach vieljähriger Krankheitsdauer durch tief eingreifende zufällige somatische Erkrankungen (Typhus, Cholera, Intermittens [1]), ja sogar durch Sturz oder Schlag auf den Kopf) [2] Genesung eintrat. Auch im Klimacterium können langjährige Sexualpsychosen sich noch verlieren.

Das obige Gesetz wird endlich beeinflusst durch äussere Verhältnisse. Sind diese ungünstig, so kann nach sehr kurzer Dauer derselbe Fall unheilbar werden, der unter günstigen, wie sie meist nur eine Irrenheilanstalt schafft, noch viel länger Chancen der Heilbarkeit darbietet.

### b. Verlauf.

Plötzlicher Ausbruch einer Psychose gestattet im Allgemeinen eine günstigere Vorhersage als da, wo sich jene langsam und unter stetigem Fortwirken schädlicher Momente entwickelt. Im ersten Fall findet ein mehr stürmischer, acuter, keine Persistenz und psychische Verwerthung der Einzelsymptome zulassender Verlauf statt, im zweiten eine allmälig sich vollziehende krankhafte Umwandlung der ganzen Persönlichkeit, mit verhängnissvoller Neigung zur Systematisirung der sich bildenden Wahnideen. Mindestens ist hier dann ein chronischer Verlauf sicher zu erwarten.

Umgekehrt ist es mit der Lösung einer chronischen Psychose. Eine plötzliche Genesung ist hier in der Regel nur eine von baldiger Wiederkehr der Störung gefolgte Intermission, eine allmälige, unter immer beträchtlicheren Remissionen sich vollziehende Lysis der erwünschte Ausgang. Je mehr ein Krankheitsbild in seinem Detailverlauf den Charakter einer heilbaren, gutartigen Psychose (Psychoneurose) an sich trägt, um so besser ist die Prognose. Progressive Evolution

---

[1] Belhomme, Ann. méd. psychol. 1849, oct.
[2] Hoffmann, oper. suppl. secund. part. § 10 u. 15; Schenck, observat. med. rar. lib. 1 obs. 8 u. 9; Arnold, übers. v. Akermann, 1788, p. 113; Allg. Zeitschr. f. Psych. 8. p. 274. 13. p. 454.

von immer schwereren Symptomencomplexen wie sie z. B. dem aus
Neurosen sich transformirenden Irresein zukommt, primäres Auftreten
von Wahnideen, ein proteusartiger oder strengperiodischer Verlauf bezüglich der Wiederkehr von Symptomenreihen oder geschlossenen
Anfällen deuten auf psychische Degeneration und sind im Allgemeinen
mali ominis.

Ein gewisser Wechsel der Symptome, insofern er kein proteusartiger oder periodischer ist, gestattet eine günstigere Vorhersage als
das Stationärbleiben von Symptomen, namentlich von Sinnestäuschungen
und Wahnideen und deren Ausbau zu einem systematischen Wahngebäude.

### c. Aetiologie.

Von der grössten Bedeutung ist hier prognostisch, ob die Psychose eine durch Ungunst zufällig zur Geltung gelangter ursächlicher
Momente entstandene oder eine in der ganzen Constitution veranlagte,
auf dem Boden einer erblichen oder sonstwie entstandenen Belastung
fussende ist.

Entwickelt sich Irresein aus einer solchen Belastung, steht dasselbe in pathogenetischem Zusammenhange mit einer ab ovo anomalen
Entwicklung und Artung des Charakters, stellt es gar nur eine pathologische Steigerung von Charakteranomalieen dar, zeigt es eine progressive Fortentwicklung von Anfangs nur neurotischen und elementaren psychopathischen Erscheinungen zu immer schwereren Zustandsformen, dann ist die Prognose durchweg eine schlechte, zumal wenn
der Ausbruch kein plötzlicher war, sondern das Krankheitsbild unvermerkt aus den Erscheinungen der Belastung und abnormen psychischen
Artung hervorging.

Wesentlich von diesem Standpunkt aus muss auch die Erblich-
keitsfrage [1]), die vielfach prognostisch zu generalisirend behandelt wurde,
aufgefasst werden.

Beschränkt sich der erbliche Factor auf eine blosse, klinisch vor
der Erkrankung in keiner Weise durch neurotische oder psychische
Anomalieen sich kundgebende Disposition, mit andern Worten, erscheint
das Gehirn bloss als locus minoris ohne alle Zeichen der Entwicklungs-

---

[1]) Jung (Allg. Zeitschr. f. Psych. XXI, p. 642) fand bei überhaupt erblichen
Fällen 45,5 % Genesungen bei Männern und 46,9 % bei Weibern gegenüber 38,47 %
Genesungen bei Männern und 38,5 % bei Weibern nicht erblicher Provenienz.
Ich selbst (Allg. Zeitschr. f. Psych. 26, H. 4 u. 5) fand bei sorgfältiger Diffe-
renzirung der erblichen Fälle in bloss prädisponirte, belastete und angeborene in der
1. Categorie 58,4 % Genesungen b. Männern, 57,7 % b. Weibern, in der 2. 16,1 %
M., 13,2 % W., in der letzten Categorie 0 % b. beiden Geschlechtern; s. f. Statistik
v. Illenau, Carlsruhe, 1865, p. 30 u. Tab. 24.

störung oder funktionellen Entartung, so ist die Prognose geradezu günstiger als bei nicht erblich veranlagten Fällen. Die accessorischen schädlichen Einflüsse wirken hier zwar krankmachend, aber nicht tiefer schädigend auf das in labilem Gleichgewicht der Funktionen befindliche, aber nach Ausgleich der gesetzten Störung leicht wieder seine molekuläre Gleichgewichtslage zurückgewinnende psychische Organ, während da, wo ohne Disposition zufällige Ursachen psychische Störung zu Stande bringen, die Wirkung jener eine viel tiefer gehende und darum weniger leicht ausgleichbare sein muss.

Anders steht es da, wo die Heredität durch ab ovo schon bestehende Charakterfehler, Excentricitäten, ungleichmässige Ausbildung der psychischen Energieen, überhaupt durch Belastungserscheinungen sich verrieth und die Krankheit das letzte Glied in der Reihe psychopathischer Entwicklungs- und Erscheinungsreihen bildet. Die Prognose ist hier eine schlimme und, bei congenitaler psychischer Krankheit (originäre Verrücktheit, moralisches Irresein), eine geradezu hoffnungslose. Findet die Belastung ihren Ausdruck in einem congenitalen psychischen Schwächezustand und entwickelt sich bei solchen imbecillen Individuen eine Psychose, so ist die Prognose bezüglich der Herstellung des status quo ante viel ungünstiger als bei Vollsinnigen. Den Belastungspsychosen schliessen sich an prognostischer Schwere direkt an die erworbenen idiopathischen Geistesstörungen. Das Irresein aus Kopfverletzungen, Insolation, Apoplexie, Menigitis etc. hat eine meist ungünstige Vorhersage. Noch am günstigsten erscheint hier die Lues cerebralis, jedoch dürfte es sich in der Mehrzahl der Fälle nur um eine Heilung mit Defekt handeln.

Die Prognose der sympathischen Störungen hängt wesentlich davon ab, ob die sympathische Ursache eine Entfernung gestattet oder nicht.

Am günstigsten sind Psychosen aus Anämie, Menstrualstörung, heilbaren Affektionen des Digestionstractus und der Genitalorgane. Eine ziemlich schlechte Prognose bieten Psychosen aus Herzerkrankung und Lungentuberculose.

Das postfebrile Irresein hat eine verschiedene Prognose, je nachdem es auf schweren cerebralen Complicationen beruht oder nur Ausdruck von Anämie und Erschöpfungszuständen ist.

Irresein aus Alkoholmissbrauch gibt eine günstige Vorhersage bezüglich des einzelnen Anfalls. Recidive sind begreiflicherweise an der Tagesordnung. Das chronische Irresein der Säufer stellt eine schwere idiopathische Hirnstörung dar und lässt höchstens eine Heilung mit Defekt zu. Irresein aus sexueller Erschöpfung und Onanie lässt nur in seinen Anfangsstadien und als affektive Störungsform eine Genesung erwarten.

Das Schwangerschafts- Puerperal- und Lactationsirresein endigen in der Mehrzahl der Fälle mit Genesung.

Ausbruch psychischer Krankheit im jugendlichen Alter ist viel günstiger als in sehr vorgerücktem Alter. Entscheidend ist hier vielfach ob Zeichen seniler Involution des Gehirns vorhanden sind. Bei rüstigem Gehirn können Psychosen noch in hohem Alter sich ausgleichen.

Die Psychosen des kindlichen Alters geben wegen der hier meist in hereditärer Belastung und organischen Momenten begründeten Aetiologie eine ziemlich ungünstige Prognose und gefährden zudem die ungestörte Weiterentwicklung des psychischen Lebens.

Die in den physiologischen Lebensphasen der Pubertät und des Klimacterium entstandenen Psychosen gestatten nur dann eine günstige Vorhersage, wenn sie ohne alle Veranlagung oder auf Grund einer blossen Prädisposition, nicht einer Belastung entstanden sind.

Das auf hysterischer oder anderweitig neurotischer Grundlage entstandene Irresein ist nur dann günstig, wenn es einen intercurrenten und affectiven Charakter hat; ist es nur ein Entwicklungsstadium im Verlauf einer Neuropsychose, eine transformirte Psychose, so ist es mali ominis.

Eine Prognose, je nachdem ein somatisches oder psychisches Moment die Krankheit hervorrief, lässt sich nicht geben. Wichtiger ist der Umstand, ob eine psychische Ursache plötzlich oder allmälig einwirkte. Eine vorübergehend aber heftig wirkende Ursache gestattet eine viel günstigere Vorhersage als langjährig einwirkende, allmälig die leibliche und geistige Constitution untergrabende psychische Momente.

Anhaltender Kummer, nicht erfülltes Sehnen und Streben, mächtige Leidenschaften sind es vorzüglich, die langsam aber sicher das psychische Leben zerrütten. Kommen dazu noch materielle Noth, Trunk und andere Laster, so ist eine Genesung kaum mehr zu hoffen.

Das durch psychische Ansteckung entstandene Irresein gestattet bei rechtzeitiger Entfernung aus der inficirenden Umgebung eine günstige Prognose.

### d. Nach den Einzelsymptomen.

α) Psychische: Grosse Umneblung des Bewusstseins, wenn sie allmälig und erst im Verlauf sich entwickelt, deutet auf ein schweres Krankheitsbild, plötzlicher primärer Eintritt der Bewusstseinsstörung ist günstiger.

Grosse Verworrenheit, wenn sie nicht auf der Höhe einer Psychose sich entwickelt, ist ungünstig; besteht sie nach dem Abschluss des acuten Stadiums und nach erloschenen Affekten fort, so bezeichnet sie meist den Eintritt eines consekutiven Schwächezustands. Gedächtnissschwäche, namentlich partielle und die Vorgänge der Jüngstvergangenheit betreffende, deutet auf eine schwere idiopathische Erkrankung.

Verschrobenheit der Gefühle, des Gedankengangs, üble Neigungen, Excentricitäten im Verlauf einer abklingenden Psychose deuten auf einen sich ausbildenden Schwächezustand, während andererseits Wiederkehr der früheren Neigungen, Gewohnheiten, ethischen Gefühle, moralischen Urtheile, eine baldige Lösung der Krankheit erwarten lassen.

Verlust des Schamgefühls, Unreinlichkeit, Schmieren, sofern sie nicht auf der Höhe einer Tobsucht vorkommen, deuten auf psychischen Verfall.

Kothessen, Geniessen ekelhafter Dinge überhaupt, finden sich nur bei tieferer schwerer Störung des Bewusstseins.

Unempfindlichkeit gegen Hitze, Kälte, grelles Sonnenlicht, mangelndes Gefühl von Sättigung sind üble Zeichen, wie die Anästhesieen überhaupt.

Sexuelle Erregung im noch jugendlichen Alter hat keine ominöse Bedeutung, meist aber eine solche ausserhalb des zeugungsfähigen.

Neubildung von Worten findet sich fast ausschliesslich in unheilbaren Irreseinszuständen. Aphasie deutet auf idiopathische organische Erkrankung.

Zwangs- und impulsive Handlungen sind vorwiegend Erscheinungen degenerativer Psychosen.

Sammeltrieb ist mali ominis, sofern er nicht Prodromus oder Theilerscheinung einer Manie ist.

Wahnideen sind ungünstige Erscheinungen, sobald sie ohne affektive Grundlage primär, mit primordialem Charakter, stabil sich vorfinden.

Als desultorische, auf erklärendem allegorisirendem Wege entstandene, von Affekten getragene Erscheinungen sind sie an und für sich nicht ungünstig.

Inhaltlich sind die Grössenideen prognostisch schlimmer als die depressiven, unter diesen wieder die auf Grundlage eines herabgesetzten Selbstgefühls sich entwickelnden viel günstiger als Verfolgungswahnideen.

Zwangsvorstellungen finden sich fast ausschliesslich bei Belasteten.

Sinnestäuschungen sind mali ominis, sobald sie stationär sind und in mehreren Sinnesgebieten auftreten.

Illusionen sind weniger bedenklich als Hallucinationen; unter diesen Gehörs-, Geschmacks-, Geruchstäuschungen ungünstiger als solche des Gesichts.

β) Somatische: Motorische Störungen aller Art haben eine wichtige und meist üble prognostische Bedeutung, insofern sie schwere

idiopathische Erkrankungen anzeigen. Dies gilt namentlich für Convulsionen, Lähmungen und Coordinationsstörungen sofern sie nicht
Theilerscheinung einer hysterischen Erkrankung sind.

Weniger ungünstig sind die Störungsformen der Tetanie und
Katalepsie.

Tremor findet sich auch auf Grund von Alkoholismus, Anämie,
nervöser Erregung und hat dadurch nicht vorweg die ominöse Bedeutung wie andre motorische Störungen.

Pupillendifferenzen, Strabismus können zufällig, habituell sein und
sind nur im Zusammenhang mit anderen Symptomen zu verwerthen.
Sprachstörung (Silbenstolpern) hat Esquirol sogar als Zeichen tödtlichen Ausgangs betrachtet. Sie deutet immer auf schwere idiopathische
Erkrankung (Paralyse), Zähneknirschen hat dieselbe Bedeutung.

Blick, Miene, Haltung sind prognostisch sehr wichtige Erscheinungen. Die Erschlaffung der Muskeln, das herabsinkende Kinn deuten
meist den Uebergang in Blödsinn an, desgleichen die Erschlaffung der
Sphincteren, das Ausfliessen des nicht vermehrten Speichels.

Besonders werthvoll sind prognostisch die Aenderungen der mimischen Innervation. Da wo der Ausgang des Irreseins ein ungünstiger
ist, verrathen ihn oft früh schon der blöde, stiere, ausdruckslose Blick,
die eigenthümlich verschrobene, durch ungleiche Innervation und Con-
trakturen verzerrten verwitterten Züge.

Schlaflosigkeit und Nahrungsverweigerung, wenn sie nicht vorübergehend bestehen, sind üble Erscheinungen, nicht minder tiefere trophische
(Decubitus Othämatome etc.) Störungen, ebenso anhaltend subnormale
oder auch hoch gesteigerte nur neurotisch deutbare Eigenwärme.

Wiederkehr der Menses hat nur dann eine kritische Bedeutung,
wenn die Geistesstörung aus einer Suppressio mensium entstanden ist.
Sonst zeigt die Rückkehr derselben nur eine Besserung des Allgemeinbefindens an, und ist insofern günstig, in vielen Fällen aber bedeutungslos. Zu den wichtigsten prognostischen Zeichen im Zusammenhalt mit den psychischen gehören endlich die Gewichts- resp. Ernährungsverhältnisse der Kranken. Nasse (Allg. Zeitsch. f. Psych. 16
p. 541) hat sich um deren prognostische Verwerthung grosses Verdienst erworben.

Eine der psychischen Besserung parallel gehende oder sie ein-
leitende Gewichtszunahme, namentlich wenn sie eine rapide ist, erscheint
nach N.'s Forschungen als ein sicheres Zeichen der Reconvalescenz.
Ein geringes Zurückgehen des Körpergewichts nach erreichter Maximal-
höhe verbürgt die Genesung.

Wo eine psychische Besserung ohne oder ohne erhebliche Gewichtszunahme vor sich geht, ist die Genesung zweifelhaft und eine Recidive zu gewärtigen.

Nimmt die Ernährung zu ohne dass die Psychose sich bessert, so deutet dies den Uebergang in unheilbaren psychischen Schwächezustand an.

So lange eine Psychose auf der Höhe der Erkrankung sich befindet, ist sie von einer Gewichtsabnahme begleitet.

Ist diese eine rapide und enorme, so deutet dies auf ein schweres progressives Hirnleiden oder eine Complication der Psychose mit einem schweren Allgemeinleiden, z. B. Tuberculose.

3) Die P r o g n o s e  d e r  R e c i d i v e [1]) hat zunächst die statistische Thatsache zu berücksichtigen, dass von 100 genesen aus den Anstalten Entlassenen circa 25% wieder erkranken. Im Einzelfall hängt so ziemlich Alles von den biologisch-ätiologischen und den äusseren Verhältnissen desselben ab. Eine zufällig z. B. als postfebrile nach Typhus, ohne alle Disposition, entstandene Geistesstörung wird kaum je sich wiederholen, während eine auf dem Boden der Belastung, namentlich hereditärer stehende Persönlichkeit Gefahr lauft, durch accessorische Schädlichkeiten aller Art, ja selbst durch physiologische Lebensphasen, ihr labiles Gleichgewicht wieder zu verlieren.

Aber auch missliche sociale Verhältnisse, lieblose Behandlung der aus der Anstalt Heimgekehrten, Rückgang ihrer finanziellen Verhältnisse durch Krankheit und Abwesenheit, zu frühe Entlassung aus der Anstalt, Wiederaufnahme übler Gewohnheiten (Trunk etc.) sind vielfach Schuld an der Recidive. Die von Dick [2]) bei weiblichen Genesenen gefundene Schutzkraft der Verehelichung gegenüber Rückfall in Psychosen wird von andrer Seite bestritten.

4) Eine überaus heikle und nur ganz concret und mit Wahrscheinlichkeit zu beantwortende Frage, ist die nach der P r o g n o s e der V e r e r b u n g [3]).

Der Schwerpunkt der Entscheidung liegt offenbar in der Pathogenese der Psychose, deren vererbender Einfluss zu fürchten ist.

Hat diese eine constitutionelle mehr weniger degenerative Begründung und Charakter, so besteht grosse Gefahr der Vererbung; ist die Psychose dagegen eine zufällig erworbene, in keiner Weise veranlagte, noch dazu gutartige und ohne Defekt geheilte, so besteht keine Wahrscheinlichkeit einer erblichen Schädigung der Nachkommen-

---

[1]) Hertz, Allg. Zeitschr. f. Psych. 25, p. 410, 26, p. 337 u. 736; Hagen, Statist. Untersuchungen, p. 235.

[2]) Allg. Zeitschr. f. Psych. 32, p. 567; Derselbe, Irrenfreund 1877. 6; Nasse, ebenda 1877. 3.

[3]) Hagen, Statist. Untersuchungen, p. 208 u. 243 (Katamnese).

schaft. Diese ist aber möglich, wenn der Descendent zur Zeit des
Bestehens der Psychose gezeugt wurde.

Bezüglich der Möglichkeit oder Wahrscheinlichkeit einer ver-
erbenden Wirkung auf die Descendenz bei Belastung oder Krankheit
in der Ascendenz ist Folgendes zu berücksichtigen:

Der schlimmste Fall ist der, dass Vater und Mutter belastet
sind, schon vor der Zeugung des betreffenden Descenten psychisch
erkrankt waren und die psychische Störung derselben den Charakter
der Degeneration an sich trug. Hier ist Krankheit beim Descendenten
in irgend einer Form fast sicher zu erwarten. Nur das Gesetz des Atavismus könnte bei intakter Beschaffenheit der Ahnen hier rettend eintreten.

Ist nur der Vater oder die Mutter belastet oder erkrankt, so
kommt es wesentlich darauf an, nach welchem Ascendenten der Descendent körperlich artete.

In trefflicher anthropologischer Vertiefung ist Richarz (Allg.
Zeitschr. f. Psych. 30, p. 658) dieser Frage nähergetreten. Er geht
von der Thatsache aus, dass das Geschlecht keine übertragbare Eigenschaft der Eltern, sondern eine im Höhegrad der Organisationsstufe
des erzeugten Individuums begründete Daseinsform darstellt, und zwar
eine höhere das männliche, eine niedrigere das weibliche Geschlecht.
Der Schwerpunkt des Zeugungsprocesses liegt im mütterlichen Organismus. Der Einfluss des Sperma besteht bloss in der Anregung der
dem Keim immanenten Entwicklungsbewegung, daneben in Mittheilung
qualificatorischer Eigenschaften des männlichen Theils, wozu aber keineswegs das Geschlecht gehört. Je höher das mütterliche Generations-
vermögen, um so sicherer entsteht ein Knabe, und je geringer dabei
der qualificatorische väterliche Einfluss, um so sicherer ein Knabe, der
der Mutter ähnelt. Diese Aehnlichkeit bezieht sich weniger auf Gesichtszüge und Körpergestalt als auf die auch bezüglich der Racen-
unterschiede viel wichtigere Farbe von Haut, Haar und Iris (Huxley,
Virchow). Am günstigsten erscheint die gekreuzte Vererbung dieser
somatischen Besonderheiten (Sohn nach der Mutter, Tochter nach dem
Vater); schon leicht degenerativ ist die geschlechtlich ungekreuzte Vererbung; entschieden degenerativ und nicht selten als einzigen Erklärungs-
grund für Irresein in bisher ganz intakter Familie findet Richarz in
Uebereinstimmung mit Morel (de l'hérédité morbide progressive) die
Fälle, wo das Erzeugte keinem der Erzeuger ähnlich ist.

Alle Beobachter (Esquirol, Baillarger, Jung u. A.) stimmen darin
überein, dass das Irresein der Mutter[1]) der Nachkommenschaft gefähr-

---

[1]) Jung, Allg. Zeitschr. f. Psych. findet, dass das Irresein mindestens um $\frac{1}{3}$
häufiger von der Mutter vererbt wird als vom Vater.

licher ist, als das des Vaters. Es entspricht dies der naturgesetzlichen und auch für's Thier giltigen Thatsache, dass das weibliche Geschlecht, als das bei der Zeugung vorwiegende, leichter auf die Nachkommen vererbt als das männliche. Aus dem gleichen Grund und da, wie Richarz plausibel macht, die Tochter als Sexus inferioris eher die Krankheit der Eltern erbt als ein Sohn, ist es begreiflich, dass statistisch bei Weibern Irresein auf erblicher Grundlage um 6% häufiger ist als bei Männern (Jung).

Schon Jung hat hervorgehoben, wie bedeutsam die körperliche Aehnlichkeit bezüglich der Vererbungsfrage ist und folgenden Satz formulirt: „Erbt ein Descendent den somatischen Habitus seines belasteten Ascendenten, so erbt er auch dessen psychische Constitution und wenn der Ascendent erkrankt, so besteht hohe Wahrscheinlichkeit, dass auch der Descendent in annähernd gleichem Alter und unter annähernd gleichen Gelegenheitsmomenten irrsinnig werden wird."

Richarz stellt nach seinem vertieften Standpunkt folgende Wahrscheinlichkeitsscala für Vererbung in psychischen Krankheiten auf:

I. Mutter behaftet: 1) Tochter, die der Mutter gleicht; 2) Sohn, der der Mutter gleicht; 3) Sohn, der dem Vater gleicht; 4) Tochter, die dem Vater gleicht.

II. Vater behaftet: 1) Sohn, der dem Vater gleicht; 2) Tochter die dem Vater gleicht; 3) Tochter, die der Mutter gleicht; 4) Sohn, der der Mutter gleicht.

Am meisten disponirt ist demnach eine Tochter, die der erkrankten Mutter gleicht.

Am wenigsten disponirt ein Sohn, der bei erkranktem Vater der Mutter gleicht.

Die völlige Unähnlichkeit (Eigenartigkeit) mit den somatischen Typen der Erzeuger ist signum degenerationis. Die tiefernste Bedeutung dieser prognostischen Gesichtspunkte für die Degeneration von Individuen wie Völkern bedarf allseitiger Anerkennung und Darnachachtung. Erblich Belastete wie auch zu Tuberculose Disponirte sollten sich der Zeugung enthalten. Leider besteht gerade hier meist ein gesteigerter Geschlechtstrieb und ist gesorgt dafür, dass diese Geiseln der Menschheit, von denen die erstere $\frac{1}{300}$, die letztere $\frac{1}{320}$ der gesammten Kräfte der Gesellschaft absorbirt (Tigges), trotz aller wissenschaftlichen Erfahrungen eher zu- als abnehmen.

## Capitel 11.
# Allgemeine Diagnostik [1]).

Die allgemeine Frage, ob Jemand geistig gesund oder krank sei, kann in Foro und am Krankenbett dem Arzt gestellt werden.

In Foro wird sie gestellt, wenn der Richter in Zweifel darüber ist, ob vorhandene psychische Auffälligkeiten blosser Ausdruck einer affektvollen Stimmung, leidenschaftlichen Erregung, selbstgewollter Hingabe an unsittliche Neigungen und Strebungen, listiger willkürlicher Vortäuschung oder die natürliche Folge einer zu Grunde liegenden Hirnkrankheit sind.

Der Jurist bedarf dieser Entscheidung, um bestimmen zu können, ob ein Individuum für eine begangene gesetzwidrige Handlung bestraft, seiner bürgerlichen Verfügungsfreiheit verlustig erklärt oder seiner persönlichen Freiheit durch Versetzung in eine Irrenanstalt beraubt werden darf.

Am Krankenbett entsteht die Frage, ob die vorgefundenen psychopathischen Symptome für sich selbst bestehen d. h. der Ausdruck einer jener Gehirnerkrankungen sind, die man klinisch und herkömmlich als Geisteskrankheit zu bezeichnen pflegt, oder ob sie nur symptomatisch bestehen, als Theilerscheinung einer Allgemeinerkrankung (Fieberdelir, Inanitionsdelir) oder einer Vergiftung oder einer anderweitigen Hirn-Nervenkrankheit.

So leicht und sicher die allgemeine Diagnose, ob Jemand psychisch krank sei, in vielen Fällen sogar vom Laien gemacht wird, so gibt es doch wieder Fälle, die das ganze Wissen und Können des sachverständigen Arztes in Anspruch nehmen und sofort und bestimmt gar nicht entschieden werden können. Der Grund liegt zunächst darin, dass im Irresein keine specifischen Symtome bestehen, die sich ergebenden vieldeutig sind und nur in richtiger Zusammenfassung und Interpretation eine Verwerthung gestatten.

Ist es schon auf dem Gebiet körperlicher Krankheit, wo doch exacte physikalische Hilfsmittel zur Diagnose verfügbar sind, oft schwierig zu entscheiden wo Gesundheit in Krankeit übergeht, um wieviel mehr auf psychischem, wo eine Norm psychischer Gesundheit nur als Ideal denkbar ist, kein Individuum dem andern vollkommen gleich ist und Affekte, Leidenschaften, Abweichungen vom Fühlen Vorstellen und Streben der Mehrheit der anderen Menschen, sogar Verstandesirrthümer und Sinnestäuschungen noch innerhalb der Breite

[1]) Griesinger, Pathol. u. Therap. d. psych. Krankheiten. p. 116: Emminghaus, Allg. Psychopathol., p. 251: v. Krafft, Lehrb. d. gerichtl. Psychopathol.. p. 62: Schüle, Handb., p. 180 u. 631.

des physiologischen Lebens möglich sind und, wenn auch als elementare psychische Störungen zweifellos, dennoch mit dem Fortbestand geistiger Klarheit und freier Selbstbestimmung verträglich sind.

Die aus der Natur des Gegenstands sich ergebenden Schwierigkeiten werden vielfach noch dadurch gesteigert, dass die Entwicklung der fraglichen psychischen Störung, überhaupt die ganze Vita anteacta unbekannt bleibt oder jene ganz unmerklich aus habituellen Charakteranomalieen, Leidenschaften, lasterhafter unsittlicher Lebensführung sich entwickelt hat, dass Verdacht auf absichtliche Vortäuschung oder Vorenthaltung von Symptomen seitens des Exploranden besteht, endlich die Zeit der Beobachtung zu kurz war und dieser damit Zeichen eines etwa nur periodisch scharf zu Tage tretenden oder noch nicht vollkommen entwickelten psychopathischen Zustands entgehen.

Als Grundregeln des diagnostischen Vorgehens auf psychiatrischem Gebiet ergeben sich folgende allgemeine Gesichtspunkte:

1. Die Geistesstörungen sind Gehirnaffektionen mit vorwaltenden aber nicht ausschliesslich psychischen Symptomen. Wenn diese auch ausschlaggebend für die Beurtheilung des Geisteszustands sind, so darf doch die Diagnose nicht in ihnen aufgehen. Auch die anderweitigen Zeichen einer bestehenden Hirn-Nervenkrankheit müssen ermittelt, die psychologische Diagnose muss zur neuropathologischen vertieft und erweitert werden. Es kann räthlich erscheinen, die zweifelhaften psychischen Symptome vorläufig bei Seite zu lassen und die Frage allgemein nach dem Bestehen einer (angeborenen oder erworbenen) Gehirn-Nervenkrankheit überhaupt zu stellen. Finden sich dann neben anatomischen und funktionellen Degenerationszeichen, neben vasomotorischen, motorischen, sensiblen Funktionsstörungen, die auf eine centrale Ursache zurückführbar sind, zudem psychische Symptome von zweifelhaftem Werth (Gemüthsreizbarkeit, pathologische Affekte, perverse Akte, unsittliche Neigungen u. dgl.), so wird ihre Bedeutung in's rechte Licht gestellt und die Vermuthung, dass auch sie krankhaft bedingt sind (Alcoholismus chron., degeneratives, moralisches, epileptisches Irresein u. dgl.) nahezu zur Gewissheit.

2. Die Geisteskrankheiten, wie dies Schüle (Hdb. p. 182) neuerdings gebührend hervorgehoben hat, sind nicht nur Krankheiten des Gehirns, sondern auch zugleich Krankheiten der Person. Die ganze frühere Persönlichkeit, namentlich ihre Abstammung muss studirt, die psychologische Diagnose zur anthropologischen vertieft werden.

Der Schwerpunkt für die allgemeine wie die specielle Diagnose des Irreseins liegt unstreitig in der Anamnese. Die gesammte Individualität, die Ermittlung, wie sie es geworden, die habituelle frühere Empfindungs- und Reaktionsweise bilden zunächst ihre Aufgabe, namentlich die etwa ererbte oder angeborene psychische Constitution. Erbliche Anlage, Erziehung und Lebensschicksale sind die Factoren, aus denen die Individualität hervorgeht. Den ersteren kommt eine nicht geringe Bedeutung in der Beurtheilung psychischer Besonderheiten als krankhafter oder noch physiologischer zu.

3. Die Geisteskrankheiten sind Krankheiten überhaupt. Sie gehen auch mit vegetativen Störungen einher. Die genaueste körperliche Untersuchung muss mit der psychischen Beobachtung Hand in Hand gehen. Nur durch jene sind wir oft im Stand in Bälde zu entscheiden, ob eine selbstständige Psychose oder eine symptomatische Störung der psychischen Funktionen vorliegt.

Ganz besonders wichtige somatische Symptome sind hier Störungen des Schlafs, der Ernährung (Körperwägung), der Verdauungs- und Darmfunktion, der Sekretionen. Sie haben einen positiven Werth jedoch nur in den Anfangsstadien des Irreseins. In den Endstadien desselben können sie völlig ausgeglichen sein und hat ihr Fehlen dann keine Beweiskraft.

4. Das Irresein als eine Krankheit hat Ursachen. Geisteskrankheit ist an und für sich eine ungewöhnliche Erscheinung. Sie muss genügend motivirt sein, sei es durch mächtig wirkende Disposition, sei es durch besondere Intensität oder Häufung zufälliger Ursachen. Die psychologische Betrachtung muss zur ätiologisch-pathogenetischen vertieft werden. Je früher und pathogenetisch klarer die Symptome psychischer Aenderung sich an die Ursache anschliessen, umso grösser ist deren Bedeutung.

Der Werth der ätiologischen Erschliessung des Falles wird nur dadurch scheinbar geschmälert, dass zuweilen keine Ursache palpabel erscheint und dass eine deprimirende vorausgegangene Ursache es zweifelhaft erscheinen lässt, ob die gefolgte psychische Aenderung die noch physiologische Reaktion auf jene oder eine pathologische Erscheinung ist.

Da wo keine veranlassende Ursache palpabel ist, besteht immer eine angeborene oder erworbene Disposition oder gar angeborene Krankheit.

Hier verbreitet gerade die Anamnese in ihrer anthropologischen und ätiologisch-klinischen Forschungsrichtung Licht, insofern sie vielfach das zweifelhafte Krankheitsbild als die Höchentwicklung einer von Kindesbeinen auf defekten, krankhaft angelegten Persönlichkeit erkennen lehrt. Schwieriger ist der zweite Fall, wo die vorfindliche psychische Verstimmung als die natürliche Reaktion auf eine deprimirende Ursache aufgefasst werden kann.

Der schmerzliche, noch physiologischer Breite angehörende Affekt des Gesunden und die beginnende krankhafte Verstimmung können ganz die gleiche Signatur haben.

Entscheidend wird hier vor Allem der Verlauf, die genaue Kenntniss der gewohnten Reaktionsweise des Individuums und die minutiöse Beachtung der Detailsymptome sein.

Ist die afficirende Ursache eine geringfügige, die Wirkung beim Individuum eine ungewöhnlich intensive und lange, nimmt die Verstimmung mit der Zeit zu statt ab, dauert sie gar noch fort, naehdem die Ursache der Verstimmung behoben ist, so wächst die Vermuthung eines vorhandenen pathologischen Gemüthszustandes.

Das schmerzliche Fühlen des Gesunden ist zudem kein allgemeines und bleibt angenehmen Eindrücken einigermassen noch zugänglich, während die krankhafte schmerzliche Verstimmung selbst sonst angenehme Gefühle in solche der Unlust umwandelt und nur noch Intensitätswechsel kennt.

Es kommt zudem zu spontanen Steigerungen der Verstimmung, zu Affekten der Furcht, Angst, Sorge aus inneren psychischen und organischen Vorgängen, die der affektvollen Stimmung des Gesunden fehlen oder hier nur äusserlich motivirt eintreten. Der krankhaft Verstimmte hat ferner nicht selten geradezu ein Bewusstsein der über ihn hereinbrechenden Krankheit; er bietet Störungen in seinen sensorischen Funktionen (Kopfweh, Schwindel, Schlaflosigkeit, Gefühle von Hemmung der Gedanken, Gedankenleere, Druck im Kopf, im Epigastrium), Hyperästhesieen und Neuralgieen.

Auch die Processe der Ernährung leiden bei ihm viel mehr, das Körpergewicht sinkt viel bedeutender und rascher als beim physiologisch Verstimmten.

5. Das Wichtigste, nächst den Symptomen einer Krankheit, ist deren Verlauf. Auch das Irresein hat empirisch festgestellte Verlaufstypen im Grossen und Ganzen. Entspricht ein eoncreter Fall den empirischen Verlaufsgesetzen einer bezüglichen Psychose, so erweist er sich damit als ein zweifelloser Krankheitszustand, umsomehr wenn Anfälle des Leidens periodisch wiederkehren und zudem an körperliche coincidirende Zustände (Menses) geknüpft sind.

Aber auch der gesammte Krankheitsprocess, soweit er sich im Detail der Symptome äussert, ist ein empirisch-gesetzmässiger, wenn auch unsere wissenschaftliche Einsicht in die Gesetzmässigkeit der Symptome und Symptomenreihen vielfach Lücken aufweist. Je deutlicher die Einzelsymptome inneren Zusammenhang und gesetzmässige Begründung aufweisen, umso sicherer ist der Schluss, dass der Vorgang ein krankhafter sei.

6. Im Irresein, wie in jeder anderen Krankheit, handelt es sich um Leben unter abnormen Bedingungen. Die Funktionen sind nicht total geänderte, nur die Bedingungen sind abnorme, unter welchen sie

zu Stande kommen. Daraus folgt nothwendig, dass nicht die geänderte
Funktion als solche, sondern nur die Zurückführung dieser auf abnorme Bedingungen entscheidend ist. Der Unterschied zwischen dem
Geistesgesunden und dem Geisteskranken ist wesentlich der, dass beim
ersteren die psychischen Vorgänge im Allgemeinen im Rapport mit
den Eindrücken und realen Verhältnissen der Aussenwelt stehen, beim
Geisteskranken dagegen aus inneren organischen krankhaften Bedingungen sich ergeben.

Sie sind der Ausdruck fiktiver, subjektiver Vorgänge im Bewusstsein und in der Aussenwelt nicht oder nicht genügend motivirt.

Es ist also nicht der Inhalt sondern die Entstehung und Motivirung der psychischen Vorgänge entscheidend. Es gibt keine Funktions-
störung beim Geisteskranken, die nicht gelegentlich einmal innerhalb
der Breite psychischer Gesundheit vorkäme.

7. Eine Krankheit ist immer ein complicirter Vorgang, der nie
durch ein einziges Symptom gedeckt wird. Dies gilt auch für das
Irresein. Die Auffassung des Krankheitsbilds kann immer nur eine
synthetische sein. Nur im Zusammenhalt und gesetzmässigen Zusammenhang der Symptome, bei richtiger Combination und Interpretation
der disparaten Erscheinungen, bei eingehendem Studium ihrer Aufeinanderfolge und gegenseitigen Verknüpfung gewinnt das Einzelsymptom
Werth und Beachtung.

Ein analytisches Herausgreifen desselben kann nie zum Ziel
führen, umsoweniger als gerade hier das Einzelsymptom, und wäre es
selbst eine Wahnidee, vieldeutig ist. Noch weniger ist dies möglich
bei Stimmungsanomalieen, Affekten, perversen Trieben, verbrecherischen
Handlungen, unsittlichen Neigungen, die nur im Zusammenhalt mit
anderen Symptomen und der historischen und gegenwärtigen Persönlichkeit verwerthbar sind.

8. Das Irresein als eine Krankheit der Person nöthigt zudem zu
einer individuellen Beurtheilung der concreten Phänomene.

Si duo dicunt idem, non est idem. Auch hier ist die Kenntniss
der Individualität unerlässlich. Im Mund eines auf der Höhe der
naturwissenschaftlichen Forschung Stehenden wäre der Glaube an
Hexen, bei einem Astronomen der Glaube an den Stillstand der Erde
höchst bedenklich, bei einem ungebildeten Landmann gar nicht auffällig.

9. Das Irresein als eine krankhafte Lebensäusserung macht eine
persönliche Exploration des fraglich Kranken erforderlich. Wo sie
fehlt (Facultätsgutachten in absentia, Untersuchung über den Geisteszustand eines verstorbenen Testators zur Zeit der Errichtung eines
Testaments) entgehen der Diagnose überaus wichtige direkte Beur-
theilungsmomente (physiognomischer Ausdruck, äusserer Habitus etc.).

Bei gegebener Möglichkeit einer persönlichen Exploration [1]) ist es von grossem Werth, wenn man den fraglichen Kranken in seinen gewohnten Lebensverhältnissen überraschen und beobachten kann. Schon die Art wie er wohnt, sich kleidet, sich beschäftigt, kann wichtige Anhaltspunkte, nicht nur für Irresein überhaupt, sondern sogar für eine ganz bestimmte Erscheinungsweise desselben dem Kundigen an die Hand geben. Der Schwerpunkt für die psychische Diagnose liegt in der Conversation mit dem Kranken. Man muss aber nicht bloss wissen, was man fragen, sondern auch wie man die Conversation leiten soll. Das Objekt der Untersuchung ist kein Krystall oder Pflanze, sondern ein wechselndes menschliches Bewusstsein, das von der Art und Weise des exploratorischen Vorgehens und Fragens gewaltig beeinflusst wird.

Man introducire sich beim Exploranden in der unbefangensten Weise, fange die Unterredung mit gleichgiltigen Dingen an, verwickle den Betreffenden in ein Gespräch, ohne dass er den eigentlichen Zweck der Exploration merkt. Nie darf diese den Charakter eines Verhörs haben. Am besten ist es das körperliche Befinden oder Beruf und frühere Lebensschicksale als Ausgangspunkt zu wählen, dabei Theilnahme zu zeigen und sich so allmälig das Vertrauen zu gewinnen. Man erfährt so des Exploranden Schicksale, Lebensansichten, Wünsche, Pläne, seine Stimmung, Intelligenz und Strebungen. Man lenkt das Gespräch auf Herkunft, Familie, sociale, politische und religiöse Fragen und achtet genau darauf, ob sich geänderte Beziehungen in irgend einer Richtung ermitteln lassen, die vielleicht den Schlüssel zu einer Wahnvorstellung geben. Es ist Regel, dass Geisteskranke, sobald man ihren Wahn berührt, denselben auch preisgeben.

Während dieser Unterredung hat man Zeit Blick, Miene, Geberden, Haltung zu studiren, die Wohnung und Umgebung des Kranken zu mustern.

An die psychische Exploration schliesst sich die genaue Untersuchung der gesammten körperlichen Organe und Funktionen.

Ein wichtiger Behelf für die exploratorische Aufgabe ist das Studium der Schriften [2]) der Kranken. Der Ausspruch: „Le style c'est l'homme" gilt auch hier. Im Allgemeinen lässt sich behaupten, dass jeder Hauptform von Geistesstörung bestimmte Eigenthümlichkeiten der Schreib- und Ausdrucksweise zukommen und dass sich der Kranke in seinen Schriften, wo er sich unbeobachtet fühlt und

---

[1]) Treffliche Anhaltspunkte für eine solche s. Neumann, Der Arzt und die Blödsinnigkeitserklärung; f. Griesinger, Lehrb., p. 127.
[2]) Marcé, Annal. d'hyg. publ. 1864, April; Güntz, Der Geisteskranke in seinen Schriften, 1861; Bacon, the Lancet, 1869. II, 4. Juli; Raggi, gli scritti dei pazzi, Bologna, 1874; Tardieu, la folie, Paris, 1872.

mehr gehen lässt, mehr verräth als im mündlichen Verkehr. Dies
gilt namentlich für Kranke, die allem Eindringen ein hartnäckiges,
meist durch Wahn und imperative Stimmen befohlenes Stillschweigen
entgegensetzen. Man erstaunt oft, wie Kranke, die sonst ganz vernünftig sprechen, im intimen schriftlichen Verkehr mit sich und Anderen den grössten Unsinn produciren. Eine im Inhalt vernünftige
Schrift schliesst aber ebensowenig Irresein aus als vernünftiges Reden.
Die Schriften Geisteskranker können inhaltlich zur Ermittlung verborgen gehaltener Wahnideen, stylistisch zur Kennzeichnung ihrer
Geistesfähigkeiten überhaupt, in ihrer äusseren Ausstattung zur Beurtheilung ihres Bewusstseinszustands, graphisch zur Ermittlung feinerer
Störungen der Coordination wesentlich beitragen. Am wenigsten
schreiben Blödsinnige. Der kindliche Satzbau, die Unbehilflichkeit
und Unklarheit der Diction bekunden die hochgradige Geistesschwäche.
Da das Schreiben überhaupt grössere Klarheit der Gedanken erfordert
als das Sprechen, so ist die Schrift ein besonders feines Reagens für
psychische Schwächezustände (Güntz). Auch der Melancholische schreibt
wenig. Seine geistige Unlust und Hemmung hindert ihn daran. Die
Monotonie des Vorstellens spiegelt sich in der beständigen Wiederholung derselben Klagen, Befürchtungen, Selbstbeschuldigungen ab.
Die Schrift ist nicht aus einem Gusse. Man sieht es ihr an, dass
der Kranke nur stossweise seine Hemmungen überwand und absatz-
weise seine Gedanken zum Ausdruck zu bringen vermochte. Nicht
selten sind die Buchstaben mit zitternder Hand ausgeführt.

Der Maniacus schreibt viel, mit fester Hand, in grossen Zügen
und mit rasch hingeworfener Schrift. Sie ist ein treues Bild seines
beschleunigten Vorstellens, dem vielfach die Hand nicht nachzukommen
vermag, so dass Worte ausgelassen werden, Sätze unvollendet bleiben.
Steigert sich die Vorstellungsflucht, so wird die Schrift zu einem kaum
mehr entzifferbaren Chaos von Worten und Satzbruchstücken, die wirr
in einander fliessen. In seiner Schreibsucht schreibt der Kranke kreuz
und quer, kümmert sich nicht um die Qualität des Materials, das ihm
zu Gebot steht.

Besonders viel schreiben Verrückte, namentlich Querulanten,
Erotomanen. In graphischer Hinsicht sind vielfach Aenderungen der
Handschrift, barokke Verzierungen, Schnörkel, Unterstreichungen von
Worten und Silben bemerkenswerth.

Die Diction kann tadellos sein oder bombastisch, bizarr, je nach
Art der Wahnideen und Zustand des Bewusstseins. Die grössten Bi-
zarrereien können sich hier finden. So erzählt Marcé von einem Verrückten, der einen besonderen Werth auf die Zahl 3 legte und beim
Schreiben jeden Buchstaben 3mal setzte.

Inhaltlich sind die Schriftstücke Verrückter von grossem Werth, da sie oft Wahnideen enthüllen, die in der Conversation sorgfältig verborgen gehalten wurden.

Bei manchen Kranken wird das Scriptum ganz unverständlich, durch Gebrauch von Worten der Schriftsprache in anderem Sinn, durch Silbenverstellung oder Anhängen von bedeutungslosen Silben oder auch Ersetzung der Schriftzeichen durch hieroglyphische, symbolische. Es kann hier zur Neubildung von Worten kommen, ja sogar bis zur Neuschaffung eines Sprachidioms.

Besondere Eigenthümlichkeiten haben die Schriften der zur Paralysegruppe gehörigen Kranken. Die hier bestehende Coordinationsstörung findet ihren graphischen Ausdruck in undeutlicher, schülerhafter, zickzackartiger, zitteriger, Haar- und Grundstriche nicht mehr auseinanderhaltender Handschrift.

Häufig besteht Paragraphie und Agraphie, so dass falsche oder unvollständige oder fehlerhaft geschriebene Worte zu Tage kommen oder auch Worte ganz ausfallen. Die Amnesie kann so bedeutend sein, dass der Kranke kaum geschriebene Worte oder ganze Zeilen mehrmals wiederholt.

Die grosse Bewusstseinsstörung hindert ein Gewahrwerden dieser Lapsus. Sie lässt auch im Verlauf des Schreibens den Kranken oft den eigentlichen Zweck desselben vergessen, so dass er in demselben Schreiben sich gleichzeitig an mehrere Personen wendet. Aus gleichem Grund kommt es vor, dass er aus einem danebenliegenden Schriftstück oder Buch ganze Sätze einfliessen lässt, gleichzeitig in mehreren Sprachen schreibt, den Brief unbeendigt übergibt, Adresse, Datum, Unterschrift vergisst.

Auch die äussere Ausstattung des Schreibens, dessen Papier vielleicht aus dem Kehricht gezogen, über und über mit Tinte befleckt ist, deutet oft in bezeichnender Weise auf die grosse Bewusstseinsstörung dieser Kranken.

Unter den Symptomen, die für die allgemeine Diagnose des Irreseins ganz besonders von Bedeutung erscheinen, sind noch zu erwähnen:

Die Umänderung der Persönlichkeit (Charakter) in eine neue krankhafte, das Vorhandensein von Wahnideen und von Sinnestäuschungen. Auf die zwei letzteren pflegt sich die Diagnostik des Laien zu beschränken.

a) Charakterveränderung: Der dem Irresein zu Grunde liegende Krankheitsvorgang bedingt Aenderungen des früheren Charakters, d. h. der früheren Gewohnheiten, Neigungen, Bestrebungen, Anschauungen — die Persönlichkeit wird eine andere. Dieses Symptom ist ein um so werthvolleres, als es ein frühes, in der Regel dem Delirium der Vorstellungen und Handlungen lange vorausgehendes ist.

Diese pathologische Charakterveränderung, die bis zu einer völligen Umkehrung der früheren Anschauungen und Strebungen sich erstrecken kann, wird um so bedeutsamer, wenn das sie kund gebende Individuum unter Dispositionen sich befindet oder Einwirkungen ausgesezt war, die erwiesenermassen wichtige Ursachen für Geisteskrankheit sind.

b) Wahnideen. Ein häufiges aber keineswegs untrügliches Zeichen von Irresein bietet der Nachweis von Wahnvorstellungen. Es wäre indessen ein grosser Irrthum Geisteskrankheit nur da anzuerkennen, wo jene nachgewiesen sind. Der Kranke kann sich ja in einem (affektartigen) Anfangsstadium befinden, in welchem Wahnideen noch gar nicht vorhanden sind, er kann eine Form des Irreseins bieten, in welcher Wahnideen gar nicht gebildet werden. Zudem vermag der Kranke seine Wahnideen zu verhehlen und sind solche, wenn auch überhaupt vorhanden, nicht dauernd im Bewusstsein gegenwärtig. Aber selbst dann, wenn eine irrige Idee constatirt ist, bedarf dieselbe noch einer eingehenden Prüfung, um den Werthcharakter einer Wahnidee zu erhalten. Auch der Geistesgesunde kann horrende Verstandesirrthümer produciren und darin sogar den Irren übertreffen, während umgekehrt der Wahn eines Irren nicht immer eine objektive Unmöglichkeit zu enthalten braucht (Wahn ehelicher Untreue, Vergiftungswahn).

Nicht der Inhalt ist hier entscheidend, sondern die Entstehungsweise der fraglichen Wahnidee sowie ihr Verhalten zum historischen und gegenwärtigen Bewusstsein des Betreffenden.

Sie ist diagnostisch werthlos, so lange ihre Entstehungsweise nicht ermittelt, ihre Interpretation nicht gemacht ist.

Zur Verwerthung einer fraglichen Wahnidee ist Folgendes entscheidend:

α) Der Irrthum des Geistesgesunden beruht auf einem Fehler der logischen Schlussbildung oder auf einer aus Unwissenheit, Unachtsamkeit oder aus Befangenheit durch einen Affekt oder Aberglauben entstandenen falschen Prämisse. Der Wahn eines Geisteskranken ist das Produkt einer Gehirnerkrankung. Er ist Folge einer Sinnestäuschung oder Erklärungsversuch einer krankhaften Stimmung oder Primordialdelir. Er lässt sich auf einen solchen Ursprung zurückführen, steht somit mit anderweitigen, elementaren, psychischen Störungen (Affekte, krankhafte Stimmungen, Sensationen etc.) in Beziehung, er hat eine Pathogenese, eine gesetzmäsige Entwicklung, ist somit nichts Zufälliges.

β) Er steht vielfach mit den früheren gesunden Anschauungen, der früheren Denkweise und Erfahrung in grellem Widerspruch. (Ein Physiker, der fliegen zu können, ein Mathematiker, der die Quadratur des Cirkels erfunden zu haben, ein Chemiker, der die Kunst Gold zu machen zu besitzen vermeint.)

γ) Der Wahn des Geisteskranken hat immer eine Beziehung zum Subjekt. Ein Geistesgesunder kann aus Dummheit, Furcht etc. an die Existenz von Hexen glauben, er ist damit nicht irrsinnig. Ein Geisteskranker glaubt nach Umständen auch an Hexen, aber nur weil er sie sieht, hört, an sich fühlt.

δ) Eben dadurch, dass der Wahn des Irren Theilerscheinung eines pathologischen Vorgangs ist, vermögen auch Logik und Raisonnement nichts gegen ihn. Er steht und fällt mit der ursächlichen Krankheit. Man kann dem Kranken ebensowenig seinen Wahn wegdisputiren als seine Krankheit mit Reden kuriren. Der Gesunde dagegen wird seinen Irrthum einsehen und corrigiren, sobald er ad absurdum geführt ist.

c) Auch die Hallucinationen, die ja bei anderweitigen Hirn-Nervenkrankheiten, bei Fiebern und Intoxicationen vorkommen, sind an und für sich nicht entscheidend für Irresein. Sie beweisen schlechthin nur das Bestehen eines krankhaften Hirnzustandes. Ihre Bedeutung als Theilerscheinung einer Psychose ergibt sich nur aus dem Nachweis einer solchen.

Dann erst erscheinen die Hallucinationen in ihrem rechten Lichte, insofern sie mit anderweitigen elementaren Störungen (Verstimmungen, Angstzufällen etc.) in Connex stehen, vom getrübten Bewusstsein nicht mehr corrigirt werden, Einfluss auf das Handeln gewinnen.

Verdacht auf Geisteskrankheit wird sich indessen immer ergeben müssen, wenn Hallucinationen vorhanden sind, namentlich wenn sie sich in mehreren Sinnesgebieten finden.

Die vorausgehenden allgemeinen Gesichtspunkte dürften zur Gewinnung der allgemeinen Diagnose „Irresein" genügen. Insofern aber die psychischen Symptome des Irreseins absichtlich vorgetäuscht werden können, verlangt der vorsichtige Richter vom Arzt noch den speciellen Nachweis, dass sie echt d. h. nicht simulirt sind.

## Simulation [1]).

Die Erfahrung lehrt, dass Simulation von Geistesstörung selten ist und noch seltener einem wirklich Sachverständigen gegenüber Erfolg hat.

Meist sind es Angeschuldigte, die zu diesem verzweifelten Mittel greifen um sich der Schande, der drohenden Strafe zu entziehen, seltener bilden der Wunsch der Wehrpflicht zu entgehen, eine lästige

[1]) Jacobi, Reiner Stockhausen; Stahmann, Casper's Vierteljschr. N. F. VI; Laurent, „étude sur la simulation de la folie", 1866; v. Krafft, Friedreichs Blätter, 1871, u. ger. Psychopathol., p. 234.

Ehe zu lösen, eingegangene Verbindlichkeiten nicht erfüllen zu müssen,
Motive zur Simulation. Jedenfalls sind es, bei der natürlichen Scheu
die das Publicum vor Geisteskranken und Irrenanstalten hat, nur ganz
mächtige Beweggründe, die einen Geistesgesunden zur Simulation
treiben, ja es gibt erfahrene Irrenärzte [1]), die geradezu behaupten, dass
Simulation nur bei mehr oder weniger schon wirklich Geistesgestörten
vorkomme. Diese Annahme ist insofern richtig, als Simulation eine ganz
gewöhnliche Erscheinung bei Hysterischen ist, zweifellos Irrsinnige zu
ihrer Störung zuweilen Symptome hinzu simuliren oder bestehende
übertreiben, und notorische Simulanten häufig genug erblich defecte,
belastete Individuen sind.

   Daraus ergibt sich vorweg die Regel, mit der Vermuthung der
Simulation nicht leichtsinnig zu sein und wenn eine Präsumption überhaupt zulässig wäre, eher an wirkliche Krankheit denn an Simulation
zu denken, endlich die Forderung, die exploratorische Aufgabe erst
mit der vollen Ueberzeugung, dass Krankheit nicht nachweisbar sei,
nicht aber mit dem blossen Nachweis der Simulation als beendet anzusehen.

   Bezüglich der Chancen für den Simulanten ist zu berücksichtigen,
dass Irresein eine Krankheit ist, die wie jede andere ihre Ursachen,
ihre empirisch wahre gesetzmässige Entwicklung, ihren Verlauf, logischen
Zusammenhang der Symptome hat und als eine Gehirnkrankheit nicht
auf psychische Phänomene ausschliesslich beschränkt ist.

   Hier haben die somatischen Symptome gestörter, durch Gewichts-
abnahme sich dokumentirender Ernährung, die motorischen Störungen,
Pulsanomalieen, Störungen der vegetativen Processe, des Schlafes, Speichel-
fluss u. s. w. ihre ganz besondere Bedeutung, nicht minder der Ver-
lauf, in sofern er ein typischer sein kann und Beziehungen zwischen
Exacerbation und Remission der psychischen Symptome mit somatischen
Vorgängen (Menses etc.) sich allenfalls erweisen lassen. Auch verdient
Beachtung, dass jedes psychische Krankheitsbild auch seine äussere
Facies hat und beide im Einklang stehen müssen.

   Aber abgesehen von all diesen somatischen, der Willenssphäre
fast gänzlich entzogenen Zeichen, stösst auch die Hervorbringung der
psychischen auf die grössten Hindernisse. Man muss sich in die Lage
des Simulanten denken, um die Schwierigkeit seiner Aufgabe würdigen
zu können. Er gleicht dem Schauspieler; aber während dieser seine
Rolle zugetheilt bekommt, sie mit Mühe studirt und memorirt, muss
der Simulant Dichter und Schauspieler zugleich, ja noch mehr — er
muss beständig Improvisator sein. Er befindet sich fortdauernd in
Aktion, wenn er unausgesetzt beobachtet wird, während der Schau-

spieler zeitweise von der Bühne abtreten und ausruhen kann. Zudem hat der Simulant nicht ein Parterre von Laien, sondern von Sachverständigen vor sich, die ihm scharf auf die Rolle passen und durch kein Theaterbeiwerk von ihrer kritischen Aufgabe abgezogen werden. Trotz all dieser Vortheile dem Simulanten gegenüber, ermüdet der Schauspieler schon nach wenigen Stunden. So begreift sich die Thatsache, dass Simulanten durch die geistige Anstrengung, die sie sich auferlegen müssen, wirklich geisteskrank werden können. Aber der Simulant hat ausserdem den Nachtheil, dass er Laie ist und, wie die meisten Romanschriftsteller und Bühnendichter, nur Carricaturen des wirklichen Wahnsinns creirt. Er greift die am meisten drastischen Züge des Irreseins heraus und outrirt sie in jämmerlicher Weise. Da er bei seiner Unkenntniss der Originale meint, in Unsinnreden, Umhertoben oder stumpfsinnigem Gebahren liege das Entscheidende des Irreseins, gefällt er sich in Darstellungen von vagem Delir mit möglichst barockem gegensätzlichem Inhalt, affenartigem Umherspringen und Herumtollen oder stupidem Vorsichhinstieren.

Er wird theatralisch und ostensibel in seinem Delirium, seinem Wahnsinn fehlt die Methode, sein stumpfsinniges Gebahren wird von Miene und Haltung Lügen gestraft. Versucht er den Melancholischen zu spielen, so scheitert er an der Unmöglichkeit der Vortäuschung der tiefen, schmerzlichen Verstimmung, der psychischen Anästhesie. Auch stehen ihm die somatischen Symptome dieses Leidens und seine Exacerbationen und Remissionen nicht zu Gebote.

Versucht er den Tobsüchtigen zu copiren, so erlahmt bald sein Wille an der Durchführung des Bewegungsdrangs, der beim wirklich Tobsüchtigen spontan auf Grund innerer Reize, ohne alle Mühe und Willensintention abläuft. Der Simulant muss sich Ruhe gönnen und so tobt er nur so lange er sich beobachtet glaubt. In seinem Toben zeigt sich immer noch eine gewisse Umsicht und Rücksicht. Er schont z. B. seine eigenen Kleider und zerstört nur fremdes Eigenthum.

Auch die consequente Durchführung der Rolle des Verrückten ist einer aufmerksamen Beobachtung gegenüber, die bald die Maske lüftet und der wahren Persönlichkeit in's Gesicht schaut, unmöglich.

Der Simulant meint, er müsse hier Alles auf den Kopf stellen, er kennt keine Gesetze der Logik und Ideenassociation mehr, während doch gerade bei diesen Zuständen, wenn sie primäre sind, der logische Mechanismus erhalten ist, wenn secundäre, der Nachweis früherer logischer Beziehungen in vorausgehenden affektiven Stadien sich ergeben muss.

So heuchelt der Simulant gern eine falsche Apperception, verräth aber zugleich in seiner möglichst unsinnigen Antwort, dass er die Pointe der Frage wohl erkannt hat.

Die Simulation des Blödsinns, der Stupidität scheitert an der Schwierigkeit völlige Affektlosigkeit zu heucheln und ihr mimischen Ausdruck zu verleihen. Der Simulant kann einen lauernden Zug in seiner Miene nicht unterdrücken und verräth ab und zu durch Handlungen und Geberden, dass er der Vorgänge in der Aussenwelt wohl bewusst ist und ihnen beobachtend gegenübersteht.

Die Exploration eines fraglichen Simulanten setzt vor der anderer zweifelhafter Geisteszustände Nichts voraus als genügend lange und unausgesetzte Beobachtung, wozu eine Irrenanstalt der geeignetste Ort sein dürfte.

Das Bewusstsein des Arztes, dass er einfach Sachverständiger ist, wird ihm die nöthige Objektivität und Ruhe gegenüber der Halsstarrigkeit und Frechheit eines fraglichen Simulanten geben.

Der synthetische Weg der Beobachtung ist der einzig richtige. Nicht Einzelsymptome, sondern die ganze Persönlichkeit, nicht Präsumption, sondern vorurtheilslose Auffassung der gesammten Thatsachen müssen die Diagnose herbeiführen.

Gelingt der Nachweis, dass das Bild der fraglichen Krankheit einem der geläufigen der Classification entspricht, so erweist sich dasselbe als ein empirisch wahres —; durchaus nicht darf jedoch aus der Nichtübereinstimmung desselben mit den Schulbildern des Lehrbuchs der umgekehrte Schluss gezogen worden. Alle unsere Eintheilungen sind dogmatisch und bei der individuellen Mannigfaltigkeit dieser Krankheiten der Person niemals erschöpfend. Gibt es doch degenerative Krankheitsbilder, namentlich auf hereditärer Grundlage, denen gerade das Proteusartige in's psychologische Classificationsschema nicht einreihbare Individuelle des Krankheitsbilds ein anthropologisch-klinisch bedeutsames Merkmal aufdrückt, und sind doch gerade häufig Verbrecher, bei denen man sich der Simulation zu versehen hat, belastete, degenerative psychische Existenzen.

Ist die Diagnose zum allgemeinen Nachweis von Irresein mit Ausschluss der Simulation vorgedrungen, so erhebt sich die weitere Frage, ob hier eine selbstständige Geisteskrankheit und nicht eine symptomatische Störung der Geistesfunctionen vorliegt.

Die Umstände der Entstehung des Irreseins, sein bisheriger Verlauf, die genaueste körperliche Untersuchung, werden die Lösung dieser Frage anbahnen. Speciell ist an die Verwechslung mit Typhus, einer schleichenden, namentlich tuberculösen Meningitis und einer Berauschung zu denken. Die letztere wird im Allgemeinen leicht unterscheidbar sein, jedoch ist zu bedenken, dass eine Berauschung bei besonders

Disponirten als acutes Irresein verlaufen und die Gelegenheitsursache für chronisches werden kann.

Sind auch die Schwierigkeiten einer Unterscheidung von effektiver Geisteskrankheit und bloss symptomatischer Geistestörung überwunden, so bleibt die Frage übrig, ob jene eine idiopathisch oder sympathisch bedingte sei.

Die Aetiologie und Pathogenese werden nebst den Einzelheiten des Krankheitsbilds Anhaltspunkte ergeben. Hier sind es dann, neben den psychischen (primäre Abnahme der geistigen Leistungsfähigkeit, Störung des Gedächtnisses, schwere Bewusstseinsstörung, ungewöhnliche Gemüthsreizbarkeit etc.) vorwiegend die somatischen Störungen (motorische, sensible, namentlich Anästhesie, trophische, Fieber- und Collapstemperaturen), die die Entscheidung herbeiführen. Für eine sympathische Affektion des psychischen Organs spricht im Allgemeinen neben dem Fehlen jener für eine idiopathische Entstehung sprechenden Momente die Zurückführung der Psychose genetisch auf eine periphere Erkrankung (Uterin-, Magendarmaffektion etc.) und der Nachweis, dass diese in den Verlauf jener eingreift. Am deutlichsten wird der Zusammenhang da, wo das periphere Moment in periodischer Wiederkehr diese Wirkung hervorruft (menstruales Irresein). Die Diagnose hat endlich nach dem Ablauf einer psychischen Krankheit die Aufgabe zu constatiren, ob die Genesung [1]) eingetreten sei.

Sie kann privatim dem Arzt, z. B. bezüglich der Frage der Entlassung aus der Irrenanstalt, obliegen, aber auch gerichtlich gestellt werden bezüglich der Wiedereinsetzung des genesenen Kranken in seine während der Krankheit ihm aberkannten bürgerlichen Rechte.

Die Diagnose der erfolgten Genesung hat mit nicht geringeren Schwierigkeiten zu kämpfen, als die der eingetretenen Krankheit. Namentlich bei von Hause aus schwachsinnigen, defektiven, belasteten Individuen ist es oft kaum möglich, zu entscheiden, was als Krankheitsresiduum und was als präexistirende Abnormität angesprochen werden muss.

Im Allgemeinen stützt sich die Diagnose der Genesung auf das negative Moment des Verschwundenseins sämmtlicher Krankheitssymptome und auf das positive der Wiederherstellung der alten psychischen Persönlichkeit mit allen ihren Charaktereigenthümlichkeiten, Vorzügen, Fehlern, Neigungen. Zur Entscheidung der letzteren Frage ist die genaue Kenntniss der früheren gesunden oder relativ gesunden Persönlichkeit unerlässlich, das Urtheil der Angehörigen oft massgebender als das des Arztes in der Irrenanstalt. Die Entscheidung, ob sämmtliche Krankheitssymptome zurückgetreten sind, ist Sache

---

[1]) Neumann, Lehrb., p. 189; Schlager, Allg. Zeitschr. f. Psych. 33, H. 1 u. 5.

genauer Beobachtung des Verlaufs und des Status praesens. Sie hat
die Möglichkeit eines bloss temporären Latentwerdens des Krankheitsbilds zu berücksichtigen, ganz besonders aber die der Verhehlung von
Krankheitssymptomen, soweit sie psychische sind, seitens des Kranken.

Um so mehr ist zu beachten, ob der psychischen Wiederherstellung
auch eine somatische Gesundung parallel geht und wie sich die Zunahme
des Körpergewichts gestaltet.

Ein wichtiges Kriterium psychischerseits ist die volle Einsicht des
Genesenen in die überstandene Krankheit. Diese muss ihm völlig
objektiv geworden sein. Indessen findet auch dieses Kriterium seine Beschränkung, insofern es Genesene gibt, die von ihrer Krankheit (transi-
torisches Irresein) gar keine Erinnerung besitzen oder sich schämen, dieselbe zuzugestehen. Eine Dissimulation [1]) von Krankheitsphänomenen
kommt bei Melancholischen und Verrückten vor, um für gesund erklärt
und in Freiheit gesetzt zu werden oder einer Curatel zu entgehen.
Die Selbstbeherrschung und Gewandtheit solcher Kranker ist zuweilen
eine wahrhaft staunenswerthe.

Hier ist genaue Beachtung des Verlaufs der Krankheit in somatischer und psychischer Richtung das Wichtigste. Ist derselbe unbekannt, so gilt es, sich durch Wohlwollen und Freundlichkeit gleichsam in's Vertrauen des fraglichen Kranken hineinzustehlen, in gewandter
unbefangener Conversation alle möglichen Lebensgebiete zu berühren und
so vorsichtig nach affektiven Anomalieen und etwaigen Wahnideen zu son-
diren. Auch hier kann das Studium der Schriften höchst werthvolle Finger-
zeige geben. Nicht minder wichtig ist die Beachtung der Haltung,
der Neigungen und Handlungen. Für den Kundigen können Eigenthümlichkeiten der Kleidung, der Lebensweise, der Mimik und Geberden
werthvolles Beurtheilungsmaterial werden.

## Anhang.

### Schema zur Geisteszustandsuntersuchung.

#### I. Anamnese.

A. Stammbaum und Gesundheitsverhältnisse der Familie.

Litt ein Glied der Familie (Ascendent, Collaterale oder Descendent)
an einer Nerven- oder Geisteskrankheit?
Bei welchem Individuum der Verwandtschaft, aus welcher Ursache,

[1]) Ingels, la folie dissimulée, Bulletin de la soc. de méd. de Gand. 1868; Arn. méd. psych., 1868, Nov.; v. Krafft, ger. Psychopath., p. 246.

in welchem Lebensalter wurde die Nerven- (Gehirn-, Rückenmarks-krankheit, Hysterie, Hypochondrie, Epilepsie, Chorea, Hemicranie, Neurasthenie) oder Geisteskrankheit (Psychoneurose oder psychisch degenerative Erkrankung) beobachtet?

Kamen Selbstmord, Trunksucht, Excentricitäten oder auffallende Immoralität (Verbrechen), psychische Entwicklungshemmungen, plötzliche Todesfälle unter Hirnsymptomen (Apoplexie, Convulsionen), Taubstumm-heit, Missbildungen in der Familie vor und bei welchen Gliedern? Waren die Eltern blutsverwandt, bei der Zeugung in jugendlichem oder hohem Alter, im Zustand des Rauschs oder kurz vorher einer schweren Krankheit (z. B. Typhus) oder einer eingreifenden Kur (Quecksilber) oder sonst einer erschöpfenden Ursache ausgesetzt gewesen?

Nach welchem der Erzeuger artete der Descendent leiblich und geistig? Sind Tuberculose oder Scrophulose in der Familie zu Hause?

B. Gesundheits- und Constitutionsverhältnisse des Individuums.

### 1. Fötalleben.

Welche waren die Gesundheitsverhältnisse der Mutter während der Schwangerschaft? (Krankheiten, Verletzungen, Kummer, Aus-schweifungen?)

Fand die Geburt recht- oder vorzeitig statt? Erlitt das Kind während der Geburt eine Verletzung des Kopfs?

### 2. Kindheit.

Wurden cerebrale Zufälle (Convulsionen etc.) beobachtet? Hatten sie Einfluss auf die körperlich-geistige Entwicklung? Wann erschienen die Zähne? Wann lernte das Kind gehen und sprechen? Bestand Nachtwandeln, nächtliches Aufschrecken? Wurden Kinderkrankheiten (namentlich Rhachitis) durchgemacht? welche? mit welchen Folge-erscheinungen? War das Kind schreckhaft, nervös erregbar, zornmüthig?

### 3. Pubertätszeit.

War die körperliche und geistige Entwicklung eine frühe oder ver-spätete, die geistige Begabung eine gute, mittelmässige oder schlechte?

Wann zeigten sich Spuren der Pubertät? Wann traten die Menses ein? Unter welchen körperlichen (Schmerzen, Bleichsucht, nervöse Be-schwerden), psychischen (geistige Verstimmung, Hypochondrie, religiöse Schwärmerei) Erscheinungen?

Zeigte sich der Geschlechtstrieb abnorm früh oder spät, vielleicht gar nicht, krankhaft gesteigert oder pervers? Wurde er befriedigt und wie? (Onanie.)

Trat zur Pubertätszeit eine auffällige Aenderung des Charakters oder gar eine psychische Erkrankung ein?

#### 4. Zeugungsfähiges Alter.

Wie war die Constitution? kräftig oder schwächlich? Bestand Neigung zu Erkrankung und welcher Organe?

Fanden wirklich Erkrankungen statt mit besonderer Berücksichtigung etwaiger Kopfverletzungen, acuter (Typhus, Intermittens etc.), namentlich cerebraler (Meningitis etc.), chronischer (Chlorose, Magen-, Darm-, Uterusleiden), besonders constitutioneller (Syphilis etc.) und nervöser (Spinalirritation, Hysterie, Hypochondrie, Epilepsie etc.) Krankheiten?

Welche waren ihre hauptsächlichsten Symptome, ihre Dauer, Folgen?

Wie waren die Funktionen des Nervensystems beschaffen?

Fanden sich Zeichen einer neuropathischen Constitution (Geneigtheit zu Delirien und Hallucinationen in Krankheiten, namentlich fieberhaften; grosse Morbilität überhaupt; ungewöhnliche Reaction auf atmosphärische, tellurische, alimentäre Schädlichkeiten, Idiosyncrasieen; lebhafte Afficirbarkeit des Vasomotorius durch psychische Reize — Erblassen, Erröthen, Palpitationen, präcordiale Angstempfindungen —; sowie durch Alkoholica — Intoleranz gegen Spirituosen, abnorme Rauschzustände; abnorm leichte Erregbarkeit der sensiblen und sensoriellen Nerven — tiefe Reizschwelle, ungewöhnlich lange Andauer der Erregung, Mitempfindungen, gesteigerte Reflexerregbarkeit, Zeichen reizbarer Schwäche, Neigung zu Convulsionen)?

Fanden sich Zeichen einer psychopathischen Constitution?

Grosse Reizbarkeit, gemüthliche Erregbarkeit, pathologische Affekte, grosse Labilität der Stimmung, häufiger grundloser Stimmungswechsel, wechselnde Sym- und Antipathieen, grosse Erregbarkeit der Phantasie, grosse Erregbarkeit des Wollens bei geringer Ausdauer?

Wie verhält sich die Gesammtheit des psychischen Seins als Charakter?

Kleinmüthigkeit oder Festigkeit, nüchterne Lebensanschauung oder Excentricität und Schwärmerei (politische, religiöse, Bigotterie), gesellig oder ungesellig? egoistisch oder altruistisch?

Als Temperament? phlegmatisch oder aufbrausend, leicht verletzlich, ehrgeizig?

In intellectueller Richtung?

Harmonisch und durchschnittsgemäss oder einseitig (vorwaltende Phantasie bei beschränktem Verstand) und über (genial) oder unter dem Mittel (beschränkt)?

Wie waren die socialen Verhältnisse (war Patient seiner Stellung gewachsen, mit ihr zufrieden?) und die familialen beziehungsweise ehelichen?

Welche waren Beschäftigungs- und Lebensweise mit Berücksichtigung von etwaigen schädlichen Einflüssen (Excesse in Venere, Onanie, Abusus spirituosorum, Ueberanstrengung)?

Speciell bei Frauen?

Wie verhielten sich die Menses in Bezug auf zeitliche Wiederkehr, Quantität, etwaige nervöse und psychische begleitende Störungen? War Patientin schwanger, wann zum erstenmal, wie oft? In welchen Intervallen folgten die Schwangerschaften? Wie waren Gesundheitszustand und psychisches Befinden in denselben? Waren die Geburten recht- oder vorzeitige, mit Complicationen (Kunsthilfe, Blutungen etc.) verbunden, von Krankheiten (Puerperalaffektionen) gefolgt?

Wurde gestillt? wie oft, wie lange?

### 5. Ursachen der gegenwärtigen Krankheit.

Muthmassliche Ursache der gegenwärtigen Krankheit? Zeitliches Auftreten derselben? Angabe der Funktionsstörungen, die im Gefolge jener Ursachen zu Tage traten? Zusammenhang in der Wirkungsweise der etwa mehrfach ermittelten Ursachen.

### 6. Prodromi der gegenwärtigen Krankheit.

Ist die gegenwärtige Psychose der erste Anfall oder wurde schon früher eine psychische Störung bemerkt? Wann, aus welchen Ursachen, unter welchen Symptomen, Verlauf, Ausgang?

Trat die jetzige Krankheit plötzlich oder allmälig auf?

Wann, unter welchen Vorboten?

a) Abnahme des Gedächtnisses, der geistigen Leistungsfähigkeit, geistige Ermüdung, gemüthliche Abgestorbenheit, Zornmüthigkeit, Aenderung des Charakters, Unsittlichkeit?

b) Schmerzliche Verstimmung, abnorme Weichheit, gemüthliche Reizbarkeit, Traurigkeit, Furcht irre zu werden, Lebensüberdruss, geistige Unlust?

c) Aufgeräumtheit, Geschwätzigkeit, Geschäftigkeit, Wanderlust, Verschwendungssucht?

d) Feindliches, misstrauisches, gereiztes Benehmen, Eifersucht, Klagen über Geringschätzung, Verläumdung, Bedrohung?

e) Wie verhielten sich Schlaf, Nahrungsaufnahme, Ausleerungen, Menstruation? Bestanden Kopfweh, Schwindel, Präcordialsensationen, Neuralgieen, Sprachstörungen, kamen Schlag-, Schwindel-, epileptische Anfälle vor?

f) Zeigten sich die Vorläufersymptome continuirlich, re-, intermittirend?
wie folgten sie auf einander?

## II.  Status praesens.

### A. Körperliche Untersuchung.

1) Körpergrösse, Körpergewicht, Stand der Ernährung, der Blutfülle,
Blutmischung und Blutvertheilung (Cyanose, Fluxion, örtliche
Anämie), Alter mit besonderer Berücksichtigung bei jugendlichen
Individuen, ob die Entwicklung des Körpers dem Alter entspricht,
bei Erwachsenen, ob etwaige Erscheinungen des Seniums und der
Decrepidität durch das Alter motivirt sind.

2) Schädelform und Schädelmasse [1]).

   a) Bandmasse mittelst Centimeterbandmass:

Horizontaler Schädelumfang in der Höhe der Protuberantia
occipitalis externa und der Glabella   Mann 55 cm. Weib 53 cm.
Ohrhinterhauptlinie vom vorderen Rand des Proc. mastoideus einer
Seite über Protub. occip. ext. zu dem
der anderen Seite . . . . .     „ 24 „    „ 22 „
Ohrstirnlinie vom vorderen Rand
des Por. acusticus der einen Seite
über die Glabella zu dem der an-
deren Seite . . . . . . .     „ 30 „    „ 28 „
Ohrscheitellinie vom Porus acu-
sticus der einen Seite über die
Scheitelhöhe zu dem der anderen    „ 36 „    „ 34 „
Längsumfang von der Nasen-
wurzel zur Protub. occipit. externa   „ 35 „    „ 33 „
Ohrkinnlinie vom Por. acust. der

---

[1]) Die obigen Durchschnittsmasse nach Welker's Messungen am skeletirten Schädel
(vgl. Untersuchungen über Wachsthum und Bau des menschlichen Schädels, 1862) für
den Lebenden modificirt von Dr. Muhr. Am wichtigsten sind die Schädelmessungen
bei Geisteskranken zur Feststellung der Grössenverhältnisse und der etwaigen Ver-
schiebung des Schädels. Macrocephale Schädel, nach Ausschluss der Cephalonie,
desgleichen microcephale Schädel entsprechen immer angeborenen oder frühentstan-
denen Blöd- und Schwachsinnszuständen. Schädelverschiebungen und ungleiche
Entwicklung der Schädelhälften scheinen zu Hirnerkrankungen zu disponiren. Sie
sind auffallend häufig bei Verrückten, nicht selten stehen sie auf rhachitischer Grundlage. Man achte auf Spuren der Rhachitis am übrigen Skelet! Ueber Schädel-
messung s. ausser Welker's erwähntem Werke Virchow, Verhandlungen der Würz-
burger physik. med. Gesellschaft, 1851, II, p. 230; f. n s. Archiv XIII; gesammelte
Abhandlungen VII; Stahl, Allg. Zeitschr. f. Psych. II, p. 546 und Irrenfreund, 1870. 1.

einen Seite über das Kinn zu dem
der anderen Seite . .    . .   Mann 30 cm. Weib 28 cm.

b) Tastercirkelmasse

| | | |
|---|---|---|
| Längsdurchmesser von der Nasenwurzel zur Protub. occip. externa | „ 18 „ | „ 17,5 |
| Grösster Breitedurchmesser . | „ 15 „ | „ 14 „ |
| Distanz der Pori acustici . . | „ 12,5 „ | „ 11,5 |
| Distanz der Jochfortsätze des Stirnbeins . . . . . . . | „ 11 „ | „ 11 „ |
| Distanz vom Por. acusticus zum Nasenstachel . . . . . . . | „ 12 „ | „ 11 „ |
| Breitenindex d. h. die durch Division des Breitendurchmessers in den Längsdurchmesser gefundene Zahl | „ 80 „ | „ 70 „ |

3) Degenerationszeichen.

a) Schädelanomalieen — Micro-, Maerocephalus (Cephalonie und Hydrocephalus) Rhombo-, Lepto- und Klinocephalus.

b) Augen — angeborene Blindheit, Retinitis pigmentosa, Coloboma iridis, Albinismus, ungleiche Pigmentirung der Iris, angeborener Strabismus — Schiefstand der Augensehlitze.

c) Nase — Schiefstand der Nase, tiefliegende Nasenwurzel (Cretinismus).

d) Ohren — zu kleines, zu grosses Ohr, rudimentäres oder in der umgebenden Haut sich verlierendes Ohrläppchen, mangelhafte Differenzirung von Helix Anthelix, Tragus und Antitragus.

e) Mangelhafte Differenzirung der Zähne, totales oder partielles Ausbleiben der 2. Dentition, abnorme Stellung der Zähne (Rhachitis).

f) Mund und Gaumen — zu grosser, zu kleiner Mund, zu steiler schmaler, zu flacher breiter oder einseitig abgeflachter Gaumen, limböse Gaumennaht. Hasenscharte, Wolfsrachen, vorstehendes Os incisivum.

g) Skelet und Extremitäten — Zwergwuchs, Klumpfuss, Klumphand, ungleiche Entwicklung der Hände, überzählige Finger, Zehen.

h) Genitalien — Kryptorchie, Epi-, Hypospadie, Hermaphroditie, Uterus infantilis, bicornis etc., Phimosis ohne Verlängerung und Hypertrophie der Vorhaut.

i) Haare — abnorme Behaarung bei Weibern, zottige Haare am Körper.

4) Stand der Eigenwärme (Thermometer).

5) Pulsfrequenz; Pulsqualität (tard oder celer — Sphygmograph).

6) Prüfung der Funktion der höheren Sinnesorgane (Augenspiegel etc.).

7) Prüfung der Sensibilität [1]) — Hyperästhesie — Anästhesie — Neuralgieen (Aesthesiometer, Nadel, electrischer Strom).

8) Prüfung der motorischen Funktionen [2]) — Facialisinnervation, Mydriasis, Myosis, Ungleichheit der Pupillen, Reaktion der Iris (Atropin, Calabar), Nystagmus, Strabismus, Augenmuskellähmung, Ptosis. Sprache (Aphasie, Ataxie, Glossoplegie), Ataxieen, Tremores, Paresen, Lähmungen der Extremitäten, Sphincteren, Katalepsie und Muskelspannungen.

9) Sekretorische Funktionen — Salivation, Schweisse, Urinuntersuchung.

10) Trophischer Stand der Hauternährung, Decubitus, Othämatom.

11) Physikalische Untersuchung der Brust- und Bauchorgane, bei Frauen auch der Lage-, Gestalt- und Vegetationsverhältnisse des Uterus.

12) Haltung, Blick, Miene, Geberden.

13) Schlaf, Nahrungsaufnahme.

14) Sensorische Funktionen — Schwindel, Eingenommenheit des Kopfs, Gefühle veränderter Schwere, Umfangs des Kopfs etc.

## B. Psychische Untersuchung.

1) Stimmung – Grundstimmung, Stimmungswechsel, Stand der Gemüthserregbarkeit, Reaktionsweise auf die Vorgänge der Aussenwelt, ob gesteigert oder vermindert; Berücksichtigung, ob und welche Qualitäten psychischer Gefühle die Sinneswahrnehmungen betonen.

2) Vorstellen — ob verlangsamt oder beschleunigt, abspringend, Ideenflucht, Verworrenheit, Zwangsvorstellungen.

3) Bewusstsein — ob getrübt und nach welcher Richtung (Bewusstsein der Zeit, des Orts, der eigenen Persönlichkeit) oder frei.

4) Gedächtniss — ob gesteigert oder geschwächt — partiell (Jüngstvergangenheit) oder allgemein.

5) Sinneswahrnehmung — ob erleichtert oder verlangsamt, verfälscht oder fehlend.

6) Stand des Denkens, Art des Vonstattengehens der logischen Processe, der psychischen Leistungsfähigkeit überhaupt, bezüglich Intensität (Klarheit) und Dauer (rasche Erschöpfbarkeit).

7) Verhalten des ethischen Bewusstseins — Gegenwart und Verwertbarkeit moralischer Begriffe und Urtheile.

---

[1]) Methoden s. Erb, Ziemssen's Handb. XII, p. 190.

[2]) Methoden s. Erb ebenda XII, p. 239; die Prüfung mit dem elektrischen Strom gestattet trotz werthvoller Untersuchungen von Benedict (Archiv der Heilk. VIII, p. 140), Svetlin (Leidesdorf, psychiatr. Studien, 1877) u. Tigges (Allg. Zeitschr. f. Psych. 30. 31) noch keine diagnostische Verwerthung.

8) Verhalten des Strebens, ob gesteigert (Thatendrang) oder herabgesetzt (Abulie).

9) Vorhandensein von Wahnideen, Hallucinationen.

---

Capitel 12.

# Allgemeine Therapie[1].

Die Erfahrung, dass das Irresein eine Hirnerkrankung darstellt
und noch dazu eine heilbare, wenn sie rechtzeitig erkannt und richtig
behandelt wird, ist neueren Datums. Unwissenheit und Rohheit sperrten
noch im vergangenen Jahrhundert die lästigen Irren in Straf- und
Detentionshäusern mit Verbrechern und Landstreichern zusammen, oder
liessen sie in Schmutz und Elend verkommen. War es doch kaum ein
grösserer Schimpf, ein Verbrecher als ein Irrer zu sein!

Erst der Neuzeit war es vorbehalten, nach vielfachen Irrthümern
über das Wesen des Irreseins, nach langem unerquicklichem Streit, ob
hier die Seele oder das Gehirn oder gar beide erkrankt seien, zu
richtigeren Anschauungen über Wesen und Behandlung dieser Zustände
zu gelangen.

Die wissenschaftliche Erkenntniss derselben als Hirnkrankheiten
förderte die humane Ueberzeugung, dass so grossem menschlichen Elend
gegenüber die Gesellschaft Schutz und Hilfe schuldig sei, nicht einfach
durch Einsperrung sich der unglücklichsten ihrer Mitmenschen entledigen dürfe.

Das vorläufige Resultat dieser wissenschaftlichen und humanitären
Bestrebungen waren die Irrenanstalten. Mit ihnen beginnt erst die
Zeit einer rationellen Therapie des Irreseins.

Die Therapie, wie wir sie heutzutage üben, kümmert sich in
keiner Weise um die unpraktische metaphysische Frage, ob es über
dem Gehirn noch eine besondere Seele gibt, ob die Therapie eine ausschliesslich somatische oder psychische sein muss. Die Erkenntniss,
dass alle geistigen Aeusserungen Funktionen des Gehirns sind, weist
sie an, ebenso durch psychischen Einfluss, durch Erweckung von Gefühlen, Vorstellungen und Strebungen das kranke psychische Leben zu
beeinflussen, wie sie aus der Erfahrung, dass dem Irresein anatomische
Vorgänge im Gehirn zu Grunde liegen, die Berechtigung schöpft, mit

---

[1] Neumann, Lehrb. p. 194; Griesinger, op. cit. p. 469; Hergt, Allg. Zeitschr.
f. Psych. 33, H. 5 u. 6.

somatischen, medicamentösen Mitteln eine Ausgleichung der Störung der Hirnfunktionen anzustreben.

Die Gleichberechtigung der somatischen und psychischen Behandlungsweise und die Nothwendigkeit ihrer Verbindung erscheint damit oberster Grundsatz in der Therapie der Psychosen.

Eine zweite Grundbedingung ist die vorausgehende genaue Erforschung der kranken Persönlichkeit nach allen ihren gegenwärtigen und historischen Beziehungen, ihres Charakters, ihrer Neigungen und Lebensgewohnheiten als Vorwurf einer psychischen Therapie, die nur als eine individualisirende gedacht werden kann, ferner die Ermittlung der somatischen Vorgeschichte, der früheren Krankheiten und Krankheitsdispositionen, der Umstände und Ursachen der gegenwärtigen Erkrankung, ihres bisherigen Verlaufs und ihrer gegenwärtigen Erscheinungen.

Es muss zunächst Klarheit über die Aetiologie und die Beschaffenheit der vorhandenen Erkrankung bestehen, ob sie eine idiopathische ist und welche Veränderungen im Gehirn ihr zu Grunde liegen mögen, oder eine sympathische und welche allgemeine Ernährungsstörungen oder Lokalaffektionen vegetativer Organe sie bedingen.

Ist eine anatomische Diagnose (Hyperämie, Anämie, Entzündung etc.) nicht möglich, so muss wenigstens eine funktionelle gemacht und die Gesammtheit der vorhandenen Funktionsstörungen klar gelegt werden.

Die Diagnose der sogenannten Störungsform hat höchstens einen klinischen Werth, keineswegs aber reicht sie für die Therapie aus. Dem Symptomencomplex Melancholie z. B. kann ebenso wohl eine Anämie als eine Hyperämie des psychischen Organs zu Grunde liegen.

Die Psychiatrie hat es nie mit Krankheitsformen, sondern immer nur mit kranken Individuen zu thun. Sie kann, entgegen der Mehrzahl vegetativer Krankheiten, wo der pathologisch-anatomische Vorgang und allenfalls noch die körperliche Constitution in Betracht kommen, nur eine streng individualisirende sein.

Der Schwerpunkt der Therapie liegt in der Anamnese, der Pathogenese und Aetiologie des individuellen Falls. Eine besondere Kurmethode, ein schablonenmässiges Heilverfahren auf psychiatrischem Gebiet besitzen nur Routiniers und Charlatans.

In der individualisirenden Behandlung der psychisch kranken Person liegt das ganze Interesse, aber auch die ganze Schwierigkeit der Therapie, namentlich da wo diese eine rein psychische ist. Da das Irresein eine chronische, meist Monate bis Jahre dauernde Krankheit darstellt, haben wir Musse, Umstände und Wesen des Krankheitsfalls zu ermitteln und brauchen uns mit ärztlichen Eingriffen nicht zu übereilen. In den seltenen Fällen, wo das Irresein acut auftritt und verläuft, bleibt ohnedies einer aktiven Therapie dem meist typisch ablaufenden Krankheitsbilde gegenüber wenig Spielraum. Aber auch wenn der concrete Krankheitsfall pathogenetisch und klinisch geklärt ist, sind einer aktiv eingreifenden Therapie enge Grenzen gesetzt. Nur selten wird sich die Diagnose zur Höhe einer anatomischen erheben und selbst wenn dies gelungen ist, fragt es sich sehr, ob und mit welchen Mitteln wir im Stande sind, wirksam in den Gang des Hirnprocesses selbst einzugreifen.

So kommt es, dass die Aufgabe des Irrenarztes wesentlich darin besteht, ursächliche oder complicirende Störungen in anderen Organen aus dem Weg zu räumen, die Circulations-, Erregungs- und Ernährungsverhältnisse des erkrankten Gehirns durch diätetische und geeignete somatische Massnahmen zu bessern, sowie psychisch durch Regulirung der Ruhe und Thätigkeit, durch Anregung von Stimmungen, Vorstellungen und Willensbestrebungen das kranke Organ günstig zu beeinflussen und symptomatisch gewisse elementare Störungen (Schlaflosigkeit, Nahrungsverweigerung, Hallucinationen etc.), die lästig oder bedrohlich erscheinen, zu bekämpfen.

Sind auch unserem therapeutischen Leisten auf der Höhe der Krankheit enge Grenzen gezogen, so steht doch die Psychiatrie einer erhabenen Aufgabe gegenüber, insofern sie die Prophylaxe solcher Krankheiten kennen lehrt und übt.

### Die Prophylaxe des Irreseins [1]).

Die Aetiologie des Irreseins deckt die Schädlichkeiten auf, aus denen sich Irresein entwickelt. Viele dieser sind vermeidbar. Es ist Sache der Gesellschaft wie des Einzelnen den wirksamsten derselben, unter denen nur Vererbung durch Zeugung, sexuelle und Alkoholexcesse genannt werden mögen, vorzubeugen.

Häufig ist der Arzt in der Lage Individuen, die durch belastende Momente ihrer Erzeuger eine Disposition zu solchen Krankheiten auf ihren Lebensweg mitbekommen haben, vor der drohenden Erkrankung zu bewahren.

Die Prophylaxe hat hier eine schöne und dankbare Aufgabe. Ist ja doch die Disposition noch keine Krankheit und steht es im Bereich der Möglichkeit durch Abschwächung jener und Hervorrufung einer grösseren Widerstandsfähigkeit gegen krankmachende Einflüsse oder Vermeidung dieser das Unglück zu verhüten!

Die Erziehung und Behandlung solcher neuropathischer oder sonstwie belasteter Kinder hat folgendes zu beachten:

Die Hygiene muss schon in dem Säuglingsalter beginnen.

Solche Kinder dürfen nicht aufgefüttert aber auch nicht von der Mutter, deren neuropathischer, anämischer Körper schlechte Nahrung liefert, gestillt werden. Wenn immer möglich, verschaffe man ihnen eine geistig und körperlich intakte Amme und lasse sie von dieser mindestens bis zum Ende des neunten Monats stillen.

Man dulde keine heissen Stuben, keine zu warme Kleidung. Die Badetemperatur sei 26° R. und werde schon nach wenigen Monaten auf 23° herabgemindert.

In der gefährlichen Zeit der ersten Dentition sei man besonders streng mit allen hygienischen Vorschriften zur thunlichen Vermeidung der hier so häufigen und gefährlichen Hirnhyperämieen und Convulsionen.

Früh schon härte man die Kinder durch kalte Waschungen, Aufenthalt in freier Luft ab. Eine kräftige, reizlose Kost bei Vermeidung von Kaffee, Thee und Spirituosen ist geboten.

Nicht früh genug kann auch der Entwicklung des Gemüths und Charakters Aufmerksamkeit geschenkt werden. Man gewöhne die Kinder früh an Gehorsam, suche ihr Gemüth zu kräftigen, lasse leidenschaftliche Aufwallungen nicht aufkommen, ebensowenig Empfindsamkeit, suche Ruhe und Selbstbeherrschung den Wechselfällen des Lebens gegenüber herbeizuführen.

Die Mehrzahl dieser Kinder zeigt eine abnorme intellectuelle Entwicklung. Entweder ist sie eine präcipitirte — hier gilt es zurückzuhalten, oder sie ist eine verlangsamte — hier ist Geduld nöthig. Jede Anstrengung des Gehirns ist zu vermeiden. Man schicke solche Kinder erst spät zur Schule und, da die geistige Anstrengung nichts für sie taugt, erwähle man bei Zeiten für sie einen mehr bürgerlichen oder technischen Beruf, wodurch die Gefahren des Gymnasiums und einer späteren sitzenden geistig überangestrengten Thätigkeit vermieden werden.

Sind die Eltern verschrobene, hypochondrische oder hysterische Individuen, so ist es besser, wenn das Kind nicht im elterlichen Hause erzogen wird und damit vor der Gefahr einer verfehlten Erziehung oder einer Uebertragung der psychischen Infirmitäten seiner Eltern durch Imitation geschützt bleibt. Die Erziehung in Pensionaten passt nicht für solche Kinder aus verschiedenen Gründen, am besten ist eine Erziehung im Haus eines Pädagogen oder eines Geistlichen auf dem Lande.

Auf etwaige Verirrungen des Geschlechtstriebs, der sich bei solchen stigmatisirten Individuen vielfach abnorm früh und excessiv regt,

ist besonders zu achten. Alles was somatisch oder psychisch der Entwicklung der sexuellen Sphäre Vorschub leistet, ist sorgfältig hintan-
zuhalten.

Einer ganz besonderen ärztlichen Ueberwachung bedürfen veranlagte Individuen in der für sie so gefährlichen Pubertätszeit, wie überhaupt in allen physiologischen Lebensphasen.

Die geringfügigste hier auftretende somatische Krankheit kann
den Ring der Kette der ätiologischen Momente schliessen und das Irresein zum Ausbruch bringen. Jede derartige Erkrankung (Chlorose etc.)
bedarf der sorgsamsten Berücksichtigung und energischen Behandlung.

In psychischer Beziehung ist besonders das Lesen von Romanen
aller Art, ferner eine allzugrosse und schwärmerische Hinneigung zum
religiösen Gebiet, gefährlich. Bei männlichen Individuen mindert frühe
Heirath die Gefahr der Erkrankung, bei weiblichen ist die Verehelichung erst nach erreichter körperlicher Reife wünschenswerth. Es
besteht sonst die Gefahr, dass Schwangerschaft und Puerperium einen
nicht genügend entwickelten, unkräftigen Körper vorfinden und Irresein
hervorrufen. Auch das Stillen, wenn es überhaupt zulässig ist, werde
ärztlich überwacht und jedenfalls nicht lange, höchstens drei Monate
fortgesetzt.     .

Auf der Höhe des Lebens wird ein passend gewählter, d. h. nicht
aufregender Lebensberuf, der nicht den Wechselfällen des Geldmarktes
und des Handelslebens aussetzt, der Bewahrung des labilen Gleichge-
wichts der geistigen Funktionen förderlich sein. Dabei muss eine der
Natur angepasste, mässige, Missbrauch von Genussmitteln vermeidende,
den Funktionen der Verdauungsorgane Rechnung tragende Lebensweise
eingehalten werden.

In zahlreichen Fällen wird die Erfüllung dieser Bedingungen
psychische Krankheit vom Disponirten abhalten.

### Die Behandlung im Beginn des Irreseins[1]).

Nur selten kommt das Irresein wie ein Blitz aus heiterem Himmel.
Meist entwickelt sich dasselbe langsam im Verlauf von Monaten bis
zu Jahren. Eine kostbare Zeit, dem beginnenden Unheil entgegen zu
wirken, wenn der praktische Arzt auch Psychiater ist und klar das
beginnende Irresein da erkennt, wo Unerfahrene nur physiologische Verstimmung, etwa Liebeskummer, oder Chlorose, Hysterie, Hypochondrie,

---

[1]) Vgl. Ricker, Nassauisches Correspbl. 1862, 1: Leidesdorf, Allg. Wien. med.
Ztg. 1862, 8. 9. 10; Maudsley, Med. Times u. Gaz. April 1868; Erlenmeyer: »Wie
sind die Seelenstörungen in ihrem Beginn zu behandeln?« Neuwied 1861: Yellow-
lees, Brit. med. Journ. 1871, p. 151.

nervöse Schwäche, aufgeregte Nerven und wie sonst die landläufigen
Diagnosen lauten, sehen.

Leider lässt die vielfach noch bestehende Unwissenheit der praktischen Aerzte im Gebiet der Psychiatrie dieses Stadium meist unbeobachtet und ungenützt vorübergehen und erst die angeblich plötzlich
ausgebrochene Krankheit öffnet die Augen.

Da wo die werdende Krankheit glücklich, d. h. rechtzeitig erkannt wird, ist es in einer grossen Zahl von Fällen noch möglich, der
Katastrophe vorzubeugen.

Die erste Bedingung einer glücklichen Wendung ist Erkennung
der Ursachen und Entfernung derselben. Sowohl die psychische als
die somatische Therapie haben hier ein weites Feld. Im einen Fall
sind es vielleicht unglückliche häusliche Verhältnisse oder Ueberanstrengung im Beruf, im andern Anämie, Menstrualstörungen, Uterin-
krankheit, ein Magencatarrh u. dgl., die beseitigt werden müssen. Es
ist Sache des Takts und medicinischer Diagnostik, hier das Richtige
zu treffen. Im Allgemeinen lassen sich als Indicationen aufstellen:

1) Einstellung der Berufsthätigkeit. Der Kranke muss ausspannen.
Am vortheilhaftesten wirkt hier ein freundlicher Landaufenthalt bei
Bekannten, Verwandten, eventuell eine kleine Reise.        .

Zu meiden sind grössere Reisen, geräuschvolle Städte oder Bade-
orte. Umsomehr ist ein Ortswechsel nöthig, wenn lokale Verhältnisse
(familiäre oder sociale) die Krankheit hervorriefen oder begünstigen.

2) Vermeidung aller schwächenden Einwirkungen — das Irresein
geht mit tiefen Ernährungsstörungen einher und führt zu solchen.

3) Sorge für eine kräftige aber reizlose Kost. Genussmittel sowie auch Rauchen starker Cigarren sind zu meiden.

4) Sorge für ein regelmässiges Vonstattengehen der Sekretionen,
namentlich der täglichen Stuhlentleerung. Auch hier verordne man
keine Drastika, sondern Lavements, Aloë, Rheumpräparate, Podophyllin,
salinische Mittel oder diätetische (Cathartinkaffee, Weintrauben, Mol-
ken etc.).

5) Berücksichtigung des Standes der allgemeinen cerebralen
Funktionen, speciell des Schlafs und Bekämpfung etwaiger Circulationsstörungen im Gehirn. Gegen die Schlaflosigkeit können Bäder, nasse
Einpackungen, Chloralhydrat in vorübergehender Anwendung, Opiate
allein oder in Verbindung mit Chinin, Digitalis mit Aq. amygdalarum,
Bromkali, je nach den besonderen Umständen der Schlaflosigkeit
nützlich sein.

Die hier vorkommenden Circulationsstörungen sind meist fluxionäre Hyperämieen durch verminderte vasomotorische Innervation. Sie
weichen einem tonisirenden Regime und sind eventuell mit kalten Um-

schlägen, Eisblase, trockenen Schröpfköpfen oder Sinapismen ad nueham, lauen Bädern (besonders bei aufgeregter Herzaktion) bis zu 25°, Hand- und Fussbädern zu bekämpfen.

6) Last not least, der Arzt muss erfahren in psychischer Behandlung sein, Vertrauen und Gehorsam des Kranken besitzen. Er muss ihn abzulenken und zu erheitern wissen. Die Umgebung ist über ihr Verhalten gegenüber dem Kranken zu belehren und zu überwachen (treffliche Winke enthalten die bezüglichen Schriften von Schröter und Hecker). Der Kranke darf weder moralisirt, noch kritisirt werden.

Auch eine logische, dialektische Bekämpfung seiner irrigen Vorstellungen ist ebenso verwerflich wie Eingehen auf dieselben.

Derartige Versuche können nur schaden, indem sie den Kranken reizen, erbittern, in seinen Ideen, die ja auf einer Hirnkrankheit beruhen, bestärken.

Mit einem Wort, man lasse den Kranken in Ruhe, trete ihm nur dann in den Weg, wenn er dem Heilregime entgegen handeln will, und selbst dann verfahre man mit Ruhe und Sanftmuth, nie mit List. Nie lasse man ihn ausser Augen!

7) Da wo das entstehende Irresein als melancholisches beginnt und die Erscheinungen psychischer Hyperästhesie mit oder ohne Präcordialangst sich finden, ist Opium ein treffliches, nicht genug zu schätzendes Heilmittel.

In der Mehrzahl der Fälle bleiben aber diese gut gemeinten Rathschläge fromme Wünsche. Hat der Arzt die werdende Krankheit zu spät erkannt, so steht er ihr jetzt rathlos gegenüber oder verfällt auf gewisse obsolete, schablonenmässige, direkt schädliche Kurmethoden, die Erlenmeyer in seiner trefflichen Brochüre (Wie sind die Seelenstörungen in ihrem Beginn zu behandeln? Neuwied 1861) aus reicher Erfahrung gegeisselt hat. Der Kranke wird mit einer Entziehungskur, d. h. blander Diät, Blutentziehungen, Purgantien, Derivantien etc. behandelt oder richtiger misshandelt, oder er wird in eine Kaltwasseranstalt [1]) geschickt, wo er friert, rücksichtslos gedoucht und von Kräften gebracht wird, oder es wird eine Erschütterungskur mit Tartarus emeticus oder psychischen Shoks auf ihn losgelassen oder eine Zerstreuungskur, bei welcher der aufgeregte, schmerzlich verstimmte, ruhebedürftige Kranke auf Reisen, in Theatern, Concerten, Gesellschaften herumgeschleppt wird. Daran reiht sich würdig die moderne Betäubungskur mit Chloral, die von so manchen gewissenlosen und unwissenden Aerzten bis zur chronischen Vergiftung des Kranken geübt wird.

Endlich wird der Kranke tobsüchtig, stupid oder obstinat. Man

---

[1]) Vgl. Stark, Warnung vor d. Kaltwasserkur. Württembg. Correspbl. 1869. 17.

merkt, dass es mit der freien Behandlung nicht mehr geht und man
erinnert sich der leidigen Irrenanstalt, in welcher der Kranke dann
meist in unheilbarem Zustand anlangt.

So erfüllt sich das Schicksal der unglücklichen Irren, deren
Krankheit durch die Ignoranz der Aerzte und das verhängnissvolle
Vorurtheil gegen Irrenanstalten bereits zum caput mortuum geworden
ist, wenn sie endlich in die Hände des Fachmannes kommt [1]).

Von der grössten Wichtigkeit ist die rechtzeitige Entscheidung
der Frage, ob und wann eine freie Behandlung nicht mehr passt und
eine Irrenanstalt für die Kranken nothwendig wird.

## Die Irrenanstalt [2]).

Ein Ort des Schreckens für den Laien, ist die Irrenanstalt für
die Irrenärzte das wichtigste Heilmittel gegen die Krankheit.

Nur in ihr findet der Kranke thunlichsten Schutz vor Gefahren,
namentlich vor Selbstmord, er kann sich hier gehen lassen, ohne
moralisirt, corrigirt, belehrt zu werden, er findet Schonung und Wohlwollen, ein grösseres Mass von Freiheit, als ihm in familiärer Pflege
geboten werden konnte, einen ausgiebigen Heilapparat, daneben Zerstreuung und Ablenkung, soweit er derselben fähig ist.

Er muss sich freilich der Autorität des Arztes und dem Zwang
der Hausordnung fügen, aber sobald er nur zu sich selbst kommt,
erkennt er den wohlwollenden Geist, der das Ganze trägt. Schutz
vor Gefahren, der gewaltige psychische und somatische Heilapparat
der Anstalt sind die Vortheile, welche diese gegenüber der freien Behandlung besitzt, welche mit dem Widerstand des Kranken, dem Un-

---

[1]) Sehr gut sagt Neumann (Psychiatrie, p. 194) »Ein grosser Theil der Kranken, für welche Aufnahme in die Irrenanstalt nachgesucht wird, ist, geradezu ge-
sagt, verpfuscht. Die Schuld daran trägt theils die Familie, theils der Arzt. Die
erstere braucht sehr viel Zeit, ehe sie glaubt, dass der Mensch krank ist; der zweite
braucht, endlich gerufen, sehr viel Zeit, ehe er glaubt dass der Kranke geisteskrank
ist und beide zusammen brauchen dann wieder sehr viel Zeit, ehe sie glauben, dass
der Irrenarzt nothwendig ist.

Der erste Zeitabschnitt wird dazu verwandt, um den Kranken durch Zer-
streuungen, Zureden, Moralisiren, Herunterreissen u. s. w. zu quälen und zu reizen;
im zweiten Abschnitt wird die Reizung durch Blutentziehungen, Abführmittel, Ekel-
kuren, Hautreize, künstliche Eiterungen zu bekämpfen versucht und im dritten Zeitraum wundert man sich darüber, dass weder das Eine noch das Andere geholfen
hat. Jetzt kommt der Irrenarzt und findet die Kräfte erschöpft, die Verdauung zerstört, die psychische Reizung auf's Höchste gestiegen oder schon in tiefe Depression
übergegangen, oft sogar den Wahnsinn an der Grenze der Verwirrtheit. Nun soll
der Irrenarzt helfen!«

[2]) Roller, Die Irrenanstalt. Carlsruhe 1833; Griesinger, Archiv f. Psych. I, p. 9.

verstand der Angehörigen, der Unzulänglichkeit des Raumes und der Mittel zu kämpfen hat.

Aber nicht selten ist die Anstalt das direkte Heilmittel, insofern die Versetzung des Kranken in andere und adäquate Verhältnisse die indicatio causalis erfüllt und den krankmachenden Einfluss excedirender Lebensweise, beruflicher oder familiärer ungünstiger Verhältnisse abschneidet.

Im Allgemeinen bekommen die Kranken nur wohlthuende Eindrücke von der Anstalt und in der Regel erinnern sich Genesene dankbar des Asyls, dem sie ihre Heilung schulden. Die Statistik[1] lehrt deutlich, dass je früher der Kranke in die Anstalt kommt, umso grösser die Wahrscheinlichkeit einer Wiederherstellung ist. Leider stehen massenhafte, traditionelle Vorurtheile der rechtzeitigen Benützung der Irrenanstalten zum Heilzweck entgegen. Der Laie meint, man müsse den Kranken erst für die Anstalt reif d. h. unheilbar werden lassen und so kommt es, dass die Irrenanstalten nach Maudsley's treffendem Ausdruck viel eher Kirchhöfen für den zerrütteten Verstand als Asylen für Gehirnkrankheiten gleichen. Man meint, der Kranke könne durch das Zusammenleben mit anderen Kranken nur noch kränker werden. Die Erfahrung lehrt das Gegentheil. Die Kranken werden durch die gleiche Behandlung, die sie an den Andern sehen, aufmerksam auf ihren eigenen Zustand, das Beispiel der Anderen regt sie wohlthätig zur Ordnung und Unterwerfung an.

Selbstverständlich ist dabei eine passende Scheidung der Kranken nach Bildungsstand und psychischem Verhalten, wie sie in jeder Anstalt besteht, vorausgesetzt.

Nicht jeder Kranke bedarf indessen der Aufnahme in einer Irrenanstalt. So lange beim grossen Publikum noch das Irresein als eine anrüchige Krankheit gilt und der Aufenthalt in der Anstalt dem Genesenen in den Augen der Welt Schaden bringt, soll nur auf Grund sorgfältig erwogener Dringlichkeit die Aufnahme in ein Irrenhaus bewerkstelligt werden.

Für alle Irren würden zudem auch nie die Irrenanstalten eines Landes ausreichen.

Oberster Grundsatz muss bei der Entscheidung, ob eine Anstalt nöthig sei, immer die Chance der Heilbarkeit sein. Sind die häuslichen Bedingungen ungünstige, vielleicht gar Ursachen der Krankheit,

---

[1] Nach Jensen, Irrenfreund 1877, 9 wurden in Allenberg von 155 dem Handelsstand angehörigen Kranken nur 16,1%, dagegen von 206 Dienstboten 56,2% geheilt; die ersteren kamen eben erst als alle Mittel erschöpft waren in die gefürchtete Anstalt, die letzteren, da sie weder Geld noch Heim hatten, sofort nach der Erkrankung.

ist der Arzt unerfahren, die Umgebung zu einer psychischen Behandlung ungeeignet, sind die Geldmittel beschränkt, so wird die Anstalt nicht zu umgehen sein.

Sind diese Erfordernisse günstige, so kann die Anstalt vorläufig entbehrt werden, immer aber scheint es dann wenigstens geboten, den Kranken aus seinen bisherigen Verhältnissen zu entfernen.

Ein zweiter Gesichtspunkt ist die Gefährlichkeit des Kranken gegen sich oder die Umgebung. Die Ueberwachung in Privatpflege schützt nicht genugsam gegen Unglücksfälle.

Ein dritter ist Unfügsamkeit des Kranken gegen Pflege, Unmöglichkeit den Heilplan durchzuführen, Nahrungsverweigerung.

Es kommt endlich viel auf die Natur der Krankheit an. Die Irrenanstalte sollte nur für chronische Fälle benutzt werden. Der grosse administrative Apparat einer Irrenanstalt ist unnöthig bei einem binnen Tagen oder Wochen ablaufenden Irresein. Hier genügt, wenn die häusliche Verpflegung nicht ausreicht, ein gewöhnliches Spital. In jeder Stadt sollte im betreffenden Spital für die Unterbringung acuter Fälle (Delir. tremens, epileptisches Delir etc.) vorgesorgt sein. Unter den chronischen Kranken, die überhaupt nur in einer Irrenanstalt Aufnahme finden sollten, gehören unbedingt in eine solche:

Melancholische, mit ausgesprochenem Taed. vitae oder destructiven Impulsen gegen die Aussenwelt; solche mit Nahrungsverweigerung wegen der Unmöglichkeit den daraus entstehenden Gefahren in der freien Behandlung zu begegnen.

Maniakalische und Tobsüchtige bedürfen der Anstalt wegen der aus Heilgründen geforderten Isolirung und ihrer Gefährlichkeit, desgleichen Epileptiker mit häufigen Aufregungszuständen, Verrückte mit gefährlichen Wahnvorstellungen, Paralytiker in den Anfangszuständen ihres Leidens.

Eine Aufnahme in eine Irrenanstalt ist thunlich zu umgehen bei hypochondrischen und hysterischen Kranken, bei raisonnirendem Irresein, zumal wenn die Träger desselben belastete, reizbare, misstrauische, Beeinträchtigung und Verfolgung witternde Individuen sind.

Nicht in Irrenanstalten gehören ruhige secundäre psychische Schwächezustände (Dementia, Verrücktheit), Paralytiker in den Endstadien ihrer Krankheit, Trunkfällige, verbrecherische Irre.

Mit der Bevorzugung der Irrenanstalten für den Heilzweck scheint die psychiatrische Thätigkeit der praktischen Aerzte auf den ersten Blick eine sehr beschränkte und liegt die Frage nahe, warum denn, wenn der Kranke doch meist einer Anstalt bedarf, überhaupt noch der praktische Arzt Psychiater sein solle? Abgesehen davon, dass Psychiatrie zur medicinischen Ausbildung des Arztes gehört und sie eine wichtige praktische forensische Seite hat, ist die praktisch-ärztliche Thätigkeit auch ausserhalb den Anstalten immer noch eine grosse.

Dem praktischen Arzt fällt die wichtige Aufgabe zu, die beginnende Krankheit zu erkennen, nach Umständen ihre weitere Entwicklung zu verhüten, Gefahren vom Kranken und der Gesellschaft abzuwenden, rechtzeitig die etwa nöthige Aufnahme in einer Irrenanstalt zu vermitteln, die Krankheit zu attestiren, die Vorgeschichte der Krankheit festzustellen und damit dem Irrenarzt wissenschaftlich vorzuarbeiten. Gerade wie jeder Arzt, auch ohne Ophthalmologe und Operateur von Fach zu sein, im Stande sein muss, ein Glaucom z. B. rechtzeitig zu erkennen, um den Kranken specialistische Hilfe zuzuwenden, ebenso muss er psychiatrisch gebildet sein, um den richtigen Zeitpunkt für eine sachverständige Behandlung und den operativen Apparat der Irrenanstalt nicht zu versäumen.

Aber in dem Mass als die Psychiatrie Gemeingut der praktischen Aerzte werden wird, lässt sich eine umfassendere Behandlung acuter Fälle ausserhalb der Anstalten in Privatpflege oder in gewöhnlichen Spitälern anstreben und wird auch eine Menge chronischer Fälle, die sonst der Anstalt zur Last fallen, obwohl sie oft nur eines temporären Eingriffs bedürfen, in freier Behandlung verpflegbar sein.

Daraus ergibt sich ein grosser Vortheil für die Entlastung der ohnedies überfüllten Anstalten und für die grössere Freiheit und Behaglichkeit unzähliger Kranker.

Eine nicht geringe Aufgabe erwächst für den praktischen Arzt aus der Verpflichtung, den Kranken nicht bloss in die Irrenanstalt abzuschieben, sondern ihm auch eine genaue Krankengeschichte mitzugeben.

Sind doch Anamnese und Pathogenese die Grundbedingungen für eine richtige Beurtheilung und Behandlung eines Falls! Der in der Irrenanstalt anlangende Kranke ist meist zu sehr gestört, um eine brauchbare Anamnese zu geben und das Leiden vielfach zu weit vorgeschritten, als dass der Irrenarzt somatische Entwicklung und Zusammenhang retrospectiv ermitteln könnte. Dann ist eine gute Krankengeschichte eine unschätzbare Wohlthat für Arzt und Kranken.

Ueber die Aufnahme in Irrenanstalten bestehen allenthalben gesetzliche Vorschriften, die erfüllt werden müssen, um einem Missbrauch dieser Anstalten zu begegnen, namentlich Geistesgesunde vor ungerechtfertigter Internirung zu schützen.

Es genügt, wenn ein öffentlicher Arzt durch ein Zeugniss die Krankheit constatirt und die Nothwendigkeit der Aufnahme motivirt, endlich von der erfolgten Aufnahme die vorgesetzte Behörde der Anstalt sowie die richterliche Personalinstanz in Kenntniss gesetzt werden.

Erschwert man die Aufnahmebedingungen zu sehr, so leidet die Benützung der Anstalt, die ohnedies schon mit genug Vorurtheilen zu kämpfen hat, in empfindlicher Weise.

Ist die Aufnahme nöthig, so theile man dies dem Kranken schonend aber offenherzig mit und täusche ihn nicht mit einer Geschäftsreise, Badereise, Besuch bei Verwandten. Im besten Fall hindert diese Täuschung den Kranken, dass er zum Bewusstsein seiner Lage kommt, häufig genug erbittert sie ihn, wenn er hinterher den Betrug bemerkt und erweckt feindliche Gesinnungen gegen die Anstalt und die Angehörigen.

## Die Behandlung der ausgebildeten Krankheit.

### I. Die somatische Therapie.

Als die Grundbedingungen ergeben sich:

a) Klare Erkenntniss der Entstehung und Beschaffenheit der dem Irresein zu Grunde liegenden somatischen Veränderungen.

b) Vermeidung aller schwächenden Eingriffe in den Organismus des Geisteskranken. Als ein altes Vorurtheil muss die Annahme bezeichnet werden, die Geisteskranken bedürfen grösserer Dosen von Medicamenten als die Geistesgesunden.

Nur in seltenen Fällen zeigt sich, namentlich Narcoticis gegenüber, eine differente Wirkung ein- und derselben Dosis bei demselben Kranken, je nachdem er in oder ausser einem psychischen Erregungszustand dieselbe bekommt.

Im Uebrigen ist die grössere Toleranz nur eine scheinbare, insofern der Kranke die unangenehmen Arzneiwirkungen nicht äussert oder beachtet, ohne dass er jedoch pharmacodynamisch anders auf die Medicamente reagirte, als ein Gesunder. Der Heilmittel, welche direkt zur Bekämpfung psychopathischer Zustände zu Gebot stehen, sind nur wenige.

Eine Hauptsache ist die Gewinnung richtiger Indicationen.

### 1. Blutentziehungen.

Ein grosser Missbrauch ist früher auf Grund apriorischer Entzündungstheorieen bei Irren mit Blutentziehungen getrieben worden.

Die Zeiten sind vorbei, wo man sich einen Zustand von Hirnreizung nur unter dem Bild der Hyperämie oder Entzündung des Gehirns denken konnte und sofort zur Lanzette griff, wenn eine Tobsucht diagnosticiert war oder ein Fieberkranker zu deliriren anfing.

Die Erfahrung, dass das Irresein nicht selten in direktem Anschluss an einen Blutverlust oder aus einem Inanitionszustand entsteht, hat mit der Anwendung von Blutentziehungen vorsichtig gemacht.

Heutzutage ist der Gebrauch der Venaesectio bei Irren geradezu proscribirt und tausendfältige Erfahrung, nach welcher auf Aderlass bei Melancholischen und Tobsüchtigen Steigerung der Aufregung oder Zustände stuporartiger Erschöpfung folgten und kaum je ein Fall gebessert wurde, rechtfertigen diese Proscription. Die günstigeren Erfolge der Psychiatrie heutzutage beruhen jedenfalls weniger in der Auffindung und rationelleren Verwendung neuer Heilmittel, als vielmehr in der Abschaffung schwächender Eingriffe, unter denen nebst den Purgantien, dem Tart. emeticus, den Blasenpflastern, Moxen, Pustelsalben, die allgemeinen Blutentziehungen obenan standen.

Geht doch in der Regel das Irresein aus schwächenden Anlässen hervor, mit einer fortschreitenden Abnahme des Körpergewichts einher, und führt es durch die gesteigerte Hirnthätigkeit, Schlaflosigkeit, ungenügende Ernährung zu Inanition und Blutverarmung, deren beredter Ausdruck der auf schwere psychische Aufregungszustände gewöhnlich folgende stumpfsinnige Erschöpfungszustand ist!

Häufig genug haben wir bei Irren es allerdings mit deutlichen Erscheinungen von Hirnhyperämie zu thun, aber diese sind nicht die Folge der Plethora, sondern der Schwäche — neuroparalytischer Vorgänge im Bereich der vasomotorischen Nerven.

Es ist einleuchtend, dass hier ein Aderlass durch die vorübergehende Depletion, welche er setzt, nahezu werthlos ist, während die dadurch hervorgerufene Blutverarmung nur langsam oder gar nicht mehr sich auszugleichen vermag und die Gefahr einer Ueberführung der vielleicht reparablen Hirnerschöpfung in eine Hirnatrophie mit sich bringt.

In den seltenen Fällen, in welchen die Umstände eine Blutentziehung nothwendig erscheinen lassen, so in dem Anfang des Delir. acutum, bei dem auf Menstruatio suppressa ausbrechenden Irresein, bei gewissen Fällen von klimacterischer Psychose, mögen Blutegel an die Emissarien hinter's Ohr oder an die Nasenscheidewand gesetzt oder Schröpfköpfe im Nacken der Indicatio symptomatica genügen. Im Allgemeinen haben wir allen Grund, möglichst sparsam mit dem Blute Geisteskranker umzugehen.

## 2. Kälte.

Ein viel besseres Mittel zur Bekämpfung von Hirnhyperämie ist die Kälte in Form von Compressen oder Eisbeuteln auf den Kopf.

Sie beschränkt die Blutzufuhr, setzt die Erregbarkeit der Nerven herab und übt reflektorische Einwirkungen auf die Gefässe, vermittelst der vom Kältereiz afficirten Hautnerven.

### 3. Hydrotherapie

Einen ausgedehnten Gebrauch macht die Therapie von Bädern, namentlich lauwarmen von 25—27° R. Sie erfüllen nicht bloss wichtige Reinlichkeitszwecke, sondern wirken zugleich erfrischend durch Anregung physikalisch-chemischer Vorgänge im Körper, ableitend durch Erweiterung der Hautgefässe, resorptionsbefördernd, Puls und Eigenwärme herabsetzend, beruhigend durch gleichmässige Erregung der Hautnerven und dadurch vielfach schlafmachend.

Gewöhnlich werden sie für die Dauer von 1/2—1 Stunde verordnet. Bei gleichzeitiger Fluxion verbinde man damit kalte Compressen auf den Kopf.

Eine Erweiterung der bezüglichen Therapie sind die prolongirten Bäder[1]) von circa 28° R., die Brierre eingeführt und auf die Dauer von 10—12—14 Stunden ausgedehnt hat. Zugleich wird der Kopf des Kranken mit Wasser von etwa 15° R. berieselt.

Brierre fand sie wirksam bei frischen Manieen und Melancholieen, namentlich alkoholischen und puerperalen.

Contraindicirt sind sie bei Anämie, überhaupt Erschöpfungszuständen; unter allen Umständen muss neben ihrer Anwendung eine roborirende Kost dem Kranken gereicht werden. Maniakalische sind im prolongirten Bad gut zu überwachen, da sie leicht in demselben onaniren.

Kalte Bäder von 14—17° R. 5—25′ mit folgender kräftiger Abreibung hat Guislain bei prolongirten Manieen, namentlich intermittirenden, erfolgreich gefunden. Man ist davon abgekommen[2]).

Douchen, Sturz- und Plongirbäder, wie sie in Kaltwasserheilanstalten zur Anwendung kommen, sind verpönt bei Psychosen. Sie wirken theils zu sehr wärmeentziehend, theils erregend, die Douchen sogar mechanisch erschütternd und sind darum schädlich.

Von grossem Werth sind dagegen kalte Waschungen, namentlich kalte Abreibungen mit dem feuchten Leintuch, ferner auch Flussbäder.

Ihre Wirkungen sind direkte Erregung der Centralorgane durch Reizung der Hautnerven, vasomotorische Reflexe und dadurch Verbesserung der Arterieninnervation, reaktive Erweiterung der Hautgefässe und damit Ableitung von inneren Organen. Sie eignen sich deshalb

---

[1]) Brierre, Bull. de l'acad. de méd. 1846, 15. Sept.; Pinel, ebenda 1852. 2. Nov.; Baillarger. ebenda 1854, März; Turk, Ann. med. psyel. 1853, p. 685; Brocard, Thèse de Paris. 1859; Laehr, Allg. Zeitschr. f. Psych. 34.

[2]) Finkelnburg, Allg. Zeitschr. f. Psych. 21, p. 508 empfiehlt neuerdings kalte Plongirbäder von 12° R bei Tobsucht bedingt durch sexuelle Reizungszustände, ferner Priessnitz'sche kaltfeuchte Einwicklungen bei agitirter Melancholie, aber nur bei Individuen, deren Eigenwärme keine subnormale ist.

bei Status nervosus, Spinalirritation, Hysterie, Erschöpfungszuständen nach Onanie, Mel. passiva.

Besteht zugleich Inanition, grosse Anämie, subnormale Eigenwärme, so empfiehlt sich eine Frottirung nach vorausgehender $\frac{1}{4} - \frac{1}{2}$ stündiger Einwieklung in wollenen Decken, wo dann bloss die überschüssige Wärme abgeführt wird.

Kalte Sitzbäder verdienen ausserdem Beachtung zur Minderung geschlechtlicher Erregung.

Ein gutes beruhigendes und häufig hypnotisch wirkendes Mittel sind die neuerdings wieder empfohlenen Priessnitz'schen Einpackungen von ein- bis mehrstündiger Dauer [1].

### 4. Electricität [2].

Auch der electrische Strom, namentlich der galvanische, seitdem durch Erb, Burkhardt die Erreichbarkeit des Gehirns und Rückenmarks festgestellt wurde, rückt immer mehr in die Reihe der Heilmittel auf psychiatrischem Gebiete ein. Gewährt er doch die Möglichkeit, Aenderungen der Erregbarkeit und Erregung der Nerven (Electrotonus, negative Stromschwankung) hervorzurufen, vermöge seiner sog. katalytischen Effekte direkt die moleeularen Vorgänge in den Zellen der Gewebe zu beeinflussen, unbeschadet einer gleichzeitigen Erregung der vom Strom getroffenen trophischen Nerven, endlich eine erregende, nach Umständen lähmende Wirkung auf die vasomotorischen Nerven auszuüben, wodurch Blutdruck und Blutvertheilung beeinflusst werden.

Leider lassen die Methoden (Treffbarkeit des Sympathikus, polare Methode oder Stromesrichtung) bei der Application dieses mächtigen Nervinums fast noch ebensoviel zu wünschen übrig, als die auf die genaue Kenntniss der Vorgänge im psychisch erkrankten Gehirn sich gründenden Indicationen.

---

[1] Svetlin (Leidesdorf, psych. Studien. 1877) rühmt den Werth der Einpackungen mittelst in Wasser von 18—20° getauchten Tüchern (1—2 Stunden) zur Bekämpfung der Aufregung Manischer. Er will sogar periodische Manieen im Beginn coupirt, im Uebrigen durch Herabsetzung der Temperatur und Pulsfrequenz die Intensität der Aufregung gemindert haben. Ganz besonders werthvoll sei die nie ausbleibende hypnotische Wirkung. Man beginne mit Wicklungen von 2—2½ Stunden Dauer und fahre fort, bis der Schlaf kürzer und weniger tief wird. In diesem Fall ist die Zeitdauer der Wickelung abzukürzen; s. f. Roechling, Dissert. Bonn 1876. »Wirkung nasser Einwicklungen bei mit Stupor behafteten Melancholischen.«

[2] Schon Aldini 1804 hat den galvanischen Strom zur Behandlung von Geisteskrankheiten empfohlen (Remak, Galvanotherapie, p. 166); die grössten Verdienste in der Neuzeit um Einführung des constanten Stroms in die Psychiatrie gebühren Arndt (Archiv f. Psych. II, p. 546; Allg. Zeitschr. f. Psych. 28, p. 425 u. 34. H. 5); s. f. Newth, Journ. of ment. sc. 1873, Apr.; Beard, ebenda 1873, Oct.; Benedict, Allg. Wien. med. Ztg. 1871, 31.

Empirisch hat sich der constante, als Rückenmarksstrom, bei mit spinalen Hyperästhesieen einhergehenden Irrescinszuständen bewährt, auch bei beginnender Dementia tabica und paralytica (Schüle).

Die Stromesrichtung erscheint mir gleichgiltig, die Wirkung eine sogenannte katalytische. Versuche in gewissen Fällen von Gehörshallucinationen, wo die Brenner'sche Untersuchungsmethode Hyperästhesie des Aeusticus ergibt, den constanten Strom (posit. Pol) zur Bekämpfung der Hyperästhesie und der Hallucinationen zu verwerthen, hat Jolly[1]), jedoch mit negativem Erfolge, angestellt.

Der faradische [2]) Strom ist vorzüglich geeignet als Mittel zur Anregung der Sensibilität und zur Verbesserung der Innervation der Blutgefässe (Stuporzustände) in schmerzerregender Weise (Pinsel), wohl auch geeignet als milder ärztlicher kategorischer Imperativ gegenüber strikenden Pfleglingen unter der Devise einer Stärkung der Nerven.

Auch als Mittel die Muskeln zu kräftigen, speciell die Gefahren einer daniederliegenden, unvollkommenen Respiration zu bekämpfen, kann der faradische Strom Werthvolles leisten.

5. Sedativa. Narcotica.

a.  Opium[3]).

Eine wichtige Rolle spielen mit Recht die Narcotica in der Therapie der Psychosen, insofern sie der psychischen Erregung und Hyperästhesie entgegenwirken, Schlaf hervorrufen.

Unter den bezüglichen Mitteln ist das Opium in seinen verschiedenen Präparaten (Opium purum, Laudanum, Extr. opii aquosum) eines der wichtigsten.

Am zweckmässigsten ist seine subcutane Anwendung als Extr. opii aquosum (1:20), ferner als Klysma oder Suppositorium.

Die interne Verabreichung ist weniger zu empfehlen und wo sie nothwendig wird, gebe man das Extr. opii aquos. in Verbindung mit Tonicis, Amaris oder spanischem Wein.

Die Wirkungen des Opium sind:

1) beruhigende, die psychische Hyperästhesie und Präcordialangst herabsetzende. Dadurch wirkt es vielfach zugleich hypnotisch.

---

[1]) Jolly, Archiv f. Psych. IV, H. 3; s. auch Roric, Journ. of ment. sc. 1862, Oct.

[2]) Vgl. Arndt, früher Auzouy, Ann. med. psych. V; Teilleux, ebenda 1859, Juli.

[3]) Engelken, Allg. Zeitschr. f. Psych. 5. H. 3; Michéa, Gaz. méd. 1853. 4. 8. 10; Marcé, Gaz. des hôp.; Legrand du Saulle, Ann. med. psych. 1859; L. Meyer, Allg. Zeitschr. f. Psych. 16; Tigges, ebenda 21; Nasse, ebenda 32; Kontny, Preuss. Ver.-Ztg. 1862, 32; Erlenmeyer, Archiv d. deutsch. Gesellschaft f. Psych. III, 1 u. 2; Focke, ebenda IV. 1.

2) Es wirkt reizend auf die vasomotorischen Nerven und dadurch gefässverengernd.

3) Es hat trophische Wirkungen auf das centrale Nervensystem, es befördert die Ernährung.

Die stuhlverstopfende, sekretionenvermindernde Nebenwirkung desselben verliert sich bei längerem Gebrauch, die herzlähmende und dadurch venöse Hyperämie in Gehirn und Lunge setzende Wirkung kommt allerdings bei Selbstmordversuchen, nicht aber bei den gebräuchlichen medicinischen Dosen in Betracht.

Ein schädlicher Einfluss der Opiumbehandlung bei Geisteskranken, wenn die Indication vorhanden ist, wird nicht beobachtet.

Selbst fluxionäre Hirnzustände, sofern sie neuroparalytischer Natur sind, contraindiciren nicht das Opium. Dagegen scheint es schädlich bei allen Zuständen venöser Hyperämie.

Anämische, Hysterische und Hypochondrische reagiren besonders intensiv auf Opiate, doch besteht selten eine solche Idiosynkrasie, dass die Behandlung scheitert.

Als örtlicher Effekt der subcutanen Opiumtherapie finden sich nicht selten Abscesse, die aber überraschend schnell (örtliche trophische Wirkungen des Opiums?) heilen. Von unschätzbarem Werth ist das Opium in Fällen beginnender Melancholie. Es wirkt hier direkt der psychischen Hyperästhesie entgegen, erweist sich speciell nützlich bei Zwangsvorstellungen und Präcordialangst.

Auch auf der Höhe der Melancholie, wenn sie eine active ist, mit heftiger Präcordialangst einhergeht, ist das Opium ein direktes Heilmittel.

Ganz besonders erweist es sich nützlich, wenn es sich um frische Fälle, anämische und weibliche Individuen handelt. Dies gilt auch vom puerperalen Irresein, wenn es einen melancholischen Charakter hat.

Vortrefflich ist seine Wirkung in den acuten Alkoholpsychosen (Melancholie und Manie) und dem Delirium tremens; endlich bei abklingender Manie mit psychischer Hyperästhesie und bei der reizbaren d. h. in zornigen Affekten sich bewegenden Tobsucht.

In allen übrigen Fällen von Manie, sowie bei passiver Melancholie, erscheint es unwirksam, wenn nicht geradezu schädlich.

Die sedative Wirkung des Opiums tritt bald ein, aber erst bei mittleren Dosen (0,05—0,1). Man beginne mit 0,02—0,03 Extr. opii aquos. subcutan und steige jeden 2. Tag um 0,01! Maximaldosen lassen sich nicht bestimmen. Gewöhnlich wird man mit 0,05—0,1 1—2mal täglich sein Auslangen finden. Ist die Krankheitshöhe überschritten, so vermindere man die Dosis successive (ausschleichende Behandlung), nie aber breche man brüsk ab.

b. Morphium [1]).

Dem Morphium kommen im Allgemeinen die Wirkungen des Opiums zu, nur fehlt ihm dessen trophische, so dass überall, wo die Wahl zwischen beiden offensteht aber die Ernährung tief gesunken ist, das Opium den Vorzug verdient. Die vasomotorischen und beruhigenden Effekte des Morphiums sind noch grösser als die des Opiums.

Kleinere Dosen (0,01—0,03 subcutan) wirken gefässreizend, grössere (0,03—0,05) gefässlähmend.

Die lokale und allgemein sedative Wirkung wird bei Dosen von 0,01—0,1 erzielt.

Im Beginn der Behandlung stört die emetische Wirkung des Mittels. Horizontale Lage, schwarzer Kaffee, nach neueren Erfahrungen Zusatz geringer Mengen von Atropin, lassen sie bald überwinden.

Bei subcutaner Anwendung treten zuweilen üble Zufälle ein und zwar entweder gleich nach der Injection oder erst nach 1—2 Stunden. Im ersten Fall sind die Erscheinungen nicht von der Dosis abhängig, auch nicht von der Injection in eine Vene, sondern wahrscheinlich von der Anspiessung oder (bei gesäuerter Lösung stattfindenden) chemischen Reizung eines Hautnerven und der dadurch möglichen reflectorischen Lähmung der Nervencentren in der Medulla oblongata (Stillstand des Herzens und der Respiration). Eine blitzschnell von der Injectionsstelle sich ausbreitende Gefässlähmung der Haut (erythematöse Röthe und Gefühl des Brennens) kann vorausgehen oder den ganzen Insult ausmachen (vasomotorische Lähmung). In solchen Fällen sind künstliche Respiration und Reizmittel, u. a. auch electrische Reizung der Phrenici nöthig.

Im 2. Fall handelt es sich um eine wirkliche Vergiftung, die mit Atropininjection, künstlicher Respiration, Reizmitteln, eventuell einer Venäsection bekämpft werden muss.

Das Morphium hat nie cumulative Wirkungen. Nach einigen Stunden ist sein Effekt vorüber. Bei mehrmonatlichem Gebrauch und grösseren Dosen wird es zu einem Bedürfniss für das centrale Nervensystem. Es entwickelt sich dann die sogenannte Morphiumsucht [2]) und stellen sich tiefere Störungen im Organismus (Abnahme des Turgor vitalis, des Körpergewichts, der Libido sexualis; Amenorrhöe, intermittensartige Fieberanfälle, Albuminurie etc.) ein.

---

[1]) Reissner, Allg. Zeitschr. f. Psych. 24; Herg, ebenda 33; Reimer. ebenda 30; Schüle, Die Dysphrenia neuralgica 1867; Wolff, Archiv f. Psych. II, p. 601: Knecht, ebenda III, p. 111; Witkowsky, Die Morphiumwirkung. 1877; Gscheidlen. Würzburg. physiol. Untersuchungen. III.

[2]) Levinstein, Die Morphiumsucht; Berlin 1877. Irrenfreund 1877. 7; Laehr, Allg. Zeitschr. f. Psych. 30. H. 3: Fiedler, Zeitschr. f. prakt. Med. 1874. 27. 28.

Wird den an das Morphium Gewöhnten dasselbe plötzlich entzogen, so kommt es zu Gefässlähmung, choleraartigen, profusen Brechdurchfällen, unerträglicher Angst und psychischer Aufregung bis zu Hallucinationen und Toben, zuweilen selbst zu gefahrdrohenden Collaps-Erscheinungen, die sich auf Morphium sofort, spontan binnen 2—3 Tagen verlieren. Ist eine schleunige Entziehung des Morphiums nothwendig und möglich, so geschehe sie mit einemmal unter Substitution starker Weine und sorgfältiger Bewachung des Kranken wegen Gefahr des Selbstmords; bei psychisch Kranken, Geschwächten ist nur eine allmälige Abgewöhnung des Genussmittels durch successive Verkleinerung der Dosis zulässig. Bis die letzten Minimaldosen entbehrlich sind, dauert es oft Monate. Zu anatomischen Veränderungen in den Nervencentren, wie bei Alkoholisten, kommt es beim habituellen Gebrauch des Morphiums nicht, ebenso wenig leiden die psychischen Funktionen.

Die subcutane Anwendung des Morphiums ist die gebräuchlichste und beste bei Psychosen. Sie findet ihre Indicationen:

1) Bei melancholischen Zuständen mit neuralgischen oder vasomotorischen Symptomencomplexen, ihrer lokal- und allgemein sedativen und gefässreizenden Wirkung wegen.

2) Bei Verfolgungswahn mit hyperästhetischen und neuralgischen Sensationen und davon abhängigen Wahnideen (physikalischer Verfolgungswahn): bei Hallucinationen mit und aus Hyperästhesieen der acustischen Centren (stabile erethische Halluc.), so besonders bei hallucinatorischer Verrücktheit.

3) Bei reizbarer Tobsucht, bei abklingender Manie, wo die grosse Reizbarkeit beständig in der Aussenwelt Reize findet, Relapse provocirt und die Reconvalescenz dadurch protrahirt wird, ferner bei zornigen Affekten Schwachsinniger. Das Morphium wirkt hier durch Herabsetzung der gesteigerten psychischen Erregbarkeit.

4) Bei den intercurrenten (fluxionären, maniakalischen) Aufregungszuständen der Paralytiker, die mit Gefässlähmung einhergehen. Hier passen gefässreizende Dosen bis zu 0,03.

5) Bei intercurrenten Erregungszuständen chronischer Formen, die meist durch Fluxionen, Hallucinationen, Affekte bedingt sind, als Beruhigungsmittel.

6) Bei periodisch wiederkehrenden maniakalischen und circulären Erregungszuständen, die mit vasomotorischen Prodromalerscheinungen (kleiner gespannter celerer Puls) einhergehen. Hier sind grosse Dosen nöthig, zur Coupirung derselben.

Contraindicirt ist das Morphium bei Marasmus, Neigung zu Collaps, nicht compensirten Klappenfehlern, Fettherz, Manie auf der Krankheitshöhe und expansivem Charakter derselben. Die anderweitigen Alkaloide des Opiums, das von Claude Bernard in die Therapie eingeführte Narcein [1], sowie das von Leidesdorf und Andern empfohlene Papaverin [2] erweisen sich als entbehrlich und, abgesehen von ihrem hohen Preis, weniger wirksam als das Morphium.

Ebenso wenig rechtfertigen das von Michéa (Gaz. méd. de Paris 1853. 31. 32) empfohlene Strammonium, das Hyoscyamin (Lawson, West-Riding asyl. reports 1876), Conium (Criehton Browne Lancet 1872), die Blausäure (Me'Lead, Med. Times and Gaz. 1863 März), das Chloroform die auf sie gesetzten Hoffnungen.

Entschieden an Wirksamkeit stehen auch die Belladonnapräparate den Opiaten nach, indessen scheinen (Schüle, Hdb. p. 671) „schwere Melancholieen mit triebartigen Angstaffekten zuweilen einer länger fortgesetzten Behandlung mit Extr. belladonn. zu weichen." Meist aber kommen Opiate gleichzeitig zur Anwendung, wie überhaupt, auch nach meiner Erfahrung, die Verbindung des Opium mit Belladonna in geeigneten und schweren Fällen von Melancholie sich nützlich erweist.

Einigen Erfolg scheinen auch die von den Engländern mit Vorliebe als Surrogat der Opiate gebrauchten Cannabis indica-Präparate zu haben (vgl. Böttcher Berl. Klin. Wochenschr. III, 16), nur ist es schwer, recht gute verlässliche Waare bei uns zu erhalten. Clouston (Brit. Review 1871 Jan.) rühmt besonders die beruhigende Wirkung der Cannabis indica in Verbindung mit Bromkalium.

## c.  Chloralhydrat [3].

Eine werthvolle Bereicherung der Therapie der Psychosen ist das Chloralhydrat. Seine Wirkung ist eine hypnotische und dabei ziemlich prompte. Der Schlaf tritt nach zehn Minuten bis einer Stunde ein und dauert sechs Stunden und darüber. Das Mittel versagt selten bei erstmaliger Anwendung, jedoch nach wiederholter Anwendung tritt bald Toleranz ein, so dass die Dosis gesteigert werden muss. Der Schlaf ist ein gesunder, angenehmer, dem natürlichen nahestehender, erquickender. Nach dem Erwachen bestehen keine lästigen Gemeingefühle, wie sie nach einem durch Opium oder Morphium erzwungenen Schlaf sich einstellen. Die Wirkung des Chloralhydrats scheint auf

---

[1] Reissner, Allg. Zeitschr. f. Psych. 24.

[2] Leidesdorf u. Bresslauer, Vierteljsch. f. Psych. 1868, p. 403; Stark, Allg. Zeitschr. f. Psych. 26, p. 121; Hofmann, Wien. med. Jahrb. XX, p. 207; Kelp, Archiv f. Psych. II. H. 1, p. 177.

[3] Husemann, Schmidt's Jahrb. 151. No. 7 (pharmacolog. u. toxicolog. Bericht); Kunst, Philadelpl. med. Reporter 1870, april; Schüle, Allg. Zeitschr. f. Psych. 28; Fischer ebenda 27; Hansen, Archiv f. Psych. II, p. 790; Stark, Württemb. Corr.-Bl. 1871. 17; Arndt, Archiv f. Psych. III; f. Fürstner. ebenda VI.

seiner Spaltung in Ameisensäure und Chloroform zu beruhen und die hypnotische Wirkung dürfte auf Rechnung dieses letzteren kommen. Das Chloralhydrat entwickelt bei längerem Gebrauch gewisse lästige, nach Umständen bedenkliche Nebenerscheinungen, die einen unbeschränkten Fortgebrauch desselben nicht räthlich erscheinen lassen.

Zunächst ruft es einen paretischen Zustand der Gefässe hervor, der latent ist, bis eine den Blutdruck steigernde Ursache (Spirituosa, Mahlzeit etc.) hinzukommt. Es entwickelt sich dann ein sogenannter „Rash", auf den Schüle zuerst aufmerksam gemacht hat, ein Zustand von Gefässlähmung, zunächst im Gebiet des Halssympathicus, der objektiv sich durch lebhafte Injektionsröthe und Gedunsenheit des Kopfs, subjektiv durch innere Hitze, Gefühl von Klopfen im Kopf und rauschartiges Benommensein äussert. Diese Gefässlähmung, die sich auch ophthalmoskopisch durch eine Gefässüberfüllung des Augengrunds (Schüle) nachweisen lässt, kann sich auf den Rumpf fortpflanzen und geht mit Steigerung der Herzaktion, Palpitationen, vollem, weichem Puls einher. Bei besonders Disponirten genügt schon mehrtägige Chloralmedication, um jene hervorzurufen. Wird das Chloral ausgesetzt, so verliert sich die Disposition zum Rash, der im Einzelfall einige Stunden dauert, allmälig wieder.

Nach längerem Fortgebrauch des Chloral hat man Anämie und Oedeme (Hergt), Blutungen in die Haut und inneren Organe (Pelman), ferner Störungen des Stoffwechsels (Fettleibigkeit, Heisshunger ohne Sättigungsgefühl), Tod durch Herzlähmung (Jolly) und Decubitus beobachtet.

Das Chloral ist somit kein harmloses Mittel und bei Neigung zu Gefässlähmung und Apoplexie sogar ein gefährliches. Fieber, atheromatöse Degeneration der Arterien, Fettherz, frühere Apoplexieen als Zeichen bestehender miliarer Aneurysmen contraindiciren seine Anwendung.

In vorübergehendem Gebrauch ist es ein vortreffliches Hypnoticum bei Melancholie, Manie, namentlich wenn Erscheinungen von Gefässkrampf und centraler Anämie vorhanden sind; auch bei Delir. tremens junger, kräftiger Leute ist es ein treffliches Schlaf- und Beruhigungsmittel. Die Dosis betrage 1,0—2,0 und darüber; 4,0 sind schon gefährlich. Es lässt sich intern oder per Klysma verordnen; subcutan ist es nicht zu empfehlen, weil heftiger Schmerz und Phlegmone entstehen. Jastrowitz empfahl es in Verbindung mit Morphium, wo man dann mit kleineren Dosen auskommt. Den üblen kratzenden Geschmack verdeckt in der Praxis pauperum am besten Succ. liquirit. und einige Tropfen Chloroform. Bei Bemittelten lasse man es in Gallertkapseln oder mit Aq. flor. Naphae und Syrup. cort. Aurant. nehmen.

### d. Amylnitrit [1]).

Ein interessanter und für die Therapie nicht unwichtiger Arzneistoff ist das Amylnitrit. Seine Wirkung macht sich nur bei Inhalation, nicht vom Magen aus geltend. Sie ist eine sofortige, sich äussernd zunächst im Auftreten rother bald confluirender Flecken im Gebiet des Halssympathicus. Zuweilen erstreckt sich die Röthe auch auf Brust, Hals, Arme, ja selbst bis zur Schamgegend. Dabei wird der Puls sehr beschleunigt, bis zu 120 Schlägen, celer und monocrot. Diese Frequenz ist nach wenigen Minuten vorüber, dagegen erhält sich der Monocrotismus zuweilen bis zu einer Viertelstunde. Die Respiration ist verlangsamt. Von subjektiven Erscheinungen werden Gefühle von Dickerwerden, Vollsein im Kopf, Schwindel, Hitze, Herzklopfen, zuweilen auch grössere Lebhaftigkeit und Redseligkeit beobachtet.

Unstreitig bewirkt Amylnitrit eine Hyperämie des Gehirns und seiner Hüllen. Schüller beobachtete, dass während der Inhalation die Arterien der Pia sich erweiterten und das Gehirn sich vorwölbte; dagegen gelang es nicht, bei der Augenspiegeluntersuchung eine Erweiterung der Arterien der Retina nachzuweisen.

Es fragt sich nur, ob die Gefässerweiterung durch Lähmung der vasomotorischen Nerven oder der Muscularis der Gefässwand direkt zu Stande kommt.

Die erstere ist auszuschliessen, denn die Amylnitritwirkung tritt auch dann ein, wenn Thieren vorher das Halsmark durchschnitten und damit das vasomotorische Centrum in der Med. oblongata ausser Wirkung gesetzt wurde. Es kann sich somit nur um eine direkte Lähmung der contractilen Elemente der Gefässwand handeln. — Das Amylnitrit ist ein direktes Muskelgift. Unerklärt bleibt die auffallende Pulsbeschleunigung. Sie lässt sich auf Grund der bekannten Entdeckung von Schiff, wornach das Grosshirn und zwar eine gewisse Region der peripheren Grosshirnschichte einen erregenden Einfluss auf die Herzthätigkeit ausübt, dahin geben, indem man annimmt, dass das Amylnitrit durch Hervorrufung von Hirnhyperämie diesen Reiz auslöst.

Das Mittel verdient Beachtung in allen Krankheitszuständen, die auf eine Verengerung der Hirngefässe hindeuten. Seine Wirkung ist freilich eine flüchtige, aber eine häufige Wiederholung ist ohne Bedenken zulässig. Contraindicationen bilden Atherose der Arterien und Aneurysmen.

---

[1]) Pick, Monographie. Berlin 1874; Höstermann, Wien. med. Wochenschr. 1872, 46—48; Otto, Allg. Zeitschr. f. Psych. 31. H. 4; Berger, ebenda 31, H. 6; Schramm, Archiv f. Psych. V, H. 2.

Die beste Art der Anwendung ist die Inhalation durch die Nase mittelst Baumwolle; 4—6 gtt. pro dosi.

Ein Erfolg zeigte sich bei Hemicranie, Angina pectoris, Asthma bronchiale und in gewissen Fällen von Epilepsia vasomotoria.

Die eklatante Wirkung des Mittels führte auch zu Versuchen bei psychischer Störung. Namentlich luden dazu gewisse Melancholieen ein, bei denen neben einer völligen Hemmung der psychischen Thätigkeit Erscheinungen einer tiefgestörten Circulation (kalte Extremitäten, livide blaurothe ödematöse Haut, niedere Eigenwärme) vorhanden sind. In den Anfangsstadien dieser sog. passiven und stuporösen Melancholieen handelt es sich augenscheinlich um Gefässkrampf, in den chronischen Zuständen um eine verminderte Innervation des Herzens und der Gefässe. Das Amylnitrit ist berufen in beiden Phasen Nützliches zu leisten, indem es in der ersten den Gefässkrampf löst, in der zweiten zwar die Gefässe noch mehr erweitert, aber die tief darniederliegende Triebkraft des Herzens steigert und dadurch in beiden Fällen dem anämischen Hirn mehr Blut zuführt.

### e. Bromkali [1]).

Zu den wichtigsten Errungenschaften im Gebiet der Therapie der Nervenkrankheiten gehört das Bromkali. Es verdankt diese Bedeutung seiner Eigenschaft, eine deprimirende Wirkung auf die Hirnthätigkeit auszuüben, namentlich die Reflexerregbarkeit des centralen Nervensystems herabzusetzen. Man glaubte früher, dass das Bromkali diese Wirkung durch Beeinflussung des vasomotorischen Nervensystems ausübe; es dürfte jetzt feststehen, dass das Bromkali direkt einen depotenzirenden Einfluss auf die Nervencentra ausübt.

Die Frage, ob das Kalium oder das Brom der wirksame Bestandtheil sei, ist zu Gunsten des letzteren entschieden. Mag auch das Kali zur Geltung gelangen, insofern es die demselben von Kemmerich zugeschriebene und bei Bromkalimedication häufig beobachtete Besserung der Gesammternährung bewirkt, so kommt die cerebral sedative Heilwirkung nur dem Brom zu. Als Beleg mögen die Versuche von Otto bei Epileptikern gelten, bei welchen Bromkali einen günstigen Heilerfolg erzielt hatte. Gab der genannte Beobachter statt Bromkali Kali, so traten die Anfälle wieder ein, während Bromnatrium und selbst Bromwasserstoff sich therapeutisch dem Bromkali gleich wirksam erwiesen.

Das Bromkali spaltet sich nicht im Körper. Es lässt sich als solches im Blut nachweisen und wird unzersetzt durch den Urin wieder

---

[1]) Drouet, Ann. méd. Psych. 1873. Nov. (unbefriedigende Erfolge); Stark, Allg. Zeitschr. f. Psych. 31; Leidesdorf, Allg. Wien. med. Ztg. 1871.

ausgeschieden. Diese Ausscheidung erfolgt ziemlich rasch, jedenfalls binnen Tagen. Vermöge seiner eigenthümlichen Wirkung auf das Centralorgan ist seine Anwendung indicirt in jenen Fällen, in welchen eine krankhaft gesteigerte Erregbarkeit, namentlich im reflektorischen Leistungen dienenden Apparat, und eine krankhafte Erregung sich vorfindet.

Speciell verdient es Anwendung in Psychosen, die durch Reize in peripheren Organen (Uterus) bedingt, als reflektirte, irradiirte aufzufassen sind. Dahin gehören besonders die mit spinaler Hyperästhesie einhergehenden constitutionellen Melancholieen, die Formen der sexuellen Verrücktheit in und ausser dem Klimacterium, sowie der auf Rückenmarkssensationen sich aufbauende physikalische Verfolgungswahn. Es verdient ferner Berücksichtigung bei periodischem mit Reizungszuständen im Genitalnervensystem einhergehendem Irresein, sowie bei der Manie mit geschlechtlicher Erregung, vermöge seiner antiaphrodisischen Wirkung. Es ist endlich ein Schlafmittel für viele Kranke.

Unter den Nervenkrankheiten sind es solche mit gesteigerter spinaler oder cerebraler Reflexerregbarkeit — die Epilepsie, Chorea major und minor und gewisse Zustände von Hysterie, bei denen sich Bromkali nützlich erweist.

Die geringste Dosis bei Erwachsenen, von welcher sich ein entschiedener Erfolg erwarten lässt, beträgt 6,0. In den meisten Fällen lässt sich ohne Nachtheil eine Steigerung auf 10,0 p. die erzielen; als Maximaldosis dürften 15,0 zu bezeichnen sein. Nach allen Beobachtungen scheinen Weiber intensiver auf das Mittel zu reagiren als Männer.

Bei längerem Fortgebrauch und höheren Dosen treten ausnahmslos Symptome im Gebiet der Psyche, der Sensibilität und Motilität, der vegetativen Funktionen sowie Ernährungsstörungen in der Haut auf. Diese Symptome können selbst einen bedrohlichen Charakter bekommen, zu einer wahren Bromkalivergiftung[1]) führen.

Regelmässige und erste Erscheinungen einer einigermassen eingreifenden Behandlung (6—8,0 p. d.) sind das Aufschiessen von Acneknötchen, etwa in der 2.—3. Woche der Behandlung. Sie finden sich im Gesicht, auf Hals, Nacken, zuweilen auch über den ganzen Körper verbreitet. Sie sind nicht juckend, unterscheiden sich nicht von gewöhnlicher Acne. Zuweilen vergrössern sie sich zu förmlichen Furunkeln, die aber keinen centralen Pfropf besitzen. Selten findet man geschwürigen Zerfall der Haut, spontan oder aus confluirenden Furunkeln entstanden, flächenhaft mit fetzigem Boden, von grauröthlicher Farbe und vorwiegend am Unterschenkel.

---

[1]) Lübben, Allg. Zeitschr. f. Psych. 31, H. 3; Böttcher, ebenda 35. H. 3.

Häufige Folge des Bromkali bei fortgesetzten höheren Dosen ist auch das Erlöschen der Reflexerregbarkeit in Rachen und Gaumen.

Sehr gewöhnlich zeigt sich auch Catarrh der Mund- und Rachenhöhle mit abscheulichem Foetor ex ore und Absonderung von massenhaftem zähem Schleim, nicht selten Cardialgie, Kolik, Magencatarrh und Diarrhöe. Diese direkte Wirkung scheint aber davon abzuhängen, ob das Mittel gehörig verdünnt ist oder nicht.

Von grösster Bedeutung sind die psychischen und motorischen Störungen. Sie treten ausschliesslich bei hohen Dosen und fortgesetztem Gebrauch in der 2.—3. Woche ein, bestehen in leichteren Fällen in Stupor, Mattigkeit, Schwächegefühl, unsicherem taumelndem Gang, in völliger Stupidität und allgemeiner Parese. Ganz ähnliche Zustände beobachtete Steinhauer, als er Kaninchen mit Bromkali oder Bromessigsäure fütterte. Die Thiere zeigten völlige Apathie, taumelnden Gang, enorme Muskelschwäche. Diese Zufälle sind indessen vermeidbar und schwinden 8—10 Tage nach Aussetzen des Mittels.

Von ganz besonderem Werth hat sich das Bromkali gegenüber der Epilepsie[1]) gezeigt und zwar nicht bloss bei frischen und reflektorisch ausgelösten Fällen, sondern auch bei alten und idiopathischen.

Das Bromkali ist das beste aller gegenwärtig zu Gebot stehenden Mittel gegen Epilepsie.

Für die Praxis pauper. empfiehlt sich das billigere Bromkali, für die Praxis der Reichen das theure aber noch wirksamere Bromnatrium.

### f. Digitalis[2]).

Von nicht geringem Werth ist die Digitalis wegen ihrer prompten die Herzaffektion herabsetzenden Wirkung.

Sie kann dadurch hypnotisch und beruhigend wirken, so bei gesteigerter Herzaktion und davon abhängiger Fluxion und psychischer Erregung, namentlich auch bei der Tobsucht der Paralytiker.

Magencatarrh und sexuelle Aufregungszustände contraindiciren die Anwendung.

Ein gutes Präparat ist die Tr. digitalis spirituosa.

Bekanntlich hat die Digitalis cumulative Wirkungen und nöthigt deshalb zur Vorsicht.

---

[1]) Otto, Archiv f. Psych. V, H. 1; Frigerio, Ueber subcut. Inject. v. Bromkali bei Epilepsie. Pesaro 1876.
[2]) Robertson, Brit. med. Journ. 1873. Oct.; Mickle, Journ. of ment. science, 1873, July; Bigot, Ann. med. psych. 1874, Sept.; Irrenfreund, 1874, 9; Dagonet, Traité, p. 599.

g. Extract. Secal. cornut. (Ergotin) [1].

Unter der Reihe der gefässverengernden Mittel nimmt Secale durch seine reizende Wirkung auf die musculösen Elemente der Arterien eine hervorragende Stelle ein. Es erscheint damit als Antagonist des die Muscularis lähmenden Amylnitrits und verdient Beachtung bei Erregungszuständen des Gehirns, die mit Gefässlähmung einhergehen (Mania congestiva, alcoholica, paralytische Aufregungszustände).

Das Ext. secal. cornut. aquos., wie es in Berlin dargestellt wird, gestattet auch eine subcutane Anwendung, wobei jedoch leicht Abscesse, die wenig Tendenz zum Heilen haben, entstehen.

## Reizende Mittel.
### Spirituosa. Analeptica.

Eine ausgedehnte Verwerthung finden in der Therapie der Psychosen Spirituosa, namentlich Bier, Wein und warme alkoholische Getränke. Sie steigern die Herzthätigkeit, befördern den Blutfluss zum Gehirn und dadurch Ernährung desselben und Schlaf. Zudem verlangsamen sie den Stoffwechsel.

Sie sind deshalb werthvolle Beruhigungs- und Schlafmittel in psychischen Erregungszuständen, denen Gehirnanämie zu Grund liegt und die mit Verfall der Kräfte, geschwächter Herzaktion, darniederliegender Circulation einhergehen. Einen direkten hypnotischen Effekt zeigen sie besonders bei Puerperalirresein, Tobsucht aus Anämie, Dementia senilis, Inanitionsdelir, so auch in den Endstadien der Paralyse und beim Delir. tremens.

Für gewöhnliche Fälle genügt guter alter Wein. Um eine stärkere analeptische Wirkung auszuüben, eignen sich die verschiedenen Aetherarten, ferner der Aethylalkohol (vgl. Obermeier, Archiv f. Psych. IV, H. 1). Zur Erzielung rascher und energischer analeptischer Wirkung sind die subcutanen Injektionen von Campher geeignet.

## Sonstige Arzneimittel.

Dass die mit dem Irresein verbundenen somatischen Erkrankungszustände gegen diese gerichtete Heilmittel erfordern, versteht sich von selbst.

Häufig genug muss gegen die Stuhlverstopfung eingeschritten werden. Getreu der allgemeinen Indication, keine schwächenden Ein-

---

[1] Schüller, Berlin. klin. Wochenschrift 1874, 25. 26; Yeats, Med. Times and Gaz. 1872; van Andel, Allg. Zeitschr. f. Psych. 32; Brown, Correspondenzbl. f. Psych. 1876. 6. 7; Schlangenhausen. Psych. Centralbl. 1877. 2.

griffe vorzunehmen, vermeide· man die Drastica und versuche den Stuhl durch einfache Klysmata oder auch Hegar'sche Massenklystiere, durch natürliche oder künstliche Bitterwässer und salinische Mittel zu bethätigen. Genügen sie nicht, so versuche man es mit Senna, Rheum, Ricinus. Bei manchen Kranken, die an bedenklicher Verstopfung leiden und zum Einnehmen nicht zu bewegen sind, ist Calomel (0,5) in einmaliger Dosis, das leicht in Milch beizubringen ist, zu empfehlen.

Eine ausgedehnte Anwendung finden Tonica, namentlich Chinin, Eisenpräparate etc. bei darniederliegender Ernährung und Zuständen von Anämie.

## Somatische Diätetik.

Bei der chronischen Geistesstörung muss die Diät eine roborirende, nicht entziehende sein. Genuss frischer Luft, skrupulöse Reinlichkeit sind selbstverständliche Forderungen. Auch die ganze Lebensweise muss geregelt sein, wofür in den Anstalten durch eine eigene Hausordnung gesorgt ist. Die Mehrzahl der (meist anämischen) Kranken hat ein grosses Wärmebedürfniss. Für viele Kranke ist Bettruhe eine wichtige ärztliche Verordnung.

Bei allen Psychosen mit den Zeichen der Hirnanämie und des Marasmus, bei allen die Nahrung verweigernden Kranken ist sie nothwendig und wirkt hier beruhigend und stärkend durch erleichterte Blutzufuhr zum Gehirn, sowie durch verminderte Muskelarbeit und geringere Wärmeverluste.

Der Erfüllung dieser hygienischen Forderungen der Reinlichkeit, der genügenden Erwärmung, der ruhigen Lage und genügenden Ernährung bieten sich häufig grosse Schwierigkeiten durch Zustand und Verhalten der Kranken.

Eine grosse Zahl derselben ist enorm unreinlich, schmiert mit Stuhlgang, Speichel und Urin oder lässt wenigstens beständig unter sich gehen. Diese für die Hygiene sehr missliche Erscheinung fordert ihre individuelle Behandlung[1]. Auf der Höhe von Aufregungszuständen lässt sich nicht viel machen. Man muss sich hier darauf beschränken, solche Kranke in einer eigenen Abtheilung des Hauses, die gute Lufterneuerung, gute Heizvorrichtungen, reichlich Wasser, cementirte Wände, undurchlässige Böden, passend construirte Betten mit dreitheiligen Matrazen hat, während der Dauer ihrer Aufregung zu verpflegen. Bei ruhigen, schmierenden Kranken lässt sich der fatalen Gewohnheit vielfach durch regelmässige Entleerung des Darms mit Klystieren vorbeugen.

---

[1] Dagonet, Traité, p. 616.

Bei manchen halbgelähmten Kranken ist die Unreinlichkeit Folge eines ungenügenden Sphincterenschlusses und lässt sich dieser Innervationsschwäche durch die den Reflextonus steigernde Anwendung der Nux vomica steuern.

Bei manchen Melancholischen und Hypochondern ist die Incontinenz Folge einer Hyperästhesie der Rectalschleimhaut. Der Sphincter ani erweitert sich dann unter dem Einfluss der geringsten Reizung. Dagonet empfiehlt für solche Fälle den Gebrauch der Belladonna.

Die Sorge für genügende Erwärmung der Krankenzimmer ist zunächst Aufgabe der baulichen Einrichtung der Krankenräume. Viele Kranke entledigen sich aber fortwährend ihrer Kleider, zerreissen sie wohl auch. Dadurch wird das Inventar schwer geschädigt und läuft der Kranke Gefahr sich zu erkälten. Kleider an einem Stück aus schwerzerreissbarem Stoff mit dem Kranken nicht zugänglichem Verschluss, Lederhandschuhe mit Schlossschnallen, Schuhe mit Sperrvorrichtung schützen oft davor.

Wo sie nicht ausreichen, halte man den Kranken in warmer Zelle und gebe ihm, wenn er keine Kleider duldet, einen Haufen Seegras oder Rosshaar zu seiner Bedeckung.

Die Forderung einer ruhigen Lage des Kranken im Bett ist zuweilen nur durch mechanische Beschränkung (Zwangs- oder Schutzjacke) zu erfüllen.

Man hat gegen eine solche geeifert und insoweit Recht gehabt, als sie früher vielfach missbräuchlich angewendet wurde [1].

Sie erscheint unentbehrlich in gewissen Fällen, wo Bettruhe ärztlich geboten ist und eben nicht anders durchgeführt werden kann, so bei aufgeregten decrepiden Kranken, die sonst an Erschöpfung zu Grunde gehen würden, ferner bei chirurgischen Verletzungen, schweren Augenaffektionen, um den Kranken vor Beschädigung der erkrankten Theile zu schützen, endlich bei Masturbanten zur Nachtzeit. Selbstverständlich muss die Zulässigkeit der mechanischen Beschränkung vom Arzt bestimmt werden.

## Einzelsymptome.
### Nahrungsverweigerung [2].

Eine missliche Complication ist der positive Widerstand der Kranken gegen Nahrungsaufnahme — die Nahrungsverweigerung.

---

[1] Conolly, Die Behandlung d. Irren ohne mechan. Zwang, übers. v. Brosius. 1860; Dick, Allg. Zeitschr. f. Psych. 13, p. 354; Smith, Med. Times 1867. Dec.; Hamilton Labatt, Essay on the use and abuse of restraint. Dublin 1867; Dagonet, Traité, p. 625.

[2] Neumann, Lehrb., p. 205; Jessen, Wien. med. Wochenschr. XI. 43. 44;

Um sie erfolgreich zu bekämpfen, ist es vor Allem nöthig, die Ursache derselben zu kennen. Sie kann ebenso gut in somatischen Momenten (Magencatarrh, Angina, Koprostase) als in psychischen Momenten (Wahnideen, Hallucinationen etc.) begründet sein.

Immer ist hier eine individuelle Behandlung nöthig.

Wo immer Nahrungsscheu auftritt, lasse man zunächst den Kranken zu Bett liegen, wodurch die Ausgabe für Eigenwärme und Muskelbewegung erheblich vermindert wird. Man sorge für Reinhaltung der Mundhöhle durch Ausspritzungen mit Kali chloricum oder Salicylsäure.

Vom Stand der Kräfte hängt es ab, wann ein aktives Einschreiten nöthig wird.

Bei Bettruhe, gutem Ernährungszustand des Kranken, wenn der Mund gut ausgespült wird und der Kranke wenigstens Wasser zu sich nimmt, kann eine Zwangsfütterung bis zu 6—8 Tagen verschoben werden.

Führen ernährende Klystiere, Einspritzung von flüssiger Nahrung durch eine Zahnlücke, Anwendung der Schnabeltasse dann nicht zum Ziel, so muss zur Zwangsfütterung geschritten werden.

Zur Ausführung genügen ein Mundspeculum, eine englische beölte Schlundsonde und ein auf diese passender Trichter.

Die Sonde kann durch die Nase eingeführt werden, wodurch aber Blutungen, Verletzungen der Schleimhaut, eventuell Erysipele begünstigt werden — oder durch den Mund. Im letzteren Fall macht die zwangsweise Eröffnung der Kiefer Mühe.

Zuweilen gelingt sie reflektorisch durch Kitzeln der Fauces mit einem Federbart oder durch einen mit dem Finger auf die Schleimhaut der Unterlippe an der Uebergangsstelle ausgeübten schmerzhaften Druck.

Ein Assistent schiebt dann das Speculum geschlossen zwischen die Kiefer und öffnet seine Branchen. Der Kranke befinde sich in halbsitzender Lage auf einem Bett oder auf einem Sessel mit hoher Rückenlehne, von Wärtern gehalten.

Stets darf die Sonde nur unter Führung des Zeigefingers der andern Hand eingeführt werden. Der Widerstand des Kranken, der oft die Zunge bäumt, wird dabei leicht überwunden.

Bevor Nahrung eingeflösst wird, muss man sich vergewissern, dass die Sonde wirklich in den Magen eingedrungen ist, nicht etwa,

---

Leidesdorf, ebend. XVI. 44—46; Irrenfreund 1870; Williams, Journ. of mental science 1864; Moxey, The Lancet I. 22; Stiff, ebend. III (Ernährung durch die Nase); Sutherland, Brit. med. Journ. 1872, Mai; Annal. méd. psych. 1874, Sept.; Richarz u. Oebeke, Allg. Zeitschr. f. Psych. 30.

wie dies bei Nasenfütterung vorkommt, sich nach dem Pharynx oder
der Mundhöhle umgebogen hat oder gar in die Luftwege eingedrungen
ist. Husten, Erstickungsanfälle, Angst, Cyanose, Inspirationsgeräusche
neben exspiratorischen (die Geräusche, welche die durch die Sonde
streichende Magenluft macht, sind nur exspiratorische) weisen auf diesen
üblen Zufall hin.

Die zur Verwendung kommende flüssige Nahrung (Milch, Eier,
Bouillon, Leberthran, Wein etc.) muss durchgeseiht sein, damit sie
keine die Sonde verstopfende Gerinnsel enthalte. Die Flüssigkeit, da
sie direkt in den Magen gelangt und nicht in den Gefässen und der
Mundhöhle abgekühlt wird, darf nur lauwarm eingegossen werden.

Mund- und Rachenhöhle müssen frei von Flüssigkeiten während
der Fütterung sein. Hat man sich durch Eingiessen weniger Tropfen
Flüssigkeit überzeugt, dass der Weg nach dem Magen frei ist, so
beende man den Akt möglichst rasch. Besser als der Trichter und
der hydrostatische Druck wirkt oft die Spritze, bei welcher man etwaige
Widerstände gleich bemerkt. Im Allgemeinen genügt eine zweimalige
Fütterung täglich. Bei Kranken, die lange die Nahrung verweigerten
und deren Magen demnach wenig erträgt, füttere man die ersten Male
nur wenig und reizlose Kost (etwa Milch mit Eiern), da sonst Er-
brechen eintritt. Besteht Neigung dazu, so kann man vorher einige
Tropfen Chloroform eingiessen.

Nicht selten leistet auch noch während der Fütterung der Kranke
Widerstand — er würgt die Nahrung aus, lässt sie durch Anstrengung
der Bauchpresse regurgitiren.

Für solche Fälle passt eine Sonde mit Ventil, in Ermanglung
desselben die Verschliessung mit dem Finger unter gleichzeitiger Ablenkung der Aufmerksamkeit und Intimidation des Kranken.

Regurgitirt der Kranke bedeutend, häuft sich Flüssigkeit im
Pharynx an, so muss die Sonde schleunig entfernt werden.

Die Zwangsfütterung ist zuweilen das einzige Mittel, um das Leben
des Kranken zu retten. Sie darf nicht zu früh aber auch nicht zu
spät zur Anwendung kommen.

Ihre Gefahren sind ausser dem Eindringen in die Luftwege und
einer Verletzung der hinteren Rachenwand oder des Oesophagus mit
Vereiterung des retropharyngealen Zellgewebs, Eitersenkungen und Ver-
jauchung im Mediast. postic., die indessen nur bei besonders unvor-
sichtiger und roher Manipulation möglich sind, das Eindringen von
Speisetheilen oder von Rachenschleim in die Luftwege und dadurch die
mögliche Entstehung von lobulären Pneumonieen, ja selbst Lungenbrand.

Die Vortheile und Nachtheile der Nasen- und Mundfütterung
wiegen einander ziemlich auf.

Bei Kranken mit drohender Bulbärparalyse (Delir. acut., Dem. paralytica etc.) dürfte die Einführung der Sonde durch die Nase den Vorzug verdienen, da hier die Sonde weniger den Kehlkopf incommodirt.

## Masturbation [1]).

Eine häufige Complication des Irreseins sind sexuelle Aufregungszustände mit daraus resultirender Masturbation. Diese bildet eine ernste Gefahr für den Kranken und muss unter jeder Bedingung bekämpft werden. Sehr selten sind Oxyuris, periphere Reizzustände an den Genitalien die Ursache der Masturbation und erfordern dann die geeignete Behandlung. Meist ist die sexuelle Erregung central bedingt. Campher, Lupulin leisten wenig oder nichts, besser ist Bromkali. Am werthvollsten sind kalte Waschungen, Abreibungen, Sitzbäder, Ermüdung durch körperliche Arbeit, sorgfältige Ueberwachung der Kranken bei Tag, Beschränkung mit ausgespreizten Beinen und befestigten Händen auf harter Matraze bei nicht dem Körper anliegender, nicht zu warmer Bettdecke während der Nacht.

## Präcordialangst [2]).

Erste Bedingung ist bei diesem Symptom unausgesetzte Ueberwachung des Kranken, der jeden Augenblick Hand an sich legen oder destruirende Handlungen gegen die Aussenwelt begehen kann. Für leichtere Fälle genügen von ärztlichen Verordnungen laue Bäder, Sinapismen in die Magengrube, Aq. amygd. amar., Extr. Belladonnae. In der Ernährung herabgekommene anämische Kranke sind in Bettruhe zu erhalten.

In schwereren Fällen erweisen sich Opiate äusserst lindernd. Bei kleinem unterdrücktem, nicht frequentem Puls werden sie passend in Verbindung mit Aether aceticus, bei frequentem Puls und stürmischer Herzaktion in Verbindung mit Tr. digitalis verordnet. Am wirksamsten erscheint das Opium in subcutaner Anwendung (Präcordien), namentlich da wo Neuralgieen, Paralgieen mit der Angst einhergehen (hier Injektion ad Loc. dolentem).

## Schlaflosigkeit [3]).

Die Behandlung dieses lästigen Symptoms muss immer eine individualisirende, auf die Ursachen sich stützende sein. Bei vielen Kranken ist cerebrale Anämie resp. ungenügende Ernährung die Ur

---

[1]) Dagonet, Traité, p. 624.
[2]) Richarz, Allg. Zeitschr. f. Psych. 15.
[3]) Wittich, Archiv f. Psych. VI, H. 2; Schüle, Handb., p. 690.

sache. Hier passen Bettruhe, eine kräftige Mahlzeit, besonders Abends, nebst Spirituosen, namentlich Bier (vgl. Wittich Arch. f. Psych. 1876, 42), aber auch ein Glas guten, alten Weins, Glühwein, Branntwein erzielen in solchen Fällen oft hypnotische Erfolge da wo alle medicamentösen Mittel fehlschlagen. Genügen diese mehr diätetischen Hypnotica nicht, so ist Chloral zu versuchen.

Auch Opium in Verbindung mit Chinin und Valeriana ist hier nicht selten nützlich, während Morphium bei tief anämischen Kranken fast regelmässig versagt.

In anderen Fällen stört offenbar ein fluxionärer Hirnzustand den Schlaf. Hier passen Eisumschläge, Bäder mit oder ohne solche, Serfbäder, Priesnitz'sche Einpackungen. Bei vollem und frequentem Puls wirkt Digitalis mit oder ohne Opium oder Morphium oft recht prompt hypnotisch.

Häufig, namentlich bei Melancholischen ist der Schlaf durch die psychische Erregung (peinliche Vorstellungskreise oft mit dem Charakter von Zwangsvorstellungen, ängstliche Erwartungsaffekte) hintangehalten.

Hier ist das Feld für Opium und Morphium, namentlich in subcutaner Anwendung, auch für Morphium in Verbindung mit Chloral (Morphiochloral).

Bestehen neben der psychischen Hyperästhesie oder auch ohne eine solche spinale sensible Erregungszustände — neuralgische, hyperästhetische Erscheinungen, gesteigerte Reflexerregbarkeit, die, sobald der Schlaf kommen will, den Kranken aufschrecken und zusammenzucken machen, so ist Bromkali, nach Umständen in Verbindung mit Morphium am Platz, das erstere jedoch in nicht geringeren Dosen als 4,0.

Bei länger dauernder Neigung zur Schlaflosigkeit erschöpft sich leicht die Wirkung eines Schlafmittels, selbst die des Chloral und ist es überhaupt zweckmässig, innerhalb der bestimmten Indicationen mit einander nahestehenden Drogen zu wechseln.

Vom Natr. lacticum habe ich keine nennenswerthen Erfolge bei Schlaflosigkeit beobachtet.

### Hallucinationen.

Noch Michéa und andere ältere Aerzte empfehlen die Tr. Strammonii gegen Hallucinationen.

Die heutige Anschauung verzichtet bei ihrer Kenntniss der verschiedenartigen Bedeutung und Entstehung der Hallucinationen auf die Hoffnung eines Specificums. Der psychische Antheil der Hallucinationen ist keiner direkten Behandlung zugänglich und seine Bekämpfung fällt zusammen mit der der andern psychischen Erscheinungen.

Gegen die mit sensorischer Hyperästhesie einhergehenden Gehörshallucinationen könnte der constante Strom in seiner beruhigenden anelectrotonisirenden Wirkung (An S, An D) versucht werden. Unter gleichen Bedingungen (stabile, erethische Hallucinationen) habe ich günstigen Erfolg von einer methodischen Morphiumbehandlung gesehen. Nicht ohne Einfluss ist hier vielfach Licht und Schall.

Gewisse Kranke haben mehr Visionen in der Dunkelheit (Delir. tremens). Gehörshallucinanten hören oft mehr Stimmen, wenn sie isolirt sind. Diese Thatsachen sind zu beachten, jedoch gestatten sie nicht die Aufstellung allgemeiner Regeln. Auf ein Ohr oder Auge lokalisirte Hallucinationen, wenn sie je solche sind, erwecken den Verdacht einer Entstehung im peripheren Gebiet des Sinnesnerven und fordern mindestens zu einer ophthalmoskopischen oder otiatrischen Untersuchung auf, die nach Umständen auch Anhaltspunkte für eine Behandlung gibt.

## II. Die psychische Behandlung [1]).

Von nicht minderer Bedeutung als die somatische, ja noch umfassender in ihrem Gebiet ist die psychische Behandlung des Kranken. Es handelt sich hier nicht um Mittel, die der Arzt aus der Apotheke verschreibt, sondern um solche, die er aus sich selbst schöpft und dispensirt, sei es durch sein persönliches Benehmen, sei es durch den Mechanismus der von ihm geleiteten Anstalt und ihrer Hausordnung.

Die psychiatrische Klinik hat die Aufgabe, diese wichtige Seite ärztlichen Könnens, ärztlicher Homiletik anschaulich zu machen. Sie gehört nothwendig zur Ausbildung des Arztes und trägt ihre reichen Früchte auch am Krankenbett des rein somatisch Kranken, denn nicht richtige Diagnose und Recept allein füllen die Thätigkeit des Arztes aus, es kommt auch viel auf die Art, wie er mit dem Kranken umgeht, auf den persönlichen Eindruck an, den er auf denselben macht. Charlatans sind oft bessere psychische Heilkünstler als die Aerzte. Die thatsächlichen Erfolge von Wunderdoktoren, Wallfahrten, Gnadenbildern, heiligen Wässern, Beschwörungen u. dgl. weisen wenigstens auf die Macht des Glaubens, Vertrauens, der psychischen Heilkunst hin.

Das diagnostische Wissen und therapeutische Können der Aerzte ist oft das Gleiche und dennoch sind die Resultate verschieden, weil die Kunst der psychischen Behandlung den Unterschied bildet! Manche Aerzte besitzen sie vermöge einer glücklichen Naturbegabung und üben sie instinktiv, diejenigen waren immer die grössten, die, neben gründlichem Wissen, jene bewusst und nach der Erfahrung entlehnten Grundsätzen ausübten.

Fast erscheint es unmöglich, da wo Individuum mit Individuum in geistige Berührung tritt und eine psychische Einwirkung auf das Eine von beiden ausgeübt werden soll, Regeln des Verhaltens zu geben. Sie können sich nur auf allgemeine Gesichtspunkte gegenüber gewissen Phasen des Krankseins erstrecken, und als solche Gegenstand des Studiums sein.

Der concrete Fall entzieht sich einer generalisirenden Anweisung, gleichwie die psychische Materia medica unerschöpflich ist, und im einen Falle vielleicht durch einen Blick, ein passendes Wort, im andern durch Gewährung eines Wunsches, eine Prise Schnupftabak u. dgl. ihren heilkräftigen Einfluss übt.

Eben in dieser individualisirenden Aufgabe liegt das Interessante aber auch zugleich das Schwierige der psychischen Heilkunst, die wohl gelernt, kaum aber methodisch gelehrt werden kann.

Die psychische Behandlung der Irren hat zwei Phasen der Krankheit möglichst scharf aus einander zu halten — die Periode der Entwicklung und Höhe einer- und die der Wendung der Krankheit andrerseits, sei es zur Wiederherstellung, sei es zum psychischen Untergang.

In der Periode der Entwicklung und auf der Höhe der Krankheit hat die psychische Behandlung vorwiegend eine negative Aufgabe, die Entfernthaltung von psychischen Schädlichkeiten — mögen dies nun Zerstreuungsversuche, gemüthliche Anregungen, Belehrungen, religiöse Einwirkungen oder gar Drohungen und Exorcismen sein.

Alle diese Eingriffe können nur schaden, indem sie aufregen oder erbittern.

Die Grundbedingung aller psychischen Therapie in diesen Stadien der Krankheit ist die Versetzung des Kranken in möglichste psychische Ruhe.

Der Melancholische bedarf ihrer, weil er von allen psychischen Vorgängen, selbst sonst angenehmen, nur schmerzliche Eindrücke bekommt, der Maniakalische, weil seine ohnedies schon hochgehende Hirnerregung gesteigert wird, der Erschöpfte, weil jeder psychische Eingriff ihn noch mehr angreift und erschöpft.

Am allerverkehrtesten ist es dem Kranken seine Wahnideen ausreden zu wollen. Sie sind Symptome einer ursächlichen Hirnkrankheit und stehen und fallen mit dieser. Da hilft keine Dialektik, kein logisches Raisonnement. Am besten verhalte man sich dagegen passiv, ignorire sie einfach, lenke das Gespräch auf ein anderes Thema und vermeide Alles, was sie im Bewusstsein des Kranken wachrufen könnte. Man isolire ihn thunlichst mit seinen Wahnideen.

Geradezu ein Kunstfehler wäre es, wenn man direkt auf den Wahn eingehen, ihm zustimmen und ihn dadurch bestärken würde. In vielen Fällen genügt aber nicht diese einfach passive, auf die Wegräumung psychischer Schädlichkeiten sich beschränkende Behandlung. Der Kranke bedarf einer förmlichen Isolirung. Vielfach genügt als Isolirungsmittel gegenüber den schädlichen Reizen der Aussenwelt die Versetzung in die Irrenanstalt mit ihrer auf körperlich und psychisch diätetische Bedingungen basirten Hausordnung. Der Kranke ist hier dem Spott roher Mitmenschen, den unverständigen Einwirkungen seiner Freunde und Angehörigen, den Aufregungen des socialen und Familien- und Wirthshauslebens, den gefährlichen Einflüssen ungeeigneter und unzeitgemässer religiöser Einwirkung, entzogen, mit einem Schlag in neue und adäquate Verhältnisse gebracht und sammt seiner Krankheit auf den Isolirschemel gesetzt. Aber die Irrenanstalt besitzt noch ausserdem ein wichtiges eingreifendes Heilmittel, die vollständige Isolirung des Kranken vor der gesammten Aussenwelt, durch Abschliessung in einem Isolirzimmer.

Häufig wird die Isolirzelle aus administrativen Rücksichten — aus Gefährlichkeit des Kranken für sich und seine Umgebung, rücksichtslosem Schmieren, Toben etc. in Anspruch genommen, aber man vergesse nicht, dass sie auch eines der werthvollsten Beruhigungs- und Heilmittel in der Hand des Arztes ist, aber nur des erfahrenen. Sie kann, im unrechten Zeitpunkt, zu lange oder dem Zustand nicht entsprechend gehandhabt, dem Kranken auch zu grossem Schaden gereichen.

Ihre Indicationen und Heilbestimmungen ergeben sich aus bedeutenderen Zuständen von psychischer oder sensorieller Hyperästhesie, hochgradiger Reizbarkeit des Kranken, die einen Contact mit der Aussenwelt gar nicht erträgt oder dadurch beständig aufgeregt wird, so auf der Höhe der Melancholia activa, der Manie.

Stets muss die Isolirung im weiteren Sinn, bezüglich der Strenge ihrer Durchführung, dem jeweiligen Zustand der Erregung und Erregbarkeit des Kranken entsprechen.

Auf der Höhe der Krankheit und bei hochgesteigerter Hyperästhesie der Sinnesorgane muss die Zelle gegen das einfallende direkte Tageslicht geschützt, Nachts nur matt erleuchtet sein. Durch passende Einrichtungen ist das Geräusch aus der Umgebung abzudämpfen. (Dass die Reihen von „Tobzellen“, wie man sie nebeneinander in Form sogenannter „Tobabtheilungen“ in den Irrenhäusern vielfach trifft, nur

Detentionszwecke, nicht aber Heilzwecke erfüllen können, ist selbstverständlich.)

Der Verkehr des Sanitätspersonals mit dem Kranken ist dabei thunlichst zu beschränken. Nimmt die Erregung des Kranken ab, so ergeben sich zweckentsprechende Abstufungen in der Strenge der Isolirung mit dem Zutritt des vollen Tageslichts, dem häufigeren Verkehr mit dem Kranken, der Betheilung mit leichter Lectüre und Handarbeit, der Versetzung in ein gewöhnliches Wohnzimmer, das der Kranke vorläufig allein inne hat, der temporären Aufhebung der Isolirung durch Spaziergänge mit einem Wärter, dem uneingeschränkten Verkehr mit den andern Kranken und den Angestellten der Anstalt.

Endlich wird auch die Isolirung, welche die Anstalt an und für sich übt, gelockert durch Wiederanknüpfung der Beziehungen und Correspondenzen mit der Aussenwelt, Besuche von Freunden, später sogar von Angehörigen, Besuch der Umgebungen der Anstalt, der Vergnügungsorte u. s. w.

In der 2. Periode der Krankheit, da wo dieselbe sich zum guten oder schlimmen Ausgang hinneigt, kommt der psychischen Therapie eine aktive Rolle zu.

Hier zeigt sich die ganze Kunst des psychischen Arztes in dem feinen Verständniss der Individualität des Kranken, der Anleitung zur Wiedergewinnung der früheren geistigen Persönlichkeit oder wenigstens der Rettung der Trümmer aus dem geistigen Schiffbruch.

Bei unzähligen Kranken stellt sich rasch und spontan mit der Wendung zum Besseren die alte geistige Individualität wieder her und die wohleingerichtete Irrenanstalt mit ihrer Bibliothek, ihren Musikzimmern, Spielsälen, Culturen, Parkanlagen, Werkstätten etc. braucht nur die ihr zu Gebot stehenden Mittel zur Verfügung zu stellen und ein gesundes Mass ihrer Benützung überwachen.

Bei zahlreichen Kranken auf dem Werdepunkt ihres Leidens ist aber ein positives Eingreifen nöthig, um dieselben aus dem gewohnheitsmässigen Zwang, in welchen die Krankheit ihren geistigen Mechanismus gebannt hat, zu befreien.

Hier müssen restirende Wahnideen erschüttert werden, nicht durch Logik und Dialektik, sondern durch die Waffen freundlichen Scherzes und Zuspruchs. Ueberraschungen durch Briefe oder Besuche der todtgeglaubten Angehörigen u. s. w. helfen oft dazu, um die letzten Zweifel zu zerstreuen. Eines der besten Mittel, um den Kranken sich wiederfinden zu lassen, ihn von seinen Krankheitsresten zu befreien, ist die den früheren Berufs- und individuellen Verhältnissen angepasste Arbeit, namentlich Garten- und Feldarbeit, die zugleich den Körper kräftigt. Zuweilen bedarf es auch selbst sanften Zwangs, ja sogar einer mühsamen Erziehung durch Belohnung, kleine Strafen, um die psychische Persönlichkeit quasi neu zu schaffen. Auch da, wo der Ausgang der Krankheit ein ungünstiger ist, psychische Schwäche sich einstellt, hat die psychische Therapie ein weites Feld.

Hier gilt es zu retten was zu retten ist und den Kranken vor tieferem Versinken zu bewahren. Hauptmittel ist hier die Beschäftigung des Kranken, seine Anhaltung zur Ordnung und Reinlichkeit.

Unzählige Unglückliche, die sich selbst überlassen, in Schmutz und Blödsinn verkommen würden, erhält der Apparat der Irrenanstalt auf einem leidlichen geistigen Niveau und ermöglicht ihnen noch den Rest ihrer geistigen Kräfte nützlich zu verwerthen. Zuweilen hindern Wahnvorstellungen der Grösse (Kaiser etc.) solche Kranke sich mit Arbeit zu befassen oder geben wenigstens ihrem Gebahren eine verkehrte, ihren Contact mit der Umgebung störende Richtung. Bei solchen unheilbaren Kranken mit erloschenen Affekten kann dann zuweilen eine Repression der sie bewegenden Wahnvorstellungen am Platze sein und sie veranlassen, nicht ihrem Wahn gemäss zu handeln.

Leuret hat daraus ein sogenanntes traitement moral gemacht und sich eingebildet, solche Kranke durch Intimidation geheilt zu haben. Es handelt sich hier um keine Kur, sondern nur um eine psychische Dressur, die jedoch ihren Werth für den Kranken und seine Umgebung haben kann. Bequeme Mittel, um den Kranken so zu discipliniren sind der faradische Pinsel und die Regendouche.

### Die Behandlung im Stadium der Reconvalescenz.

Auch in der Periode der Reconvalescenz bedarf der Kranke noch sehr der sorgsamen Hand des Arztes. Der somatische und geistige Wiedergesundungsprocess muss überwacht, leisen Mahnungen der überstandenen Krankheit Rechnung getragen, die Kur noch nicht völlig ausgeglichener vegetativer Störungen (Anämie, Uterinkrankheiten etc.), die belangreich waren, beendet werden.

Oft besteht noch längere Zeit Schlaflosigkeit und erfordert Wachsamkeit und geeignete ärztliche Verordnungen.

Dass die Abspannung und körperliche Erschöpfung, wie sie nach schweren Erkrankungen besteht, nicht mit Reizmitteln, sondern nur diätetisch behandelt werden darf, bedarf wohl nur der Erwähnung.

Der Reconvalescent ist noch psychisch schwach, gemüthlich sehr empfindlich und sehnt sich doch bereits wieder nach Beruf und Familie.

Hier gilt es zu temporisiren. Verfrühte Besuche der Angehörigen sind zu verhindern, da sie meist zu einer verfrühten Herausnahme aus der ärztlichen Behandlung führen und damit Recidive besorgen lassen.

Verfrühte Entlassungen sind immer gefährlich, namentlich da, wo den kaum Genesenen daheim wieder die alte Misère erwartet, oft auch Spott, Misstrauen, lieblose Behandlung treffen.

Jeder Reconvalescent sollte noch einige Zeit Quarantäne halten, bevor er die Anstalt verlässt, und nur allmälig wieder seine Leistungsfähigkeit erproben.

In seltenen Fällen, bei geistig beschränkten, reizbaren, von Heimweh geplagten Individuen ist eine lange Zurückhaltung in der Anstalt gefährlich.

Man muss dann zwischen zwei Uebeln das kleinere wählen und in Gottes Namen die Entlassung gewähren, um einer Recidive in der Anstalt selbst vorzubeugen.

Wo immer es die Verhältnisse gestatten, sollte der Genesene, ehe er in seinen früheren Lebenskreis zurücktritt, durch das Medium eines Aufenthalts bei einer befreundeten Familie, eines Landaufenthalts, einer Reise hindurchgehen.

Damit lassen sich dann zuweilen noch ärztliche Indicationen wie Seebad, Badekur, klimatischer Kurort etc. verbinden.

---

### Sinnstörende Druckfehler.

S. 108. Zeile 2 die Worte „der psychischen Anästhesie durch" gehören in die 3. Zeile.
S. 110. letzte Zeile lies Hyperästhesie statt Hypochondrie